重庆市骨干高等职业院校建设项目规划教材
重庆水利电力职业技术学院课程改革系列教材

建筑功能及建筑构造分析

主　编　黎洪光　陈　鹏
副主编　唐　洁　黄　薇
主　审　游普元

黄河水利出版社
·郑州·

内 容 提 要

本书是重庆市骨干高等职业院校建设项目规划教材、重庆水利电力职业技术学院课程改革系列教材之一，由骨干建设资金支持，根据高职高专教育建筑功能及建筑构造分析课程标准及理实一体化教学要求，校企合作编写完成。本书包括4个教学情境，情境1主要介绍建筑功能及建筑构造，包括建筑发展简史、建筑类型认知、建筑功能认知、建筑构造认知等；情境2～4分别介绍了砖混结构、框剪结构、钢结构建筑的基础、主体结构、楼梯、门窗、屋面、装饰装修、水电设备及管线、节能保温、防火、变形缝等功能及构造。本书配有《建筑功能及构造分析综合实训》（另册）。

本书结合工程实例，每个任务后面都配有思考题，可供高职高专院校建筑工程管理、建筑工程技术专业教学使用，也可供土建类相关专业（如建设工程监理专业）及工程技术人员学习参考。

图书在版编目（CIP）数据

建筑功能及建筑构造分析/黎洪光，陈鹏主编．—郑州：黄河水利出版社，2016.12

重庆市骨干高等职业院校建设项目规划教材

ISBN 978－7－5509－1662－3

Ⅰ．①建…　Ⅱ．①黎…②陈…　Ⅲ．①建筑构造－构造分析－高等职业教育－教材　Ⅳ．①TU22

中国版本图书馆CIP数据核字（2016）第322602号

组稿编辑：王路平　电话：0371－66022212　E-mail：hhslwlp@163.com

出 版 社：黄河水利出版社　　网址：www.yrcp.com

地址：河南省郑州市顺河路黄委会综合楼14层　　邮政编码：450003

发行单位：黄河水利出版社

发行部电话：0371－66026940、66020550、66028024、66022620（传真）

E-mail：hhslcbs@126.com

承印单位：河南承创印务有限公司

开本：787 mm×1 092 mm　1/16

印张：21.5

字数：500千字　　印数：1—2 100

版次：2016年12月第1版　　印次：2016年12月第1次印刷

定价：70.00元（全二册）

前 言

按照"重庆市骨干高等职业院校建设项目"规划要求，建筑工程管理专业是该项目的重点建设专业之一，由骨干建设资金支持、重庆水利电力职业技术学院负责组织实施。按照子项目建设方案和任务书，通过广泛深入的行业、市场调研，与行业、企业专家共同研讨，不断创新基于职业岗位能力的"项目导向、三层递进、教学做一体化"的人才培养模式，以房地产和建筑行业生产建设一线的主要技术岗位核心能力为主线，兼顾学生职业迁徙和可持续发展需要，构建基于职业岗位能力分析的教学做一体化课程体系，优化课程内容，进行精品资源共享课程与优质核心课程的建设。经过三年的探索和实践，已形成初步建设成果。为了固化骨干建设成果，进一步将其应用到教学之中，最终实现让学生受益，经学院审核，决定正式出版系列课程改革教材，包括精品资源共享课程和优质核心课程等。

本套课程改革教材以工作过程系统化为理念，以实际工程建设项目（如一栋完整楼房）为教学对象，按楼房组成构件（基本构件和附属构件）为逻辑进行内容编排，教材内容（知识点、技能点）由工程内容和岗位工作需要来决定，是对传统学科体系教材改革的一次尝试。本教材主要有如下一些特点：

（1）创新性。打破了学科体系教材的内容编排方式，以具体工程项目为载体，注重工程项目的完整性，按工程建设规律构建教材内容，充分体现创新性、针对性和实用性。

（2）直观形象。按教学情境和学习任务组织教学内容，教材内容图文并茂，生动、直观、形象，充分体现师生互动，便于开展教学做一体化教学。

（3）理论紧密联系实际。以实际工程中的功能和构造问题的解决为中心，理论知识根据解决实际工程问题的需要而设置，注重建筑施工图、建筑构造详图的识读与绘制等实际应用能力和职业能力的培养。

（4）紧密结合行业最新发展。教材中引入大量新材料、新技术、新规范、新标准，如：《常用建筑构造（一）（2012年合订本）》（J11－1）、《外墙外保温建筑构造》（10J121）、《平屋面建筑构造》（12J201）、《楼地面建筑构造》（12J304）、《住宅建筑构造》（11J930）及其他新规范等，内容系统、实用、新颖。

本书编写队伍由教师和工程师组成，企业工程师主要负责提供施工图纸、工程案例和协助评审教材内容，重庆水利电力职业技术学院和重庆建筑工程职业学院教师主要承担书稿编写工作。编写人员及编写分工如下：唐洁编写了情境1任务1.1、1.3；黎洪光编写了情境1~3中的任务1.2、2.2、3.2，综合实训项目2；李华楠编写了情境2~4中的任务2.3、3.3、4.3；李柱编写了情境2~4中的任务2.4、3.4、4.4；周钏编写了情境2~4中的任务2.5、3.5、4.5；郭建军编写了情境2~4中的任务2.6、3.6、4.6；贺婷婷编写了情境2~4中的任务2.7、3.7、4.7；冯玉苗编写了情境2~4中的任务2.8、3.8、4.8；傅巧玲编写了情境2～4中的任务2.9、3.9、4.9；黄薇编写了情境2～4中的任务2.10、3.10、4.10；陈鹏编写了综合实训项目1，情境3、4中的任务3.1、4.1；张艳梅编写了情境4任务4.2、综合实训项目3；王蕊（重庆建筑工程职业学院教师）编写了情境2中的任务2.1。本书由黎洪光担任第一主编并负责全书统稿，陈鹏担任第二主编；由唐洁、黄薇担任副主编；由重庆工程职业技术学院建筑工程学院游普元院长担任主审。

本书的编写出版，得到了重庆名威建设工程咨询有限公司杨兵、宾梅、康建军，重庆虹华建筑监理咨询有限公司张小华，重庆渝达建筑工程有限公司刘肖斌等工程技术人员的大力支持，在此一并表示衷心的感谢！

由于编者水平有限，书中难免存在错漏和不足之处，恳请广大师生及专家、读者批评指正。

编　者

2016年8月

目　录

情境1　建筑功能及建筑构造认知

任务1.1　建筑发展简史及建筑类型认知

1.1.1　建筑发展简史

在人类诞生之初，还只能利用大自然有限的环境条件（如天然洞穴）解决自身的居住问题。当天然洞穴数量和规模不能满足日益增加的人口所需的遮风避雨、防止野兽侵袭的时候，人们就开始试着利用树枝、石块等天然材料搭建一些居住用的棚穴，从此人工建造的最原始的房屋建筑就诞生了。这是人类为了满足自身需要、解决居住问题，而通过运用天然材料建造房屋建筑的劳动方式与恶劣环境斗争和改造自身的最初成果。几千年来，人类不断通过劳动改造自身和发展建筑，到今天已成果斐然。现在，人们几乎每时每刻的生产生活都与房屋建筑密不可分。街道两旁，都是高低错落、风格不同、造型各异的各式建筑。房屋建筑的发展与人类需求、科技、经济、文化、艺术、政治、宗教等方面的发展密不可分。

1.1.1.1　原始社会建筑的发展

在原始社会时期，人类在居住方面除躲避风雨雷电的袭击和猛兽的伤害外，其他需求很少，再加上技术水平低下，只能利用天然的树枝、石块等材料构筑巢穴，供蔽身之用，因此搭建的建筑也非常简单。原始社会的建筑形式，如图1-1、图1-2所示。

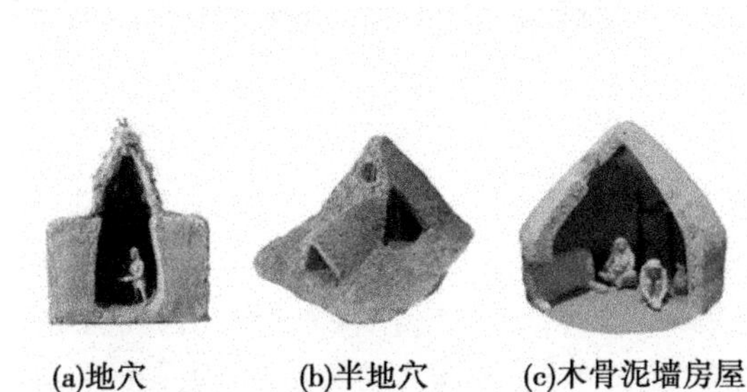

(a)地穴　(b)半地穴　(c)木骨泥墙房屋

图1-1　原始社会建筑

图1-2　西安半坡建筑

到了原始社会末期，人类进入新石器时代，这时人们已经能够利用天然材料制作和加工简单的人造工具。而且，人类的精神需求有所发展。因此，在满足了基本居住功能的基础上，人们开始了对建筑进行简单"艺术"加工。有的部落在建筑物上涂抹鲜艳的颜色，如中国宁夏固原遗址建筑的墙面涂红灰色条纹。有的部落建筑还有相当复杂的装饰性雕刻,如中国陕西临潼姜寨遗址的建筑住房入口泥壁上有刻纹图案。而且,对建筑物环境规划布置也开始注意了。

原始社会以后,随着人类部落之间的不断斗争,劳动形式的逐步多样化,生产力水平和技术水平逐步提高,再加上人类需求的不断发展,以及政治、经济、军事、文化、宗教等多方面因素的作用,建筑无论是在材料、制作工艺、使用功能方面,还是在造型、文化艺术等方面都有了飞速的发展。自奴隶社会以后的建筑发展,主要从国外和国内两方面进行介绍。

1.1.1.2 国外建筑的发展

1. 奴隶社会

新石器时代末,人类开始进入奴隶制社会,由于奴隶主拥有了大量奴隶劳动力,大规模的建筑活动因此开始。在这一时期,古埃及、西亚、波斯、古希腊和古罗马的建筑文化蓬勃兴起。其中,以古希腊和古罗马的建筑文化最为典型,历经2 000多年被继承下来,成为欧洲建筑的起源。

1)古埃及建筑

人类历史上第一批巨型建筑产生于古埃及,包括宫殿、府邸、神庙和陵墓。所有建筑物都是以巨大的石块作为主要建筑材料,宏大的工程规模和精细的施工质量,产生了震撼人心的艺术力量。古埃及的建筑以金字塔为代表,反映了当时的几何、测量和起重运输机械的知识已达到相当高的水平,如图1-3、图1-4所示。

图1-3 阿蒙赖神庙

图1-4 胡夫金字塔

2)古希腊建筑

典雅端庄、匀称秀美是古希腊建筑典型的美学特征。古希腊建筑将朴素的形式与人体活动相适应的尺度完美地结合,并通过材料与施工以及相适应的装饰得以充分体现。古希腊建筑的结构属梁柱体系,早期主要建筑都用石料。其中,帕特农神庙(公元前447~公元前438年)是西方建筑史上的瑰宝。以帕特农神庙(如图1-5所示)为主题的雅典卫城是最杰出的古希腊建筑。雅典卫城位于今天希腊首都雅典市区南部一个陡峭的山头上,这里原来是古代雅典城邦的宗教圣地和公共活动中心,那时候,雅典人每四年一次的祭祀雅典保护神雅典娜的大典就在这里举行。它高出周围的城市地面大约有100 m,公元前480年波斯侵略希腊时,这里遭到了破坏。伯利克里当政时,在这里大兴土木,重建起一组建筑群,以帕特农神庙为中心。帕特农神庙呈长方形,由白色大理石筑成,周围有46根大柱,立在三层基座上,基座的最上层宽约31 m,长约70 m。柱廊檐壁的平板上饰有浮雕,描绘神与巨人战斗、人与怪物战斗等场面。殿内装修精细,供奉着雅典娜女神,5 世纪时,神庙曾改为基督教堂。

图 1-5　帕特农神庙

3)古罗马建筑

古罗马建筑直接继承了古希腊建筑的成就,建筑的类型、数量和规模都大大超过古希腊。古罗马人发展了拱券[1]和穹隆结构的技术,并开始使用天然混凝土材料,以取得高大宽广的室内空间,而从古希腊引进的柱式则成为建筑上的装饰,这是古罗马建筑最大的成就。虽然古罗马建筑不如古希腊建筑精美,但以数量众多、分布广泛、类型丰富、形式成熟和规模宏大、气势雄伟而著称。典型建筑有斗兽场、万神庙、卡拉卡拉浴场等,如图 1-6 ~ 图 1-8 所示。其中,面积最大的温水厅用三个十字拱覆盖,是古罗马结构技术的代表,而三层叠起连续拱券的输水道则被认为是工程技术史上的奇迹。因此,古罗马建筑在世界建筑史上具有里程碑意义。

图 1-6　斗兽场

图 1-7　万神庙

2. 封建社会

进入封建社会以后,随着经济、政治、宗教、文化以及科学技术等方面的快速发展,特别是在欧洲宫廷奢靡生活方式的影响下,欧洲的建筑有了更大的发展,陆续出现了哥特式、巴洛克和洛可可艺术的典型风格的建筑。

1)哥特式建筑

哥特式建筑的结构技术和艺术形象达到了高度的统一。它的贡献不仅在于把沉重的

---

[1] 拱券[gǒng xuàn],拱和券的合称。块状料(砖、石、土坯)砌成的跨空砌体。

图 1-8　卡拉卡拉浴场

墙体结构与垂直上升的动势结合起来,而且在于第一次成功地把高塔组织到建筑的完整构图之中,哥特式建筑的这种外形和内部空间特征给人以向上飞升的感觉,体现了追求天国幸福的宗教意识。坐落于法国巴黎市中心的巴黎圣母院是哥特式建筑的早期代表作,如图 1-9 所示;著名的哥特式建筑还有米兰大教堂,如图 1-10 所示。

图 1-9　巴黎圣母院

图 1-10　米兰大教堂

2)巴洛克建筑

巴洛克(Baroque)此词源于西班牙语及葡萄牙语的"变形的珍珠"(barroco)。作为形容词,此词有"俗丽凌乱"之意。欧洲人最初用这个词指"缺乏古典主义均衡特性的作品",它原是 18 世纪崇尚古典艺术的人们对 17 世纪不同于文艺复兴风格的一个带贬义的称呼,现今这个词已失去了原有的贬义,仅指 17 世纪风行于欧洲的一种艺术风格,如图 1-11所示。

巴洛克建筑是欧洲 17 世纪和 18 世纪初的巴洛克艺术风格中的一个层面。17 世纪起源于意大利的罗马,后传至德、奥、法、英、西葡,直至拉丁美洲的殖民地。从语源学上讲,巴洛克是一切杂乱、奇异、不规则、流于装饰的代名词。而这一时期的建筑也确实体现了这一特点。它能用直观的感召力给教堂、府邸的使用者以震撼,而这正是天主教教会的用意(让更多的异教徒皈依)。

3)洛可可建筑

18 世纪 20 年代产生于法国的洛可可风格(Rococo),是在巴洛克建筑的基础上发展起来的,见图 1-12。洛可可本身倒不像是建筑风格,而更像是一种室内装饰艺术。建筑师的创造力不是用于构造新的空间模式,也不是为了解决一个新的建筑技术问题,而是研究

图1-11　巴洛克建筑

图1-12　洛可可建筑

如何才能创造出更为华丽繁复的装饰效果。这种风格在反对僵化的古典形式、追求自由奔放的格调和表达世俗情趣等方面起了重要作用，对城市广场、园林艺术以至文学艺术部门都产生影响，一度在欧洲广泛流行。

3. 资本主义社会

18世纪，随着科学技术的迅猛发展和生产力水平的大幅提高，资本主义在欧洲兴起。新兴的资产阶级为了巩固自己的经济和政治地位，与封建统治阶级在多个领域进行了激烈的斗争。在这一时期，为了推翻封建统治阶级和宗教的统治地位，适应资本主义社会生产力发展以及政治、经济和文化发展的需要，资产阶级不仅在文学、绘画、音乐等领域提出文艺复兴的文化思潮，提倡人文主义，而且在建筑方面摆脱旧建筑形式的束缚，修建了许多体现人文主义的文艺复兴建筑。

1）文艺复兴建筑

文艺复兴建筑是欧洲建筑史上继哥特式建筑之后出现的一种建筑风格。15世纪产生于意大利，后传播到欧洲其他地区，形成带有各自特点的各国文艺复兴建筑。意大利文艺复兴建筑在文艺复兴建筑中占据最重要的位置。

文艺复兴建筑最明显的特征是扬弃了中世纪时期的哥特式建筑风格，而在宗教和世俗建筑上重新采用古希腊罗马时期的柱式构图要素。

文艺复兴时期的建筑师和艺术家们认为，哥特式建筑是基督教神权统治的象征，而古代希腊和罗马的建筑是非基督教的。他们认为这种古典建筑，特别是古典柱式构图体现着和谐与理性，并与人体美有相通之处，这些正符合文艺复兴运动的人文主义观念。12～16世纪的欧洲，主要是宗教建筑，其特色为“高”“尖”。文艺复兴以后，建筑的主题由宗教走向人生，即由寺院变为宫室。

建筑风格的特点是追求豪华，大量采用圆柱、圆顶，外加很多精美的饰物，其中典型的代表有梵蒂冈宫、西斯廷教堂、凡尔塞宫等。

（1）梵蒂冈宫。

梵蒂冈宫位于意大利圣彼得广场对面，自公元14世纪以来一直是历代教皇的定居之处，数百年来已几经改建。梵蒂冈宫的总建筑师是拉斐尔的叔父布拉曼特，宫内富丽堂皇的壁画是由拉斐尔画的，教皇本来要求这些壁画应该符合罗马教廷的历史，宣扬罗马教权的威望，但是拉斐尔的壁画正符合了人文主义的思想内容。

梵蒂冈宫内有礼拜堂、大厅、宫室等，是世界天主教的中枢。宫内有举世闻名的西斯廷小教堂,过去一直是教皇私人用的经堂,如图 1-13 所示。

(2)西斯廷教堂。

西斯廷教堂素以天花板和墙壁上保存有米开朗基罗花费 4 年时间绘制的著名壁画“创世纪”和“最后的审判”而久负盛名,这些出自于艺术大师之手的绘画,内容取材于《圣经》里的故事,人物逼真,栩栩如生,堪称艺术珍品。西斯廷教堂长 40.5 m,宽 13.3 m,高 20.7 m,是公认的意大利文艺复兴时期的建筑杰作,如图 1-14 所示。

图 1-13 梵蒂冈宫

(3)凡尔赛宫。

凡尔赛宫位于法国巴黎西南郊外伊夫林省省会凡尔赛镇,是巴黎著名的宫殿之一,也是世界五大宫殿之一(北京故宫、法国凡尔赛宫、英国白金汉宫、美国白宫、俄罗斯克里姆林宫)。凡尔赛宫所在地区原来是一片森林和沼泽荒地。1624 年,法国国王路易十三以 1 万里弗尔的价格买下了 117 法亩荒地,在这里修建了一座二层的红砖楼房,用作狩猎行宫。二楼有国王办公室、寝室、接见室、藏衣室、随从人员卧室等房间,一层为家具储藏室和兵器库。当时的行宫拥有 26 个房间,如今拥有 2 300 个房间、67 个楼梯和 5 210 件家具,作为法兰西宫庭长达 107 年,如图 1-15 所示。

图 1-14 西斯廷教堂

图 1-15 凡尔赛宫

2)近现代建筑

19 世纪资本主义在欧洲全面获胜,为了适应资产阶级政治、经济和文化的需要,出现了许多新建筑类型。为了摆脱旧建筑形式的束缚,现代建筑的先驱者相继掀起了“新建筑”运动,20 世纪初出现了一大批具有时代精神的著名建筑。

现代主义建筑充分利用先进的生产力和科学技术,探索新的建筑形式。它顺应了资本主义生存发展的要求,成为近代建筑发展的主流。19 世纪下半叶钢铁和水泥的应用,为建筑革命准备了条件。其中,1851 年兴建的水晶宫,采用铁架构件和玻璃,现场装配,成为近现代建筑的开端,如图 1-16 所示。

随着工业革命、机器化大生产以及功能主义设计思想的出现,在一部分现代主义建筑大师倡导下的应用新材料、新技术、新工艺和新设计理念建造的一大批现代主义建筑应运而生。其中,最典型的是流水别墅、朗香教堂和迪拜塔。

图1-16 水晶宫

(1)流水别墅。

流水别墅是美国20世纪现代主义建筑大师赖特的杰作。其建筑造型和内部空间达到了伟大艺术品的沉稳、坚定的效果。这种从容镇静的气氛、力与反作用力相互集结之气势，在整个建筑内外及其布局与陈设之间。不同凡响的室内使人犹如进入一个梦境，通往巨大的起居室空间之过程，正如经常出现在赖特作品的特色一样，必然先通过一段狭小而昏暗的有顶盖的门廊，然后进入反方向上的主楼梯透过那些粗犷而透孔的石壁。右手边是直交通的空间，而左手便可进入起居室的二层踏步，赖特对自然光线的巧妙掌握，使内部空间仿佛充满了盎然生机。光线流动于起居室的东、南、西三侧，最明亮的部分光线从天窗泻下，一直通往建筑物下方溪流崖隘的楼梯；东、西、北侧几呈围合状的室，则相形之下较为暗，岩石陈的地板上。隐约出现它们的倒影，流布在起居室空间之中。从北侧及山崖反射进来的光线和反射在楼梯上的光线显得朦胧柔美。在心理上，这个起居室空间的气氛，随着光线的明度变化，而显现多样的风采，如图1-17所示。

(2)朗香教堂。

朗香教堂又译为洪尚教堂，位于法国东部索恩地区距瑞士边界几英里的浮日山区，坐落于一座小山顶上，1950～1953年由法国建筑大师勒·柯布西耶(Le Corbusier)设计建造，也是勒·柯布西耶的里程碑式作品。1955年落成。朗香教堂的设计对现代建筑的发展产生了重要影响，被誉为20世纪最为震撼、最具有表现力的建筑，是现代主义建筑中最具影响力的作品之一，自从1945年它首次对公众开放以来，朗香教堂已经成为建筑师、学生和旅游者前来朝圣的圣地。朗香教堂取代了在第二次世界大战中被毁的以前的教堂，如图1-18所示。

图1-17 流水别墅

图1-18 朗香教堂

(3)迪拜塔。

哈利法塔，原名迪拜塔是21世纪初最典型的现代主义建筑之一。塔高828 m，楼层总数162层，造价15亿美元，大厦本身的修建耗资至少10亿美元，还不包括其内部大型购物中心、湖泊和稍矮的塔楼群的修筑费用。哈利法塔总共使用33万 m^3 混凝土、6.2万t强化钢筋、14.2万 m^2 玻璃。为了修建哈利法塔，共调用了大约4 000名工人和100台起重机，把混凝土垂直泵上逾 606 m 的地方，打破上海环球金融中心大厦建造时的 492 m 纪录。大厦内设有 56 部升降机，速度最高达 17.4 m/s，另外还有双层的观光升降机，每次最多可载 42 人。

哈利法塔始建于 2004 年，当地时间 2010 年 1 月 4 日晚，迪拜酋长穆罕默德 · 本 · 拉希德 · 阿勒马克图姆揭开被称为“世界第一高楼”的“迪拜塔”纪念碑上的帷幕，宣告这座建筑正式落成，并将其更名为“哈利法塔”，如图 1-19 所示。

图 1-19　迪拜塔

1.1.1.3　中国建筑的发展

中国建筑具有悠久的历史和鲜明的特色，在世界建筑史上占有重要的地位。中国在漫长的封建社会的岁月中，逐步发展形成独特的建筑体系，在建筑技术与艺术方面均取得了辉煌的成就。

1. 古代建筑

中国古代建筑体现了明确的礼制思想，注重等级体现，形制、色彩、规模、结构、部件等都有严格规定，在一定程度上完善了建筑形态，但同时也限制了建筑的发展。天人合一思想是中国古代建筑的灵魂，在建筑发展过程中促进了建筑与自然的相互协调与融合。注重建筑和城市选址，建造时因地制宜，依山就势，园林体现尤其明显，强调风水。

1）敦煌莫高窟

莫高窟，俗称千佛洞，坐落在河西走廊西端的敦煌。它始建于十六国的前秦时期，历经十六国、北朝、隋、唐、五代、西夏、元等历代的兴建，形成巨大的规模，有洞窟 735 个、壁画 4.5 万 m^2、泥质彩塑 2 415 尊，是世界上现存规模最大、内容最丰富的佛教艺术地，如图 1-20所示。

2）大雁塔

大雁塔位于陕西省西安市的大慈恩寺内。唐永徽三年（652 年），玄奘为保存由天竺经丝绸之路带回长安的经卷佛像，主持修建了大雁塔，最初五层，后加盖至九层，再后层数和高度又有数次变更，最后固定为今天所看到的七层塔身，通高 64.5 m。

大雁塔作为现存最早、规模最大的唐代四方楼阁式砖塔，是佛塔这种古印度佛寺的建筑形式随佛教传入中原地区，并融入华夏文化的典型物证，是凝聚了汉族劳动人民智慧结晶的标志性建筑，如图 1-21 所示。

3）苏州园林

苏州园林是指中国苏州地区的园林建筑，以私家园林为主，起始于春秋时期的吴国建都时（公元前 514 年），形成于五代，成熟于宋代，兴旺于明代，鼎盛于清代。到清末苏州已有各色园林 170 多处，现保存完整的有 60 多处，对外开放的园林有 19 处。占地面积不大，但以意境见长，以独具匠心的艺术手法在有限的空间内点缀安排，移步换景，变化无穷。1997 年，苏州古典园林作为中国园林的代表被列入《世界遗产名录》，是中华园林文化的翘楚和骄傲，如图 1-22 所示。

图1-20　敦煌莫高窟

图1-21　大雁塔

4)故宫

北京故宫,旧称为紫禁城,位于北京中轴线的中心,是中国明、清两代24位皇帝的皇家宫殿,是中国古代汉族宫廷建筑之精华,无与伦比的建筑杰作,也是世界上现存规模最大、保存最为完整的木质结构的古建筑之一。它有大小宫殿70多座,房屋9 000余间,以太和、中和、保和三大殿为中心。

北京故宫由明成祖朱棣永乐四年(公元1406年)开始建设,以南京故宫为蓝本营建,到明代永乐十八年(公元1420年)建成,占地面积约为72万 m^2,建筑面积约为15万 m^2,它是一座长方形城池,东西宽753 m,南北长961 m。周围筑有10 m多高的城墙,并有一条宽52 m的护城河环绕,构成了"城中之城"。宫殿建筑均是木结构、黄琉璃瓦顶、青白石底座,如图1-23所示。

图1-22　苏州园林

图1-23　故宫

2.近现代建筑

1)鸟巢

国家体育场(鸟巢)位于北京奥林匹克公园中心区南部,为2008年北京奥运会的主体育场。工程总占地面积21 hm^2,场内观众坐席约为91 000个。举行了奥运会、残奥会开闭幕式、田径比赛及足球比赛决赛。奥运会后成为北京市民参与体育活动及享受体育娱乐的大型专业场所,并成为地标性的体育建筑和奥运遗产。

体育场由雅克·赫尔佐格、德梅隆、艾未未以及李兴刚等设计,由北京城建集团负责施工。体育场的形态如同孕育生命的"巢"和摇篮,寄托着人类对未来的希望。设计者们对这个场馆没有做任何多余的处理,把结构暴露在外,因而自然形成了建筑的外观,如图1-24所示。

图1-24　鸟巢

2)上海中心大厦

上海中心大厦(Shanghai Tower),是上海市的一座超高层地标式摩天大楼,其设计高度超过附近的上海环球金融中心,成为中国第二高楼(第一高楼为深圳平安国际金融中心)及世界第四高楼。上海中心大厦项目面积433 954 m^2,建筑主体为118层,总高为632 m,结构高度为580 m,机动车停车位布置在地下,可停放2 000辆。2008年11月29日进行主楼桩基开工,2016年3月12日,上海中心大厦建筑总体正式全部完工。美国SOM建筑设计事务所、美国KPF建筑师事务所及上海现代建筑设计集团等多家国内外设计单位提交了设计方案,美国Gensler建筑设计事务所的"龙型"方案及英国福斯特建筑事务所"尖顶型"方案入围。经过评选,"龙型"方案中标,大厦细部深化设计以"龙型"方案作为蓝本,由同济大学建筑设计研究院完成施工图出图,如图1-25所示。

图1-25　上海中心大厦

随着科学技术的进步和生活水平的提高,人们对未来住宅会从更高层次提出新的要求,未来建筑发展的主题已不仅限于安全和外观上的要求,尤其在高档住宅中,他们采用高新技术,用仿生和智能化的建筑设计,给住户带来全新的居住体验,同时达到节能环保的目的。

1.1.2　建筑类型的认知

1.1.2.1　建筑的分类

1.按使用性质分类

1)居住建筑

居住建筑主要是指提供人们进行家庭和集体生活起居用的建筑物,如住宅、宿舍、公寓等。

2)公共建筑

公共建筑主要是指提供人们进行各种社会活动的建筑物,其中包括以下建筑物:

(1)行政办公建筑,如机关、企业单位的办公楼等。

(2)文教建筑,如学校、图书馆、文化宫、文化中心等。

(3)托教建筑,如托儿所、幼儿园等。

(4)科研建筑,如研究所、科学实验楼等。

(5)医疗建筑,如医院、诊所、疗养院等。

(6)商业建筑,如商店、商场、购物中心、超级市场等。

(7)观览建筑,如电影院、剧院、音乐厅、影城、会展中心、展览馆、博物馆等。

(8)体育建筑,如体育馆、体育场、健身房等。

(9)旅馆建筑,如旅馆、宾馆、度假村、招待所等。

(10)交通建筑,如航空港、火车站、汽车站、地铁站、水路客运站等。

(11)通信广播建筑,如电信楼、广播电视台、邮电局等。

(12)园林建筑,如公园、动物园、植物园、亭台楼榭等。

(13)纪念性建筑,如纪念堂、纪念碑、陵园等。

3)工业建筑

工业建筑主要是指为工业生产服务的各类建筑,如生产车间、辅助车间、动力用房、仓储建筑等。厂房类建筑又可以分为单层厂房和多层厂房两大类。

4)农业建筑

农业建筑主要是指用于农业、牧业生产和加工的建筑,如温室、畜禽饲养场、粮食与饲料加工站、农机修理站等。

2. 民用建筑分类

民用建筑根据其建筑高度和层数可分为单、多层民用建筑和高层民用建筑。高层民用建筑根据其建筑高度、使用功能和楼层的建筑面积可分为一类和二类。民用建筑的分类应符合表 1-1 的规定。

表 1-1　民用建筑的分类

名称	高层民用建筑		单、多层民用建筑
	一类	二类	
住宅建筑	建筑高度大于 54 m 的住宅建筑(包括设置商业服务网点的住宅建筑)	建筑高度大于 27 m,但不大于 54 m 的住宅建筑(包括设置商业服务网点的住宅建筑)	建筑高度不大于 27 m 的住宅建筑(包括设置商业服务网点的住宅建筑)
公共建筑	1. 建筑高度大于 50 m 的公共建筑。 2. 任一楼层建筑面积大于 1 000 m^2 的商店、展览、电信、邮政、财贸金融建筑和其他多种功能组合的建筑。 3. 医疗建筑、重要公共建筑。 4. 省级及以上的广播电视和防灾指挥调度建筑、网局级和省级电力调度建筑。 5. 藏书超过 100 万册的图书馆、书库	除一类高层公共建筑外的其他高层公共建筑	1. 建筑高度大于 24 m 的单层公共建筑。 2. 建筑高度不大于 24 m 的其他公共建筑

1.1.2.2 建筑物的等级划分

建筑物的等级一般按设计的耐久性、耐火性等级进行划分。

1. 按耐久性能划分

建筑物的耐久等级主要根据建筑物的重要性和规模大小划分，作为基建投资和建筑设计的重要依据。《民用建筑设计通则》(GB 50352—2005)中规定：以主体结构确定的建筑耐久年限分为下列四级，见表1-2。

表1-2 建筑物耐久等级表

耐久等级	耐久年限	适用范围
一级	100年以上	适用于重要的建筑和高层建筑，如纪念馆、博物馆、国家会堂等
二级	50～100年	适用于一般性建筑，如城市火车站、宾馆、大型体育馆、大剧院等
三级	25～50年	适用于次要的建筑，如文教、交通、居住建筑及厂房等
四级	15年以下	适用于简易建筑和临时性建筑

2. 按耐火性能划分

民用建筑的耐火等级根据《建筑设计防火规范》(GB 50016—2014)规定，可分为一、二、三、四级。除本规范另有规定外，不同耐火等级建筑相应构件的燃烧性能和耐火极限不应低于表1-3的规定。

1）燃烧性能

燃烧性能按其在受到火烧或高温作用下的变化特点，大致可分为以下三类：

(1)非燃烧体。指用非燃烧材料制成的构件。非燃烧材料系指在空气中受到火烧或高温作用时不起火、不微烧、不碳化的材料，如金属材料、天然或人工的无机矿物材料等。

表1-3 不同耐火等级建筑相应构件的燃烧性能和耐火极限(h)

构件名称		耐火等级			
		一级	二级	三级	四级
墙	防火墙	不燃性、3.00	不燃性、3.00	不燃性、3.00	不燃性、3.00
	承重墙	不燃性、3.00	不燃性、2.50	不燃性、2.00	难燃性、0.50
	非承重外墙	不燃性、1.00	不燃性、1.00	不燃性、0.50	可燃性
	楼梯间和前室的墙、电梯井的墙、住宅建筑单元之间的墙和分户隔墙	不燃性、2.00	不燃性、2.00	不燃性、1.50	难燃性、0.50
	疏散走道两侧的隔墙	不燃性、1.00	不燃性、1.00	不燃性、0.50	难燃性、0.25
	房间隔墙	不燃性、0.75	不燃性、0.50	难燃性、0.50	难燃性、0.25

续表1-3

构件名称	耐火等级			
	一级	二级	三级	四级
柱	不燃性、3.00	不燃性、2.50	不燃性、2.00	难燃性、0.50
梁	不燃性、2.00	不燃性、1.50	不燃性、1.00	难燃性、0.50
楼板	不燃性、1.50	不燃性、1.00	不燃性、0.50	可燃性
屋顶承重构件	不燃性、1.50	不燃性、1.00	不燃性、0.50	可燃性
疏散楼梯	不燃性、1.50	不燃性、1.00	不燃性、0.50	可燃性
吊顶(包栝吊顶搁栅)	不燃性、0.25	难燃性、0.25	难燃性、0.15	可燃性

注:1. 除本规范另有规定外,以木柱承重且墙体采用不燃材料的建筑,其耐火等级应按四级确定。

2. 住宅建筑构件的耐火极限和燃烧性能可按现行国家标准《住宅建筑规范》(GB 50368)的规定执行。

3. 民用建筑的耐火等级应根据其建筑高度、使用功能、重要性和火灾扑救难度等确定,并应符合下列规定:①地下或半地下建筑(室)和一类高层建筑的耐火等级不应低于一级;②单、多层重要公共建筑和二类高层建筑的耐火等级不应低于二级。

4. 建筑高度大于100 m的民用建筑,其楼板的耐火极限不应低于2.00 h。

(2)难燃烧体。指用难燃材料做成的构件,或用可燃材料制成而用非燃材料做保护层的构件。难燃材料系指在空气中受到火烧或高温作用时难起火、难微燃、难碳化,当火源移走后燃烧或微燃立即停止的材料,如沥青混凝土、经过防火处理的木材,以及用有机物填充的混凝土和水泥刨花板等。

(3)燃烧体。指用可燃材料制成的构件,可燃材料是指在空气中受到火烧或高温作用时立即起火或微燃的材料,如木材等。

2)耐火极限

对任意建筑构件,按照时间—温度标准曲线进行耐火试验,从受火作用时起,到构件失去稳定性或完整性或绝热性时止,这段抵抗火的作用时间,称为耐火极限,通常用小时(h)来表示。

1.1.3　小结

建筑的发展史从一个侧面反映了人类发展的历史。建筑的发展与人类生产生活方式的发展变化紧密相关,从原始社会的树枝、洞穴发展到近现代建筑,既体现了人类对建筑功能、构造、结构、美学以及建筑价值的不断探索和追求,也体现了人类不断征服自然、改造和解放自我的不懈努力。表1-4统计了不同历史时期代表性建筑和类型。

表 1-4 不同历史时期代表性建筑及建筑类型统计表

历史时期	代表性建筑及建筑类型
奴隶社会	金字塔、帕特农神庙、斗兽场等
封建社会	巴黎圣母院、米兰大教堂、洛可可建筑等
资本主义社会	水晶宫、梵蒂冈宫、凡尔赛宫等
近现代	流水别墅、朗香教堂、迪拜塔等

建筑物按照它的使用性质，通常可分为居住建筑、公共建筑、工业建筑、农业建筑。民用建筑可按建筑高度和层数划分为单、多层和高层建筑。建筑物可按设计的耐久性、耐火性等级进行划分。

1.1.4 思考题

1. 总结历史各个时期典型建筑及建筑特点。
2. 简述近现代建筑的发展趋势。
3. 说说学校的建筑应该属于哪种分类方式？说说你周边的建筑属于哪种分类？
4. 什么叫燃烧性能和耐火极限？
5. 根据自己有的图纸，判断该工程项目设计的耐久性、耐火性。

任务 1.2 建筑功能认知

建筑构造的设置一方面是为了实现建筑物或建筑构件的某些功能(如防潮、防水、保温等)，另一方面是为了解决构件连接、材料连接等问题。除此以外，还有展示艺术造型(如基于斗拱技术的大屋檐)、表现装饰效果、彰显新技术新材料的功能。当然，建筑构造的主要作用还是为了实现建筑物或建筑构件的某些功能要求。因此，只有理解了建筑功能，并从功能出发去思考，才能更深刻地理解和设计每一个建筑构造的外在形式。功能相同，构造形式可以千变万化，这也是建筑构造设计的精髓。历史上曾经出现的功能主义设计思潮，对现代工业设计以及现代主义建筑设计(包括建筑构造设计等)等都产生了深远的影响。

1.2.1 功能主义的产生及发展

1.2.1.1 功能主义的产生及概念

1. 功能主义的产生

功能主义(functionalism)的产生有着其深远的历史。功能主义最早起源于社会学理论。英国社会学家郝伯特·斯宾塞(1820-04-27 ~ 1903-12-08)提出社会进化理论(比达尔文发表的《物种起源》早 7 年)和社会有机体理论，即社会组织与人体器官相类似，社会由多个社会组织有机组成，而且社会组织不断进化和完善功能，以满足不同的社会需求。法国社会学家迪尔凯姆(又译作“涂尔干”)在《社会分工论》(1893 年)中指出人类社会组织分化与功能特殊化之间存在密切关系,组织之间的功能互补成为社会稳定生存的重要条件。迪尔凯姆、拉德克利夫－布朗和马林诺夫斯基比较系统地阐述过功能主义。美国社会学家帕森斯整合了功能主义的观点,奠定了结构功能论典范。

1776 年,瓦特发明了第一台具有实用价值的蒸汽机以后,以机器化大生产为特征的工业革命(18 世纪 60 年代至 19 世纪 40 年代)就开始了。由于机器生产的高效率和精确化,带来了手工艺生产的不适应,从而造成设计与生产逐渐分离。机械化的生产使得传统的艺术家和工匠被工艺设计师、各种机器和新材料所取代。

1851 年,在伦敦海德公园召开的第一届世界工业博览会上,展出了一系列工业革命所带动的新发明、新产品,如蒸汽机、引擎、汽锤、车床,甚至包括由预制的金属肋拱和薄片玻璃建成的"水晶宫"等,引发了人们对工业革命成果的浓厚兴趣和极大关注。从此,专业化的艺术设计与机器化大生产的结合成为了工业发展的主流。功能主义设计思想也在这一时期产生,并成为工业设计的主导思想。

功能主义设计思想认为:设计应当反映时代精神,工业时代的特征是机器大生产,机器只能加工几何形状,因此几何形式美就成为功能主义的美学观点。"外形跟随功能",也就是艺术与技术结合,它的基本美学观点是:产品设计不要附加装饰,而是通过结构和材料来表现美,通过机器加工来表现完美的几何形式、表面光洁、表面质感和表面肌理,表现表面的光顺。它强调造型必须有目的,必须符合功能需要,这也就是说设计必须很理性,不能按照设计师的个人随想。它强调工业大生产,以降低成本满足下层人民需要和国际市场竞争。设计师必须熟悉加工工艺,产品必须能够大规模生产,为此设计要标准化、系列化、典型化。它强调设计应当为大多数下层人民服务,提倡简朴节约,设计的产品必须价廉、结实、耐用、质量高。

1920 年以后,德国的展示"青春风格"的新艺术蜿蜒的曲线受到机器生产的制约,逐步转变成几何因素的形式构图。功能主义审美观形成了德国文化的一部分,对周边国家有较大影响。他们反对通过设计刺激消费,反对用华丽包装打扮劣等产品,反对给产品附加装饰。与此同时,也有一些流派反对机器中心论,即反对把机器作为少数人的拜金工具,为少数人的利益而设计,用机器来奴役人。它坚持以人为本,用艺术作为理想主义和道德力量来改变机器中心论,强调高尚而愉快的劳动。

在奥地利,维也纳分离派更是将各种线条简化成了直线与方格,这也便预示着功能主义的标志——机器美学的出现。其中,以建筑师阿道夫·卢斯(Adolf Loos)最为极致,其作品绝无装饰、个性特征极其奇缺。卢斯在《装饰与罪恶》(Ornament and Crime)里论述到:"如果我买到一个素盒子的钱和买一个花盒子的钱一样多,那么,多出来的工作时间就能归那个人了。"在他看来,"装饰不过是在浪费钱财"。

1907 年,在建筑师赫尔曼·穆特修斯(Hermann Muthesius)的组织下,在德国成立了由 12 位艺术家和 12 位工业家组成的"德意志制造业同盟",从而实现了工业设计真正在理论上和实践上的突破。穆特修斯在其专著《英国住宅》(Dasenglishche Hans)中写到:"我们想在机械产品上看到的,是平滑的形式,简化到只剩下了最基本的功能","机械样式"必将成为 20 世纪设计运动的目标。1914 年,德意志制造业同盟在科隆举行年会,穆特修斯提出确立一种"标准",并已形成一种统一的审美"趣味",主张"德意志制造业同盟”应该鼓励标准化产品的设计与制造。德意志制造业同盟的另一个代表设计师彼得·贝伦斯(Peter Behrens)的设计也注重功能、崇尚简洁,产品设计朴素而实用。由于“标准化”的提出,德意志制造业同盟更加注重产品的科学性和功能性,功能主义作为现代主义正式的设计理念由此真正诞生了。功能主义设计又被称为现代设计、技术美、机器艺术。简练、高直、清瘦和垂直的线条是其典型特征,对后来的包豪斯风格产生了重要影响。1930 年以后,功能主义设计思想逐步传播到欧洲、亚洲。

与此同时,在美国芝加哥出现了大批现代性经典形象——摩天大楼。芝加哥学派的中坚人物路易斯·沙利文(Louis H. Sullivan)提出了“形式追随功能”的口号,强调“哪里的功能不变,形式就不变”的设计哲学,成为日后德国包豪斯所信赖的教义。他通过合理使用材料,把最单纯的功能形态给予了他所设计的建筑物。后来,弗兰克·劳埃德·赖特(Frank Lloyd Wright)把功能主义又进一步发展到了住宅建筑的领域。他形成“有机建筑”的概念,即建筑的功能、结构、适当的装饰以及建筑的环境融为一体,强调建筑的整体性,使建筑的每一部分都与整体协调。他对机械化及其美学持乐观态度,对新揭示出的材料的美感持赞扬态度。因此,芝加哥学派是一种“卓越的功能主义建筑思想”,因而成为 20 世纪前半叶工业设计的主流——功能主义的主要依据。20 世纪 40 年代,包豪斯一些成员在美国建立设计学校,从事设计,功能主义设计思想在美国得到传播和发展,发展出高层玻璃建筑。

2. 功能主义的概念

现代主义是主张设计要适应现代大工业生产和生活需要,以讲求设计功能、技术和经济效益为特征的学派。其最为重要的理念便是功能主义。功能主义就是要在设计中注重产品的功能性与实用性,即任何设计都必须保障产品功能及其用途的充分体现,其次才是产品的审美感觉。简言之,功能主义就是功能至上主义。功能主义在设计时强调被设计对象的功能,而把外在形象简化,把烦琐的线条和装饰减少,甚至取消,设计对象外在造型呈现出抽象的几何图形、图案的特征。

1.2.1.2 功能主义的发展

20 世纪世界设计艺术的发展史中形形色色、风格各异的新流派层出不穷,但纵观这一时期的历史,影响最大而且今天依然存在并起较大作用的只剩下以功能主义为基本特征的现代主义设计。它已经成为近一个世纪以来世界设计发展的基本格局和模式。功能主义作为现代主义的核心理念不仅在工业设计领域迅速发展起来,而且还在广泛的学科领域里应用并发展起来,并形成各自不同的特点。

1. 心理学领域

1890 年,美国兴起了功能学派,主要研究个体适应环境时所产生的心理功能,适应和实用是其中心思想。功能学派分别诞生自哈佛、芝加哥、哥伦比亚,受实用主义影响。由于功能学派无主导全学派的领导型人物。因此,心理学的重心逐渐从德国转移至美国。其相关人物有达尔文、斯宾塞、高尔顿、詹姆斯、杜威等。

2. 生理学领域

在生理学领域,功能主义是指理解一种生物学现象(一种行为或一个生理学结构)的最好方式,是试图去理解其对有机体有用功能的原则。

3. 建筑学领域

作为德意志制造业同盟三大家之一的贝伦斯为功能主义的发展——包豪斯的功能主义设计培养了最为优秀的领导者。1903 年,在德国的杜塞尔多夫,贝伦斯接受穆特修斯的任命担任了当地工艺美术学校校长。期间,功能主义设计的后起之秀阿道夫·梅耶(Adolf Meyer)在这里求学。1907 年,贝伦斯在柏林加盟通用电气公司,同时创办了私人建筑事务所,在这期间又培养了三位对后世影响深远的建筑师和设计师:格罗彼乌斯、密斯·凡·德·罗(Mies van der Rohe)、勒·柯布西埃(Le Corbusier),而前两人后来先后成为包豪斯的校长。因此,贝伦斯的想法与设计实践都对包豪斯产生了重要的影响。

另外,包豪斯的发展还离不开比利时人威尔德的贡献。1902 年,威尔德被召到魏玛,举办了一个"私人工艺美术讲习班"。这个讲习班"通过进行设计、制作模型、样本之类的手段,向工匠和工业家们提供艺术灵感","让艺术家、工匠与工业家进行合作的梦想"比德意志制造业同盟早六年,比包豪斯则早了十几年。1907 年,威尔德创办了自己的学校,而包豪斯最初的校舍便是他设计的房子,格罗彼乌斯的受任也是受了威尔德的引荐,包豪斯的许多课程设置都保持了威尔德最初的设想。

1919 年 4 月 1 日,对现代设计产生了其他学派无可比拟的作用的包豪斯正式成立了,定名为"Des Stoatliches Bauhaus"(魏玛国立包豪斯建筑学院)。包豪斯的成立回答和解决了穆特修斯关于"如何把工学精神融入到美术中去"的疑问。包豪斯的目标是"为了对抗现代的手工主义和专业化,把所有的形式都综合起来,建立一种适合于新时代的崭新的民众文化"。在设计理论上,包豪斯提出了"艺术与技术的新统一、设计的目的是人而不是作品、设计必须遵循自然法则来进行"的基本观点,并在以功能至上为特点的功能主义设计领域进行了广泛的尝试,也取得了巨大的成功。在包豪斯师生的尝试下,包豪斯设计和制造了宜于机器生产的家具、灯具、陶器、纺织品、金属餐具、厨房器皿等工业日用品,大多达到"式样美观、高效能与经济的统一"的要求,如密斯·凡·德·罗的钢管椅、M. 布鲁尔的椅子以及包豪斯学生的台灯等。在建筑方面还设计了多处讲求功能、采用新技术和形式简洁的建筑。如德绍的包豪斯校舍、格罗皮乌斯住宅、学校教师住宅和萨默菲尔德别墅等。也正是在信奉"方盒子就是上帝""功能至上""有用即美"的包豪斯时期,功能主义发展到了一个全新的高度,并在此基础上形成了完全意义的现代主义设计。

1950 年,瑞典建筑师汉斯·阿斯普隆德(Hans Asplund)正式命名功能主义或理性主义建筑。它主要是指一种建筑形式,由纯几何体、钢筋与玻璃,以及显现模板粗犷痕迹的素混凝土外观所构建的建筑群组或结构关系。

著名的功能主义建筑,包括芬兰首都赫尔辛基的奥林匹克体育馆和著名的巴黎庞比度中心。在现代建筑设计中,功能主义是一种将实用作为美学主要内容、将功能作为建筑追求目标的创作思潮。芝加哥建筑师沙里文是功能主义的奠基者,提出"形式服从功能"的口号。早期功能主义的重点是解决人的生理需要,其设计方法为"由内向外"逐步完成。在功能主义发展的晚期,人的心理需要被引进建筑设计之中,建筑形式成为功能的一个组成部分。

4. 社会学领域

在英国社会学家斯宾塞社会演化理论、法国社会学家涂尔干的《社会分工论》等功能主义观点的基础上,20 世纪 40 年代,美国社会学家帕森斯整合各功能主义观点,构建了结构功能主义学派。帕森斯认为社会是具有一定结构的系统,社会的各组成部分以有序的方式相互关联,并对社会整体发挥着必要的功能。他认为社会系统是行动系统的 4 个子系统(有机体系统、人格系统、文化系统和社会系统)之一。在社会系统中,行动者之间的关系结构形成了社会系统的基本结构。社会角色,作为角色系统的集体,以及由价值观和规范构成的社会制度,是社会的结构单位。社会系统为了保证自身的维持和存在,必须满足 4 种功能条件:①适应;②目标达成;③整合;④潜在模式维系。在社会系统中,执行这 4 种功能的子系统分别是经济系统、政治系统、社会共同体系统和文化模式托管系统。这些功能在社会系统中相互联系。社会系统与其他系统之间、社会系统内的各亚系统之间,在社会互动中具有输入—输出的交换关系,而金钱、权力、影响和价值承诺则是一些交换媒介。这样的交换使社会秩序得以结构化。帕森斯认为,社会系统是趋于均衡的,四种必要功能条件的满足可以使系统保持稳定性。现代社会学中的结构功能主义就是在以往的功能主义的思想基础上形成和发展起来的。

R. K. 默顿发展了结构功能方法,提出了外显功能和潜在功能的概念,区分了正功能和负功能,并引入了功能选择的概念。结构功能主义的代表人物还有 K. 戴维斯、M. J. 利维、N. J. 斯梅尔塞等社会学家。在整个 20 世纪 50 年代,结构功能主义在美国社会学中曾占主导地位。从 60 年代中期开始,结构功能主义受到了相当多的批评。其中有的直接针对它的功能逻辑前提,特别是对它采用唯意志论和目的论的解释方式,也即把系统各组成部分存在的原因归之于对系统整体产生的有益后果或正功能,进行了猛烈的抨击;有的批评它只强调社会整合,忽视社会冲突,不能合理地解释社会变迁。

5. 文化人类学领域

功能主义也是近代文化人类学的重要流派,它强烈主张应通过有机整体地把握文化诸要素的功能,把文化作为一个合成体来理解。其创始人是英国的马林诺斯基、拉德克里夫・布朗——两位从功能主义立场出发的社会人类学家。功能主义派对文明社会和社会形态不同的未开化社会给予特别关注,并主张实地调查。1930 年以来,这派学者进行了主要以非洲、大洋洲为对象的许多周密的调查研究,对人类学理论的发展做出了重要贡献。

1.2.1.3 功能主义的新趋势

随着时代的发展,人们对审美的要求越来越高,要求打破"方盒子"的呼声也越来越高。包豪斯的"方盒子就是上帝"的功能主义理念造成了其设计过于理性化,忽视了产品的审美性和人在使用产品时的精神愉悦性;过于单调的设计给人以冷清、灰色的感觉,使人的情绪得不到释放,这又与现代紧张生活之余人们的"放肆"心理相背离……对包豪斯功能主义进行改良已成为趋势。

20 世纪 50 年代,西方各国出现大量水泥建筑和高层玻璃建筑,并以此作为"现代性"的象征标志。许多高层内部空间狭小拥挤,有时多达数万人在一座高楼里,并不适合人的生活和工作,也很难清洗大面积的玻璃。60 年代中期,西方在建筑和城市规划方面出现争论,在美国出现了对现代建筑、心理和象征方面的批判,逐渐形成后现代理论,批评把追求纯功能目的理性作为大批量生产的唯一目的,认为这种设计缺乏情感色彩,又有人争论艺术在设计中的作用。1965 年,阿多诺斯在德国工作联盟作了一个报告"今天的功能主义”,批评把功能主义作为意识形态和指导思想,并指出一种形式除具有确定的用途外,还具有象征符号作用。1968 年,又有人提出不能再把功能主义看成至高无上的设计原理,批评六七十年代水泥板建筑的形式主义使人感到单调。在美国,甚至有些高层玻璃建筑被推倒。由此,功能主义设计思想在各国受到批评。

人们已经意识到不能只追求物质利益,不能只单一考虑工业大生产和经济增长。保存资源、保护环境、维持生态平衡成为迫切要解决的设计问题,例如探索新方法解决垃圾处理,以减少污染,节约原料;改善产品结构,使其可修理;使无用的废料变成可利用的材料;使用风能和太阳能以节约地矿资源;使用雨水,解决城市缺水问题;沙漠治理等。格鲁斯于 1975 年提出“有意义的功能”理论,设法跳出工业化和现代化时代设计思想的目的理性,倾向于人文科学思想方法。他在德国首先提出了“再生循环处理”设计思想。从这一思想出发,德国的欧分巴赫大学和柏林的国际设计中心发展了再生设计,他们改变了设计方法并用于实践。这种设计思想导致了环境保护技术和设计,后来被称为生态设计。在这种情况下,一些国家提出了新的发展方向,不再以经济增长作为发展目标,而是寻找可持续性发展策略,以维持人类的生存。

通过对功能主义的批评,在意大利设计形成了独特思想体系,对西方工业设计产生很大影响,它主要采用柔和曲线、充分发挥色彩作用,在日用品、家具和建筑上,形成了一种新的设计风格。然而还应当冷静地看到,功能主义设计并不是被“淘汰”了。功能主义的核心思想是“以人为本”,它的理想是设计一个使人类幸福的人造环境。上述许多设计思想实质上是在功能主义基础上,对新时代中新设计课题的新发展,如产品符号学、对环境与生态的关注、寻找可持续发展、以心理学为基础建立新的设计理论等。另一方面还应当看到,这种新思潮对机器工具设计没有很大影响。在德国工业界,功能主义思想仍然在发挥正面作用,例如 1967 年德国发明了“转动—斜靠窗”,1996 年又发明了“三联窗”。德国机器工具设计在世界上很出名,它主要强调功能,艺术对它只能起一定作用。

与此同时,斯堪的那维亚设计风格(“柔性的功能主义”)在二战后开始走向设计舞台,其简洁和实用的设计思想与工业的效率和功能主义融为一体,使传统与理性有机结合。它是一种比包豪斯更为柔和并具有人文情调的设计方法。它的风格主要是:在充分考虑产品功能的基础上,对形体和边角进行柔化和弯曲,并与天然材料相结合,形成了一种“怀旧的有机形”。典型产品有保罗·汉宁森(Poul Henningesn)的 PH 系列灯,阿纳·雅各布森(Arne Jacobsen)的“天鹅椅”“蛋椅”“蚁椅”等,更加符合大众的审美情趣。

第二次世界大战后的德国,在乌尔姆造型学院设计师们的带领和影响下,发展并形成了基于理性主义的以强调技术、表现为功能主义特征的工业设计风格。学院设计师们坚信艺术是生活的最高体现,认为设计的目标就是促进将生活本身转变成艺术品。托马斯·马尔多那多(Tomas Maldonado)继任校长后,乌尔姆造型学院与企业的联合以及在学科设置与心理学、符号学、人类学、社会学和人机工程学等领域进行了有机结合,从而使其设计风格在理性基础上有向人性化设计转变的倾向。

所谓“人性化设计”,就是以功能主义和人机工程学为基础,在保障产品功能的前提下改进产品的外形设计以达到符合人机工程的一般原理的设计理念。它综合了产品设计的安全性与社会性,在设计中注重产品内环境的扩展和深化。

例如,美国设计师亨利·德雷夫斯(Henry Dreyfess)坚持工业产品的设计首先应该考虑的是高度舒适的功能性,设计必须符合人体的基本要求即人机工程学。他发表了著名的《人体测量》,为设计界在人机工程学方面提供了主要的数据资料。他还为贝尔公司设计了听筒和话筒合二为一的贝尔300型电话机。

在意大利佛罗伦萨设计师达尼埃莱·贝迪尼(Daniele Bedini)负责的国际空间站的设计中,床位舱、厨房、起居室、卫生间、衣柜、储存箱、内部照明、宇航员的服装以及舱内的电信、媒体的设计,都运用了人机工程学的原理进行优化设计,而且都注重材料的新型性、节能性和环保性,做到了设计与实际的统一。

在家具特别是椅子的设计方面,在功能主义的基础上注入了更多的人机工程学的相关原理。1996年,威利姆·比尔·斯登夫(Willian Bill Stumph)和顿·恰·维克(Don Chael Wick)共同开发了一种用于办公的座椅,以人的足、膝、腰三个部位为轴心,配合人的坐姿的变换,设置了手动调节装置,以便随时调节坐椅的形态,使之增加座面和靠背对人体的合理、有效的支撑点,采用弹性、透气性和触感均良好的织物绷面,使人感到舒适。坐椅靠背和框架采用强化聚酯,扶手和椅子的腿、支架等部分采用高强度特制铝合金制作,不仅结实耐用,方便组装、拆卸和维修,而且节省资源,有利于回收,不但对人是一种关怀,对环境也体现了深切的关注,实现了人性化设计与绿色设计在功能主义基础上的统一。这些都将成为功能主义在新时代的新的发展趋势。

1.2.2 建筑功能的发展

1.2.2.1 建筑功能与人的需求的关系

从整个人类历史发展的角度来看,由于人类需求的不断发展,建筑的功能才得到了不断的发展与完善。比如,人类为了防雨,因此在建筑屋顶设置了防水层,屋顶具备了防水功能;人类需要遮挡烈日照晒,因此就在用于采光和通风的门窗上设置了遮阳设施,在屋顶设置了隔热层;人类需要冬天保温,建筑就被加上了保温层;人类需要在楼房中就能做饭,并能把污水、油烟排走,因此多高层建筑厨房内有了给水、排水设施及烟道;人们为了能够上楼下楼,就设计了楼梯、电梯来解决上下交通问题等。当然,建筑功能的发展还受到很多因素的影响,如科学技术、气候与环境、宗教信仰、文化、生活方式等因素的影响。总体而言,人类不断发展的需求对建筑功能的发展起着决定性的作用。

1.2.2.2 建筑功能的发展

功能主义,就是功能至上的设计理念。在这一理念的影响下,设计师们设计任何一栋建筑,都首先要从建筑的功能分析出发。在确保建筑功能的前提下,再结合美学规律,按照“形式服务于功能”理念来选择和简化建筑的外观形式。因此,对建筑功能的开发和挖掘,成了现代设计师们的重点工作。当我们以功能主义的视角来观察古今中外建筑发展的历史时,我们会发现,整个人类建筑发展的历史,其实就是一部建筑功能发展的历史。原始的建筑,无论其形式怎样,遮风避雨、躲避野兽袭击是其基本功能,而且建筑类型单一;到了奴隶社会、封建社会时期,由于生产方式、生活方式的变化,建筑功能不断增多,建筑类型出现了分化,形成了神庙、斗兽场、宫殿、住宅、商铺等不同功能、不同形式的建筑。

到现在,车站、机场、宾馆、展览馆、体育场馆、城市CBD商业中心、核电站等不同功能、不同类型的建筑越来越多。除不同使用功能外,建筑物自身的功能也不断增多。建筑物具有了防风遮雨、采光通风、保温隔热、隔音、防水、防火、排烟、供水、排水、防震等多种功能。到今天,建筑已经发展到了类型多样化、功能多样化、智能化、信息化的阶段。根据当前全世界人口、资源、环境、经济发展、科技发展状况分析,专家们预计,今后建筑功能将会越来越集成化、智能化、多样化、环保化,人类生活、工作的环境将会越来越温馨舒适。

随着建筑物自身功能的不断发展,为了实现建筑物特定功能的建筑构造也日益复杂多样。比如,基础有基础的功能和构造,隔墙有隔墙的功能和构造,门窗有门窗的功能和构造,保温层有保温层的功能和构造等。总之,建筑物自身特定的功能需要由特定的材料,按照特定的构造层次、构造工艺加工制作而成。例如,我国古代的斗拱,既实现了向上层层延展和撑起屋顶结构重量的功能,同时也充分体现了特定的材料、构造和艺术美,是功能、构造及造型完美结合的典型案例。埃菲尔铁塔,则是现代建筑功能、钢铁材料、构造及造型完美结合的典型案例。

当今,建筑设计已经不再是仅仅考虑建筑功能的设计和"功能至上"的唯功能论,而是有机融入了新材料、新科技、美学、心理学、人文等众多因素。建筑构造设计也更加注重了功能、构造及造型的完美结合。

1.2.3　功能主义思想在建筑平面设计和构造设计中的应用

功能主义是现代建筑设计的核心理念,一切设计首先从功能的分析出发。然后由功能发展出平面布局、空间造型、材料构造、工艺顺序等,功能决定了建筑房间的有无、大小以及材料构造等。建筑空间虽然也能在艺术造型的逻辑下诞生,但是如果没有功能的分析和限定,空间造型可能是随意和脱离现实的,不符合规范要求的,甚至是不实用的。

1.2.3.1　功能主义思想在建筑平面设计中的应用举例

以单元式住宅的平面设计为例。在单元式住宅楼的设计中,第一,要根据居住需求考虑住宅的使用功能,比如会客、就餐、睡觉、看书学习、做饭、如厕、观景等功能,因此就需要设置客厅、餐厅、主卧室、次卧室、书房、厨房、卫生间、生活阳台、服务阳台等;第二,要分析家庭结构、生活方式、风俗习惯及地方特点等,进行功能分析并绘制功能分析图(见图1-26);第三,根据各功能之间的关系初步确定各个房间的位置、形状和联系紧密程度,再根据人口数量、家具多少、家具大小、居住面积需求等初步确定房间形状和大小,绘制出平面布局草图,并不断进行调整,直至形成比较符合需求的建筑平面图(见图1-27);第四,完善立面图、空间造型及相关详图,形成建筑方案设计图。

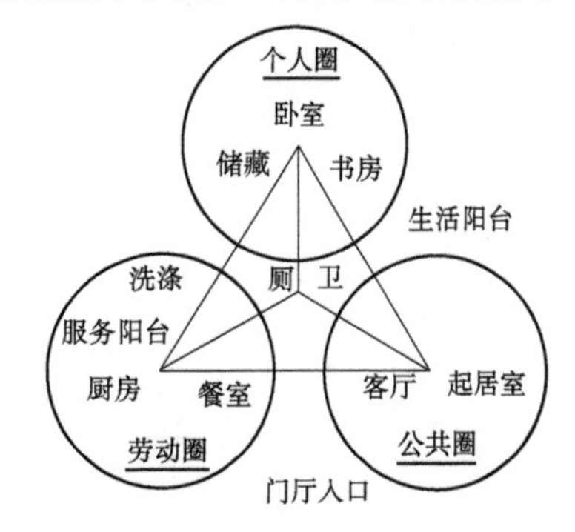

图1-26　住宅功能分析图

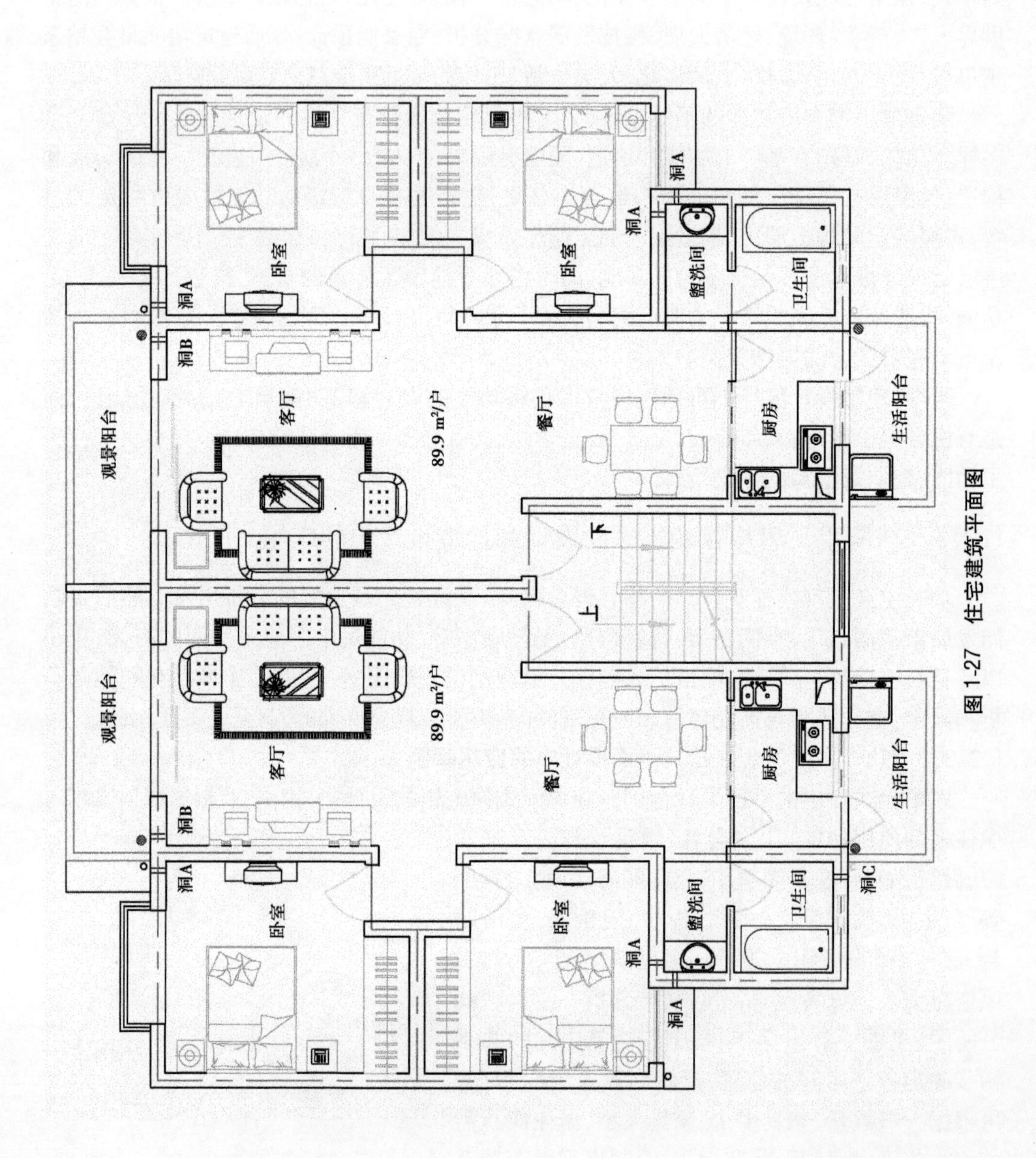

图 1-27　住宅建筑平面图

1.2.3.2　功能主义在建筑构造设计中的应用举例

以木制平开窗的窗框和窗扇设计为例介绍功能主义在建筑构造设计中的应用。木窗框是与墙体直接连接的部分，窗框上再安装窗扇，窗扇与窗框之间需用五金件（如合页）连接，窗扇上要安装单层玻璃或多层玻璃。窗框和窗扇的断面形状必须考虑几个功能要求：第一，窗框与窗扇之间要便于连接，且有较好的密封性；第二，窗框能够限制窗扇开启方向（内开或外开）；第三，窗框能够与墙体可靠连接，且尽量减少变形影响；第四，窗扇的断面形状要便于安装玻璃、与窗框连接和密封。在构造上，为了使窗扇能够关严并限制窗扇位置，窗框的形状一般要做成"L"形（单层窗，向外开或向内开）或"凸"形（双层窗）（见图1-28）。为了使窗框与墙体连接牢固而且能够减少热胀冷缩或湿涨干缩的影响，工匠

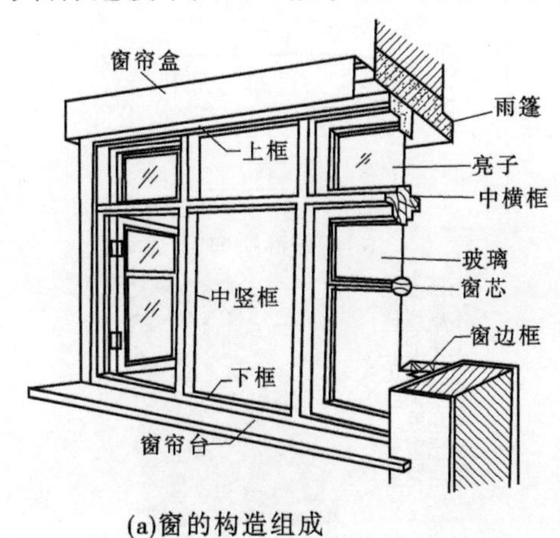

(a)窗的构造组成

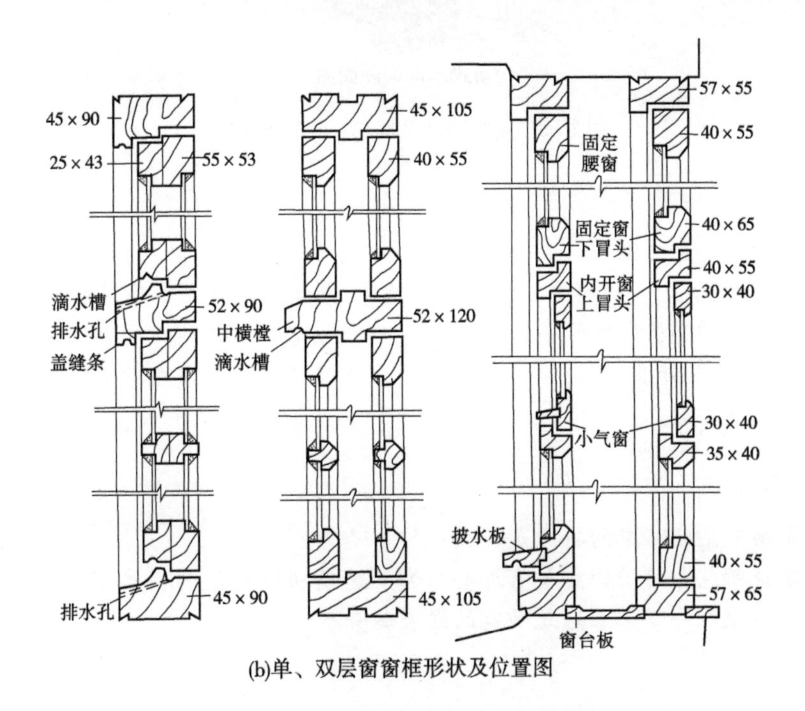

(b)单、双层窗窗框形状及位置图

图1-28　窗的构造组成及窗框剖面图

们一般在窗框底部(与墙体连接的面)开凿两条“V”形槽或开大槽(见图1-29)。因此,木质窗框、窗扇断面的形状就是在“限位、牢固连接以及减少变形”等方面功能需求的影响下形成的。当然,随着门窗材料、五金配件和连接技术的不断发展,门窗框、扇的形式越来越多样化,但其基本功能(连接、开启、关闭、限位、密封等)却没有大的变化。

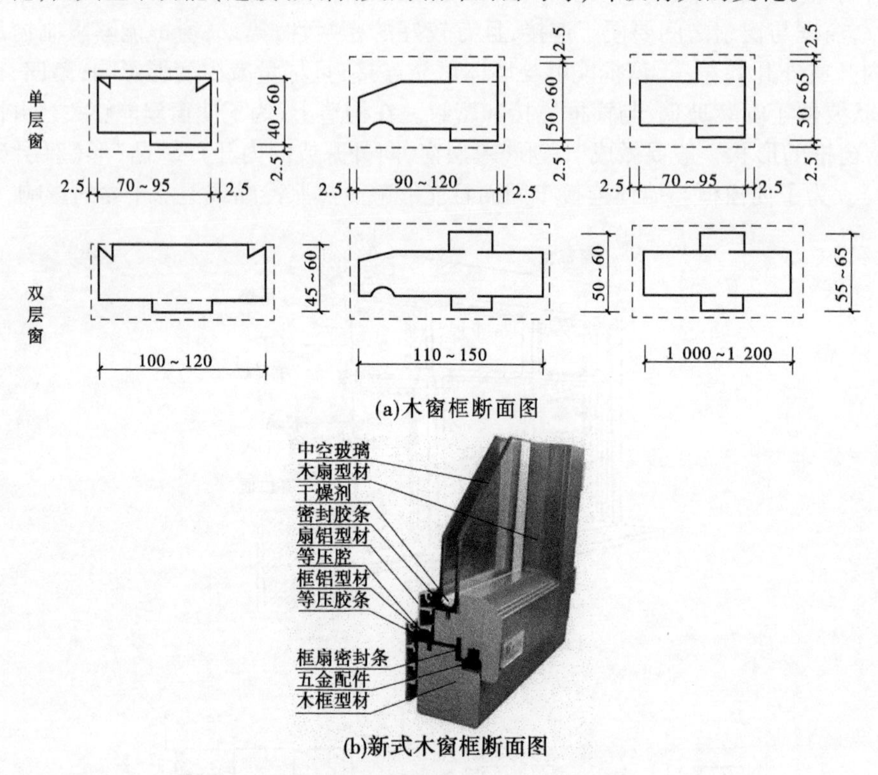

图1-29　窗框断面及底部“V”形槽图

1.2.4　小结

主要介绍功能主义的概念和特点,功能主义产生的历史背景以及在各行业、各领域的发展状况,阐明了功能主义的实质。针对建筑功能,重点介绍古今中外建筑功能的发展变化及特点(防御、保护、防风避雨等),阐明当今建筑所包含的功能(居住、防水、防火、隔音、保温隔热、节能、智能化、生态环保等),揭示影响建筑功能发展的因素,预测了未来建筑功能的发展趋势。

1.2.5　思考题

1. 什么是功能主义?它的特点是什么?

2. 当今建筑所包含的功能主要有那些?影响建筑功能发展的因素有哪些,其中最主要的是什么?请预测一下未来建筑功能的发展趋势。

任务1.3　建筑构造认知

1.3.1　建筑的基本构造

一幢民用建筑，一般是由基本构件和附属构件组成的。基本构件是指组成建筑物的主要构件，包括基础、墙（或柱）、楼板层及地坪层（楼地层）、屋顶、楼梯和门窗等六大部分。附属构件是指在基本构件上制作的起保护、弥补缺陷、增强功能及美观作用的构件，主要包括勒脚、散水、台阶、坡道、窗台、阳台、雨篷、女儿墙等。建筑的基本组成如图1-30所示。

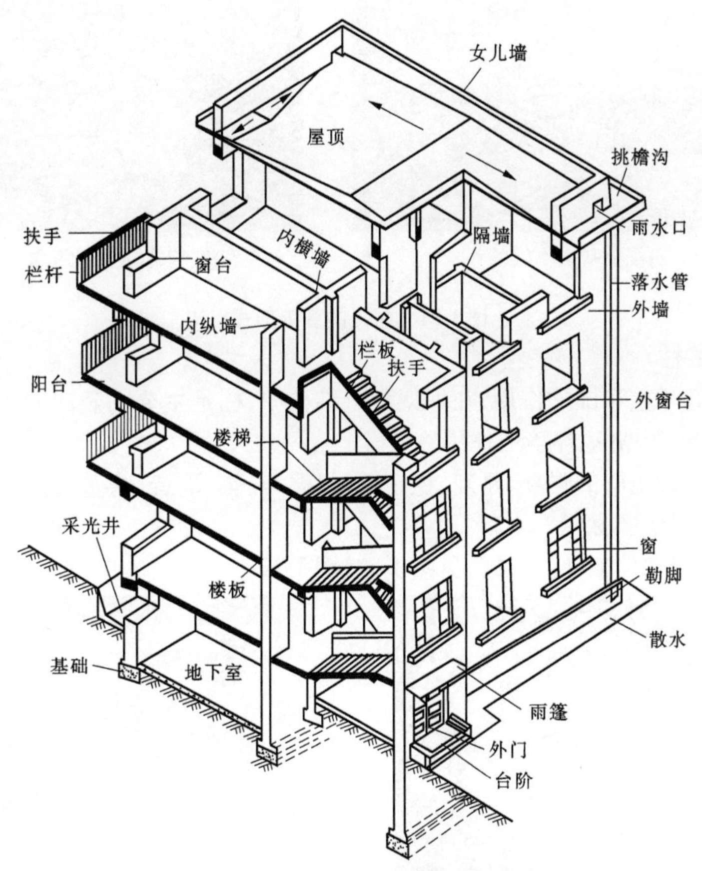

图1-30　建筑的基本组成

每种构件都是用具体材料，按照一定的构造层次、构造顺序和外在形式加工制作而成的，并且发挥着各自不同的功能作用。

1.3.1.1　基础

(1)作用：建筑最下部的承重构件，承担建筑的全部荷载，并下传给地基。

(2)设计要求：坚固、稳定，且能抵抗冰冻、地下水和化学侵蚀等。

(3)常见的基础形式如图1-31所示。

(a)独立基础

(b)条形基础

(c)筏板基础

(d)桩基础(人工挖孔桩)

图 1-31　常见的基础形式

1.3.1.2　墙(或柱)

(1)作用:起承重和围护作用,在框架承重结构中,柱是主要的竖向承重构件,内墙起着分隔房间创造室内舒适环境的作用。

(2)设计要求:足够的强度、刚度、稳定性、保温、隔热、隔音、防水、防火等能力以及具有一定的经济性和耐久性。

(3)常见砖墙和框架柱的形式,见图 1-32、图 1-33。

图 1-32　砖墙

图 1-33　框架柱

1.3.1.3　楼地层

(1)作用:是水平方向的承重构件,起垂直分隔空间、水平承重和水平支撑作用。

(2)设计要求:足够的抗弯强度、抗剪强度、刚度和隔音、防水、防潮。

(3)常见的楼地层形式,如图 1-34 所示。

(a)楼面配筋

(b)楼面地砖

图1-34　常见的楼地层形式

1.3.1.4　**楼梯**

(1)作用:垂直交通设施,供人们上下楼梯和紧急疏散之用。

(2)设计要求:足够的通行能力、防水、防滑。

(3)常见的楼梯形式,如图1-35所示。

(a)楼梯1

(b)楼梯2

图1-35　常见的楼梯形式

1.3.1.5　**屋顶**

(1)作用:建筑物顶部的外围护构件和承重构件,一般由屋面、功能层(保温、隔热、防水层等)和承重结构三部分组成。

(2)设计要求:足够的强度、刚度以及防水、保温、隔热能力。

(3)常见的屋面形式,如图1-36、图1-37所示。

图1-36　坡屋顶

图1-37　平屋顶

1.3.1.6 门窗

门主要用作内外交通联系及分隔房间,窗的主要作用是采光和通风,门窗属于非承重构件。

(1)作用:门,内外交通、隔离房间之用;窗,采光和通风,分隔和围护。

(2)设计要求:保温、隔热、隔音、防风沙、防渗透等。

(3)常见的门窗形式,如图1-38、图1-39所示。

图1-38 各类套装门

图1-39 窗

1.3.2 建筑的附属构造

民用建筑除基本的构造组成以外,根据建筑物功能和特点的不同,通常还有一些附属构造,如建筑防水、建筑保温、阳台、窗台、散水与排水沟、勒脚等。

1.3.2.1 建筑防水

(1)作用:为防止雨水、地下水、工业与民用的给排水、腐蚀性液体以及空气中的湿气、蒸汽等,对建筑物某些部位的渗透侵入,而从建筑材料上和构造上所采取的措施。

(2)设计原则:建筑防水的设计要求是,采取有效、可靠的防水材料和技术措施,保证建筑物某些部位免受水的侵入和不出现渗漏水现象,保护建筑物具有良好、安全的使用环境、使用条件和使用年限。

(3)建筑屋面防水形式,见图1-40。

图1-40 建筑屋面防水

1.3.2.2 建筑保温

(1)作用:减少建筑物室内热量向室外散发的措施,对创造适宜的室内热环境和节约能源有重要作用。建筑保温不仅要从建筑外围护结构上采取措施,而且还要从房间朝向、单体建筑的平面和体型设计,以及建筑群的总体布置等方面加以综合考虑。

(2)设计原则:①争取良好的朝向和适当的建筑物间距。②选中合理的建筑物体型与平面形式。③维护结构应具有良好的热工性能。④增加建筑密闭性,防止冷风渗透的不利影响。

(3)建筑外墙保温形式及构造示意图,见图1-41、图1-42。

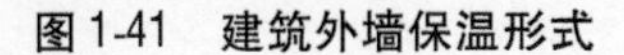

图1-41 建筑外墙保温形式

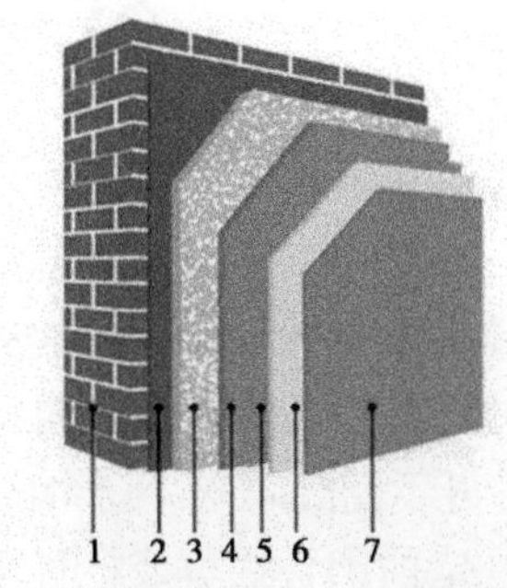

1—基材;2—界面砂浆;3—胶粉聚苯颗粒;
4—抗裂砂浆;5—耐碱玻纤网格布;
6—抗裂砂浆;7—涂料饰面层

图1-42 建筑外墙保温构造示意图

1.3.2.3 阳台

(1)作用:阳台是建筑物室内的延伸,是居住者呼吸新鲜空气、晾晒衣物、摆放盆栽的场所,是居住者接受光照,进行户外锻炼、观赏、纳凉的场所。

(2)设计要求。

在设计内阳台时,主要考虑以下四点:

①在封闭阳台时,窗口的下口最容易渗水,通常做法是窗下沿预留2 cm的间隙,然后用水泥填死,最好用专用发泡剂密封避免渗水现象产生。

②窗台板最好选用石材做台面板,因为和木质窗台板相比,石材具有防水、防晒、不开裂的特点。

③内阳台地面铺设与房间地面铺设一致可起到扩大空间的效果。

④阳台的吊顶有多种做法,如葡萄架吊顶、彩绘玻璃吊顶、装饰假梁等。阳台的面积较小时,可以不用吊顶,以免产生向下的压迫感。

在设计外阳台时,要考虑以下三点:

①墙地砖的色彩搭配应与外墙协调。地砖、墙砖的规格大小应根据阳台的面积大小来定,要保留地漏,以防万一。

②阳台上可以做一些花架,既能种植花草,也能摆放盆景,或者养鸟、养鱼。一般安装一只水斗,以便浇水和清洗。

③在阳台顶上,可以安装升降式晒衣架,既美观又方便。

(3)阳台形式如图1-43所示。

图1-43 阳台

1.3.2.4 窗台

(1)作用:外窗台主要是排除窗上流下的雨水,美化房屋立面;内窗台则是为了排除窗上的凝结水,以保护室内墙面,摆放东西等。

(2)设计原则:外窗窗台距楼面、地面的净高低于0.90 m时,应有防护措施,窗外有阳台或平台时可不受此限制。窗台的净高或防护栏杆的高度均应从可踏面起算,保证净高0.90 m。住宅的阳台栏板或栏杆净高,六层及六层以下的不应低于1.05 m;七层及七层以上的不应低于1.10 m。封闭阳台的栏杆也应满足阳台栏杆净高要求。中高层、高层住宅及寒冷、严寒地区住宅的阳台宜采用实心挡板。

(3)窗台形式,见图1-44。

(a)外窗台　　(b)内窗台

图1-44 窗台形式

1.3.2.5 散水与排水沟

(1)作用:散水指在建筑周围铺的用以防止雨水渗入的保护层。作用是为了保护墙基不受雨水侵蚀,常在外墙四周将地面做成向外倾斜的坡面,以便将屋面的雨水排至远处,这是保护房屋基础的有效措施之一。排水沟是用于排除地面或地下多余水量的沟或暗管。

(2)设计原则:散水的宽度,应根据土壤性质、气候条件、建筑物的高度和屋面排水形式确定,宜为600~1 000 mm;当采用无组织排水时,散水的宽度可按檐口线放出200~300 mm。散水的坡度可为3%~5%。当散水采用混凝土时,宜按20~30 m间距设置伸缩缝。散水与外墙之间宜设缝,缝宽可为20~30 mm,缝内应填沥青类材料。排水沟多采用现浇混凝土或者实心砖砌筑，防水砂浆涂抹等方式完成，用于建筑周围有组织排水。

(3)散水和排水沟的形式，见图1-45。

(a)散水

(b)排水沟

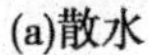

图1-45 散水和排水沟

1.3.2.6 勒脚

(1)作用：勒脚是为了防止雨水反溅到墙面，对墙面造成腐蚀破坏，结构设计中对窗台以下一定高度范围内进行外墙加厚或者增设防水、防潮材料，这段加厚部分称为勒脚。一般来说，勒脚的高度不应低于700 mm。勒脚应与散水、墙身水平防潮层形成闭合的防潮系统。

(2)设计原则：①能够对墙体起到保护作用；②美化建筑的外观。

(3)勒脚形式，见图1-46所示。

图1-46 抹灰勒脚

1.3.3 影响建筑构造的因素分析

1.3.3.1 经济条件的影响

随着建筑技术的不断发展和人们生活水平的日益提高，人们对建筑的使用要求也越来越高。建筑标准的变化带来建筑的质量标准、建筑造价等出现较大差别，建筑构造也出现较大差别，对建筑构造的要求也随着经济条件的改变而发生很大的变化。

1.3.3.2 外界环境的影响

1. 气候条件的影响

气候条件随我国各地区地理位置及环境不同而有很大差异。太阳的辐射热，自然界的风、雨、雪、霜、地下水等构成了影响建筑物的外界因素。所以，在进行构造设计时，应该针对建筑物所受影响的性质与程度，对各有关构、配件及部位采取必要的防范措施，如防潮、防水、保温、隔热、设伸缩缝、设隔蒸汽层等。

2. 外力作用

荷载为作用在建筑物上的各种力的统称。荷载的大小是建筑结构设计时的主要依据，也是结构选型及构造设计的重要基础，起着决定构件尺度、用料多少的重要作用。荷载可分为恒荷载(如结构自重)和活荷载(如人群、家具、风雪及地震作用)两类。

3. 各种人为因素

在进行建筑构造设计时，应针对人们在生产和生活活动中常常遇到的火灾、爆炸、机械振动、化学腐蚀、噪声等人为因素采取措施，防止建筑物遭受不应有的损失，采取相应的防火、防爆、防振、防腐、隔音等构造措施。

1.3.3.3 建筑技术条件的影响

随着建筑材料技术的日新月异，建筑结构技术的不断发展，建筑施工技术的不断进步，建筑构造技术也开始不断翻新并丰富多彩起来，例如彩色铝合金材料的吊顶，悬索、薄壳、网架等空间结构建筑，玻璃幕墙，采光天窗中家庭现代建筑设施的大量涌现等。可以看出，在构造设计中要以构造原理为基础，在利用原有的、标准的、典型的建筑构造的同时，不断发展或创造新的构造方案，以此来适应新技术的发展和满足建筑功能方面的新要求。

1.3.4 建筑构造的设计原则和方法

建筑构造设计必须综合运用有关技术知识，并遵循以下设计原则进行。

1.3.4.1 保证结构坚固、耐久

建筑物是由主要构件、附属构件按照一定的方法和工艺连接而成的。因此，构件自身及其连接的构造都必须坚固、耐久，以保证人们在其寿命期内正常使用。除按荷载大小及结构要求确定构件的基本断面尺寸外，对阳台、楼梯栏杆、顶棚、门窗与墙体的连接等构造设计，都必须保证建筑构、配件在使用时的安全和耐久。

1.3.4.2 满足建筑物的各项功能要求

在进行建筑设计时，应根据建筑物所处的位置、使用功能以及外部环境条件的不同，进行建筑构造设计和相应的构造处理，以满足建筑的不同功能要求。

1.3.4.3 美观大方

建筑的外在美主要通过整体造型、立面设计和细节设置体现，因此在建筑设计时除加强体型组合和立面设计外，还应该重视建筑局部功能和细部构造形式的设计与处理，这样才会带来建筑物的整体美观。

1.3.4.4 技术先进

很多传统的建筑构造需要手工制作完成，虽然美观，但费时费力。而现代建筑往往批量、高效生产，因此在进行建筑构造设计时，应大力改进传统的建筑方式，在因地制宜前提下，从材料、结构、施工等方面引入先进技术，使之规范化、标准化，便于高效生产。

1.3.4.5 合理降低造价

建筑构造虽然重要，但并不是要求设计成复杂和昂贵的产品。因此，在经济上要注意因地制宜选择材料，采取简易加工方式，既便于操作和保证工程质量，又降低材料消耗、能源消耗，减少环境污染，合理降低建筑造价，实现经济效益、社会效益和环境效益的协调统一。

1.3.5 建筑构造图集的应用

建筑构造图集是在建筑工业化、标准化生产的背景下产生的，是为了规范建筑构造设

计与施工,减少设计人员工作量而采取的有效措施。建筑构造图集是将某一地区建筑构造方面的标准做法进行归纳、整理、规范绘制并经政府部门审批同意后所印制发行的图集,它是识读建筑施工图、正确理解建筑构造做法和指导施工的重要工具。根据构件类型的不同,图集往往分册编制。有了图集,很多细部构造、节点构造,就不用画详图了,只需要在图纸上标注清楚图集及详图代码就可以了,设计师的工作就轻松多了。重庆地区主要用到的建筑图集是《西南地区建筑标准设计通用图集》(西南J合订本),见图1-47、图1-48。墙,刚性、柔性防水隔热屋面,坡屋面的图集目录,分别见图1-49~图1-51。

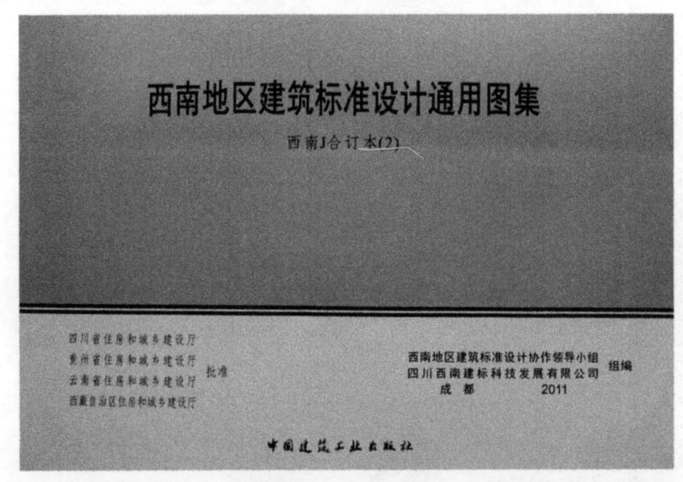

图1-47 《西南地区建筑标准设计通用图集》(西南J合订本(2))

图1-48 《西南地区建筑标准设计通用图集》(西南J合订本(1))

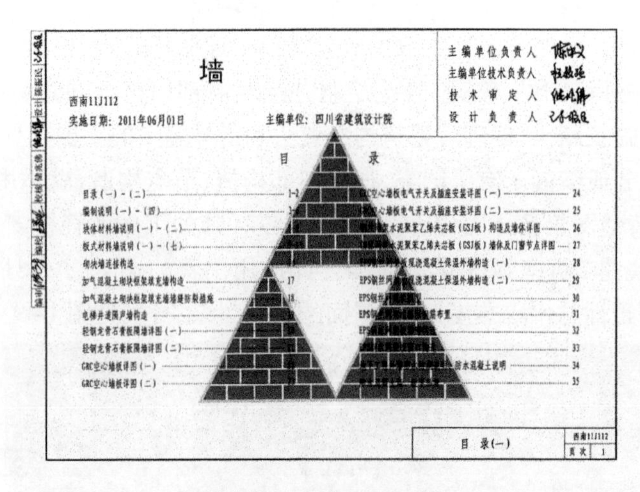

墙

西南11J112
实施日期：2011年06月01日　　主编单位：四川省建筑设计院

主编单位负责人
主编单位技术负责人
技 术 审 定 人
设 计 负 责 人

目　录

目　录(一)　西南11J112　页次　1

图 1-49　西南 11J112 墙

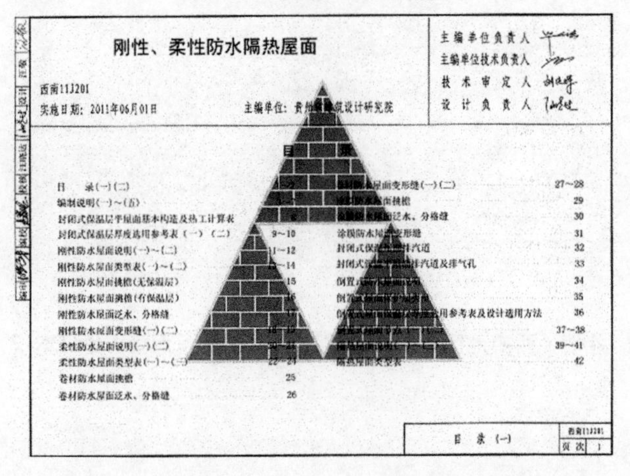

刚性、柔性防水隔热屋面

西南11J201
实施日期：2011年06月01日　　主编单位：贵州[illegible]筑设计研究院

主编单位负责人
主编单位技术负责人
技 术 审 定 人
设 计 负 责 人

目　录

目　录(一)　西南11J201　页次　1

图 1-50　西南 11J201 刚性、柔性防水隔热屋面

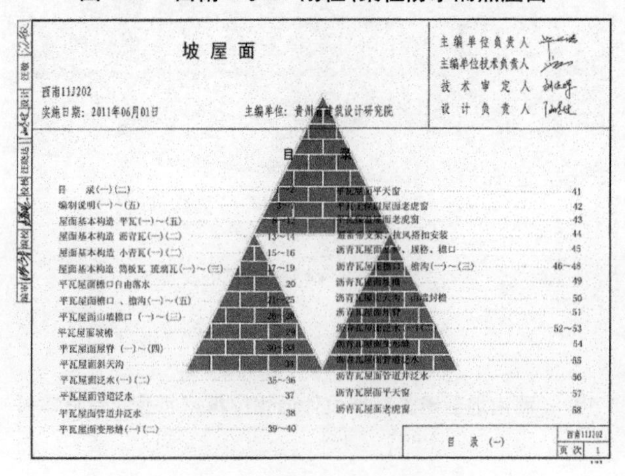

坡 屋 面

西南11J202
实施日期：2011年06月01日　　主编单位：贵州[illegible]建筑设计研究院

主编单位负责人
主编单位技术负责人
技 术 审 定 人
设 计 负 责 人

目　录

目　录(一)　西南11J202　页次　1

图 1-51　西南 11J202 坡屋面

1.3.6 小结

建筑构造是因建筑功能而产生，建筑的功能最终需要通过每一个具体的构造来实现。同一功能可以用不同的构造方式加以实现；而同一构造，也可以实现不同的功能，这就是构造与功能的辩证关系。只有抓住了建筑构造设计的根本——建筑功能，才能够掌握建筑构造的设计精髓，从而实现建筑构造的千变万化和创新。

对于一幢建筑而言，其基本构造一般由基础、墙（或柱）、楼地层、楼梯、屋顶和门窗等六大部分所组成，对于不同使用功能的建筑物，还有许多特有的附属构件和配件，如阳台、雨篷、台阶、排烟道等。

影响建筑构造的因素主要是经济条件、外界环境、建筑技术条件。建筑构造的设计原则为：结构坚固、耐久，满足建筑物的各项功能要求，美观大方，技术先进，合理降低造价。当前，建筑构造图集已经普遍应用于工程实践中。

1.3.7 思考题

1. 民用建筑由哪些部分组成？各组成部分的作用是什么？

2. 影响建筑构造的因素有哪些？

3. 建筑构造的设计原则有哪些？

4. 建筑构造图集的应用，收集和阅读《西南地区建筑标准设计通用图集》（西南J合订本）。

情境 2　砖混结构建筑的构造分析

任务 2.1　基础的功能及构造分析

2.1.1　基础的功能分析

基础是建筑地面以下的承重构件，是建筑的下部结构。它承受建筑物上部结构传下来的全部荷载，并把这些荷载连同本身的重量一起传给地基（见图 2-1）。

地基则是承受由基础传下荷载的土层。地基承受建筑物荷载而产生的应力和应变，随着土层深度的增加而减小，在达到一定深度后就可忽略不计。直接承受建筑物荷载的土层为持力层。持力层以下的土层为下卧层。由此可见，基础与地基的性质截然不同，切不可混淆。

基础的埋置深度称为埋深。一般基础的埋深应考虑地下水位、冻土线深度、相邻基础以及设备布置等方面的影响。从经济和施工角度考虑，在满足要求的情况下基础的埋深愈浅愈好，但最小不能小于 0.5 m。天然地基上的基础，一般把埋深在 5 m 以内的叫浅基础，如图 2-1 所示。

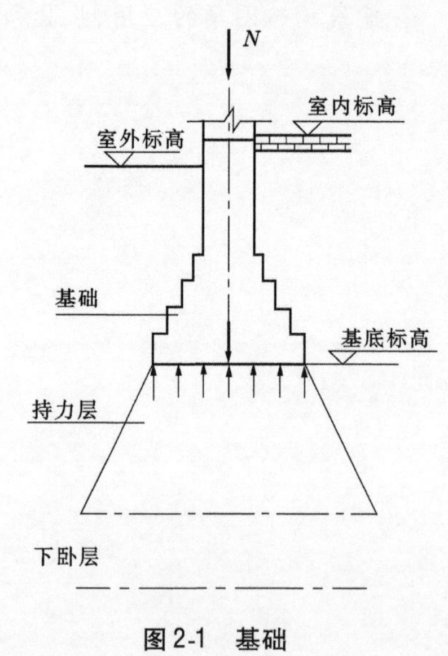

图 2-1　基础

2.1.1.1　天然地基与人工地基

凡天然土层具有足够的承载力，不需经过人工加固，可直接在其上建造房屋的地基称为天然地基。天然地基的土层分布及承载力大小由勘测部门实测提供。作为建筑地基的土层，分为岩石、碎石土、砂土、黏性土和人工填土。

当土层的承载力较差或虽然土层较好，但上部荷载较大时，为使地基具有足够的承载力，可以对土层进行人工加固，这种经过人工加固处理的土层，叫作人工地基。

常用的人工加固地基的方法有强夯、深层搅拌、换土法和化学加固等。

2.1.1.2　基础的类型

研究基础的类型是为了经济合理地选择基础的形式和材料，确定其构造，对于民用建筑的基础可以按形式、材料和传力特点进行分类。

1. 按基础的形式分类

基础的类型按其形式不同可以分为条形基础、独立式基础、联合基础、桩基础和箱形基础，如图2-2～图2-5所示。

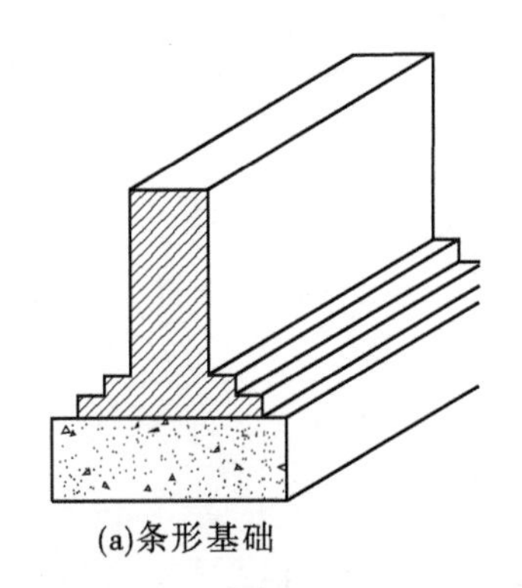

(a)条形基础

(b)条形基础施工现场

图2-2　条形基础

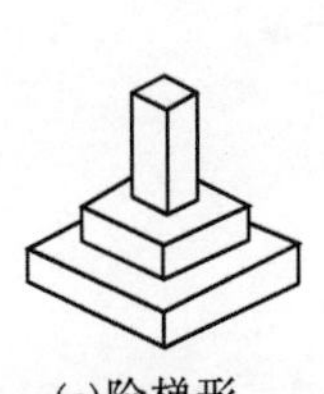

(a)阶梯形

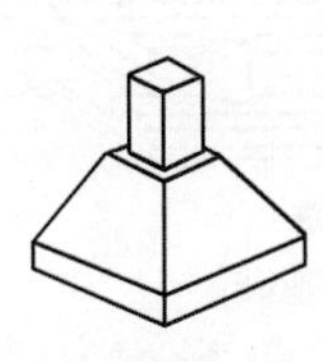

(b)锥形

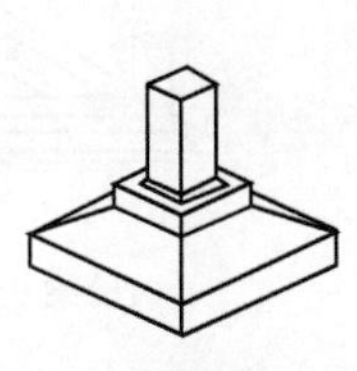

(c)杯形

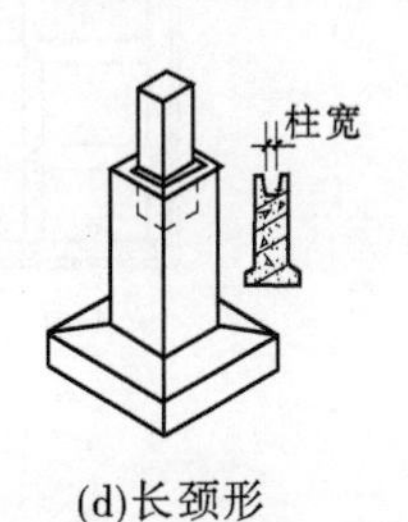

(d)长颈形

(e)锥形基础施工现场

(f)阶梯形基础施工现场

图2-3　独立式基础

条形基础为连续的带形，也叫作带形基础。当地基条件较好，基础埋置深度较浅时，墙承式的建筑多采用带形基础，以便传递连续的条形荷载。

独立式基础呈独立的块状，形式有阶梯形、锥形、杯形等。独立式基础主要用于柱下。在墙承式建筑中，当地基承载力较弱或埋深较大时，为了节约基础材料，减少土石方工程量，加快工程进度，亦可采用独立式基础。为了支承上部墙体，在独立式基础上可设梁或拱等连续构件。

联合基础类型较多，常见的有柱下条形基础、柱下十字交叉基础、片筏基础和箱形基础等。联合基础有利于跨越软弱的地基。

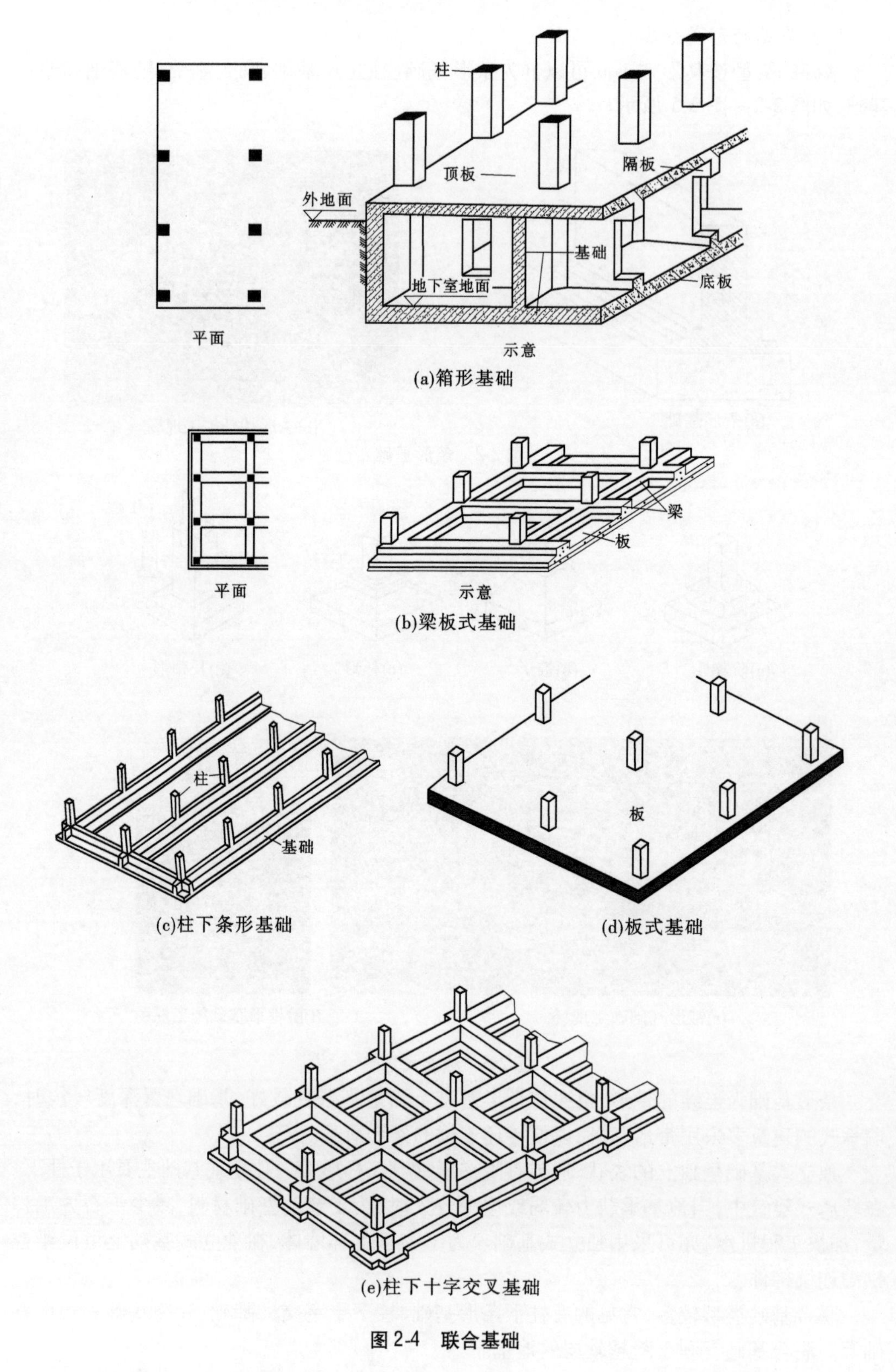
柱
顶板
隔板
外地面
基础
地下室地面
底板
平面
示意
(a)箱形基础
梁
板
平面
示意
(b)梁板式基础
柱
基础
(c)柱下条形基础
板
(d)板式基础
(e)柱下十字交叉基础

图2-4　联合基础

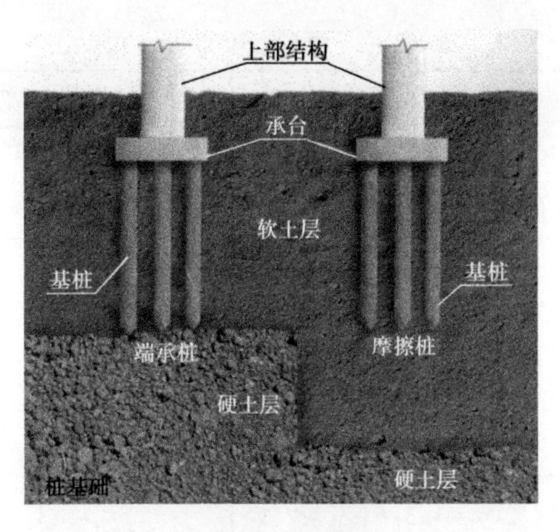

图2-5　桩基础

桩基础由设置在土中的桩和承接上部结构的承台组成。桩基的桩数不止一根，各桩在桩顶通过承台连成一体，按桩的受力方式分为端承桩和摩擦桩。

当建筑设有地下室，且基础埋深较大时，可将地下室做成整浇的钢筋混凝土箱形基础，它能承受很大的弯矩，可用于承受较大荷载的建筑。

2. 按基础的材料和基础的传力情况分类

基础按其材料不同分为砖基础、石基础、混凝土基础、毛石混凝土基础、钢筋混凝土基础等。按其传力情况不同可分为刚性基础和柔性基础两种。

当采用砖、石、混凝土、灰土等抗压强度好而抗弯、抗剪等强度较低的材料做基础时，基础底宽应根据材料的刚性角来决定。刚性角是基础放宽的引线与墙体垂直线之间的夹角，如图2-6所示。凡受刚性角限制的为刚性基础。刚性角用基础放阶的级宽与级高之比值来表示。不同材料和不同基底压力应选用不同的宽高比，见表2-1。

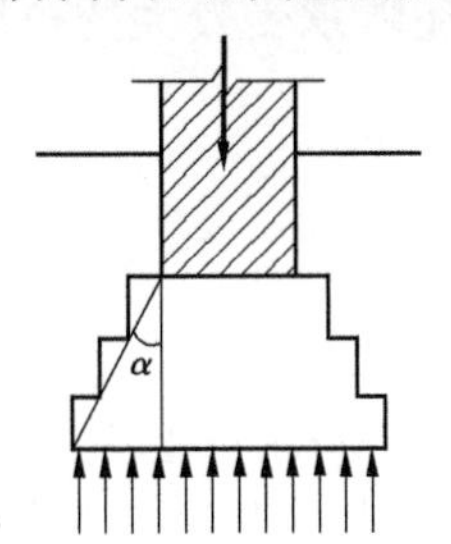

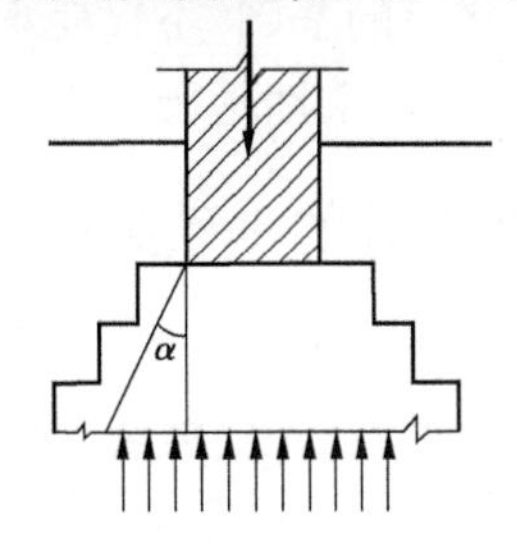

图2-6　刚性基础

表2-1　刚性基础台阶宽高比的允许值

基础材料	质量要求	台阶宽高比的允许值		
		$p_k \leqslant 100$	$100 < p_k \leqslant 200$	$200 < p_k \leqslant 300$
混凝土基础	C15 混凝土	1:1.00	1:1.00	1:1.25
毛石混凝土基础	C15 混凝土	1:1.00	1:1.25	1:1.50
砖基础	砖不低于 MU10、砂浆不低于 M5	1:1.50	1:1.50	1:1.50

续表 2-1

基础材料	质量要求	台阶宽高比的允许值		
		$p_k \leqslant 100$	$100 < p_k \leqslant 200$	$200 < p_k \leqslant 300$
毛石基础	砂浆不低于 M5	1:1.25	1:1.50	—
灰土基础	体积比为 3:7或 2:8的灰土；其最小干密度：粉土 1 550 kg/m^3，粉质黏土 1 500 kg/m^3，黏土 1 450 kg/m^3	1:1.25	1:1.50	—
三合土基础	体积比 1:2:4 ~ 1:3:6（石灰:砂:骨料），每层约虚铺 220 mm，夯至 150 mm	1:1.50	1:2.00	—

注：1. p_k 为作用标准组合时的基础底面处的平均压力值，单位为 kPa。

2. 阶梯形毛石基础的每阶伸出宽度，不宜大于 200 mm。

3. 当基础由不同材料叠合组成时，应对接触部分做抗压验算。

4. 混凝土基础单侧扩展范围内基础底面处的平均压力值超过 300 kPa 时，尚应进行抗剪验算；对基底反力集中于立柱附近的岩石地基，应进行局部受压承载力验算。

刚性基础常用于地基承载力较好，压缩性较小的中小型民用建筑。

刚性基础因受刚性角的限制，当建筑物荷载较大，或地基承载能力较差时，如按刚性角逐级放宽，则需要较大的埋置深度，这在土方工程量及材料使用上都很不经济。在这种情况下宜采用钢筋混凝土基础，以承受较大的弯矩，基础就可以不受刚性角的限制。

用钢筋混凝土建造的基础，不仅能承受压应力，还能承受较大的拉应力，而且不受材料的刚性角限制，故叫作柔性基础。

2.1.2 砖混结构建筑的基础类型及构造分析

2.1.2.1 图示方法

在房屋施工过程中，首先要放线，然后挖基坑，砌筑基础。这些工作都要根据基础平面图和基础详图来进行。基础平面图是一个水平剖面图，剖切面沿房屋的地面与基础之间把整幢房屋剖开后，移开上部的房屋和泥土（基坑没有回填土之前）所作出的基础水平视图。图 2-7 是某幢砖混结构的房屋基础平面图。

2.1.2.2 图示内容及读图

从图 2-7 可以看出，该房屋的基础属于条形基础。轴线两侧的粗实线是墙边线，细实线是基础底边线。以轴线①为例，图中注出基础底宽度尺寸 J5 为 700 mm，外墙为 370 mm，内墙为 240 mm。基础的断面形状与埋置深度要根据上部荷载以及地基承载力而定。同一幢房屋，由于各处有不同的荷载，甚至有不同的地基承载力，下面就有不同的基础。对每一不同的基础，都要画出它的断面图，并在基础平面图上用 J1—J1，J2—J2 等剖切符号注明该断面的位置。

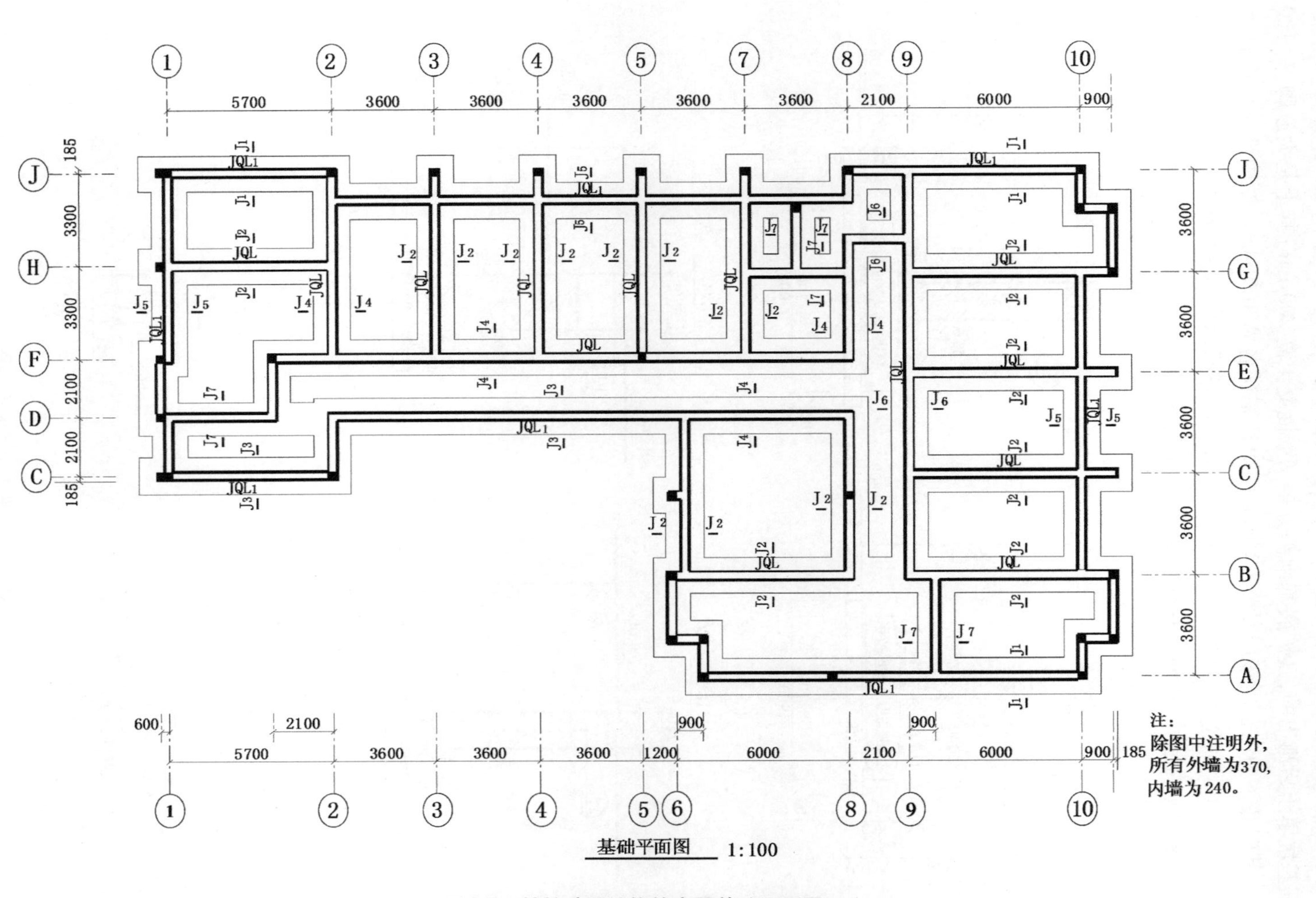

图 2-7　某幢砖混结构的房屋基础平面图

图2-8是条形基础J1～J7各断面的详图，比例是1∶20。从图中可以看出，断面图是根据基坑填土后画出的，其扩展基础部分是钢筋混凝土高200 mm；其上是大放脚，高120 mm。基础底下为三合土垫层，厚100 mm，两边比基础各宽100 mm。图中注出室内地面标高为±0.000 m，室外地面标高为-0.600 m，基础底面标高为-1.800 m。此外还注出，基础圈梁离室内地面60 mm，基础埋深1 800 mm等。

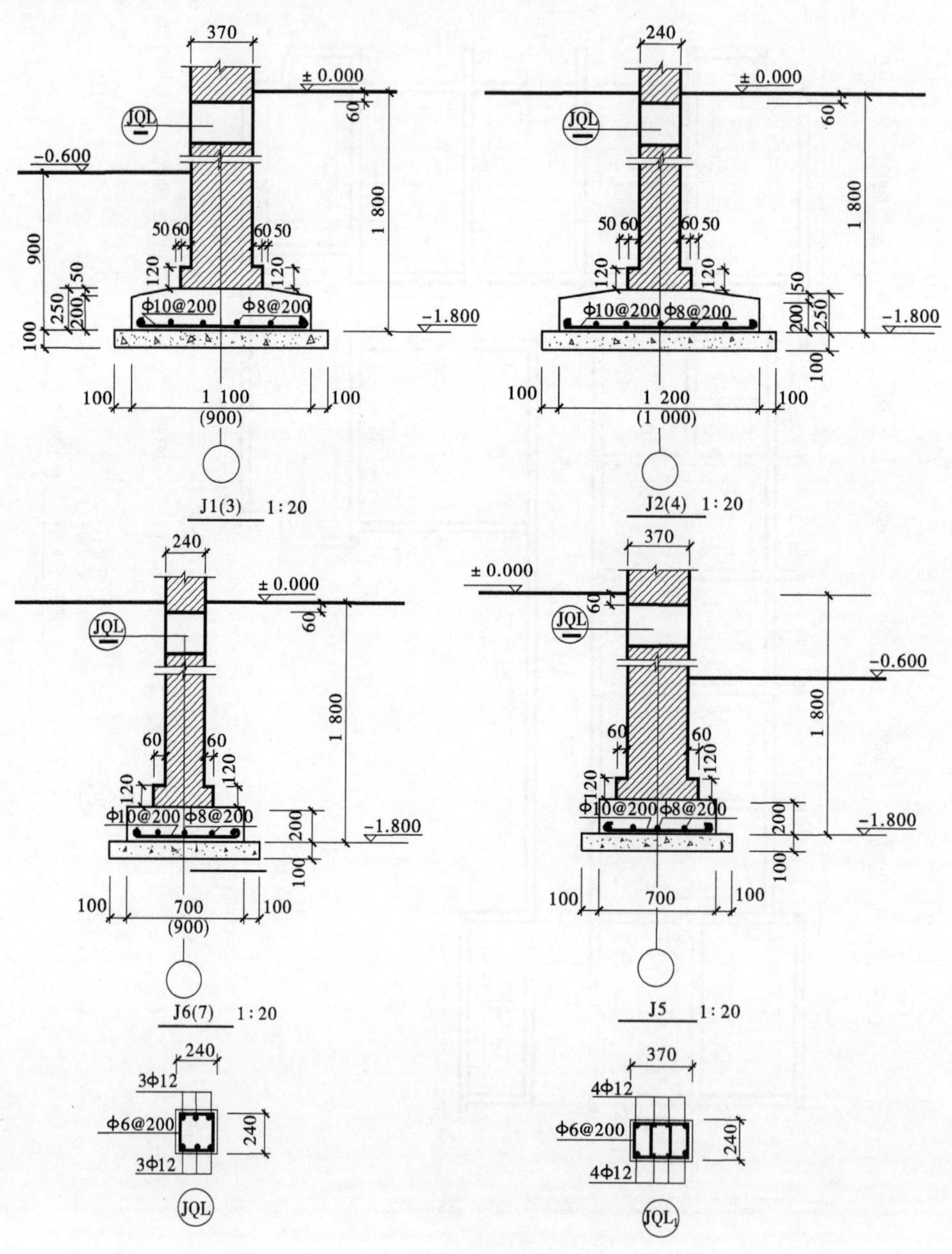

图2-8 条形基础各断面详图

2.1.3　小结

(1)本节对基础的功能进行分析,区分了天然地基与人工地基。

(2)讲述了基础的类型:按形式不同分为条形基础、独立式基础、联合基础、桩基础和箱形基础等,按材料不同分为砖基础、石基础、混凝土基础、毛石混凝土基础等。按基础传力情况不同分为刚性基础和柔性基础。

(3)以条形基础为例进行砖混结构建筑的基础类型和构造分析。

2.1.4　思考题

1. 天然地基与人工地基怎么区分?
2. 基础按照形式如何分类?
3. 基础按照材料如何分类?
4. 基础按照传力形式如何分类?

任务 2.2　主体结构的功能及构造分析

2.2.1　主体结构的功能分析

2.2.1.1　主体结构的概念

从工程施工及竣工验收的角度来看,一栋完整的建筑物包括基础结构、主体结构、水电设备、装饰装修等部分。其中,基础之上、屋顶之下起到承重和传力作用的建筑骨架部分就是主体结构。

主体结构是指位于地基基础之上,接受、承担和传递建设工程所有上部荷载,维持上部结构整体性、稳定性和安全性的有机联系的系统体系。主体结构和地基基础一起共同构成建设工程完整的结构系统,是建设工程安全使用的基础,是建设工程结构安全、稳定、可靠的载体和重要组成部分。

根据《建筑工程施工质量验收统一标准》(GB 50300—2013)中对分部工程的划分,主体结构是建筑的一个分部工程,其子分部工程包括混凝土结构、砌体结构、钢结构、钢管混凝土结构、型钢混凝土结构、铝合金结构、木结构等7种类型。不同类型的结构体系,其主体结构的组成构件有所不同。

砖混结构一般适用于多层建筑,其主体结构包括柱、墙体、楼梯、楼板、屋面板、圈梁、构造柱等构件。在框架结构、剪力墙结构、框剪结构或框支结构工程中,主体结构包括梁、板、柱、剪力墙、楼梯等构件。主体结构施工完毕一般叫主体封顶。

基础结构与主体结构不同,它是位于建筑物最下部的承重结构部分,它承受着上部结构、设备、装饰装修以及家具、人流等荷载,并把这些荷载传递给地基。

室内上下水、电、煤气、暖通、通信、闭路、宽带等各种管道、线路安装工程、楼地面工程、墙体抹灰喷涂贴砖、门窗安装、防水工程、屋面瓦铺设、立面及屋面造型安装等都不属于主体结构工程,它们属于设备安装及装饰装修工程。

由于楼梯和屋顶的功能和构造比较特殊，本书中在后面单独设置学习任务。因此，在本教材的砖混结构中，其主体结构主要是指墙体、楼板、圈梁、构造柱等。除此以外，附加在主体结构上的构件还有女儿墙、空调板、雨篷板等构件，这些构件虽然与主体结构一起施工完成，但是这些构件只是主体结构上的附属构件。

2.2.1.2 主体结构的功能

主体结构的基本功能包括四部分：一是形成有机联系、协调工作的系统整体，起到主体框架支撑功能；二是承担维护结构、装饰面层、相关设备重量及其施工和使用期间的各种恒荷载、活荷载、风荷载、雪荷载、地震荷载等，使建设工程正常发挥使用功能；三是与地基基础可靠地联系，将其自身荷载和承受荷载传递给地基基础结构体系，并与地基基础结构形成协调工作的整体结构体系，共同维护建设工程整体安全和使用安全；四是形成建筑空间，为构成使用功能打下基础。

2.2.1.3 砖混结构中各组成构件的分类及主要功能

砖混结构是最常用的结构类型之一，其主体结构包括墙、柱、楼板、楼梯、屋面板、圈梁、构造柱等构件。其中，墙体可以分为多种，根据承重与非承重可分为承重墙和非承重墙。根据位置不同可分为外墙和内墙。根据方向不同可分为纵墙和横墙。根据材料不同可分为砖墙、石墙、砌块墙、大型墙板等。根据砌筑厚度不同可分为：240 墙、370 墙、120 墙等。根据砌筑方式不同有实心墙、空心墙，三顺一丁、一顺一丁、梅花丁等。总之，分类方法很多。

墙体的功能主要有四个方面：①承重功能；②围护分隔功能；③隔音功能；④保温隔热功能等。

楼地面的功能主要有：①承重功能；②竖向空间划分功能；③隔音功能；④保温隔热功能等。

圈梁和构造柱的功能主要是连接和固定，把墙体与墙体、墙体与楼板等连接成一个整体，起到增强稳定性和抗震性能的作用。因此，可以把圈梁和构造柱看成是连接加固构件。

2.2.1.4 砖混结构建筑中构造的理解

一栋完整的建筑物要提供建筑空间，最终实现人们工作、生活、学习等方面的功能需求，就必须通过设计、施工，把不同的构件连接起来构成建筑空间。对于砖混结构而言，其建筑构造包括两方面的含义：一是指墙、梁、板、柱等构件自身的材料、组成、形式和表面的处理方式；二是指墙、梁、板、柱等构件之间的连接方式、连接材料、连接顺序、连接要求。这些就构成了建筑构造的总体内容。因此，归纳以后，所谓建筑构造，就是指构件自身的组成方式、构件之间的连接方式以及构件表面的处理方式等（包含了材料、形式、尺寸、层次顺序等）。砖混结构建筑的构造就主要从这三个方面进行介绍。

2.2.2 砖混结构建筑的主体结构类型及构造分析

从建筑结构体系承重的角度，可将砖混结构建筑的主体结构分为横墙承重体系、纵墙承重体系、纵横墙混合承重体系以及内框架承重体系四种类型。

横墙承重体系是指所有楼面荷载主要通过横墙向下传递的结构体系，见图 2-9（a）。

其特点是:房屋横墙较多、间距较小,空间刚度大,抗震性能好;不足之处主要是房间开间小,布置上不够灵活。

纵墙承重体系是指所有楼面荷载主要通过纵墙向下传递的结构体系,见图2-9(b)。其特点是:房屋横墙较少、间距较大,房间开间大,空间宽敞,布置上灵活;不足之处主要是空间刚度小,不利于抗震。

纵横墙混合承重体系是指结构承重墙体纵横向分布较为均匀,所有楼面荷载主要通过纵墙和横墙向下传递的结构体系,见图2-9(c)。其特点是:房屋纵横墙分布均匀,荷载均匀传递,房间开间大,空间宽敞,布置上灵活,有利于抗震。

内框架承重体系是指四周布置墙体、中部设置梁柱、楼面荷载主要通过梁柱和四周墙体向下传递的结构体系,见图2-9(d)。其特点是:房屋内部空间大、好利用,布置上灵活;不足之处主要是内部空间刚度小,不利于抗震。

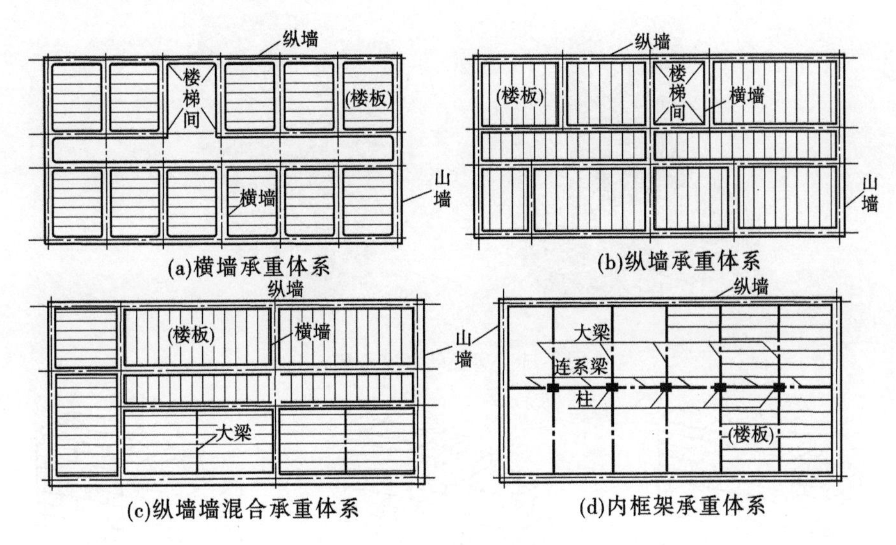

图2-9　墙体的承重体系

在砖混结构的主体结构中,需要重点研究的是墙体、楼板、楼梯、构造柱和圈梁的构造。

2.2.2.1　墙体构造

墙体的构造要从三方面进行研究,一是墙体自身的构造(包括材料、砌筑方式等),二是墙体与其他构件(构造柱、圈梁、楼板、梁、门窗框等)连接的构造,三是墙体与表面附着物(水电安装、防水层、保温层及装饰装修)连接的构造。

1. 墙体自身的构造

1)承重墙与非承重墙的概念

在砖混结构中,墙体可分为承重墙和非承重墙两类。所谓承重墙,是指既承受自重又承受上部各种荷载(恒载、活荷载)的墙体,根据位置可细分为内承重墙(在建筑物内部)和外承重墙(在建筑物外围)。所谓非承重墙,是指只承受自重的墙体,又叫作承自重墙。墙体的类型见图2-10。

2）墙体的材料、组砌方式

砖墙一般采用黏土砖（包括实心砖、空心砖，见图 2-11）和砂浆（包括水泥砂浆、石灰砂浆、水泥石灰混合砂浆等），按照一定的砌筑工艺砌筑而成。砖墙的组砌方式是指砖在墙体中的排列方式。砖墙组砌的方式有很多种，不同的组砌方式通常形成不同厚度的墙体，如一顺一丁（240 墙）、三顺一丁（240 墙）、梅花丁或十字式（240 墙）、两平一侧（180 墙）、全顺式（120 墙）等，见图 2-12。

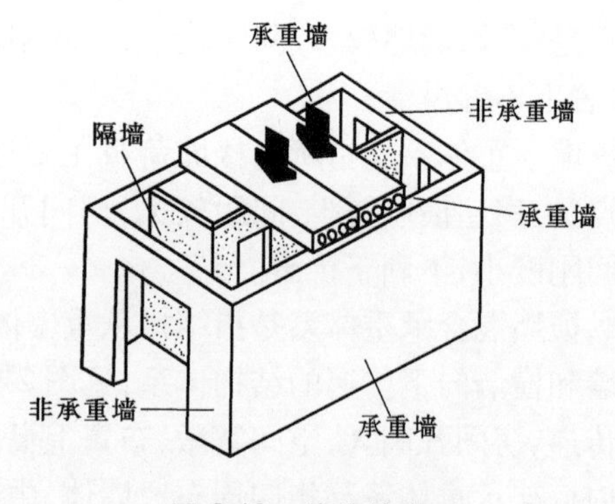

图 2-10　墙体的类型

图 2-11　实心砖和空心砖

(a)一顺一丁式(240砖墙)

(b)三顺一丁式(240砖墙)

(c)十字式(240砖墙)

(d)全顺式(120砖墙)

(e)两平一侧(180砖墙)

(f)370砖墙

图 2-12　砖墙的组砌方式

砖墙组砌应满足横平竖直、砂浆饱满、上下错缝、内外搭砌、拉结可靠、避免通缝等原则，以保证墙体的强度和稳定性。

顺是砖块长度方向与墙身轴线方向一致，丁是砖块长度方向与墙身轴线方向垂直。每排列一层砖则称为一皮砖。上下皮砖之间的水平灰缝称为横缝，左右两块砖之间的垂直缝称为竖缝。砖墙横缝和竖缝宽度宜为 10 mm，但不得小于 8 mm，也不能大于 12 mm。横缝的砂浆饱满度不得小于 80%，竖缝的砂浆饱满度不得小于 40%。

(1)一顺一丁，即一层顺砖、一层丁砖，相间排列，重复组合的砌筑方式。上下皮竖缝相互错开 1/4 砖长。在转角部位要加设配砖（俗称七分砖），进行错缝。这种砌法的特点是搭接好，无通缝，整体性强。问题是竖缝不易对齐；在墙的转角、丁字接头处需设置拉结筋。这种砌筑形式适合于砌一砖、一砖半及二砖墙。

(2)三顺一丁，是指三层顺砖、一层丁砖的砌筑方式。上下皮顺砖间竖缝相互错开 1/2砖长，上下皮顺砖与丁砖间竖缝相互错开 1/4 砖长。这种砌筑形式适合于砌一砖及一砖半墙。三顺一丁易产生内部通缝，一般不提倡采用此种组砌方式。

(3)梅花丁，是指每层都采用丁、顺相间的砌筑形式，上层丁砖砌于下层顺砖正中，上下皮竖缝相互错开 1/4 砖长。这种砌筑形式适合于砌一砖及一砖半墙。

(4)全顺式，是指各层砖均为顺砖砌筑，上下皮竖缝相互错开 1/2 砖长。这种形式仅适合于砌半砖墙。

(5)两平一侧式，是指每层由两皮顺砖与一皮侧砖组合相间砌筑而成，主要用来砌筑 3/4 厚砖墙。

砖墙的厚度尺寸如表 2-2 所示。

表 2-2　砖墙的厚度尺寸

墙名称	1/4 砖墙	1/2 砖墙	3/4 砖墙	一砖墙	一砖半墙	两砖墙
标志尺寸	60	120	180	240	370	490
构造尺寸	50	115	178	240	365	490

2. 墙体与构造柱、圈梁等构件连接的构造

为了增强砖砌体的整体性，提高受剪承载力、抗变形能力和抗震性能，在砖混结构墙体中一般要设置从基础贯通至女儿墙的钢筋混凝土构造柱（见图 2-13）和每层水平贯通的钢筋混凝土圈梁。构造柱和圈梁应连接成一个约束砖砌体的二次框架，从而提高砖混结构的整体性能和空间刚度。

1)墙体与构造柱连接的构造

构造柱截面尺寸一般为 240 mm × 240 mm，混凝土强度等级为 C20，纵筋为 4 Φ 12，箍筋Φ 6@200（加密区Φ 6@100）。构造柱与墙体连接处应砌成马牙槎，马牙槎应先退后进，并应沿墙高每隔 500 mm 设 2 Φ 6 拉结钢筋，每边深入墙内不宜小于 1 m。构造柱应当设置在震害较重、连接构造比较薄弱和易于应力集中的部位。构造柱的截面不必很大，但需与各层纵横墙的圈梁或现浇板连接，才能发挥作用。

在砌体构造规范中有以下几种情况需设构造柱：墙体转角、砌体丁字接头处、通窗或者连窗的两侧。

墙体与构造柱、圈梁的连接见图 2-14(a)、(b)。

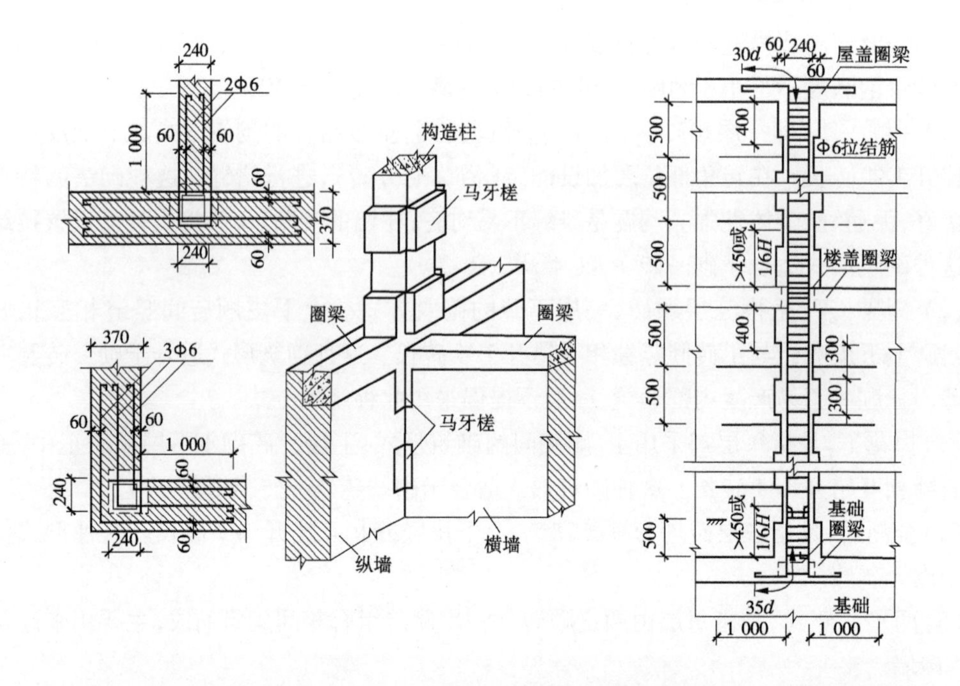

图 2-13　钢筋混凝土构造柱的构造图

(a)墙体与构造柱的联系

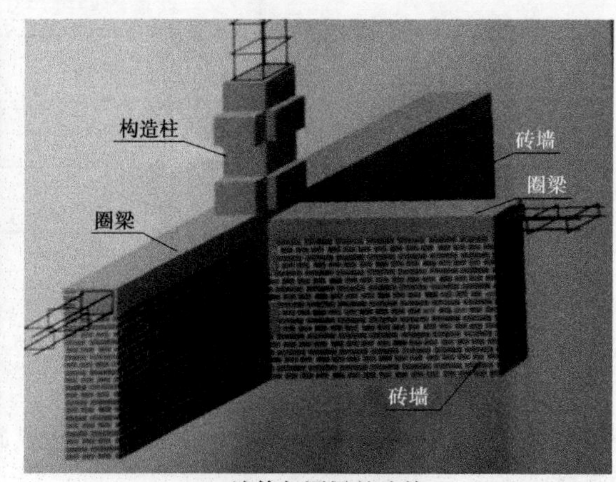

(b)墙体与圈梁的连接

图 2-14　墙体与构造柱、圈梁的连接

2)墙体与圈梁连接的构造

(1)圈梁的概念、布置及作用。

圈梁是沿建筑物外墙四周及部分或全部内墙设置的水平、连续、封闭的梁。

圈梁的布置位置一般有三种:第一种是布置在基础顶面的基础圈梁;第二种是布置在屋顶下的檐口圈梁;第三种是布置在每层墙顶、楼板下的楼层圈梁。

圈梁的作用主要有五个方面:一是增强砌体房屋整体刚度,承受墙体中由于地基不均匀沉降等因素引起的弯曲应力,在一定程度上防止和减轻墙体裂缝的出现,防止纵墙外闪倒塌。二是提高建筑物的整体性,圈梁和构造柱连接形成纵向构造框架和横向构造框架,加强纵、横墙的联系,限制墙体尤其是外纵墙山墙在平面外的变形,提高砌体结构的抗压强度和抗剪强度,抵抗震动荷载和传递水平荷载。三是起水平箍的作用,可减小墙、柱的压屈长度,提高墙、柱的稳定性,增强建筑物的水平刚度。四是通过与构造柱的配合,提高墙、柱的抗震能力和承载力。五是在温差较大地区防止墙体开裂。

(2)圈梁的设置位置。

①外墙的设置:屋盖处及每层楼盖处均设。

②内纵墙的设置:地震裂度为6、7度地区,屋盖及楼盖处设置,屋盖处间距不应大于7 m,楼盖处间距不应大于15 m,构造柱对应部位;8度地区,屋盖及楼盖处,屋盖处沿所有横墙,且间距不应大于7 m,楼盖处间距不应大于7 m,构造柱对应部位;9度地区,屋盖及每层楼盖处,各层所有横墙。

③空旷的单层房屋的设置:砖砌体房屋,檐口标高为5～8 m时,应在檐口标高处设置圈梁一道,檐口标高大于8 m时应增加圈梁数量;砌块机料石砌体房屋,檐口标高为4～5 m时,应在檐口标高处设置圈梁一道,檐口标高大于5 m时,应增加圈梁数量;对有吊车或较大震动设备的单层工业房屋,除在檐口和窗顶标高处设置现浇钢筋混凝土圈梁外,尚应增加设置数量。

④对建造在软弱地基或不均匀地基上的多层房屋,应在基础和顶层各设置一道圈梁,其他各层可隔层或每层设置。

⑤多层房屋基础处设置圈梁一道。

(3)圈梁的构造要求。

①圈梁应连续设置在墙的同一水平面上,并尽可能地形成封闭圈,当圈梁被门窗洞口截断时,应在洞口上部增设相同截面的附加圈梁,附加圈梁与截面圈梁的搭接长度不应小于其垂直间距的2倍,且不得小于1 m。

②纵横墙交接处的圈梁应有可靠的连接,刚弹性和弹性方案房屋,圈梁应与屋架、大梁等构件可靠连接。

③圈梁的宽度宜与墙厚相同,当墙厚大于等于240 mm时,圈梁的宽度不宜小于2/3墙厚;圈梁高度应为砌体厚度的倍数,并不小于120 mm;设置在软弱黏性土、液化土、新近填土或严重不均匀土质上的基础内的圈梁,其截面高度不应小于180 mm。

④现浇圈梁的混凝土强度等级不宜低于C15,钢筋级别一般为1级,混凝土保护层厚度为20 mm,并不得小于15 mm,也不宜大于25 mm。

⑤内走廊房屋沿横向设置的圈梁,均应穿过走廊拉通,并隔一定距离(7度时15 m、8度时11 m、9度时7 m)将穿过走廊部分的圈梁局部加强,其最小高度一般不小于300 mm。

⑥圈梁的最小纵筋不应小于4 Φ 10,箍筋最大间距不应大于250 mm,见图2-15。

3. 墙体与楼板、梁连接的构造

楼板的类型不同,连接方式及构造就不同。在2008年汶川地震之前,多层砖混结构的楼板多采用钢筋混凝土预制空心楼板,楼板通过坐浆直接搁置于承重墙顶部,见图2-16。自从汶川地震之后,国家愈加重视建筑结构抗震设计及施工工作,为了增强砖混结构建筑的抗震性能,除加强圈梁和构造柱设置外,大中城市里已经淘汰了预制空心楼

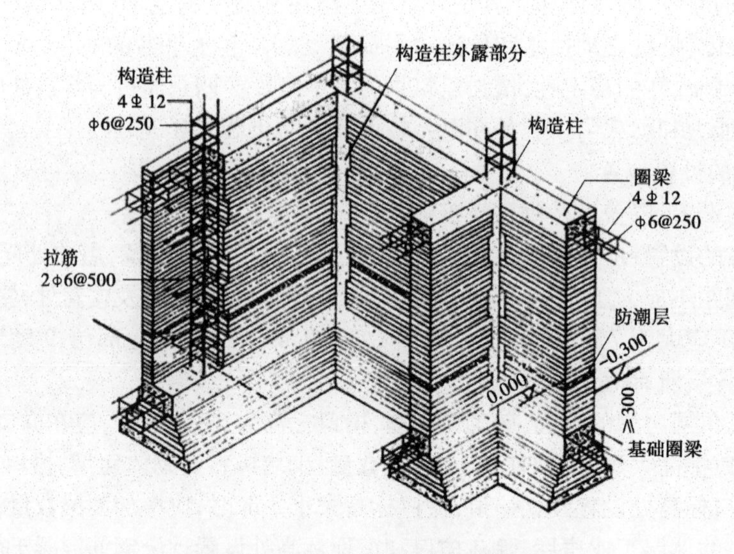

图 2-15　圈梁与构造柱的配筋构造

板,普遍采用钢筋混凝土现浇实心楼板。钢筋混凝土预制空心楼板目前主要在一些偏远农村的低矮住宅中使用。墙体与现浇实心板的连接构造见图 2-17。

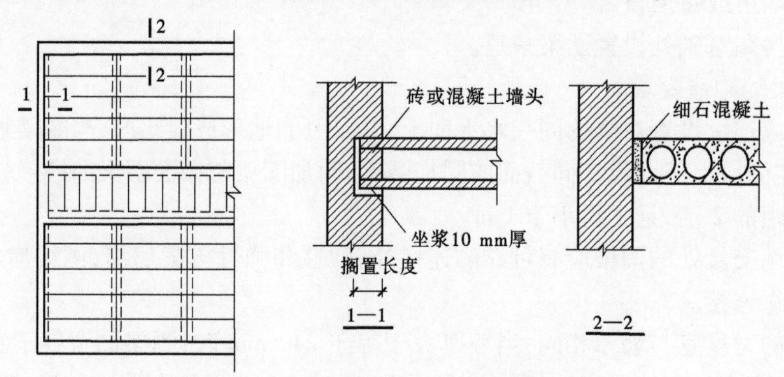

图 2-16　墙体与预制空心板的连接

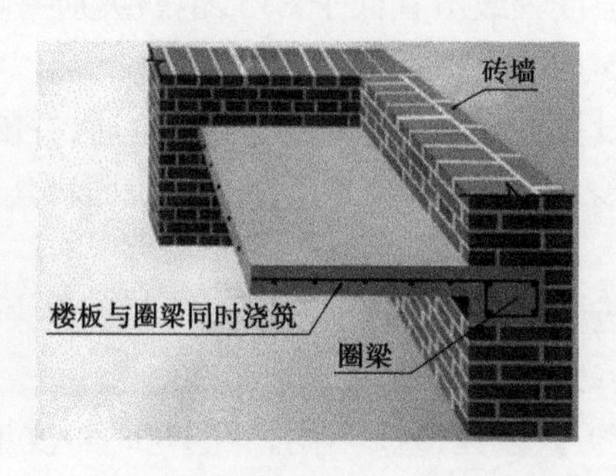

图 2-17　墙体与钢筋混凝土现浇板的连接

4. 墙体与门窗框等连接的构造

在有门窗的位置，墙体中就需要留门窗洞口、安装门窗框。门窗框的安装有两种方式：一种是先立口形式（木门窗常用）；另一种是后塞口形式（铝合金门窗、塑钢门窗等金属门窗常用）。所谓先立口，就是在墙体砌筑到门窗洞口高度时，就把事先做好的木门窗框临时固定于墙上，然后将门窗框砌筑于墙体中形成整体的方法，见图 2-18。所谓后塞口，就是在砌筑墙体时，预留出洞口位置，待墙体砌筑完后再通过膨胀螺栓与墙连接和固定门窗框的方法，见图 2-19。

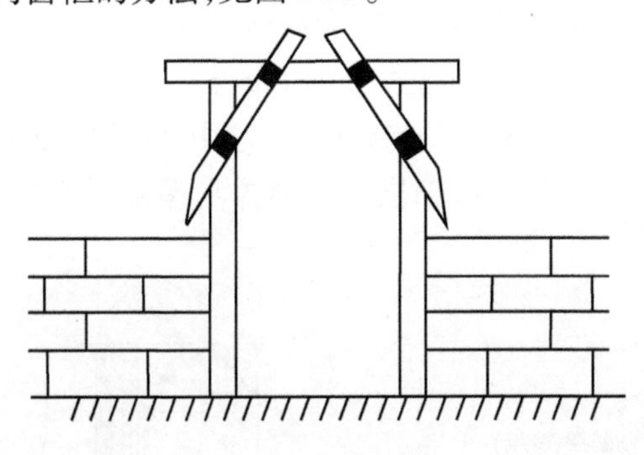

图 2-18　先立口

图 2-19　后塞口

5. 墙体与表面附着物连接的构造

在砖混结构主体完成后，要进行水电管线、设备安装以及墙体表面装饰装修工作。给排水管道一般多采用塑料管、PPR 管，布置在墙角处，通过固定件（管卡和螺栓）直接与墙体连接。电气管线一般有两种布设方式，一种是明敷（管线安装在墙体表面），另一种是暗敷（管线预埋在墙体中）。目前现浇混凝土结构中多采用预埋管线暗敷的形式。

墙体与水电管线连接的构造图，见图 2-20、图 2-21。

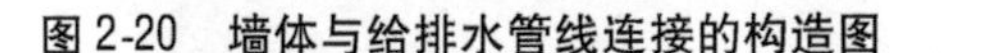

图 2-20　墙体与给排水管线连接的构造图

图 2-21　墙体与电气管线连接的构造图

房间的功能不同，墙体表面的处理方式也有所不同。对于卧室、客厅等房间的墙体，一般在墙体表面分层抹水泥砂浆，形成毛坯房墙体，见图 2-22；对于卫生间、厨房等部位的墙体，由于经常处于潮湿环境，因此需要在抹灰层上涂刷防水层，再做保护层，形成防水墙体，见图 2-23。

墙体表面抹灰层构造见图 2-24。

图 2-22 毛坯房

图 2-23 卫生间防水墙体

对于外墙而言，由于长期处于雨雪侵蚀、阳光暴晒、环境污染等环境中，因此需要考虑对墙体的保护，往往要设置保温隔热层、防水层以及外保护层等。墙体与保温隔热层、防水层及其他装饰装修层的构造见图 2-25。

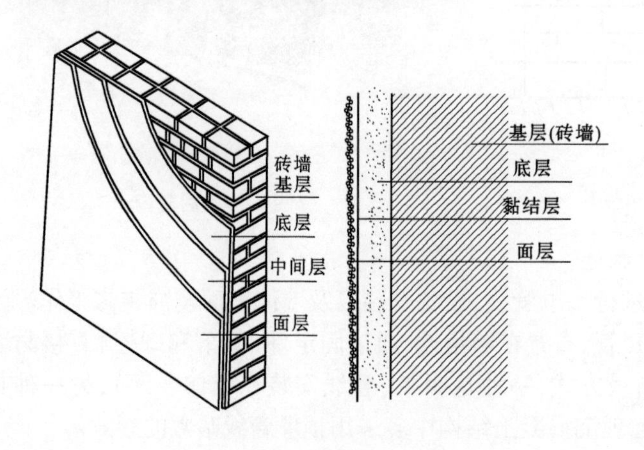

图 2-24 墙体表面抹灰层构造

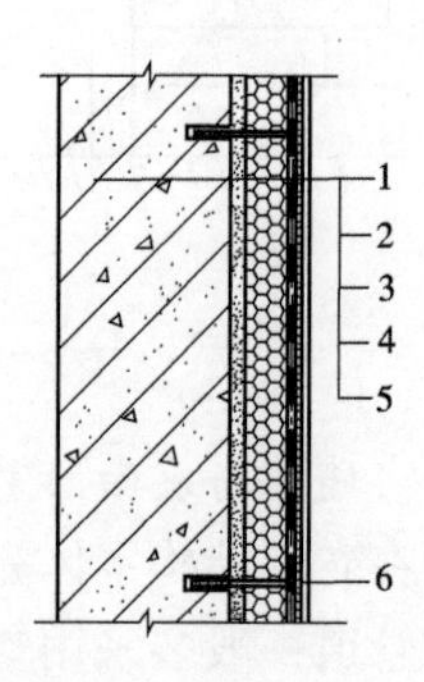

1—结构墙体；2—找平层；3—保温层；4—防水层；5—涂料层；6—锚栓

图 2-25 保温墙体的构造

除上述主要构造外，在砖混结构墙体之中还存在着一些特殊功能和细节构造，具体包括防潮层、防水层、保温层、墙体与地圈梁、踢脚、散水、勒脚、窗台、过梁、雨篷板、女儿墙、泛水、压顶等。基础和基础圈梁的构造见图 2-26；墙身防潮层位置见图 2-27； 墙身水平防

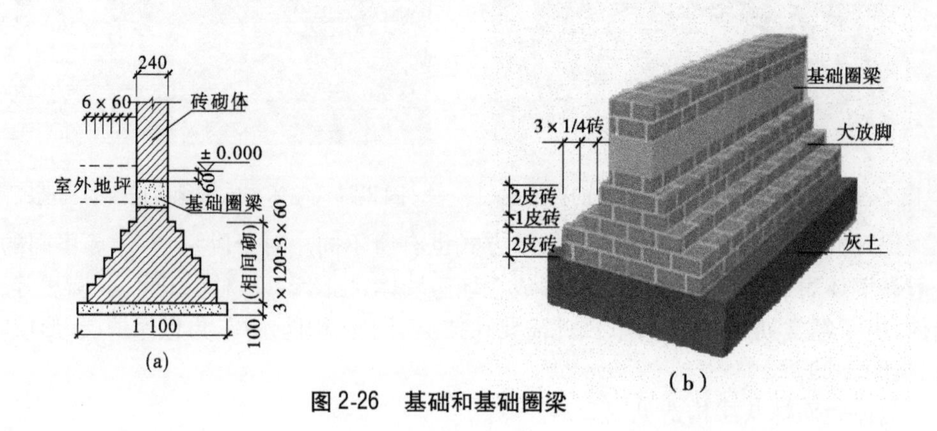

图 2-26 基础和基础圈梁

潮层构造见图 2-28；墙身勒脚构造见图 2-29；窗台的构造见图 2-30；过梁的构造见图 2-31；雨篷梁和雨篷板的构造见图 2-32；女儿墙泛水的构造见图 2-33；墙身节点大样图见图 2-34。

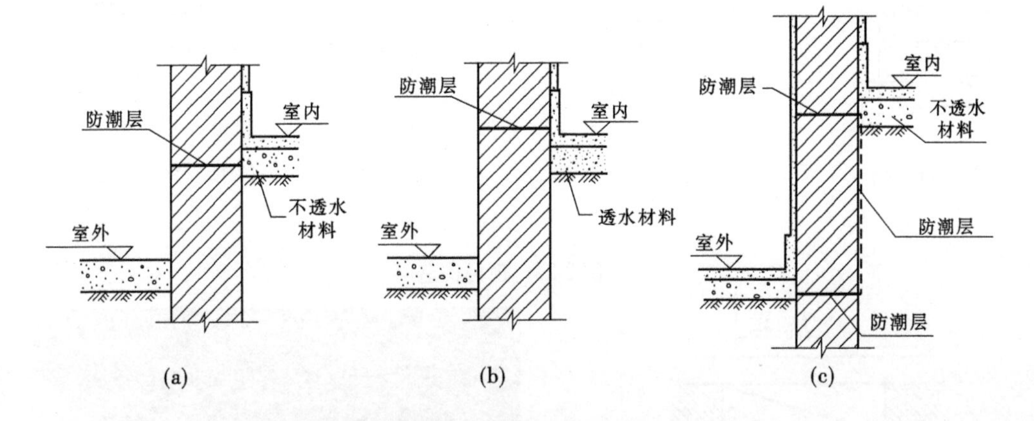

图 2-27　墙身防潮层位置

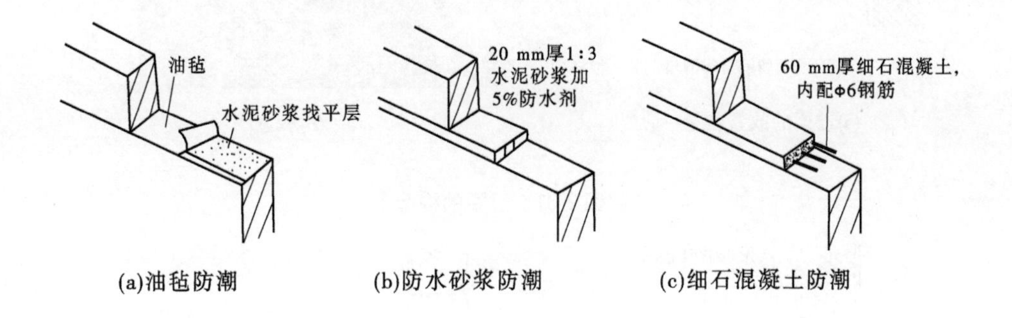

图 2-28　墙身水平防潮层构造

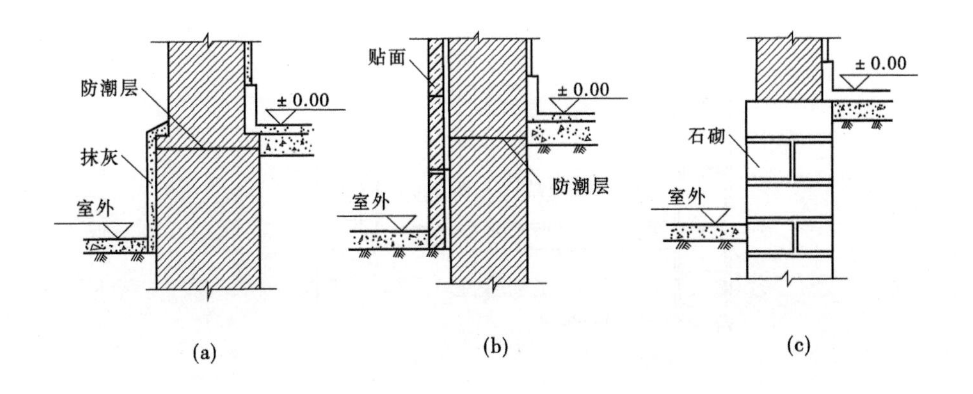

图 2-29　石勒脚

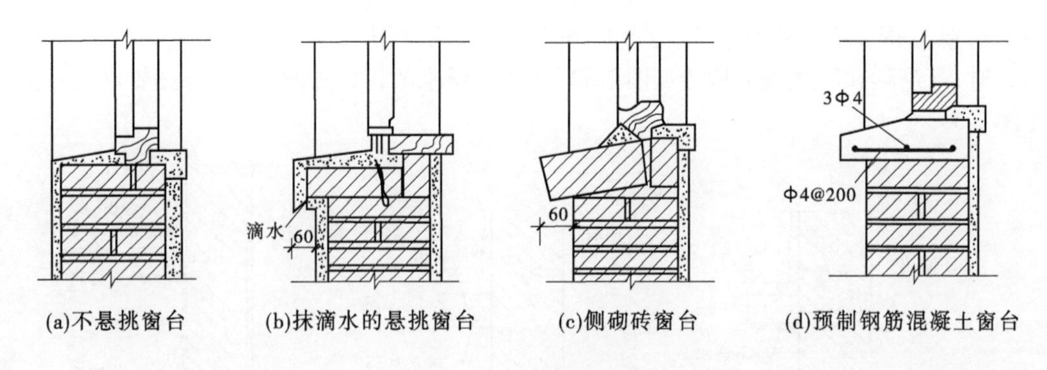

(a)不悬挑窗台 (b)抹滴水的悬挑窗台 (c)侧砌砖窗台 (d)预制钢筋混凝土窗台

图 2-30 窗台构造

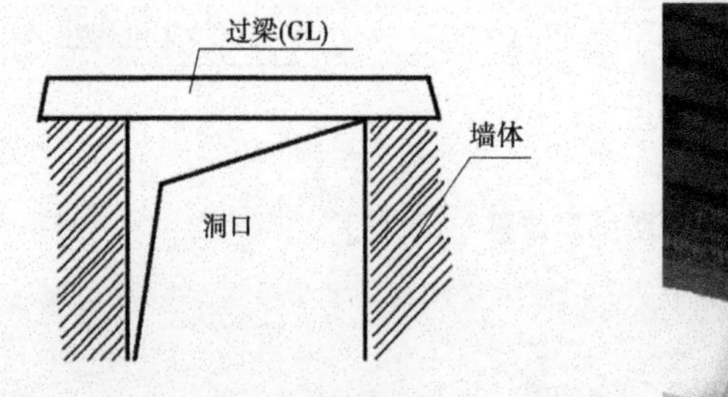

注：放在门、窗，或预留洞口等洞口上的一根横梁

(a)过梁的放置位置

(b)示意图

图 2-31 过梁的构造

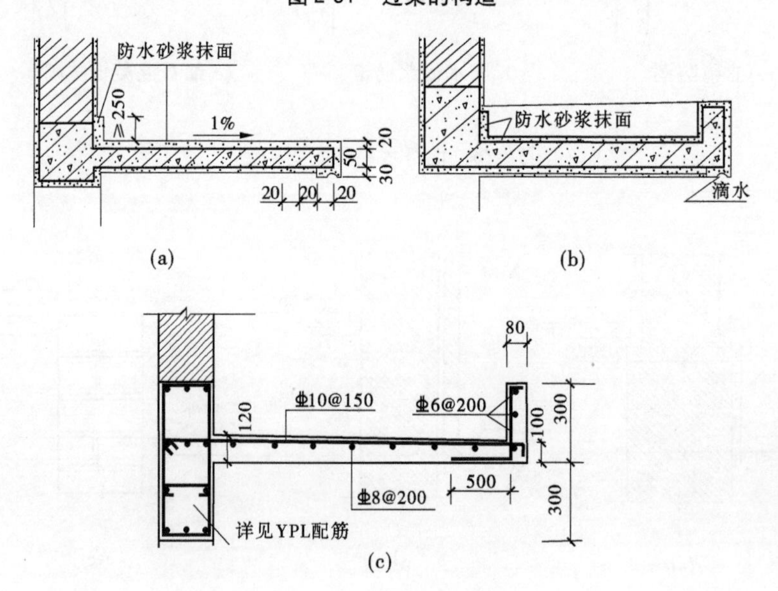

(c)

图 2-32 雨篷梁和雨篷板构造

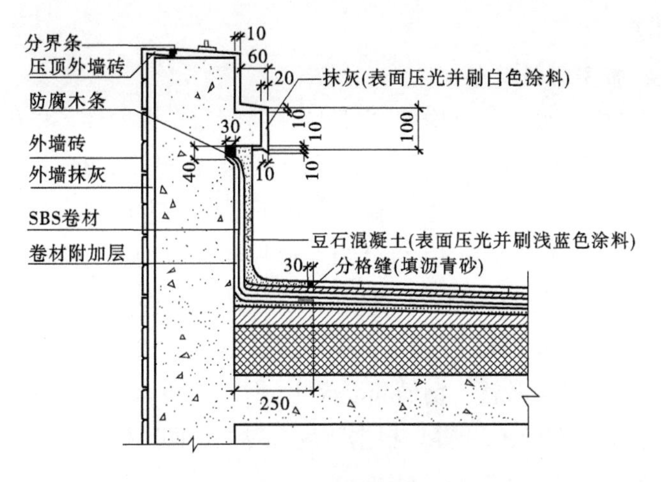

图 2-33　女儿墙泛水构造

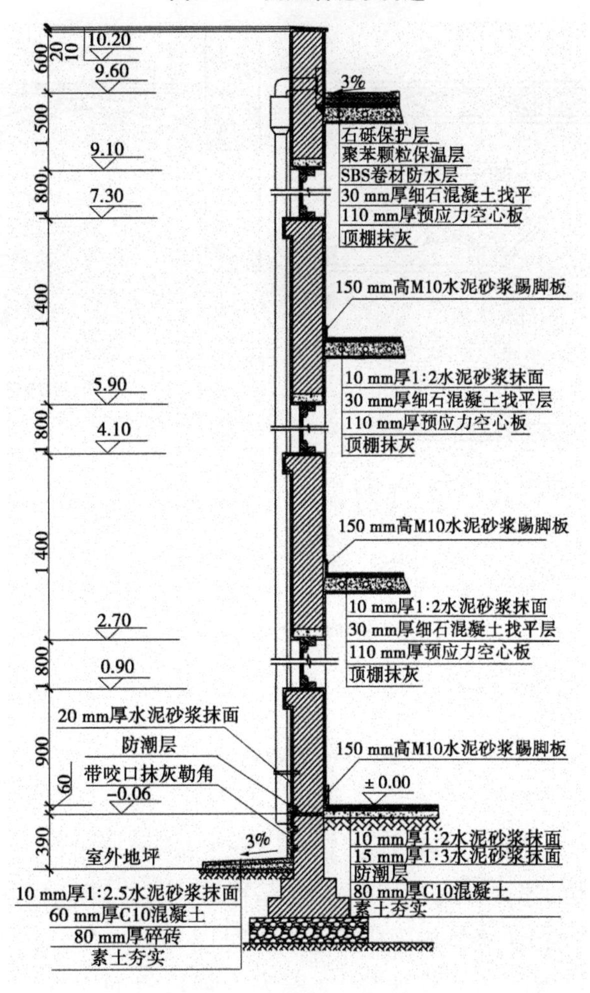

图 2-34　墙身节点大样图

2.2.2.2　楼板构造

1. 楼板的类型、常用材料及厚度

楼板是主体结构中的水平承重构件，也是墙体的侧向支撑构件。楼板的类型有很多，根据材料不同，可分为钢筋混凝土楼板、钢楼板、木楼板等，见图2-35；根据受力方向不同，可分为单向板和双向板，见图2-36；根据施工方式不同可分为预制板（见图2-37）和现浇板（见图2-38）；根据是否采用预应力，可分为普通板和预应力板；根据是否有孔洞，可分为空心板（见图2-37）和实心板（见图2-38）。在实际砖混结构工程中，楼板用得最多的是钢筋混凝土预制板和现浇板，钢筋混凝土预制板因其整体性和抗震性能较差而已被淘汰。钢筋混凝土现浇板的主要材料就是钢筋和混凝土，钢筋一般多采用冷轧带肋钢筋或冷轧扭钢筋，混凝土一般采用C25、C30等。根据跨度、荷载大小以及刚度要求，楼板的厚度多采用100 mm、120 mm、180 mm等。

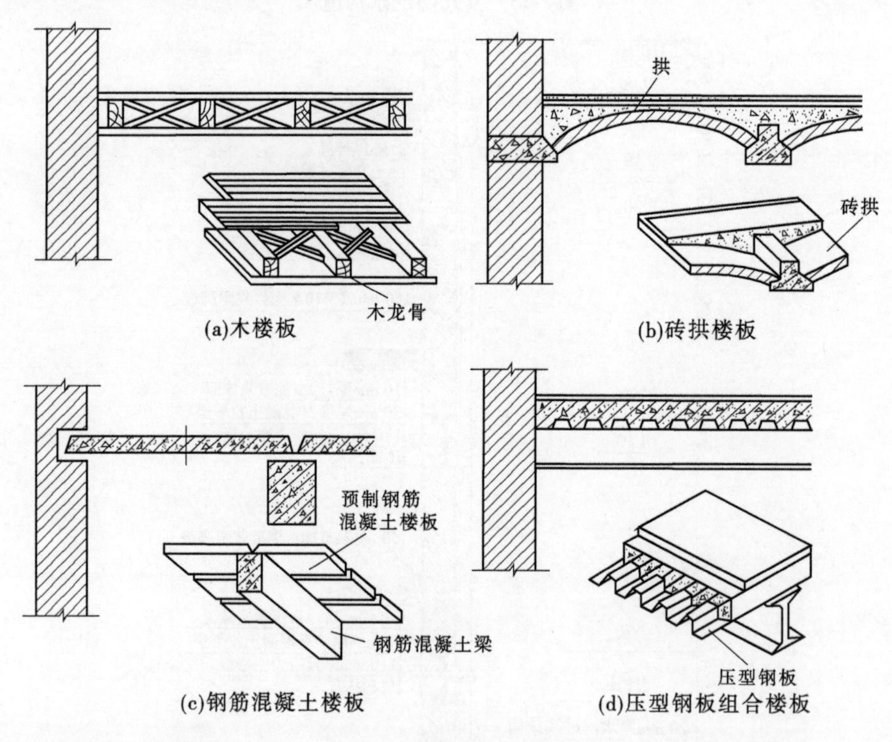

图2-35　楼板的类型

2. 楼板（预制板、现浇板）与墙体（承重墙、非承重墙）的连接构造

预制楼板与墙体的连接方式有两种：一种是楼板搁置在墙上（墙体成为承重墙），另一种是楼板不搁置在墙上（墙体成为非承重墙），见图2-39。对于单向受力的预制板（单向板），其短边落在墙顶的圈梁或砂浆上（称为坐浆），板的支撑长度多为120 mm，见图2-40。单向板的长边一般平行于非承重墙。预制板长边之间、预制板长边与墙体之间一般要设置拉结筋和分层嵌填砂浆，见图2-41。

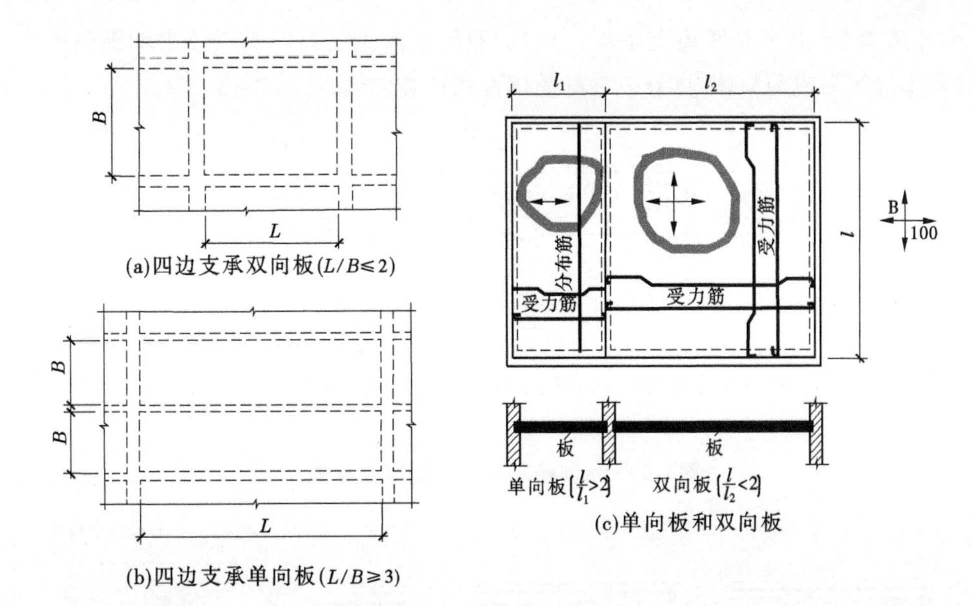

图 2-36　单向板和双向板

图 2-37　预制空心板

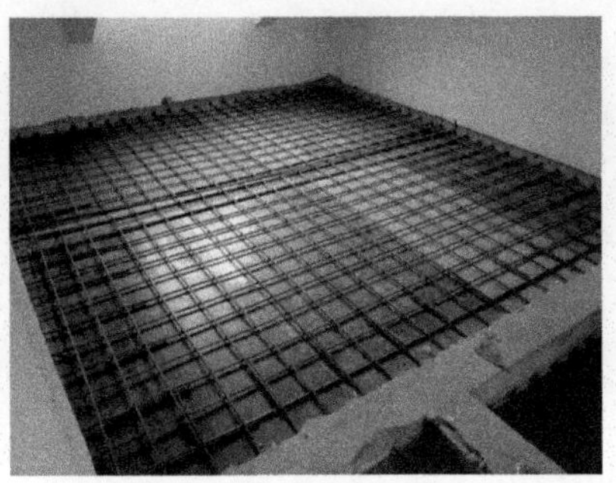

图 2-38　现浇实心板

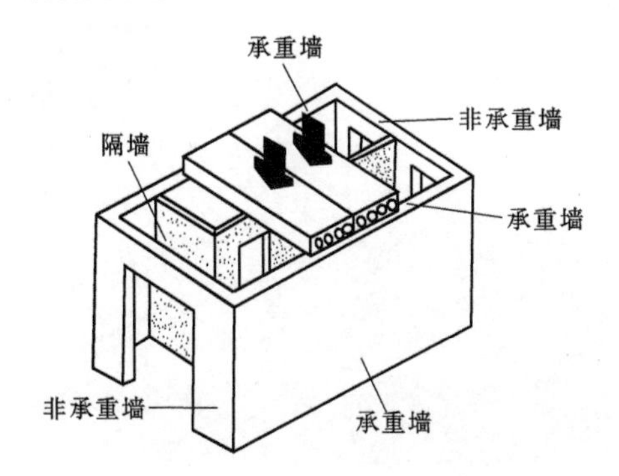

图 2-39　预制板与墙体的连接

对于现浇板，大多是四边支承板，每边的双层双向钢筋与四周圈梁中的钢筋连为一体，混凝土浇筑后成为整体，具有较强的整体性和抗震性能，见图2-42。

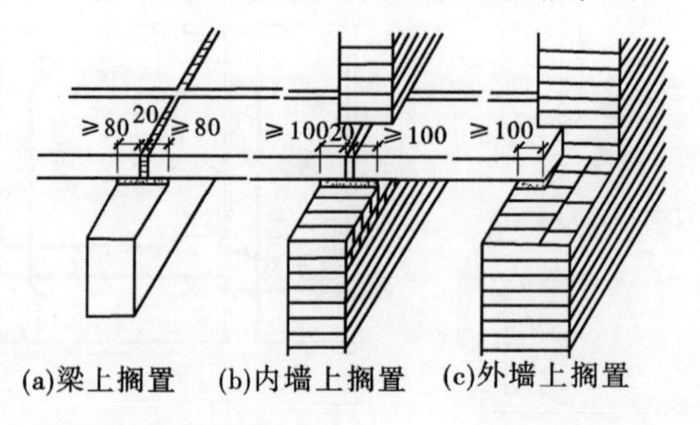

图2-40　预制板在梁、墙上的搁置要求

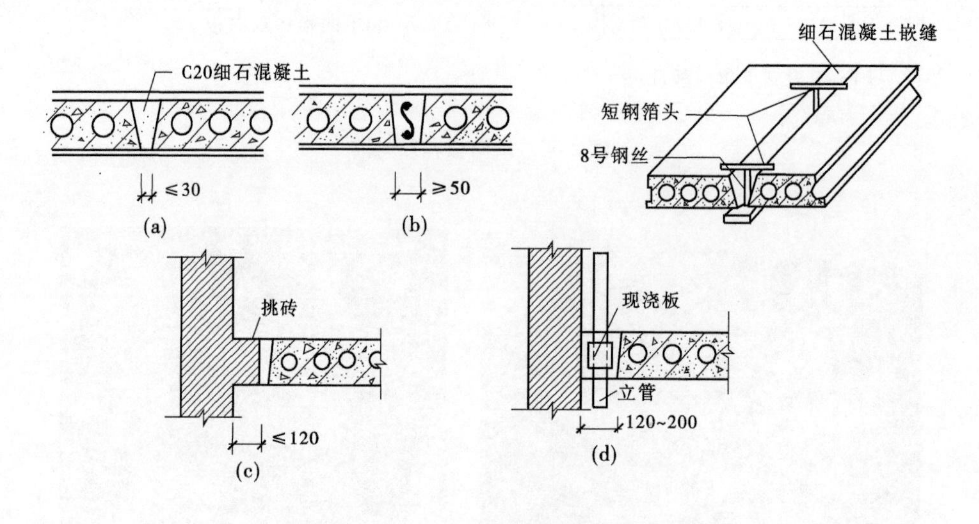

图2-41　预制板板缝处理

图2-42　现浇板与墙体的连接构造

3. 楼板与其他构件的连接

楼板与其他构件的连接主要包括楼板与圈梁、构造柱、挑梁及雨篷板的连接。楼板要与这些构件连接在一起，形成整体，协同工作。

(1)楼板与圈梁的连接。预制板一般是直接搁置在圈梁上的，如果没有圈梁，则预制板放置在坐浆层(1:3水泥砂浆层)上面(见图2-40)。对于现浇板，通常是板中的钢筋伸入圈梁钢筋笼中，然后与混凝土浇筑成一个整体(见图2-42)。

(2)楼板与构造柱的连接。预制板一般搁置在圈梁上，圈梁与构造柱连接(见图2-41)，现浇板的钢筋伸入构造柱中，混凝土浇筑成整体(见图2-42)。

(3)楼板与挑梁的构造。预制楼板一般是压在挑梁的上面，起着平衡和承载作用，见图2-43。而现浇板的钢筋一般伸入挑梁钢筋，彼此混凝土浇筑成整体，见图2-44、图2-45。

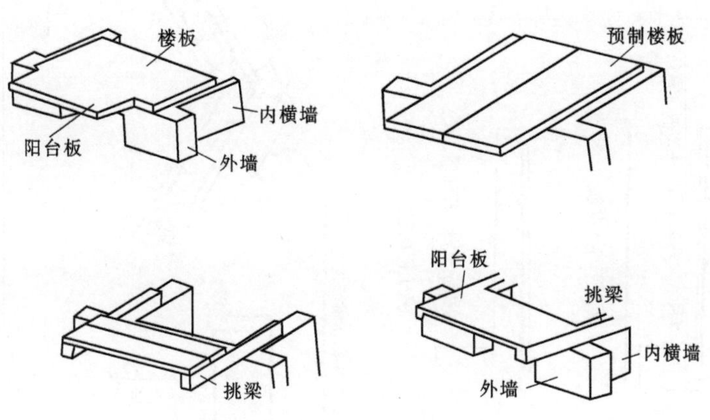

图2-43 预制板与挑梁的连接构造

图2-44 现浇悬挑板的配筋构造

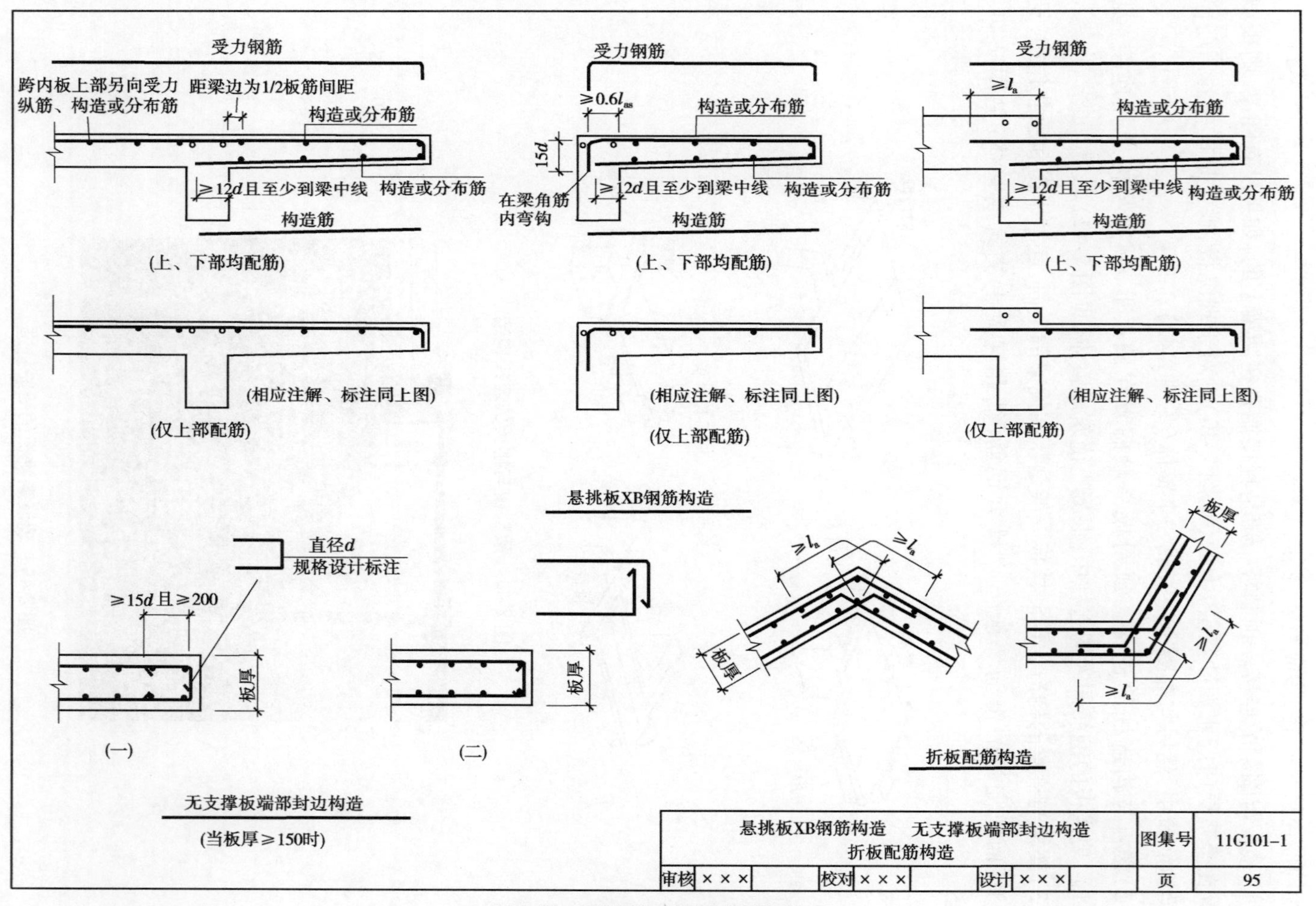

图2-45 现浇板与挑梁的配筋构造

(4)楼板与雨篷板的构造。楼板与雨篷板可以在同一标高,见图2-46,也可以不在同一高度(见图2-47)。预制雨篷板的形式见图2-48。现浇雨篷板的构造见图2-49。可以是雨篷板上部与雨篷梁上部平齐(见图2-50(a)),也可以是雨篷板下部与雨篷梁下部平齐(见图2-50(b))。

图2-46　雨篷板与楼板同高

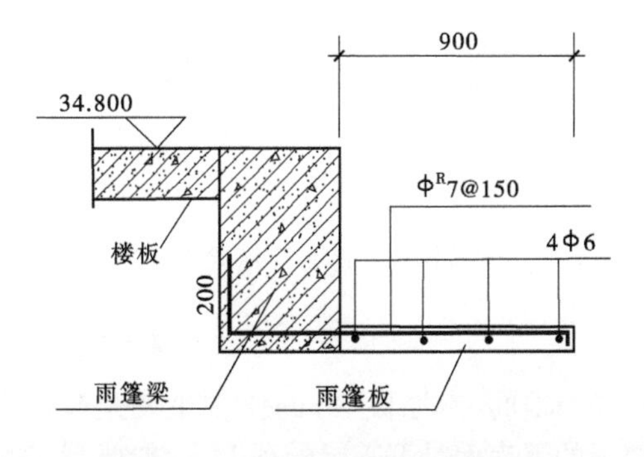

图2-47　雨篷板与楼板不同高

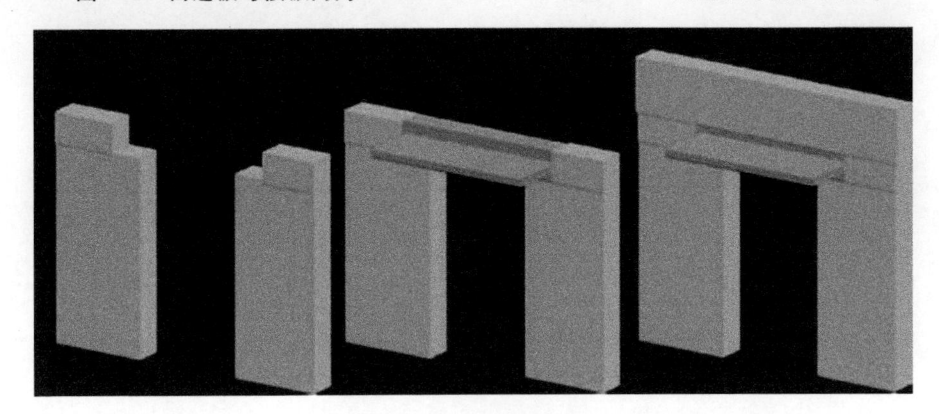

图2-48　预制雨篷板的形式

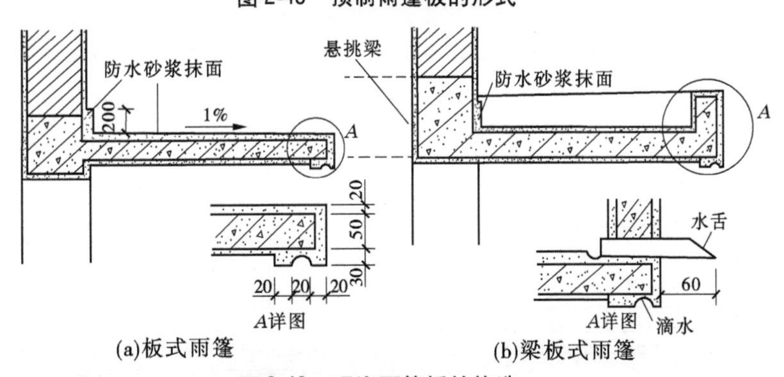

(a)板式雨篷　(b)梁板式雨篷

图2-49　现浇雨篷板的构造

4. 楼板上下表面附着层的构造

楼板的上表面是上一层房间的地面,一般要做找平层、功能层和面层,各层的功能和作用不同。找平层一般用1∶3水泥砂浆抹平,主要是形成设计坡度、连接结构层和功能层;功能层(防水、保温、隔热等)主要是实现预定的使用功能;面层(如水泥砂浆地面、瓷砖地面、

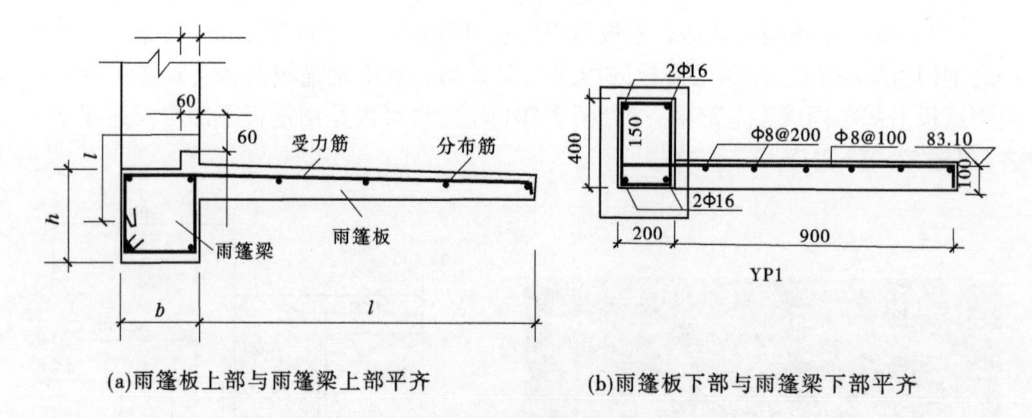

(a)雨篷板上部与雨篷梁上部平齐 (b)雨篷板下部与雨篷梁下部平齐

图 2-50 现浇雨篷板的构造

花岗石地面、木地板等)的作用主要是装饰和满足使用功能要求(如耐磨、防滑、美观等)。楼板的下表面是下一层的顶棚,一般要刮一遍素水泥浆,然后刮腻子、刷涂料或者做吊顶等。几种常见楼地面的构造做法见图 2-51、图 2-52;几种顶棚的构造做法见图 2-53、图 2-54。

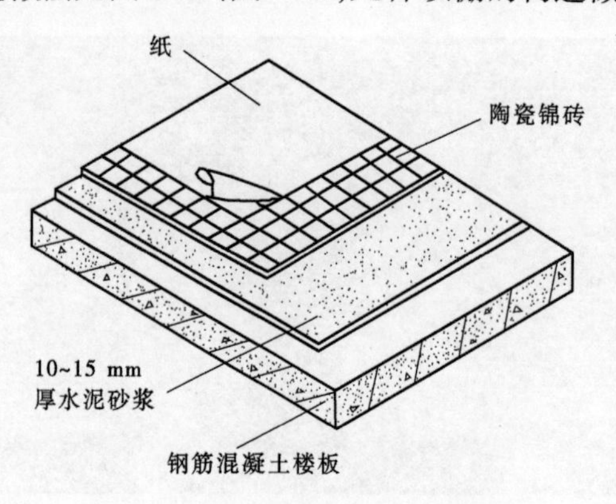

图 2-51 陶瓷锦砖地面的构造做法

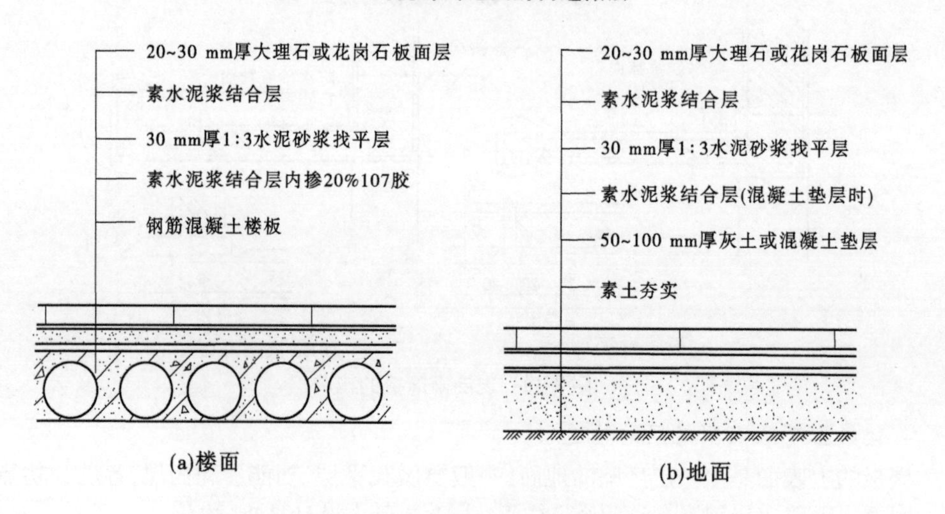

(a)楼面 (b)地面

图 2-52 大理石、花岗石块材装饰楼地面的构造做法

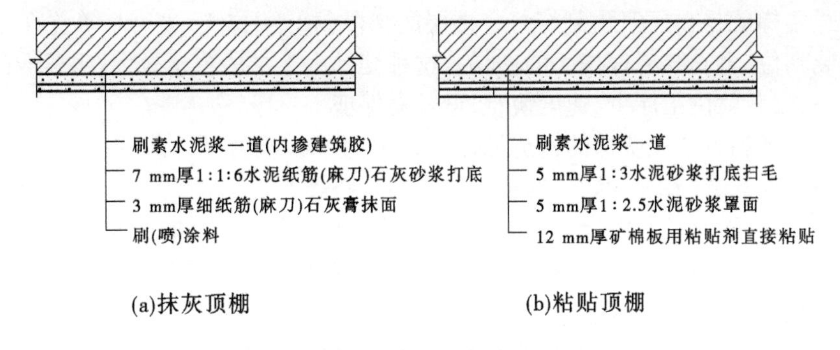

(a)抹灰顶棚　　(b)粘贴顶棚

图 2-53　抹灰顶棚和粘贴顶棚的构造做法

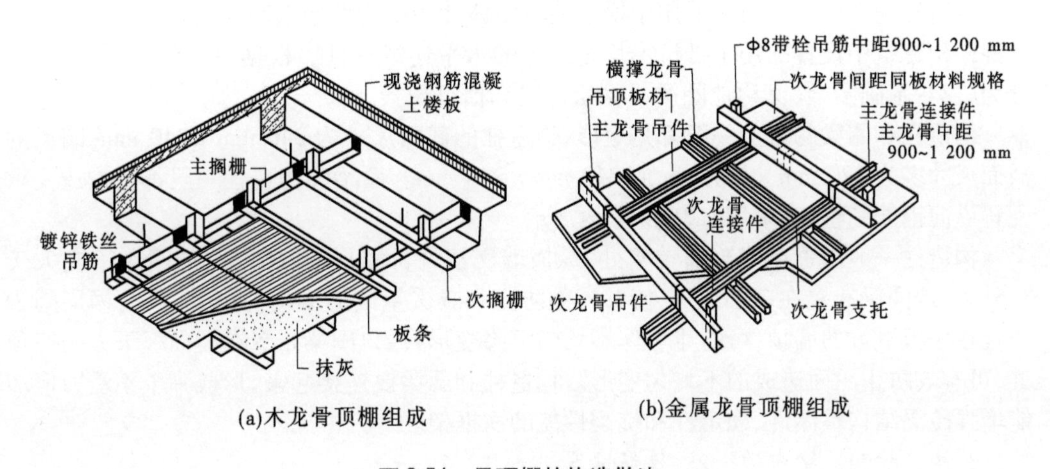

(a)木龙骨顶棚组成　　(b)金属龙骨顶棚组成

图 2-54　吊顶棚的构造做法

2.2.2.3　楼梯构造

1. 楼梯的类型、材料和组成

楼梯是联系上下楼层、起垂直交通作用的构件。楼梯的类型有很多种,从外形上来看,有直线形、弧线形、圆形等;按梯段形式有单跑、双跑、剪刀形等;从材料上来分,有木楼梯、钢筋混凝土楼梯、钢楼梯等;按受力的不同可分为板式楼梯和梁式楼梯;按施工方式不同可分为钢筋混凝土预制楼梯和现浇钢筋混凝土楼梯。砖混结构建筑中,楼梯多采用钢筋混凝土预制楼梯或现浇钢筋混凝土楼梯,而且大多采用两跑楼梯。楼梯一般由三个部分组成:梯段、平台(含楼层平台和休息平台)和栏杆扶手。

2. 现浇钢筋混凝土楼梯的构造组成

现浇板式楼梯主要由平台、梯段板和栏杆扶手组成。现浇梁式楼梯主要由平台、梯梁、梯板和栏杆扶手组成。现浇板式楼梯和现浇梁式楼梯的构造见任务 2.3“楼梯的功能及构造分析”。

3. 预制钢筋混凝土楼梯的构造组成

预制钢筋混凝土楼梯是现代建筑工业化的成果,根据装配程度的高低可分为分件式和组合式两种。分件式楼梯就是在厂家分别制作好梯梁、梯板、平台板等构件,现场组装成形,再安装栏杆扶手的楼梯。由于预制构件较小,所以便于运输和安装;不足之处就是工序多。

组合式楼梯就是在厂家预制好每一楼层的梯段(梯梁、梯板、平台板等连在一起),现场吊装安装到位,再安装栏杆扶手的楼梯。这种楼梯由于梯段重量较大,需要专门的运输和吊装设备,安装就位工序少,速度快,质量容易保证。

分件式楼梯和组合式楼梯的构造见任务2.3"楼梯的功能及构造分析"。

4. 楼梯细部构造(栏杆、扶手、踏面、踢面、防滑条等)

栏杆的形式、材料及其固定方式,扶手的形式、材料及其与栏杆的连接,踏面和踢面的构造做法,防滑条的构造做法见任务2.3"楼梯的功能及构造分析"。

2.2.2.4　**构造柱和圈梁的构造**

1. 构造柱和圈梁的概念、作用、截面形式、尺寸、材料及布置位置

构造柱是在砖墙中设置的用于增强墙体整体性和稳定性的钢筋混凝土柱。圈梁是在砖混结构建筑中设置的用于抵抗不均匀沉降的水平连续构件。根据位置的不同,圈梁可分为三类:基础圈梁(又称地圈梁)、楼层圈梁和檐口圈梁。

构造柱和圈梁的截面一般都是矩形,构造柱的截面尺寸为240 mm×240 mm,圈梁的截面尺寸多为120 mm×240 mm或240 mm×240 mm。圈梁和构造柱一般都按构造要求配置纵向钢筋和箍筋,采用C20混凝土浇筑。

构造柱一般布置在建筑的转角处、纵横墙交接处,而且构造柱之间的间距不应大于3.6 m。地圈梁布置在基础顶面,能够有效防止和减缓基础的不均匀沉降变形;楼层圈梁布置在楼板下方的墙顶,可防止墙体不均匀沉降变形;檐口圈梁布置在屋面板下方的墙顶处,可有效防止屋面造成的不均匀变形。构造柱和圈梁要连接起来,形成一个不受力但却能增强砖混结构整体性、稳定性和抗震性能的次框架。

2. 构造柱和圈梁中的纵筋、箍筋设置

构造柱和圈梁中的纵筋、箍筋设置见图2-13~图2-15。构造柱和圈梁中的纵筋、箍筋设置,构造柱中的纵筋一般为2 Φ 12,箍筋采用Φ 6@200;圈梁中的纵筋一般为2 Φ 12,箍筋采用Φ 6@200。

3. 构造柱、圈梁与墙体的连接

构造柱、圈梁与墙体的连接见图2-13~图2-15。在实际施工中,一般是在绑扎楼板钢筋时同步绑扎好圈梁钢筋、固定好构造柱钢筋,圈梁和楼板混凝土浇筑并养护到规定时间后砌筑墙体,边砌筑墙体边沿墙高设置穿过构造柱纵筋的拉结筋,墙体砌筑完成后再浇筑构造柱混凝土。在构造柱部位的墙体要砌成马牙槎形状。

4. 构造柱与圈梁的连接

构造柱是设置在墙体中的纵向约束构件,其作用是与水平约束构件圈梁构成砖混结构中的一个次框架,约束墙体的变形,增强整体性和抗震性能。因此,《砌体结构设计规范》要求构造柱钢筋必须与圈梁钢筋连接起来,并且用混凝土浇筑成整体。其具体构造见图2-13~图2-15。

2.2.2.5　**知识拓展**

1. 各种墙体及构造分析

砖混结构建筑中的墙体主要是黏土实心砖墙体,为了保护耕地和充分利用建筑废料,工程中也经常用到加气混凝土砌块、空心砖或多孔砖、灰砂砖等材料砌筑墙体。这些材料砌筑的墙体目前主要用于框架结构、框剪结构中作为填充墙。在框剪结构和剪力墙结构中

还会用到整浇成型的钢筋混凝土墙体。这些墙体的构造会在后面的教学情境中陆续介绍。

2. 各种楼盖及构造分析

(1)钢－混凝土组合楼盖：就是由钢板作为底部的模板，上面浇筑混凝土形成的组合楼板。其构造见图2-55。详细内容可以见《钢与混凝土组合楼(屋)盖结构构造图集》。

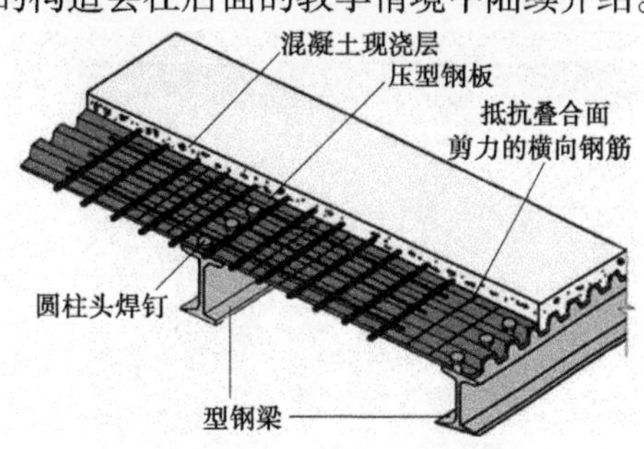

图2-55　钢－混凝土组合楼盖

(2)钢楼盖的构造：就是用钢梁和钢板做成的楼板，其构造见图2-56。

3. 过梁、雨篷等构件分析

过梁，是在门窗洞口上方设置的承受上部荷载的梁。过梁的类型有多种，如砖砌过梁(平拱、弧拱)、钢筋砖过梁和钢筋混凝土过梁。过梁常用类型见图2-57。

图2-56　钢楼盖

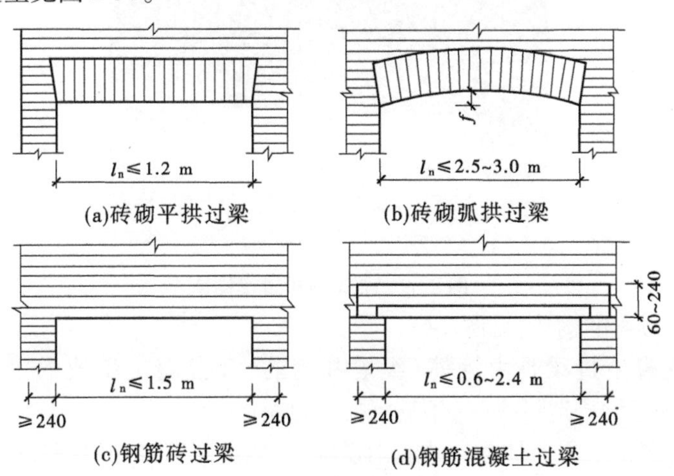

图2-57　过梁类型

(1)砖砌平拱过梁的构造,见图2-58。

(a)砖砌平拱过梁的外观

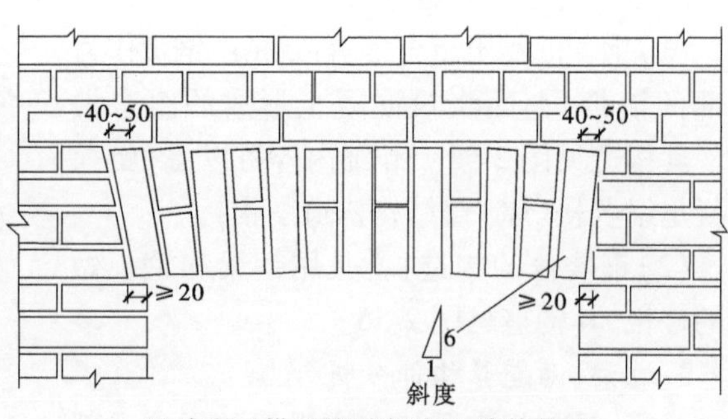

(b)砖砌平拱过梁端部嵌入墙体构造

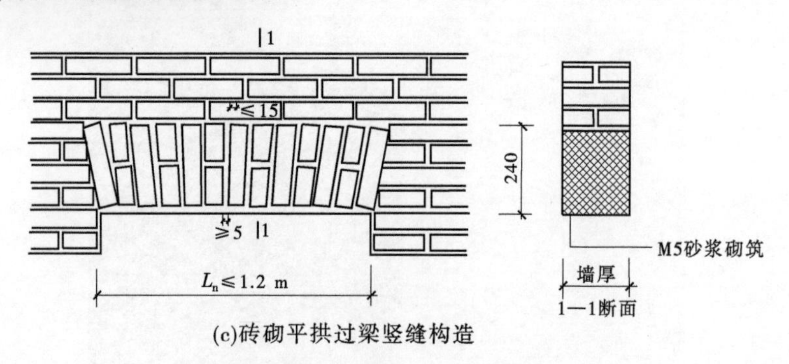

(c)砖砌平拱过梁竖缝构造

图2-58　砖砌平拱过梁构造

(2)砖砌弧拱过梁的构造,见图2-59。

图2-59　砖砌弧拱过梁构造

(3)钢筋砖过梁的构造,见图2-60。

(4)钢筋混凝土过梁是由钢筋(纵筋和箍筋)和混凝土组成的梁,其构造形式见图2-61。更多的过梁构造可查阅《钢筋混凝土过梁图集》。

(5)雨篷是洞口上方向外悬挑的遮雨设施,一般由雨篷梁和雨篷板组成(见图2-62),大多采用钢筋混凝土雨篷梁和雨篷板(见图2-63)。

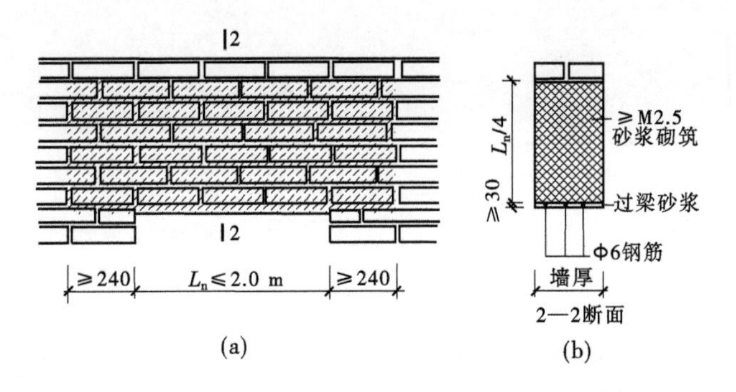

图2-60　钢筋砖过梁构造

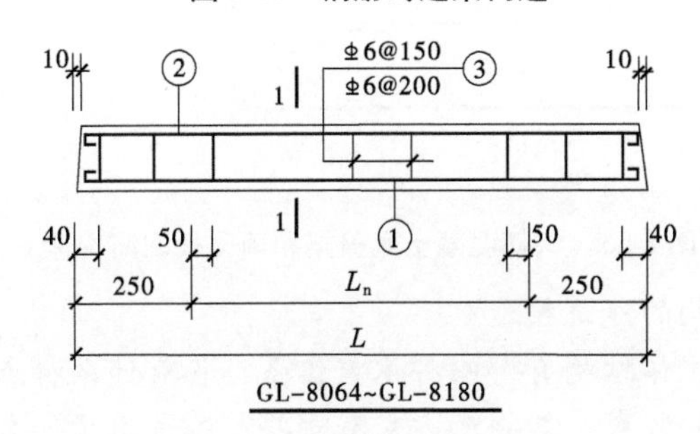

图2-61　钢筋混凝土过梁构造

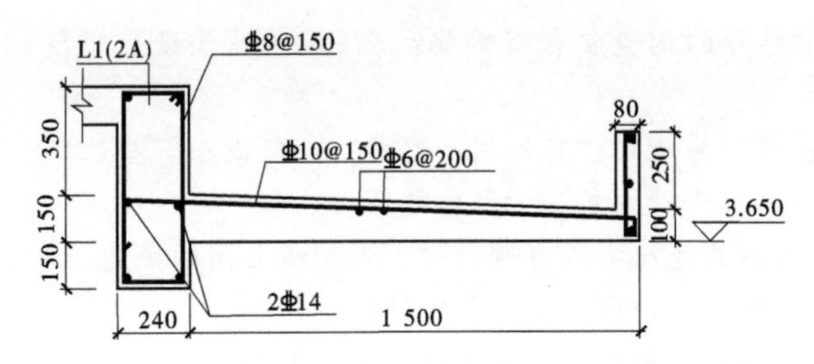

图2-62　钢筋混凝土雨篷梁和雨篷板构造

2.2.3　小结

介绍了砖混结构建筑主体结构的概念，分析了主体结构的功能和类型，详细介绍了主体结构各组成构件（墙、柱、楼板、楼梯、屋面板、圈梁、构造柱等构件）的功能、构件自身的组成方式、构件之间的连接方式以及构件表面的处理方式等内容，并且进行了一定范围的知识拓展介绍。

2.2.4　思考题

1. 什么叫主体结构？砖混结构建筑的主体结构主要由哪些构件组成？基础结构与主体结构有何不同？

2. 主体结构有哪四大功能？

3. 墙体的功能有哪些？

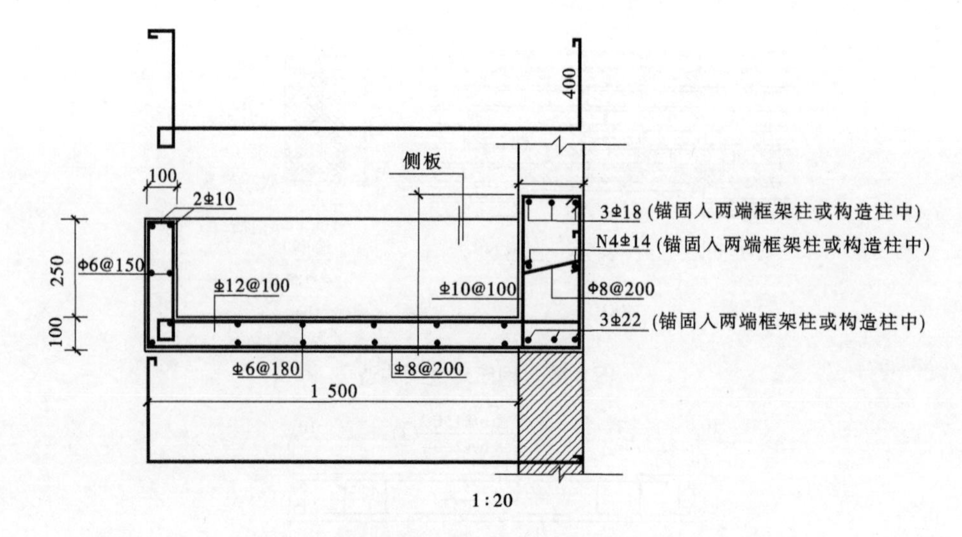

图 2-63　钢筋混凝土雨篷梁和雨篷板配筋构造

4. 怎样理解砖混结构的建筑构造?

5. 砖混结构建筑的主体结构有哪四种承重体系? 各有什么特点?

6. 什么叫砖墙的组砌方式? 其组砌方式有哪些? 各适用于什么情况? 砖墙组砌应满足什么要求?

7. 墙体与构造柱连接的构造要点有哪些? 在《砌体结构设计规范》中有哪几种情况需设构造柱?

8. 什么是圈梁? 可分为几种? 其作用有哪些? 一般设在哪些位置?

9. 门窗框的安装有哪两种方式? 请做出解释。

10. 预制楼板与墙体的连接方式有哪两种? 预制板之间的板缝一般怎样处理?

11. 楼板上表面一般可分为哪几层? 各有什么功能?

12. 砖过梁有哪几种? 分别适用于什么情况和有何构造要求?

任务 2.3　楼梯的功能及构造分析

2.3.1　楼梯的功能分析

2.3.1.1　楼梯概述

当房屋层数多于一层时,就需要考虑上下交通问题。在各个不同楼层之间起上下交通联系作用的构件,就是楼梯。在现代建筑中,上下交通联系的构件已经远不止楼梯一种,还包括电梯、自动扶梯、爬梯、坡道、台阶等。楼梯作为竖向交通和人员紧急疏散的主要交通设施,使用最为广泛;电梯主要用于高层建筑或有特殊要求的建筑;自动扶梯用于人流量大的场所;爬梯用于消防和检修;坡道用于建筑物入口处方便行车;台阶用于室内外高差之间的联系。

2.3.1.2　楼梯的作用及形式

楼梯在建筑物中作为楼层间垂直交通用的构件,用于楼层之间或高差较大时的竖向交通联系，是建筑中各楼层间的主要交通设施，除交通联系的主要功能外，还是紧急情况下安全疏散的主要通道。

在设有电梯、自动扶梯作为主要垂直交通手段的多层和高层建筑中也要设置楼梯。高层建筑尽管采用电梯作为主要垂直交通工具，但仍然要保留楼梯供火灾时逃生之用。

楼梯由连续梯级的梯段（又称梯跑）、平台（休息平台）和围护构件（栏杆、扶手）等组成。楼梯的最低和最高一级踏步间的水平投影距离为梯长，梯级的总高为梯高。

楼梯按梯段可分为单跑楼梯、双跑楼梯和多跑楼梯。梯段的平面形状有直线的、折线的和曲线的。单跑楼梯最为简单，适合于层高较低的建筑；双跑楼梯最为常见，有双跑直上、双跑曲折、双跑对折（平行）等，适用于一般民用建筑和工业建筑；三跑楼梯有三折式、丁字式、分合式等，多用于公共建筑；剪刀楼梯系由一对方向相反的双跑平行梯组成，或由一对互相重叠而又不连通的单跑直上梯构成，剖面呈交叉的剪刀形，能同时通过较多的人流并节省空间；螺旋楼梯是以扇形踏步支承在中立柱上，虽行走欠舒适，但节省空间，适用于人流较少、使用不频繁的场所；圆形、半圆形、弧形楼梯，由曲梁或曲板支承，踏步略呈扇形，花式多样，造型活泼，富于装饰性，适用于公共建筑。

2.3.2　砖混结构建筑的楼梯类型及构造分析

2.3.2.1　砖混结构建筑常用楼梯的类型

（1）楼梯按材料分木质、钢筋混凝土、钢质、混合式、金属等楼梯。

（2）楼梯按其平面形式分直跑单跑楼梯，直行多跑楼梯，平行双跑楼梯，平行双分、双合楼梯，折行多跑楼梯，交叉式楼梯，剪刀式楼梯，螺旋形楼梯，弧形楼梯。各种楼梯的形式见图2-64。

2.3.2.2　砖混结构建筑常用楼梯的特点及构造

砖混结构建筑常用楼梯可分为现浇钢筋混凝土楼梯和预制装配式钢筋混凝土楼梯。

1. 现浇钢筋混凝土楼梯

1）现浇钢筋混凝土楼梯的特点

现浇钢筋混凝土楼梯是指楼梯段、楼梯平台等整体浇筑在一起的楼梯。

优点：结构整体性好，刚度大，可塑性强，能适应各种楼梯间平面和楼梯形式。

缺点：需要现场支模，模板耗费较大，施工周期较长，且抽孔困难，不便做成空心构件，所以混凝土用量和自重较大。

2）现浇钢筋混凝土楼梯的构造

（1）板式楼梯。

板式楼梯，即只设置斜向梯板而没有梯梁的楼梯形式。板式楼梯可分为两种：有平台梁的板式楼梯（见图2-65）和无平台梁的板式楼梯（见图2-66）。

①有平台梁的板式楼梯：楼梯段相当于一块斜放的板，平台梁之间的距离即为板的跨度，楼梯段应沿跨度方向布置受力钢筋。其荷载传递路线为：荷载—梯段板—平台梁—墙或柱。

②无平台梁的板式楼梯：梯段板与平台板整体浇筑在一起，作为整体共同受力的楼梯形式。

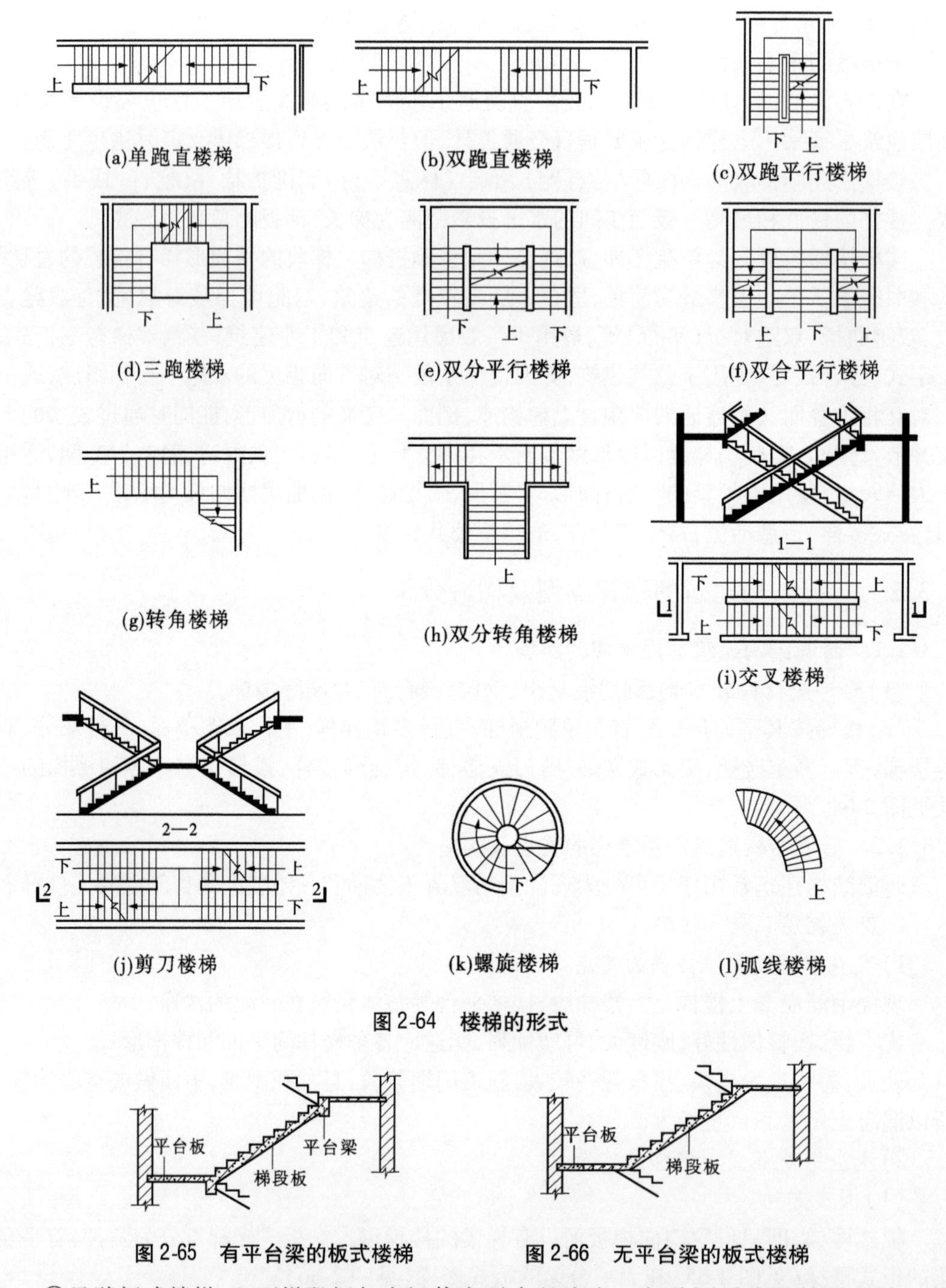

(a)单跑直楼梯　(b)双跑直楼梯　(c)双跑平行楼梯

(d)三跑楼梯　(e)双分平行楼梯　(f)双合平行楼梯

(g)转角楼梯　(h)双分转角楼梯　(i)交叉楼梯

(j)剪刀楼梯　(k)螺旋楼梯　(l)弧线楼梯

图 2-64　楼梯的形式

图 2-65　有平台梁的板式楼梯　图 2-66　无平台梁的板式楼梯

③悬臂板式楼梯：上下梯段板与中间休息平台整浇在一起共同受力的楼梯形式。其受力点主要位于上下梯段板端头与主体结构连接的部位。其形式见图 2-67。

(2)梁式楼梯。

梁式楼梯由踏步、楼梯斜梁、平台梁和平台板组成。在结构上有双斜梁布置和单斜梁布置之分。

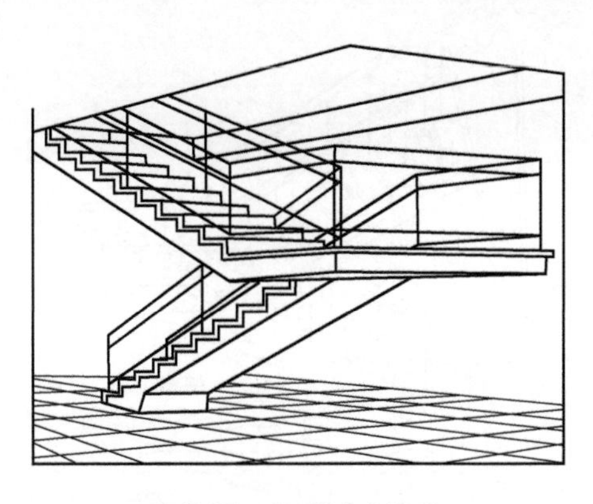

图 2-67　悬臂板式楼梯

①双斜梁梯段:是将梯段斜梁布置在踏步的两端,这时踏步板的跨度便是梯段的宽度,也就是楼梯段斜梁间的距离。

正梁式:梯梁在踏步板之下,踏步板外露,又称为明步。形式较为明快,但在板下露出的梁的阴角容易积灰,见图 2-68。

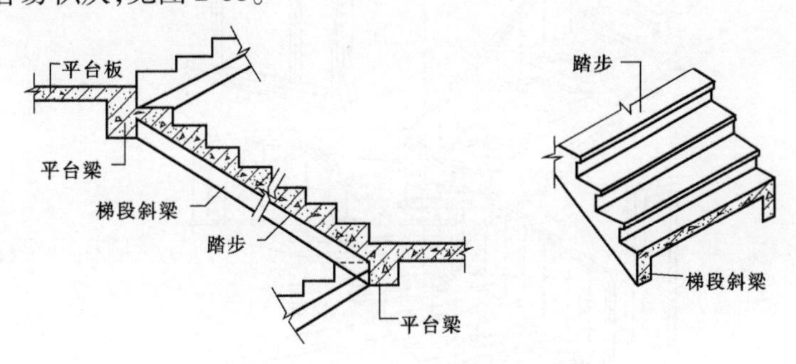

图 2-68　正梁式的双斜梁梁式楼梯

反梁式:梯梁在踏步板之上,形成反梁,踏步包在里面,又称为暗步。暗步楼梯段底面平整,洗刷楼梯时污水不致污染楼梯底面,但梯梁占去了一部分梯段宽度,见图 2-69。

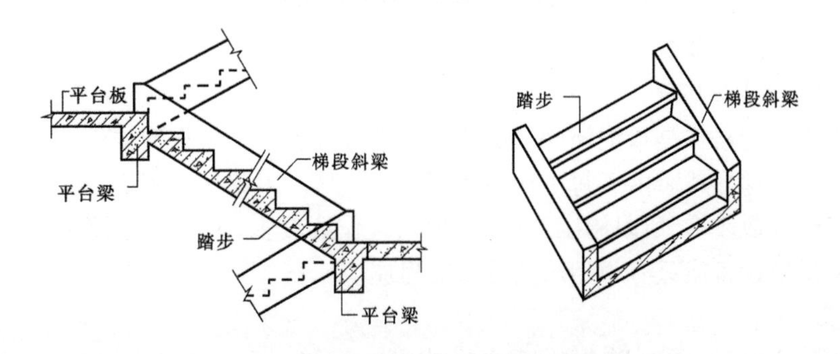

图 2-69　反梁式的双斜梁梁式楼梯

②单斜梁梯段。单斜梁悬臂式楼梯,将梯段斜梁布置在踏步的一端,而将踏步另一端向外悬臂挑出,见图 2-70。单斜梁挑板式楼梯,是将梯段斜梁布置在踏步的中间,让踏步从梁的两端挑出,见图 2-71。

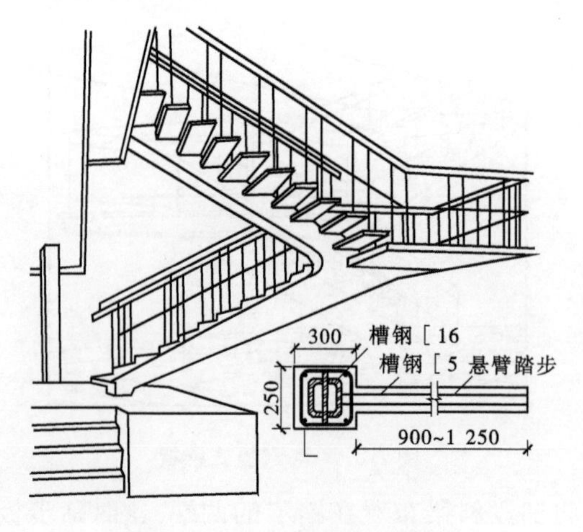

图 2-70　单斜梁悬臂式楼梯

图 2-71　单斜梁挑板式楼梯

2. 预制装配式钢筋混凝土楼梯

1) 小型构件装配楼梯

小型构件装配楼梯是指把楼梯的组成部分划分为若干个中小型构件，在工厂制作、运至现场组装的楼梯形式。由于每一构件体积小、重量轻，因此易于制作、便于运输和安装。但由于安装时件数较多，所以施工工序多，现场湿作业较多，施工速度较慢。适用于施工过程中没有吊装设备或只有小型吊装设备的房屋。

A. 梯段

(1) 预制踏步板：预制踏步板断面形式有一字形、正 L 形、倒 L 形、三角形等，见图 2-72。

(2) 梯斜梁：一般有矩形截面和锯齿形截面梯斜梁两种，见图 2-73。矩形截面梯斜梁用于搁置三角形断面踏步板。锯齿形截面梯斜梁主要用于搁置一字形、正 L 形、倒 L 形的踏步板。

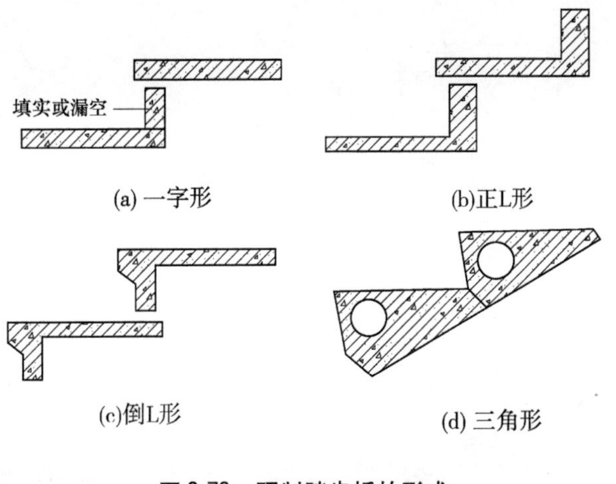

图 2-72　预制踏步板的形式

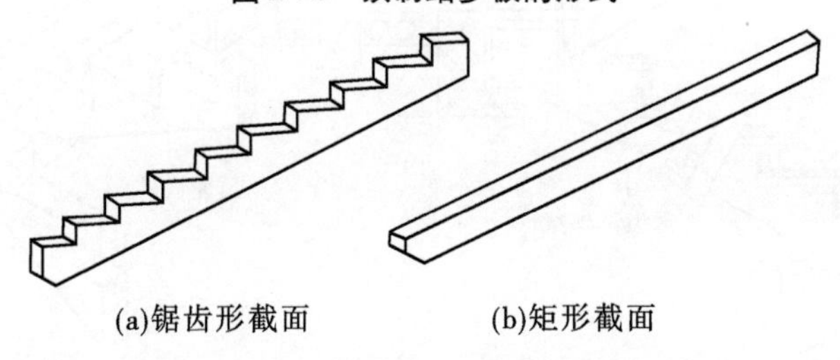

图 2-73　梯斜梁

B. 平台梁及平台板

a. 平台梁

为便于支承梯斜梁，平衡梯段水平分力并减少平台梁所占结构空间，平台梁一般为 L 形断面（见图 2-74）。

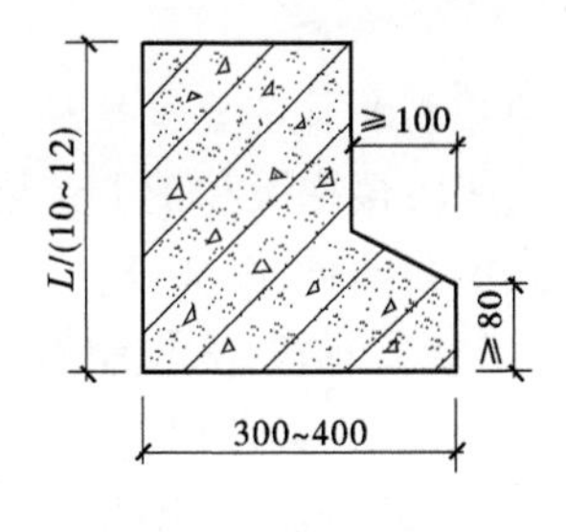

图 2-74　平台梁断面

b. 平台板

平台板可根据需要采用预制钢筋混凝土空心板、槽形板或平板。在平台上有管道井处，不宜布置空心板。预制平台板一般平行于平台梁布置，以利于加强楼梯间整体刚度。当垂直于平台梁布置时，常采用实心小平板。

C. 预制踏步的支承结构

预制踏步的支承有三种形式：梁支承式、双墙支承式和悬挑式。

（1）梁支承式楼梯。指预制踏步支承在梯斜梁上，形成梁式梯段，梯段支承在平台梁上，见图 2-75。

（2）双墙支承式楼梯：预制 L 形或一字形踏步板的两端直接搁置在墙上，荷载传递给两侧的墙体，不需要设梯梁和平台梁，从而节约了钢材和混凝土，见图 2-76。

（3）悬挑式楼梯：踏步板的一端固定在楼梯间墙上，另一端悬挑，利用悬挑的踏步支承全部荷载，并直接传给墙体，见图 2-77。

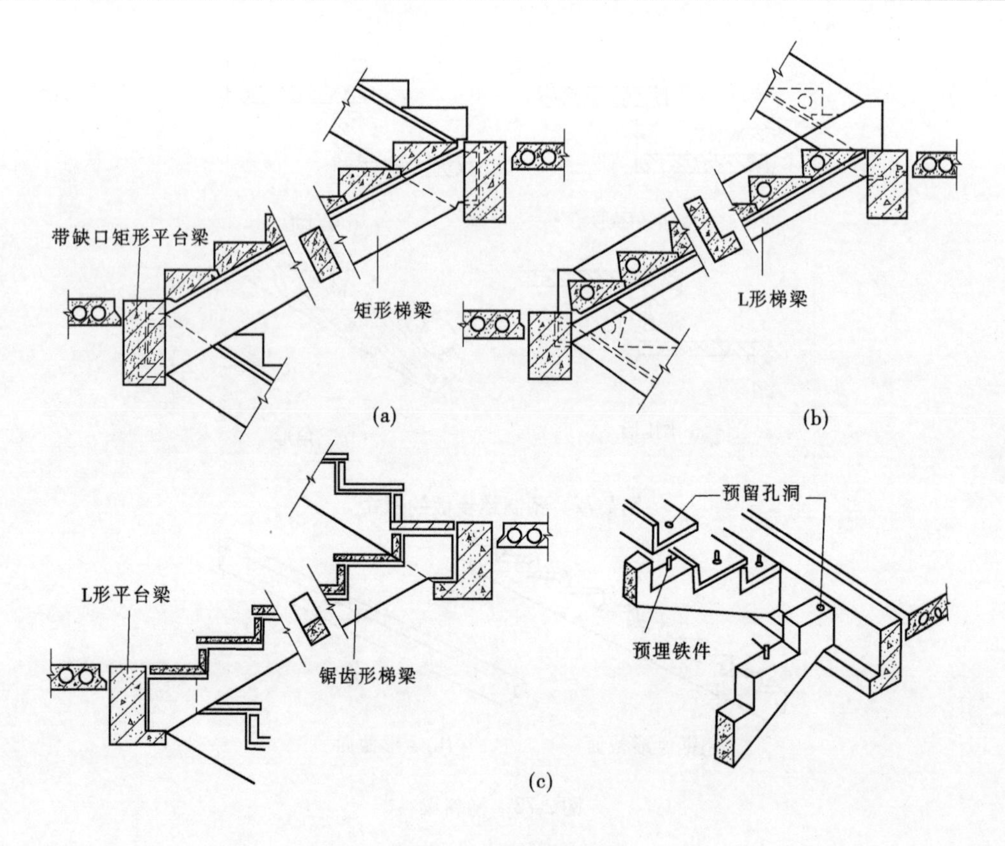

图 2-75　梁支承式楼梯

2) 中型构件装配式楼梯

一般由楼梯段和带平台梁的平台板两个构件组成。按其结构形式不同分为板式梯段和梁式梯段两种,图 2-78。

(1) 板式梯段:为预制整体梯段板,两端搁在平台梁出挑的翼缘上,将梯段荷载直接传给平台梁,有实心和空心两种。

(2) 梁式梯段:由踏步板和梯梁共同组成一个构件。

(3) 中型构件装配式楼梯安装。梯段的两端搁置在 L 形平台梁上,安装前应先在平台梁上坐浆,使构件间的接触面贴紧,受力均匀。预埋件焊接或将梯段预留孔套接在平台梁的预埋铁件上。孔内用水泥砂浆填实的方式,将梯段与平台梁连接在一起。

3) 大型构件装配式楼梯

大型构件装配式楼梯,是把整个梯段和平台预制成一个构件。按结构形式不同,有板式楼梯和梁式楼梯两种,见图 2-79。

大型构件装配式楼梯的优点是:构件数量少,装配化程度高,施工速度快;缺点是施工时需要大型的起重运输设备。

2.3.2.3　楼梯的细部构造

1. 踏步面层及防滑措施

踏步面层的做法一般与楼地面相同。人流集中的楼梯,踏步表面应采取防滑和耐磨

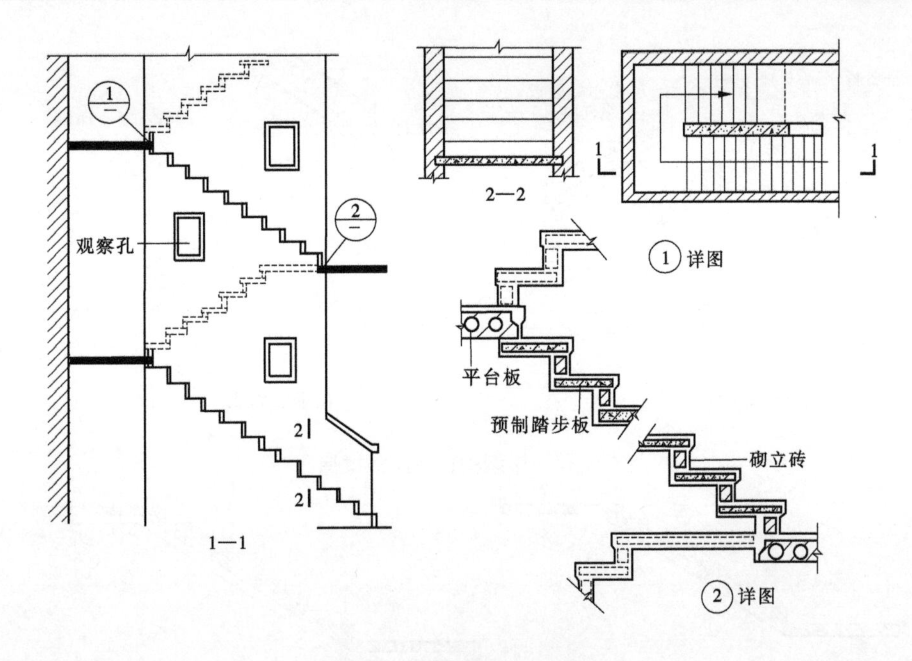

图2-76　双墙支承式楼梯

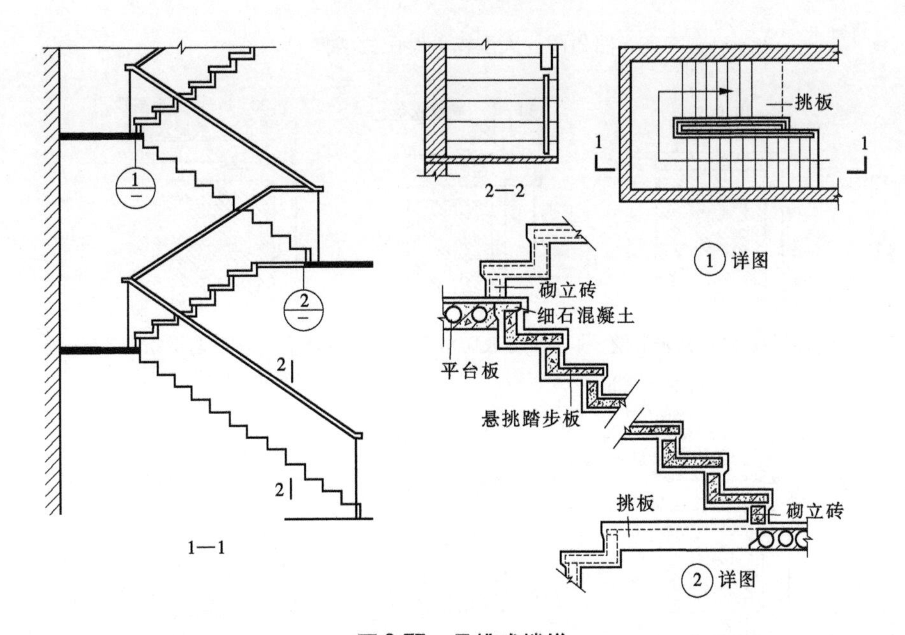

图2-77　悬挑式楼梯

措施，通常是在踏步口做防滑条。防滑条长度一般按踏步长度每边减去150 mm。防滑材料可采用铁屑水泥、金刚砂、塑料条、金属条、橡胶条、马赛克等，见图2-80。

2. 栏杆、栏板和扶手

1）栏杆、扶手的形式和材料

（1）空花栏杆。一般多采用金属材料制作，如钢材、铝材、铸铁花饰等。其垂直杆件间净距不应大于110 mm。

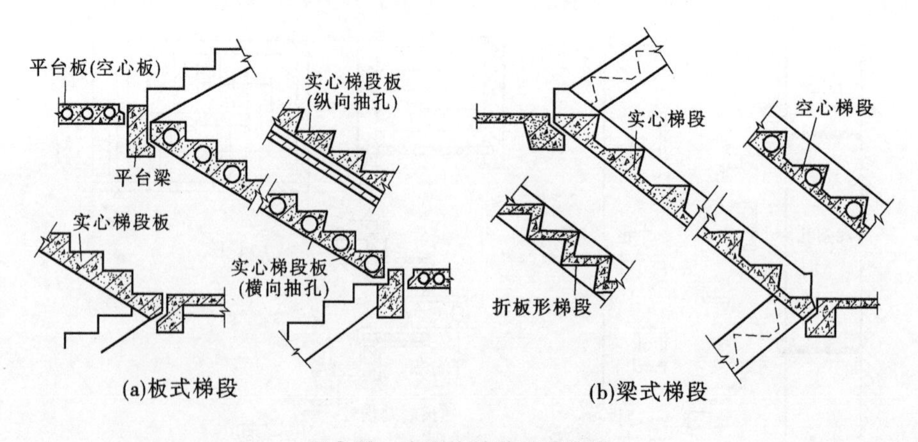

图 2-78　中型构件装配式楼梯

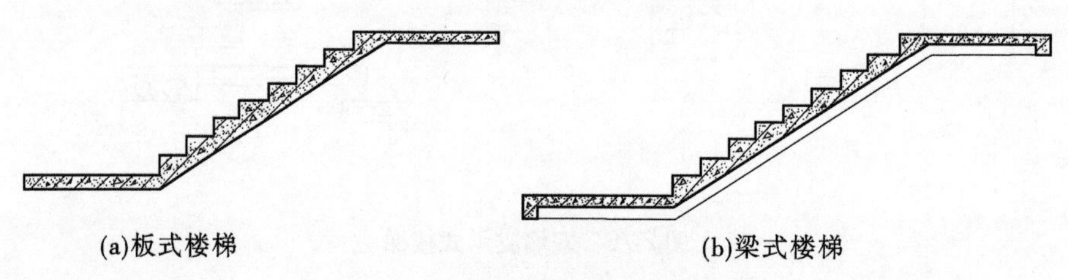

图 2-79　大型构件装配式楼梯

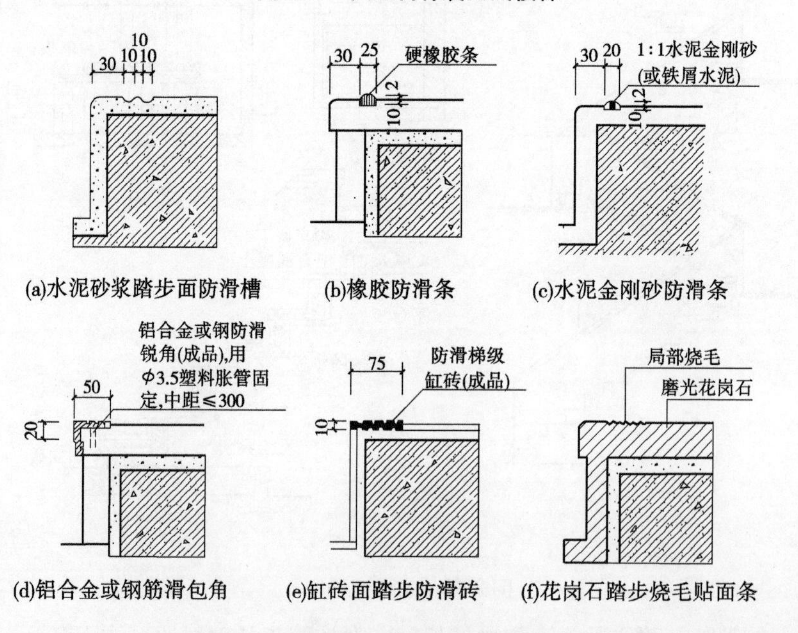

图 2-80　踏步防滑措施

(2)栏板式栏杆。栏板是用实体材料制作而成的。常用材料有钢筋混凝土、加设钢筋网的砖砌体、木材、有机玻璃、钢化玻璃等,栏板的表面应光滑平整、便于清洗。

(3)组合式栏杆。将空花栏杆与栏板组合在一起。空花部分一般用金属材料,栏板部分的材料与栏板式相同。

(4)扶手:尺寸和形状除考虑造型要求外,应以便于手握为宜。其表面必须光滑、圆顺,顶面宽度一般不宜大于90 mm。扶手可以用优质硬木、金属型材(铁管、不锈钢、铝合金等)、工程塑料及水泥砂浆抹灰、水磨石、天然石材制作。室外楼梯不宜使用木扶手,以免淋雨后变形和开裂。

2)栏杆与扶手、栏杆与梯段、栏杆扶手与墙或柱的连接

(1)栏杆与扶手的连接。金属扶手与栏杆直接焊接;抹灰类扶手在栏板上端直接饰面;木及塑料扶手在安装前应事先在栏杆顶部设置通长的扁铁,扁铁上预留安装钉孔,把扶手放在扁铁上,用螺栓固定。

(2)栏杆与梯段的连接。在梯段内预埋铁件与栏杆焊接;在梯段上预留孔洞,用细石混凝土、水泥砂浆或螺栓固定。

(3)栏杆扶手与墙或柱的连接。在墙上预留孔洞,将栏杆铁件插入洞内,再用细石混凝土或水泥砂浆填实;在钢筋混凝土墙或柱的相应位置上预埋铁件与栏杆扶手的铁件焊接,也可用膨胀螺栓连接。

3. 台阶

1)台阶的形式和尺寸

(1)台阶的形式:单面踏步、两面踏步、三面踏步以及单面踏步带花池(花台)等。

(2)台阶的尺寸:顶部平台的宽度应大于所连通的门洞口宽度,一般每边至少宽出500 mm,室外台阶顶部平台的深度不应小于1.0 m。台阶面层标高应比首层室内地面标高低10 mm左右,并向外做1%～2%的坡度。室外台阶踏步的踏面宽度不宜小于300 mm,踢面高度不宜大于150 mm。室内台阶踏步数不应小于2级,当高差不足2级时,应按坡道设置。台阶的形式和尺寸见图2-81。

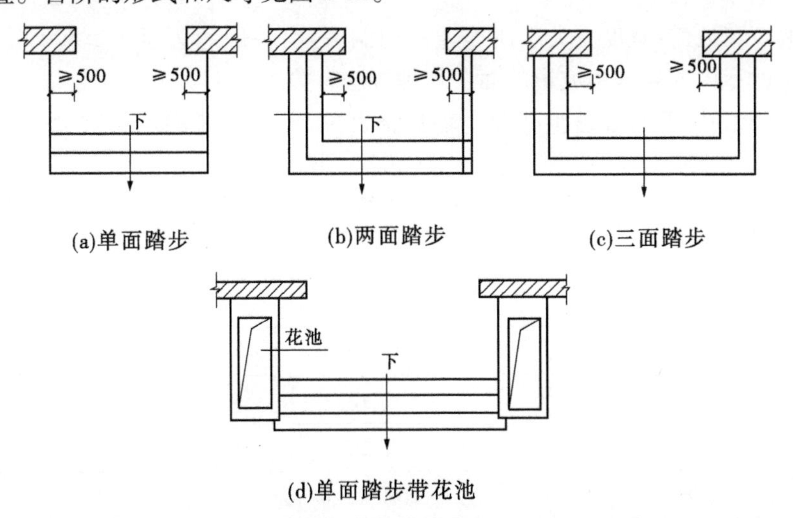

图2-81　台阶的形式和尺寸

2)台阶的构造

(1)架空式台阶:将台阶支承在梁上或地垄墙上。

(2)分离式台阶:台阶单独设置,如支承在独立的地垄墙上。单独设立的台阶必须与

主体分离，中间设沉降缝，以保证相互间的自由沉降。

台阶的构造见图2-82。

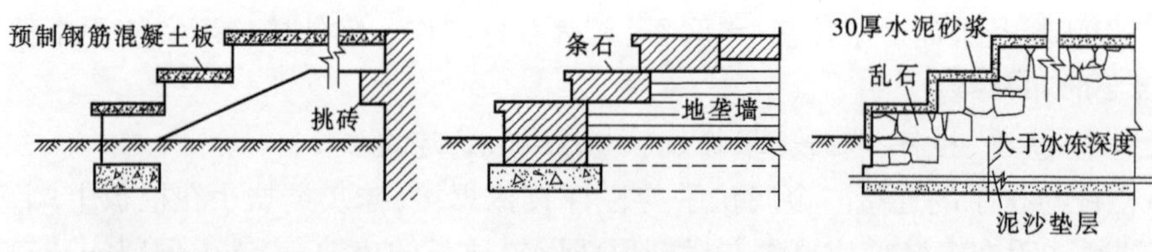

(a)预制钢筋混凝土架空台阶 (b)支承在地垄墙上的架空台阶 (c)地基换土台阶

图2-82 台阶的构造

4. 坡道

1)坡道的形式和尺寸

(1)形式：有行车坡道和轮椅坡道两类。行车坡道分为普通行车坡道与回车坡道两种，见图2-83。

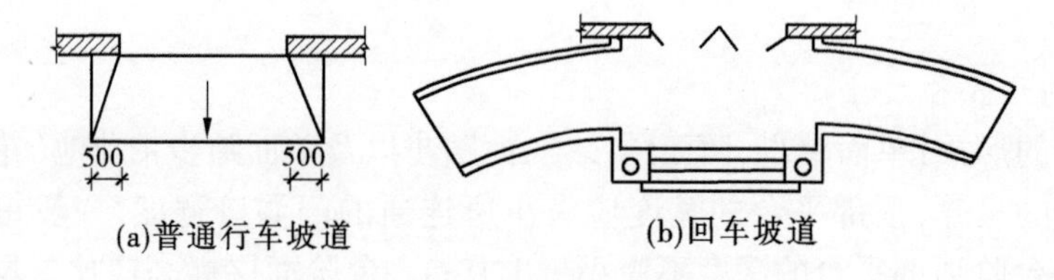

(a)普通行车坡道 (b)回车坡道

图2-83 行车坡道

(2)坡道的尺寸。

①普通行车坡道：宽度应大于所连通的门洞宽度，一般每边至少≥500 mm。坡道的坡度与建筑的室内外高差和坡道的面层处理方法有关。

②回车坡道：宽度与坡道半径及车辆规格有关，不同位置的坡道坡度和宽度应符合表2-3的规定。

表2-3 不同位置的坡道坡度和宽度

坡道位置	最大坡度	最小宽度(m)
有台阶的建筑入口	1:12	1.20
只设坡道的建筑入口	1:20	1.50
室内走道	1:12	1.00
室外通路	1:20	1.50
困难地段	1:10～1:8	1.20

③轮椅坡道：坡度不宜大于1:12，宽度不应小于0.9 m；每段坡道的坡度、允许最大高度和水平长度应符合表2-4的规定；当超过表2-4的规定时，应在坡道中部设休息平台，其深度不小于1.2 m；坡道在转弯处应设休息平台，其深度不小于1.5 m。

无障碍坡道，在坡道的起点和终点，应留有深度不小于1.50 m的轮椅缓冲地带。

表 2-4　每段坡道的坡度、允许最大高度和水平长度

每段坡道坡度(高/长)	1:8	1:10	1:12	1:16	1:20
每段坡道允许最大高度(m)	0.35	0.60	0.75	1.00	1.50
每段坡道允许水平长度(m)	2.80	6.00	9.00	16.00	30.00

2) 坡道的构造

与台阶基本相同，一般采用实铺，垫层的强度和厚度应根据坡道的长度及上部荷载大小进行选择。严寒地区垫层下部设置砂垫层。坡道的构造见图 2-84。

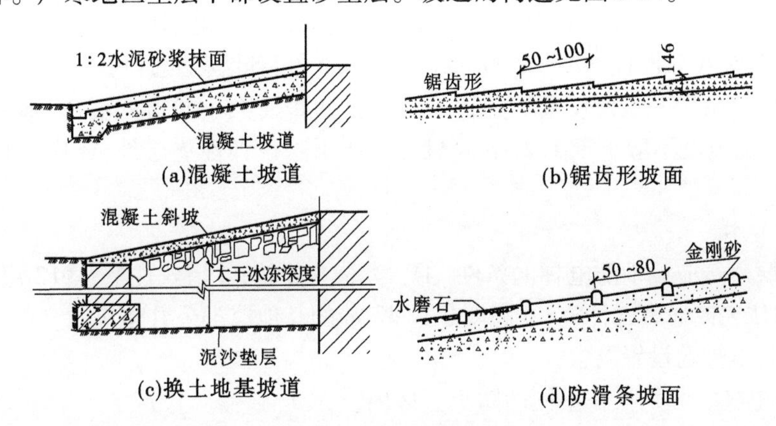

图 2-84　坡道的构造

2.3.2.4　电梯与自动扶梯

1. 电梯

1) 电梯设置条件

(1) 当住宅的层数较多(7 层及 7 层以上)或建筑从室外设计地面至最高楼面的高度超过 16 m 以上时，应设置电梯。

(2) 4 层及 4 层以上的门诊楼或病房楼、高级宾馆(建筑级别较高)、多层仓库及商店(使用有特殊需要)等，也应设置电梯。

(3) 高层及超高层建筑达到规定要求时，还要设置消防电梯。

2) 电梯的类型

(1) 按电梯的用途分乘客电梯、住宅电梯、病床电梯、客货电梯、载货电梯、杂物电梯。

(2) 按电梯的拖动方式分交流拖动(包括单速、双速、调速)电梯、直流拖动电梯、液压电梯。

(3) 按消防要求分普通乘客电梯和消防电梯。

3) 电梯的布置要点

(1) 电梯间应布置在人流集中的地方，而且电梯前应有足够的等候面积，一般不小于电梯轿厢面积。供轮椅使用的候梯厅深度不应小于 1.5 m。

(2) 当需设多部电梯时，宜集中布置，有利于提高电梯使用效率也便于管理维修。

(3) 以电梯为主要垂直交通工具的高层公共建筑和 12 层及 12 层以上的高层住宅，

每栋楼设置电梯的台数不应少于2台。

(4)电梯的布置方式有单面式和对面式。电梯不应在转角处紧邻布置,单侧排列的电梯不应超过4台,双侧排列的电梯不应超过8台。

4)电梯的组成

电梯由井道、机房和轿厢三部分组成。

(1)井道。电梯井道是电梯轿厢运行的通道。电梯井道可以用砖砌筑,也可以采用现浇钢筋混凝土墙。砖砌井道一般每隔一段应设置钢筋混凝土圈梁,供固定导轨等设备用。

电梯井道应只供电梯使用,不允许布置无关的管线。速度不低于2 m/s的载客电梯,应在井道顶部和底部设置不小于600 mm×600 mm带百叶窗的通风孔。

(2)机房。机房一般设在电梯井道的顶部。面积要大于井道的面积,通往机房的通道、楼梯和门的宽度不应小于1.20 m。机房机座下除设弹性垫层外,还应在机房下部设置隔音层。

5)消防电梯

(1)高层建筑应设消防电梯的条件:①一类公共建筑;②塔式住宅;③12层及12层以上的单元式住宅或通廊式住宅;④高度超过32 m的其他二类公共建筑。

(2)消防电梯的设置要求:

①消防电梯宜分别设在不同的防火分区内。

②消防电梯应设前室,前室面积:居住建筑不小于4.5 m^2、公共建筑不小于6.0 m^2;与防烟楼梯间共用前室时,居住建筑不小于6.0 m^2、公共建筑不小于10.0 m^2。

③消防电梯间前室宜靠外墙设置,在首层应设直通室外的出口或经过长度不超过30 m的通道通向室外。

④消防电梯间前室的门,应采用乙级防火门或具有停滞功能的防火卷帘。

⑤消防电梯的载重量不应小于800 kg。

⑥消防电梯井、机房与相邻其他电梯井、机房之间,应采用耐火极限不低于2.00 h的隔墙隔开,当在隔墙上开门时,应设甲级防火门。

⑦消防电梯的行驶速度,应按从首层到顶层的运行时间不超过60 s计算确定。

⑧消防电梯轿厢的内装修应采用不燃烧材料。

⑨动力与控制电缆、电线应采取防水措施。

⑩消防电梯轿厢内应设专用电话,并应在首层设供消防队员专用的操作按钮。

⑪消防电梯间前室门口宜设挡水设施。井底应设排水设施,排水井容量不应小于2.00 m^3,排水泵的排水量不应小于10 L/s。

⑫消防电梯可与载客或工作电梯兼用,但应符合消防电梯的要求。

2. 自动扶梯

1)自动扶梯的尺寸和参数

自动扶梯的倾斜角不应超过30°,当提升高度不超过6 m,额定速度不超过0.50 m/s时,倾斜角允许增至35°;倾斜式自动人行道的倾斜角不应超过12°。宽度有600 mm(单人)、800 mm(单人携物)、1 000 mm、1 200 mm(双人)。自动扶梯与扶梯边缘楼板之间的安全间距应不小于400 mm。交叉自动扶梯的载客能力很高，一般为4 000～10 000人/h。

2）自动扶梯的布置方式

自动扶梯的布置方式有并联排列式、平行排列式、串联排列式、交叉排列式，见图2-85。

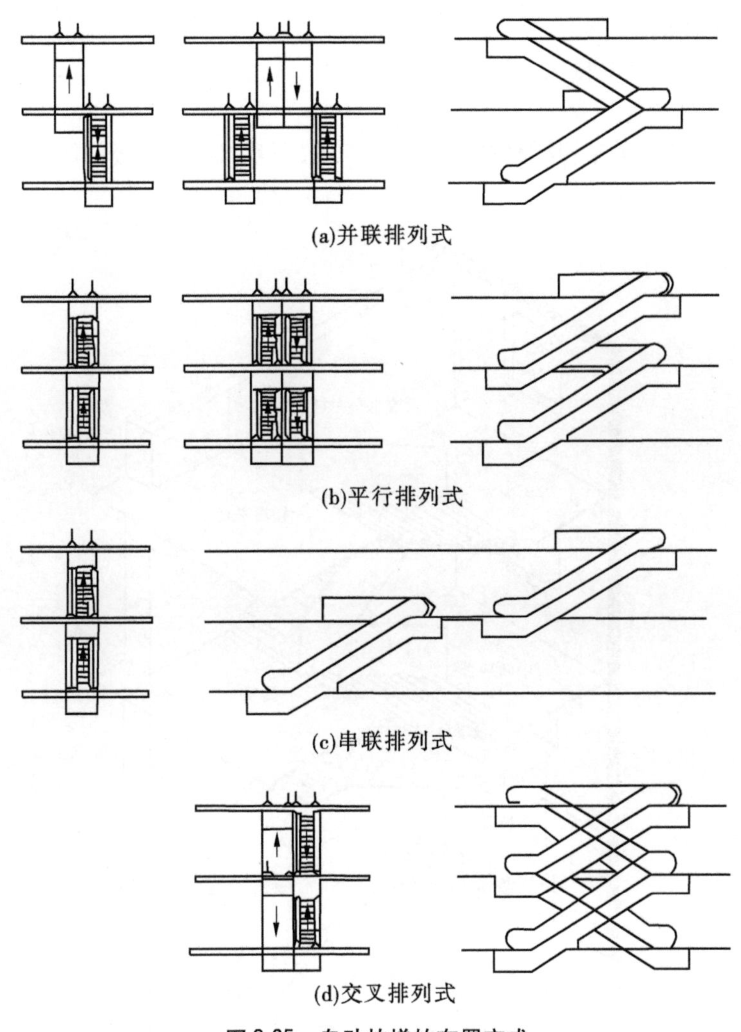

图2-85　自动扶梯的布置方式

2.3.3　楼梯的设计

2.3.3.1　楼梯的设计要求

楼梯作为建筑空间竖向联系的主要部件，其位置应明显，起到提示、引导人流的作用，并要充分考虑其造型美观，人流通行顺畅，行走舒适，结合坚固，防火安全，同时还应满足施工和经济条件的要求。因此，需要合理地选择楼梯的形式、坡度、材料、构造做法，精心地处理好其细部构造，设计时需综合权衡这些因素。

作为主要楼梯，应与主要出入口邻近，且位置明显；同时还应避免垂直交通与水平交通在交接处拥挤、堵塞。

楼梯的间距、数量及宽度应经过计算满足防火疏散要求。楼梯间内不得有影响疏散的凸出部分,以免挤伤人。楼梯间除允许直接对外开窗采光外,不得向室内任何房间开窗;楼梯间四周墙壁必须为防火墙;对防火要求高的建筑物特别是高层建筑,应设计成封闭式楼梯或防烟楼梯。

楼梯间必须有良好的自然采光。

2.3.3.2 楼梯的组成

楼梯一般由梯段、平台和栏杆扶手三部分组成(见图2-86)。楼梯所处的空间称为楼梯间。

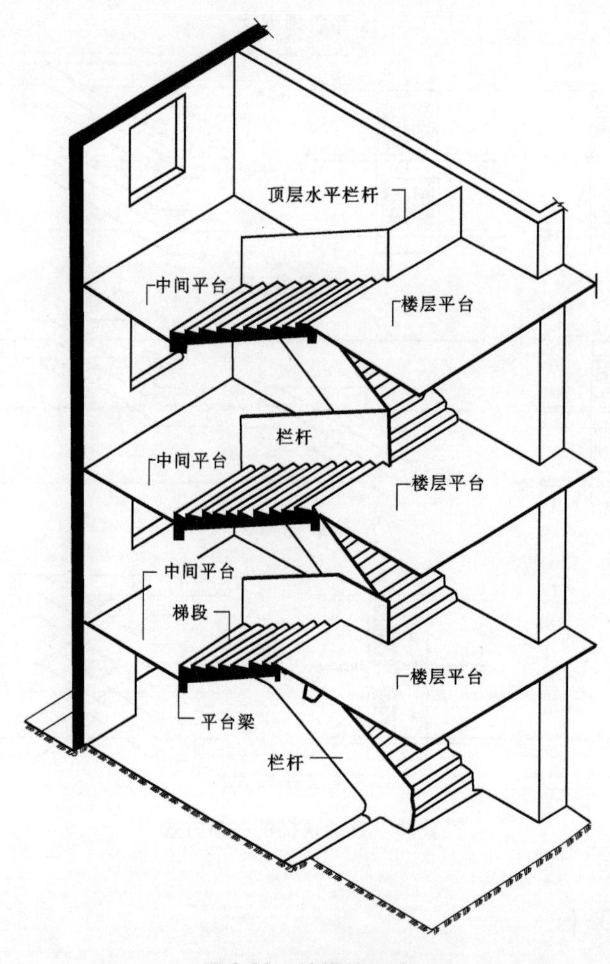

图2-86 楼梯的组成

1. 楼梯梯段

梯段(梯跑)是供层间上下行走的通道段落,是联系两个不同标高平台的倾斜构件,也是楼梯的主要使用和承重部分,由若干个踏步构成。每个梯段的踏步数量最多不超过18级,最少不少于3级。公共建筑楼梯井净宽大于200 mm,住宅楼梯井净宽大于110 mm时,有儿童经常使用时则必须采取安全措施。

2. 楼梯平台

楼梯平台是指楼梯梯段与楼面连接的水平段或连接两个梯段之间的水平段,供楼梯转折或使用者略作休息之用。平台的标高有时与某个楼层相一致,有时介于两个楼层之间。平台一般分成楼层平台和中间平台。与楼层标高相一致的平台称为楼层平台,介于两个楼层之间的平台称为中间平台。

3. 栏杆和扶手

为了确保使用安全,应在楼梯段的临空边缘设置栏杆或栏板。要求它必须坚固可靠,有足够的安全高度,栏杆、栏板上部供人们用手扶持的连续斜向配件称为扶手。在公共建筑中,当楼梯段较宽时,常在楼梯段和平台靠墙一侧设置靠墙扶手。

4. 楼梯梯井

楼梯的两梯段或三梯段之间形成的竖向空隙称为梯井。在住宅建筑和公共建筑中,根据使用和空间效果不同而确定不同的取值。住宅建筑应尽量减小梯井宽度,以增大梯段净宽,一般取值为 100 ~ 200 mm。公共建筑梯井宽度的取值一般不小于 160 mm,并应满足消防要求。

2.3.3.3　楼梯的尺度

楼梯涉及梯段、踏步、平台、净空高度等多个尺寸,如图 2-87 所示。

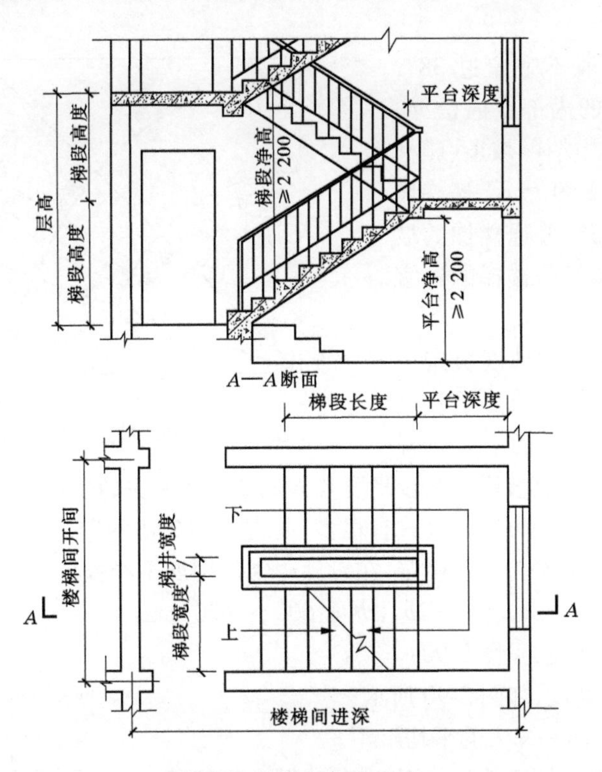

图 2-87　楼梯各部分尺寸

1. 楼梯的坡度及踏步尺寸

楼梯的坡度:是指楼梯段的倾斜角度,如图 2-88 所示。

楼梯的坡度的两种表示方法如下：

(1)角度值：用楼梯斜面与水平面的夹角来表示，如30°、45°等。

(2)比值法：用楼梯斜面的垂直投影高度与斜面的水平投影长度之比来表示，如1∶12、1∶8等。

一般来说，楼梯的坡度越大，楼梯段的水平投影长度越短，楼梯占地面积就越小，越经济，但行走吃力；反之，楼梯的坡度越小，行走较舒适，但占地面积大，不经济。所以，在确定楼梯坡度时，应综合考虑使用因素和经济因素。

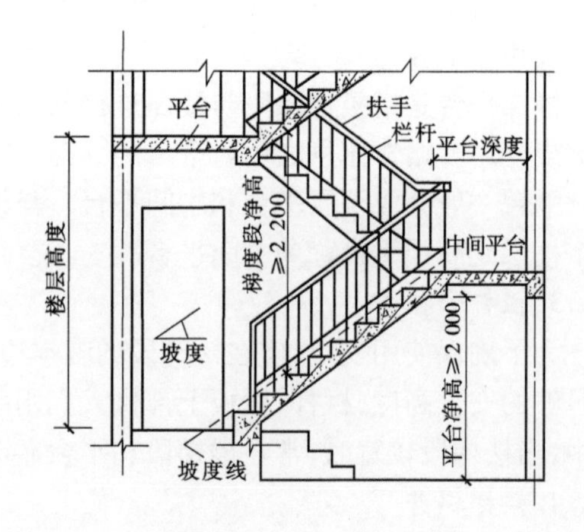

图 2-88 楼梯间剖面

一般楼梯的坡度范围为23°～45°，适宜的坡度为30°左右。坡度过小时(小于23°)，可做成坡道；坡度过大时(大于45°)，可做成爬梯。公共建筑的楼梯坡度较平缓，常用26°34′(正切为1/2)左右。住宅中的公用楼梯坡度可稍陡些，常用33°42′(正切为1/1.5)左右。

楼梯坡度一般不宜超过38°，供少量人流通行的内部交通楼梯，坡度可适当加大。楼梯、坡道、爬梯的坡度范围如图2-89所示，楼梯坡度范围为25°～45°，普通楼梯的坡度不宜超过38°，30°是楼梯的适宜坡度。

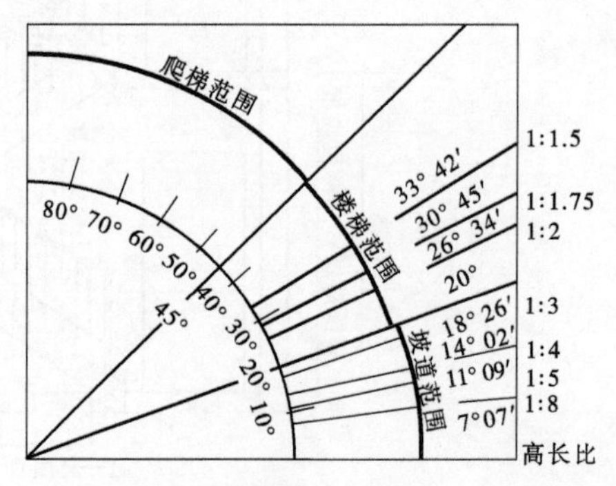

图 2-89 楼梯、坡道、爬梯的坡度适用范围

踏步尺寸：楼梯的坡度决定了踏步的高宽比，不同性质建筑物踏步尺寸的要求不同，因此必须选择合适的踏步尺寸以控制坡度。踏步高度与人们的步距有关，宽度则应与人脚长度相适应。确定和计算踏步尺寸的方法和公式有很多，通常采用2倍的踏步高度加踏步宽度等于一般人行走时的步距的经验公式确定，在设计中常使用如下经验公式：

$$2h + b = 600 \sim 620 \text{ mm}$$

式中 h——踏步高度，见图2-90；

b——踏步宽度，如图2-90所示；

600～620 mm——人的平均步距。

踏步尺寸一般根据建筑的使用功能、使用者的特征及楼梯的通行量综合确定，具体可参见表2-5的规定。

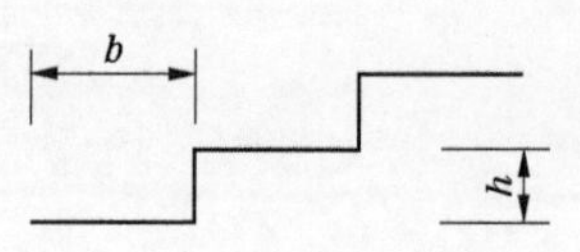

图 2-90 踏步尺寸示意图

表2-5　楼梯踏步最小宽度和最大高度　（单位：mm）

楼梯类别	最小宽度	最大高度
住宅公用楼梯	260	175
幼儿园、小学校等楼梯	260	150
电影院、剧场、体育馆、商场、医院、旅馆和大中学校等楼梯	280	160
其他建筑楼梯	260	170
专用疏散楼梯	250	180
服务楼梯、住宅套内楼梯	220	200

对成年人而言，楼梯踏步高度以150 mm左右较为舒适，不应高于175 mm。踏步的宽度以300 mm左右为宜，不应窄于250 mm。当踏步宽度过大时，将导致梯段长度增加；而踏步宽度过窄时，会使人们行走时产生危险。为适应人们上下楼常将踏面适当加宽，而又不增加梯段的实际长度，可以采取加做踏（或突缘）或将踢面倾斜的方式加宽踏面，使得在梯段总长度不变情况下增长踏步面宽（见图2-91）的出挑长度为20～40 mm。

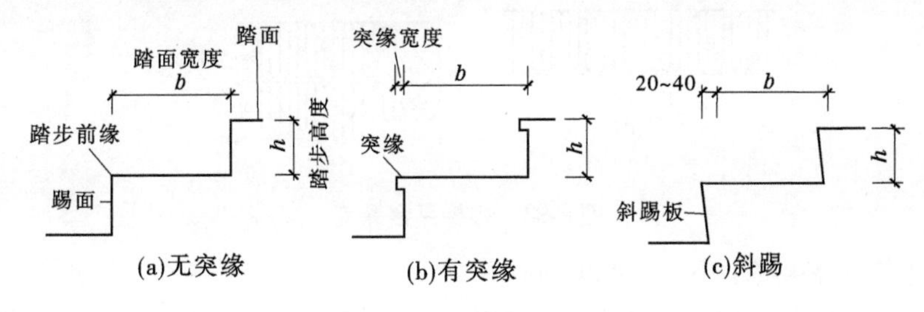

图2-91　增加踏面宽度措施

2. 梯段尺度

楼段宽度（净宽）是指墙面至扶手中心线或扶手中心线之间的水平距离，如图2-92所示。应根据使用性质、使用人数（人流股数）和防火规范确定。通常情况下，作为主要通行用的楼梯，一般按每股人流宽度为0.55＋(0～0.15) m计算，每个梯段不少于两股人流，一般单股人流通过梯段宽为850 mm，双人通行时为1 100～1 400 mm，三人通行时为1 650～2 100 mm，余类推。室外疏散楼梯的最小宽度为900 mm。同时，需满足各类建筑设计规范中对梯段宽度的限定。如防火疏散楼梯，医院病房楼、居住建筑及其他建筑楼梯的最小净宽分别应不小于1.30 m、1.10 m、1.20 m。

楼段长度（L）：其值为 $L = b \times (N-1)$。

注：0～0.15指人流在行进中人

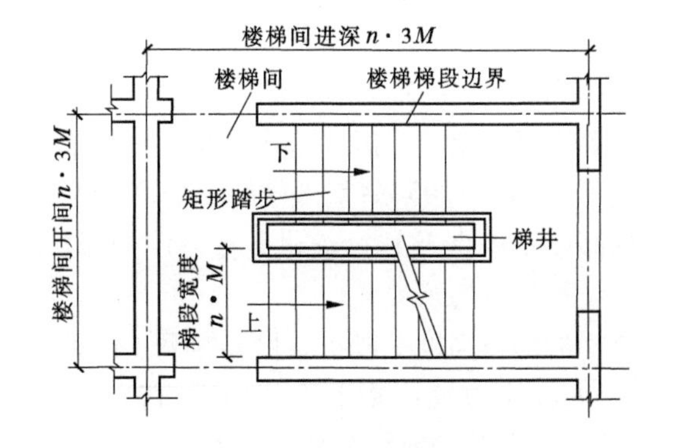

图2-92　楼梯间平面图

体的摆幅。

(1)非主要楼梯,应满足单人携物通过,梯段宽 >900 mm;

(2)住宅内楼梯:一边临空时, >750 mm;两侧有墙时, >900 mm;

楼梯应至少于一侧设扶手,梯段净宽达三股人流时应两侧设扶手,达四股人流时宜加设中间扶手。每个梯段的踏步不应超过 18 级,亦不应少于 3 级。

3. 平台宽度

楼梯平台是连接楼地面与梯段端部的水平部分,有中间平台和楼层平台,平台深度不应小于楼梯梯段的宽度,并不应小于 1.2 m,当有搬运大型物件需要时应适当加宽。但直跑楼梯的中间平台深度以及通向走廊的开敞式楼梯楼层平台深度,可不受此限制,如图 2-93所示。

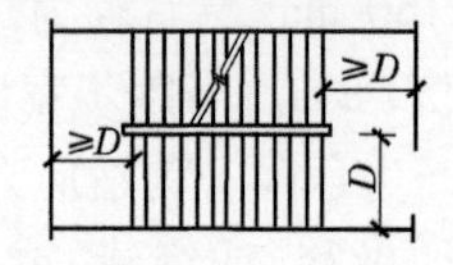

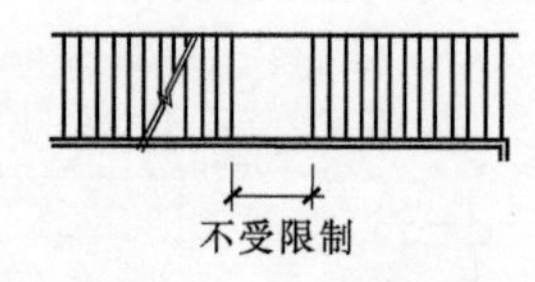

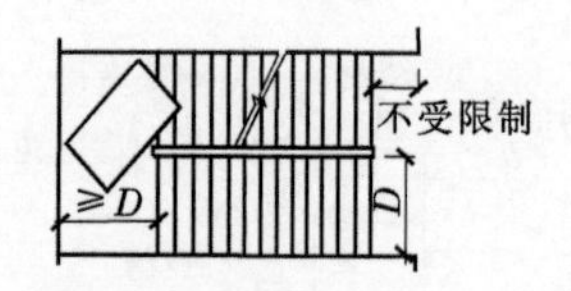

图 2-93　楼梯平台深度

医院建筑平台宽度不小于 1 800 mm。

楼层平台宽度:应比中间平台宽度更宽松一些。对于开敞式楼梯间,楼层平台同走廊连在一起,一般可使梯段的起步点自走廊边线后退一段距离(≥500 mm)即可。

4. 栏杆扶手尺度

楼梯栏杆扶手的高度,指踏步前沿至扶手顶面的垂直距离。设置条件:当梯段的垂直高度大于 1.0 m 时,就应在梯段的临空面设置栏杆。楼梯至少应在梯段临空面一侧设置扶手,梯段净宽达三股人流时应两侧设扶手,四股人流时应加设中间扶手。楼梯扶手的高度与楼梯的坡度、楼梯的使用要求有关,很陡的楼梯,扶手的高度矮些;坡度平缓时,高度可稍大。

扶手高度:应从踏步前缘线垂直量至扶手顶面。其高度根据人体重心高度和楼梯坡度大小等因素确定。一般不宜小于 900 mm,靠楼梯井一侧水平扶手长度超过 0.5 m 时,其高度不应小于 1.05 m;室外楼梯栏杆高度不应小于 1.05 m;中小学和高层建筑室外楼梯栏杆高度不应小于 1.1 m;供儿童使用的楼梯应在 500 ~ 600 mm 高度增设扶手。

5. 楼梯净空高度

楼梯的净空高度一般指自踏步前缘(包括最低和最高一级踏步前缘线以外 0.30 m 范围内)量至上方突出物下缘间的垂直高度。楼梯段间的净高是指梯段空间的最小高度,即下层梯段踏步前缘至其正上方梯段下表面的垂直距离,梯段间的净高与人体尺度、楼梯的坡度有关;平台过道处的净高是指平台过道地面至上部结构最低点(通常为平台梁)的垂直距离。

在确定这两个净高时,应充分考虑人行或搬运物品对空间的实际需要,避免由于碰头而产生压抑感。我国规定,民用建筑楼梯平台上部及下部过道处的净高应不小于2.0 m,楼梯段净高不宜小于2.2 m,起止踏步前缘与顶部凸出物内边缘线的水平距离不应小于0.3 m,如图2-94所示。

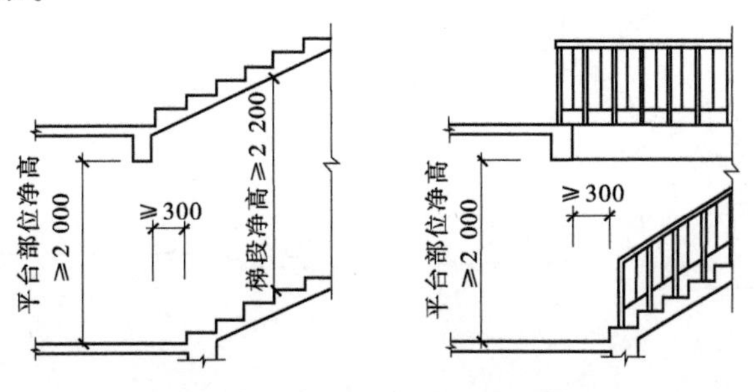

图2-94　梯段及平台部位净高要求

当楼梯底层中间平台下做通道时,为使平台净高满足要求,常采用以下几种处理方法:

(1)降低底层楼梯中间平台下的地面标高,即将部分室外台阶移至室内,如图2-95(a)所示。但应注意两点:其一,降低后的室内地面标高至少应比室外地面高出一级台阶的高度,即100～150 mm;其二,移至室内的台阶前缘线与顶部平台梁的内边缘之间的水平距离不应小于300 mm。

(2)增加楼梯底层第一个梯段踏步数量,即抬高底层中间平台,如图2-95(b)所示。

(3)将上述两种方法结合,即降低楼梯中间平台下的地面标高的同时,增加楼梯底层第一个梯段的踏步数量,如图2-95(c)所示。

(4)也可考虑采用其他办法,如底层采用直跑楼梯等,如图2-95(d)所示。

2.3.3.4　两跑楼梯设计训练

1. 已知楼梯间开间、进深和层高,进行楼梯设计

1)选择楼梯形式

根据已知的楼梯间尺寸,选择合适的楼梯形式。进深较大而开间较小时,可选用双跑平行楼梯,如图2-96所示;开间和进深均较大时,可选用双分式平行楼梯;进深不大且与开间尺寸接近时,可选用三跑楼梯。

2)确定踏步尺寸和踏步数量

根据建筑物的性质和楼梯的使用要求,确定踏步尺寸,参见表2-4。

设计时,可选定踏步宽度,由经验公式 $2h+b=600\sim620$ mm(h 为踏步高度,b 为踏步宽度),可求得踏步高度,且各级踏步高度应相同。

根据楼梯间的层高和初步确定的楼梯踏步高度,计算楼梯各层的踏步数量,即踏步数量为:

$$N=\text{层高}(H)/\text{踏步高度}(h)$$

若得出的踏步数量 N 不是整数,可调整踏步高度 h 值,使踏步数量为整数。

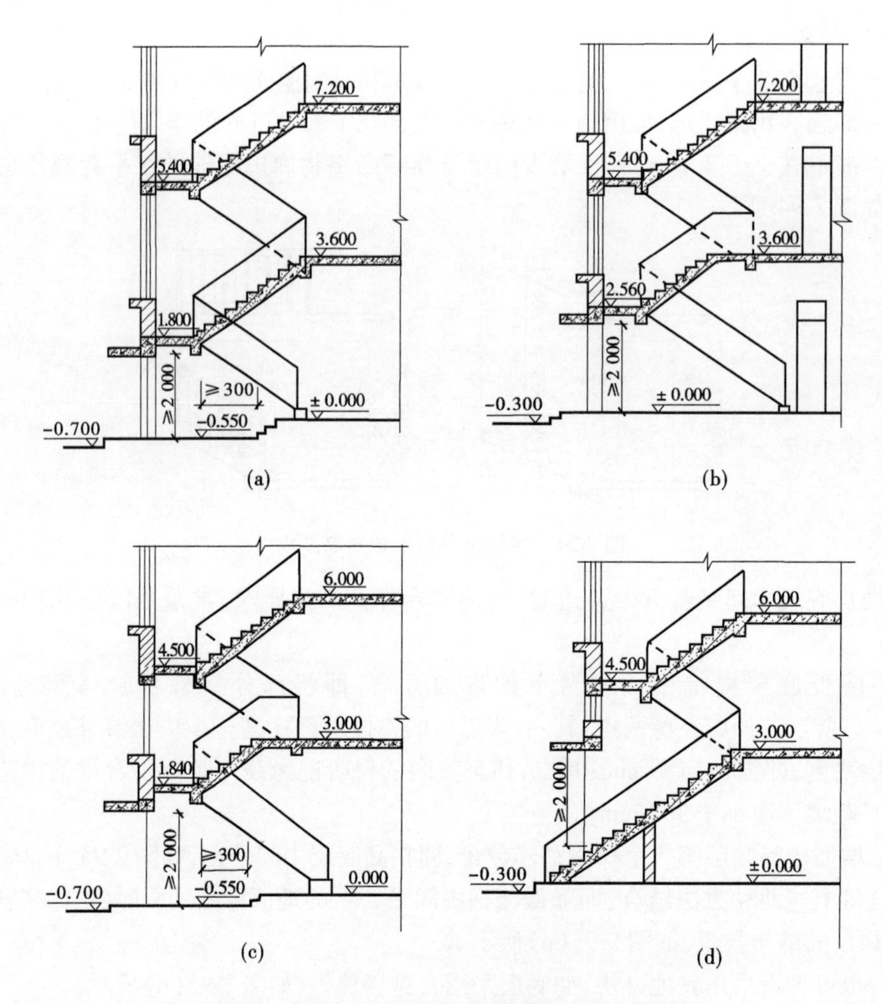

图 2-95　楼梯底层中平台下做通道的几种处理方法

3）确定梯段宽度

根据楼梯间的开间、楼梯形式和楼梯的使用要求，确定梯段宽度。

如双跑平行楼梯：

$$梯段宽度(B)=(楼梯间净宽-梯井宽度)/2$$

梯井宽度一般为 100～200 mm，梯段宽度应采用 $1M$ 或 $1/2M$ 的整数倍数。

4）确定各梯段的踏步数量

根据各层踏步数量、楼梯形式等，确定各梯段的踏步数量。

如双跑平行楼梯：

$$各梯段踏步数量(n)=各层踏步数量(N)/2$$

各层踏步数量宜为偶数。若为奇数，每层的两个梯段的踏步数量相差一步。

5）确定梯段长度和梯段高度

根据踏步尺寸和各梯段的踏步数量，计算梯段长度和高度，计算式为：

$$梯段长度=(该梯段踏步数量\ n-1)\times 踏步宽度\ b$$

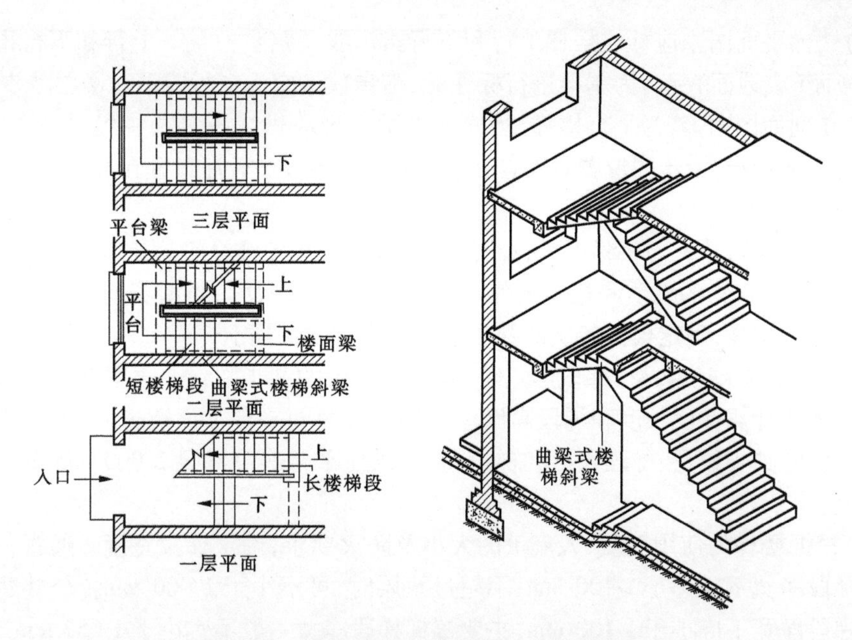

图 2-96 钢筋混凝土楼梯的平、剖面内视图

梯段高度＝该梯段踏步数量 $n\times$ 踏步高度 h

6）确定平台深度

根据楼梯间的尺寸、梯段宽度等，确定平台深度。平台深度不应小于梯段宽度，对直接通向走廊的开敞式楼梯间而言，其楼层平台的深度不受此限制，见图2-93。但为了避免走廊与楼梯的人流相互干扰并便于使用，应留有一定的缓冲余地，此时，一般楼层平台深度至少为500～600 mm。

7）确定底层楼梯中间平台下的地面标高和中间平台面标高

若底层中间平台下设通道，平台梁底面与地面之间的垂直距离应满足平台净高的要求，即不小于2 000 mm；否则，应将地面标高降低，或同时抬高中间平台面标高。此时，底层楼梯各梯段的踏步数量、梯段长度和梯段高度需进行相应调整。

8）校核

根据以上设计所得结果，计算出楼梯间的进深。

若计算结果比已知的楼梯间进深小，通常只需调整平台深度；当计算结果大于已知的楼梯间进深，而平台深度又无调整余地时，应调整踏步尺寸，按以上步骤重新计算，直到与已知的楼梯间尺寸一致为止。

9）绘制楼梯间各层平面图和剖面图

楼梯平面图通常有底层平面图、标准层平面图和顶层平面图。

绘图时应注意以下几点：

（1）尺寸和标高的标注应整齐、完整。平面图中应主要标注楼梯间的开间和进深、梯段长度和平台深度、梯段宽度和梯井宽度等尺寸，以及室内外地面、楼层和中间平台面等标高。剖面图中应主要标注层高、梯段高度、室内外地面高差等尺寸，以及室内外地面、楼层和中间平台面等标高。

(2)楼梯平面图中应标注楼梯上行和下行指示线及踏步数量。上行和下行指示线是以各层楼面(或地面)标高为基准进行标注的,踏步数量应为上行或下行楼层踏步数。

(3)在剖面图中,若为平行楼梯,当底层的两个梯段做成不等长梯段时,第二个梯段的一端会出现错步,错步的位置宜安排在二层楼层平台处,不宜布置在底层中间平台处,如图 2-95(b)所示。

2. 已知建筑物层高和楼梯形式,进行楼梯设计,并确定楼梯间的开间和进深

(1)根据建筑物的性质和楼梯的使用要求,确定踏步尺寸;再根据初步确定的踏步尺寸和建筑物的层高,确定楼梯各层的踏步数量。设计方法同上。

(2)根据各层踏步数量、梯段形式等,确定各梯段的踏步数量。再根据各梯段踏步数量和踏步尺寸计算梯段长度和梯段高度。楼梯底层中间平台下设通道时,可能需要调整底层各梯段的踏步数量、梯段长度和梯段高度,以使平台净高满足 2 000 mm 要求。设计方法同上。

(3)根据楼梯的使用性质、人流量的大小及防火要求,确定梯段宽度。通常住宅的公用楼梯梯段净宽不应小于 1 100 mm,不超过 6 层时,可不小于 1 000 mm。公共建筑的次要楼梯梯段净宽不应小于 1 100 mm,主要楼梯梯段净宽一般不宜小于 1 650 mm。

(4)根据梯段宽度和楼梯间的形式等,确定平台深度。设计方法同上。

(5)根据以上设计所得结果,确定楼梯间的开间和进深。开间和进深应以 $3M$ 为模数。

(6)绘制楼梯各层平面图和楼梯剖面图。

3. 楼梯设计实例分析

【例 2-1】 如图 2-97 所示,某内廊式综合楼的层高为 3.60 m,楼梯间的开间为 3.30 m,进深为 6 m,室内外地面高差为 450 mm,墙厚为 240 mm,轴线居中,试设计该楼梯。

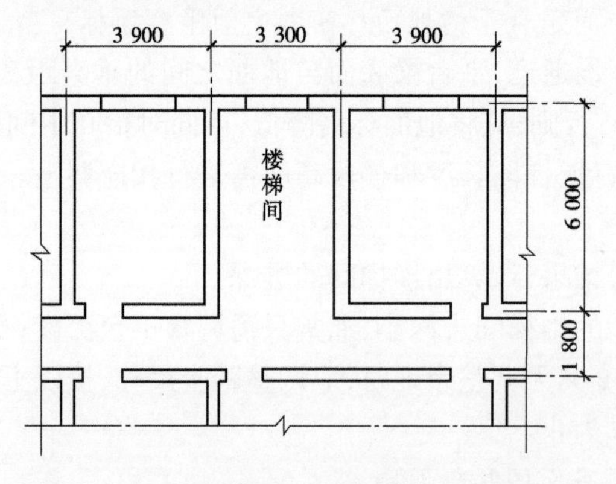

图 2-97 例 2-1 图

解:(1)选择楼梯形式。

对于开间为 3.30 m,进深为 6 m 的楼梯间,适合选用双跑平行楼梯。

(2)确定踏步尺寸和踏步数量。

作为公共建筑的楼梯,初步选取踏步宽度 $b=300$ mm,由经验公式 $2h+b=600$ mm 求得踏步高度 $h=150$ mm,初步取 $h=150$ mm。各层踏步数量 $N=$ 层高 $H/h=3\ 600/150=$

24(级)。

(3)确定梯段宽度。取梯井宽为 160 mm,楼梯间净宽为 3 300 - 2 × 120 = 3 060(mm),则梯段宽度为:

$$B=(3\ 060-160)/2=1\ 450(\text{mm})$$

(4)确定各梯段的踏步数量。各层两梯段采用等跑,则各层两个梯段踏步数量为:

$$n_1=n_2=N/2=24/2=12(\text{级})。$$

(5)确定梯段长度和梯段高度。

$$\text{梯段长度 } L_1=L_2=(n-1)b=(12-1)\times 3\ 000=3\ 300(\text{mm})$$

$$\text{梯段高度 } H_1=H_2=n\times h=12\times 150=1\ 800(\text{mm})$$

(6)确定平台深度。中间平台深度 B_1 不小于 1 450 mm(梯段宽度),取 1 600 mm,楼梯平台深度 B_2 暂取 600 mm。

(7)校核:$L_1+B_1+B_2+120=3\ 300+1\ 600+600+120=5\ 620(\text{mm})<6\ 000\ \text{mm}$(进深)。

将楼层平台深度 B_2 加大至 $600+(6\ 000-5\ 620)=980(\text{mm})$。

由于层高较大,楼梯底层中间平台下的空间可有效利用,作为贮藏空间。为增加净高,可降低平台下的地面标高至 -0.300 m。根据以上设计结果,绘制楼梯各层平面图和楼梯剖面图,见图 2-98(此图按三层综合楼绘制。设计时,按实际层数绘图)。

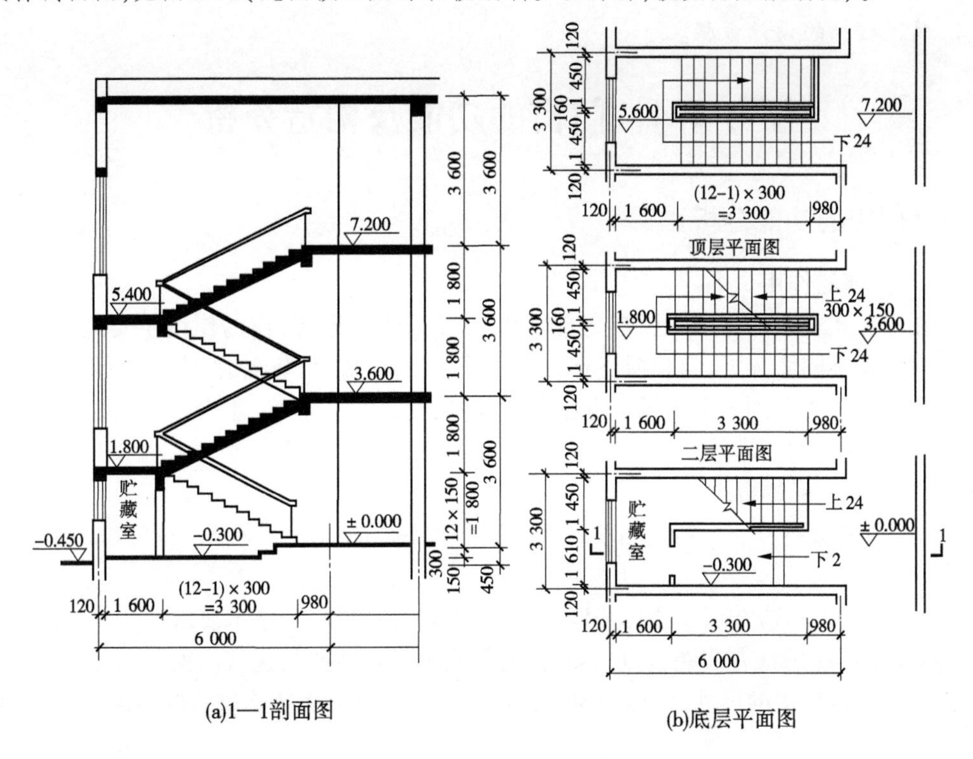

图 2-98　楼梯平面图和剖面图

2.3.4 小结

主要介绍了楼梯的作用、形式及组成；砖混结构建筑常用楼梯的类型；现浇钢筋混凝土楼梯（板式楼梯、梁式楼梯）的类型、特点及构造；预制装配式钢筋混凝土楼梯的类型、特点及构造；楼梯踏步、栏杆、栏板、扶手、台阶、坡道的形式、材料及细部构造；电梯的设置条件、布置要点、组成；自动扶梯的尺寸参数、布置方式；详细讲述了楼梯的设计方法、设计步骤和设计实例。

2.3.5 思考题

1. 楼梯有什么作用？
2. 现浇钢筋混凝土板式楼梯和梁式楼梯有何不同？
3. 什么是正梁式楼梯和反梁式楼梯？两者各有什么特点？
4. 预制装配式楼梯根据装配构件的大小可分为哪几种类型？各有什么特点？
5. 楼梯踏面防滑的措施有哪些？
6. 楼梯的栏杆扶手有哪些形式？怎样连接固定？
7. 电梯由哪几部分组成？其布置要点有哪些？
8. 自动扶梯的布置方式有哪几种？
9. 简述楼梯的设计步骤。

任务 2.4 门窗的功能及构造分析

2.4.1 门窗的功能分析

2.4.1.1 门窗的作用

门在房屋建筑中的作用主要是交通联系，并兼采光和通风；窗的作用主要是采光、通风及眺望。在不同情况下，门和窗还有分隔、保温、隔音、防火、防辐射、防风沙等作用。

门窗在建筑立面构图中的影响也较大，它的尺度、比例、形状、组合、透光材料的类型等，都影响着建筑的艺术效果。

2.4.1.2 门窗产品的要求

（1）门窗的材料、尺寸、功能和质量等应符合使用要求，并应符合建筑门窗产品标准的规定。

（2）门窗的配件应与门窗主体相匹配，并应符合各种材料的技术要求。

（3）应推广应用具有节能、密封、隔音、防结露等优良性能的建筑门窗。

要注意门窗加工的尺寸，应按门窗洞口设计尺寸扣除墙面装修材料的厚度，按净尺寸加工。

2.4.1.3 门的形式与尺度

1. 门的形式

（1）按门在建筑物中所处的位置，分为内门和外门。

(2)按门的使用功能,分为一般门和特殊门。

(3)按门的框料材质,分为木门、铝合金门、塑钢门、彩板门、玻璃钢门等。

(4)按门扇的开启方式,分为平开门、弹簧门、推拉门、折叠门、转门、上翻门、升降门、卷帘门等,见图2-99。

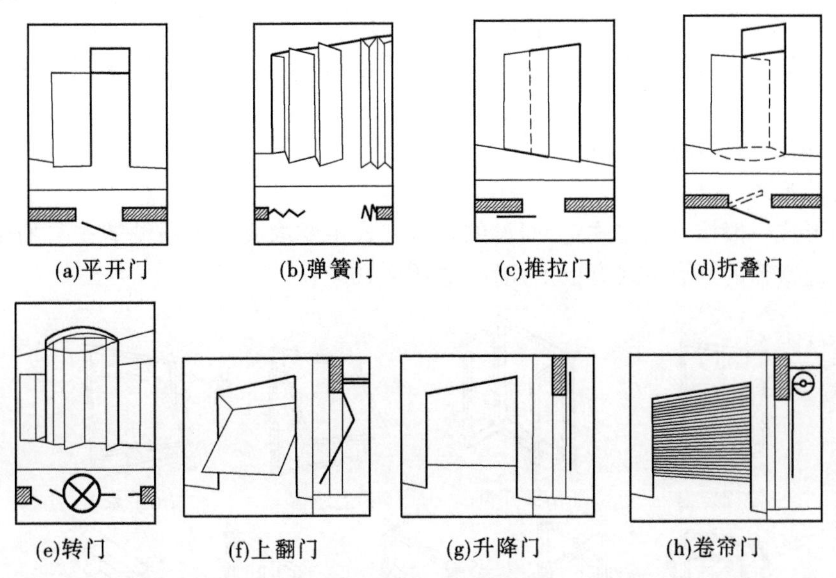

图2-99　门的开启方式

1)平开门

门扇与门框用铰链连接,门扇水平开启,有单扇、双扇及向内开、向外开之分。平开门构造简单,开启灵活,安装维修方便。

2)弹簧门

门扇与门框用弹簧铰链连接,门扇水平开启,分为单向弹簧门和双向弹簧门,其最大优点是门扇能够自动关闭。

3)推拉门

门扇沿着轨道左右滑行来启闭,有单扇和双扇之分,开启后,门扇可隐蔽在墙体的夹层中或贴在墙面上。推拉门开启时不占空间,受力合理,不易变形,但构造较复杂。

4)折叠门

门扇由一组宽度约为600 mm的窄门扇组成,窄门扇之间由铰链连接。开启时,窄门相互折叠推移到侧边,占空间少,但构造复杂。

5)转门

门扇由三扇或四扇通过中间的竖轴组合起来,在两侧的弧形门套内水平旋转来实现启闭。转门有利于室内的隔视线、保温、隔热和防风沙,并且对建筑立面有较强的装饰性。

6)卷帘门

门扇由金属页片相互连接而成,在门洞的上方设转轴,通过转轴的转动来控制页片的启闭。特点是开启时不占使用空间,但加工制作复杂,造价较高。

2. 门的尺度

门的尺度指门洞的高宽尺寸，应满足人流疏散，搬运家具、设备的要求，并应符合《建筑模数协调统一标准》(GB/T 50002—2013)的规定。

一般情况下，门保证通行的高度不小于2 000 mm，当上方设亮子时，应加高300～600 mm。门的宽度应满足一个人通行，并考虑必要的空隙，一般为700～1 000 mm，通常设置为单扇门。对于人流量较大的公共建筑的门，其宽度应满足疏散要求，可设置两扇以上的门。

2.4.1.4 窗的形式与尺度

1. 窗的形式

窗的形式一般按开启方式定，而窗的开启方式主要取决于窗扇铰链安装的位置和转动方式。通常窗的开启方式有以下几种(见图2-100)。

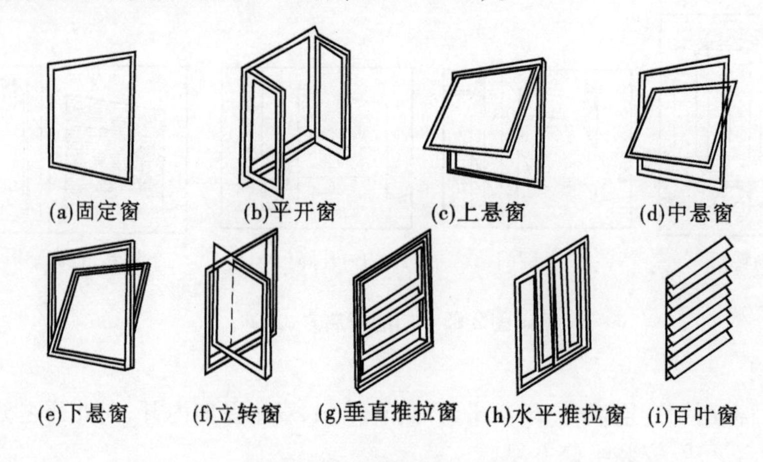

图2-100 窗的开启方式

1)固定窗

无窗扇、不能开启的窗为固定窗。固定窗的玻璃直接嵌固在窗框上，可供采光和眺望之用。

2)平开窗

平开窗的铰链安装在窗扇一侧与窗框相连，向外或向内水平开启。平开窗有单扇、双扇、多扇，有向内开与向外开之分。其构造简单，开启灵活，制作维修均方便，是民用建筑中采用最广泛的窗。

3)悬窗

因铰链和转轴的位置不同，悬窗可分为上悬窗、中悬窗和下悬窗。

4)立转窗

立转窗引导风进入室内效果较好，防雨及密封性较差，多用于单层厂房的低侧窗。因密闭性较差，不宜用于寒冷和多风沙的地区。

5)推拉窗

推拉窗分垂直推拉窗和水平推拉窗两种。它们不多占使用空间，窗扇受力状态较好，适宜安装较大玻璃，但通风面积受到限制。

6)百叶窗

百叶窗主要用于遮阳、防雨及通风,但采光差。百叶窗可用金属、木材、钢筋混凝土等制作,有固定式和活动式两种形式。

2. 窗的尺度

窗的尺度主要取决于房间的采光、通风、构造做法和建筑造型等要求。为使窗坚固耐久,一般平开木窗的窗扇高度为800～1 200 mm,宽度不宜大于500 mm;上、下悬窗的窗扇高度为300～600 mm;中悬窗的窗扇高不宜大于1 200 mm,宽度不宜大于1 000 mm;推拉窗的窗扇高宽均不宜大于1 500 mm。对一般民用建筑用窗,各地均有通用图,各类窗的高度与宽度尺寸通常采用扩大模数3M数列作为洞口的标志尺寸,需要时只要按所需类型及尺度大小直接选用。

2.4.2　砖混结构建筑的门窗类型及构造分析

在砖混结构的建筑中,最常用的门窗一般是平开木门窗、铝合金推拉门窗。

2.4.2.1　平开木门构造

1. 平开木门的组成

平开木门一般由门框、门扇、亮子、五金零件及其附件组成,见图2-101。

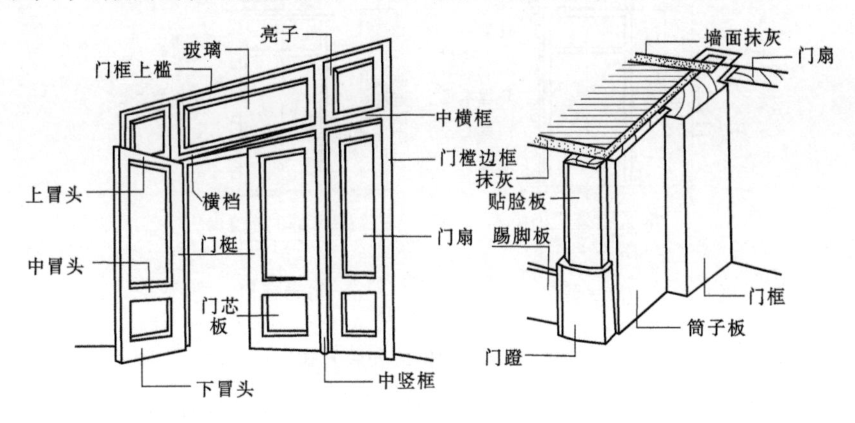

图2-101　木门的组成

门扇按其构造方式不同,有镶板门、夹板门、拼板门、玻璃门和纱门等类型。亮子又称腰头窗,在门上方,为辅助采光和通风之用,有平开、固定及上悬、中悬、下悬等类型。

门框是门扇、亮子与墙的联系构件。

五金零件一般有铰链、插销、门锁、拉手、门碰头等。安装时要注意,门窗与墙身应连接牢固,且满足抗风压、水密性、气密性的要求。对不同材料的门要采用相应的密封材料。

2. 平开木门的细部构造

1)门框

门框一般由两根竖直的边框和上框组成。当门带有亮子时,还有中横框,多扇门则还有中竖框。

(1)门框断面。门框的断面形式与门的类型、层数有关,同时应利于门的安装,并应具有一定的密闭性,见图2-102。

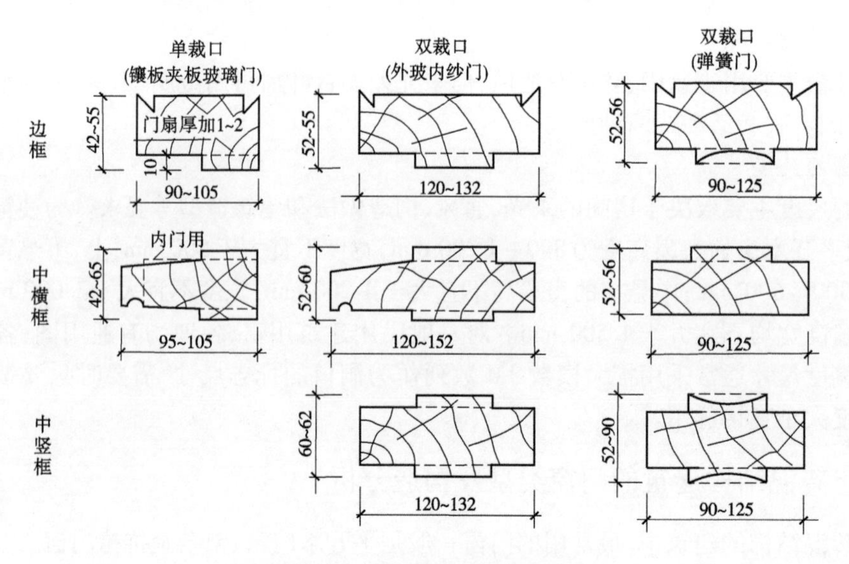

图 2-102 门框的断面形式与尺寸

(2)门框的安装。门框的安装根据施工方式分为后塞口和先立口两种(见图 2-103)。

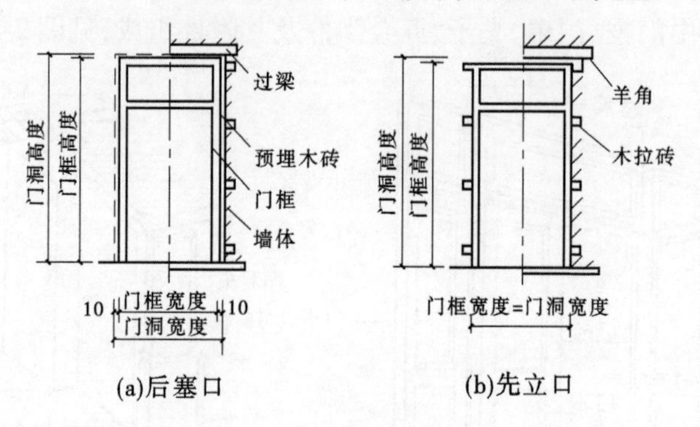

图 2-103 门框的安装方式

后塞口是在墙砌好后再安装门框。采用此法,洞口的宽度应比门框大 20 ~ 30 mm,高度比门框大 10 ~ 20 mm。门洞两侧砖墙上每隔 500 ~ 600 mm 预埋木砖或预留缺口,以便用圆钉或水泥砂浆将门框固定。框与墙的缝隙需用沥青麻丝嵌填。先立口是在砌墙前即用支撑先立门框然后砌墙。框与墙结合紧密,但是立樘与砌墙工序交叉,施工不便。

(3)门框在墙中的位置。门框可在墙的中间或与墙的一边平。一般多与开启方向一侧平齐,尽可能使门扇开启时贴近墙面,见图 2-104。

2)门扇

常用的木门门扇有镶板门、夹板门、拼板门和玻璃门等。

(1)镶板门(见图 2-105)。是广泛使用的一种门,门扇由边梃、上冒头、中冒头和下冒头组成骨架,内装门芯板而构成。构造简单,加工制作方便,适用于一般民用建筑做内门和外门。

(2)夹板门(见图 2-106)。是用断面较小的方木做成骨架,两面粘贴面板而成。门扇面板可用胶合板、塑料面板和硬质纤维板,面板不再是骨架的负担,而是和骨架形成一个

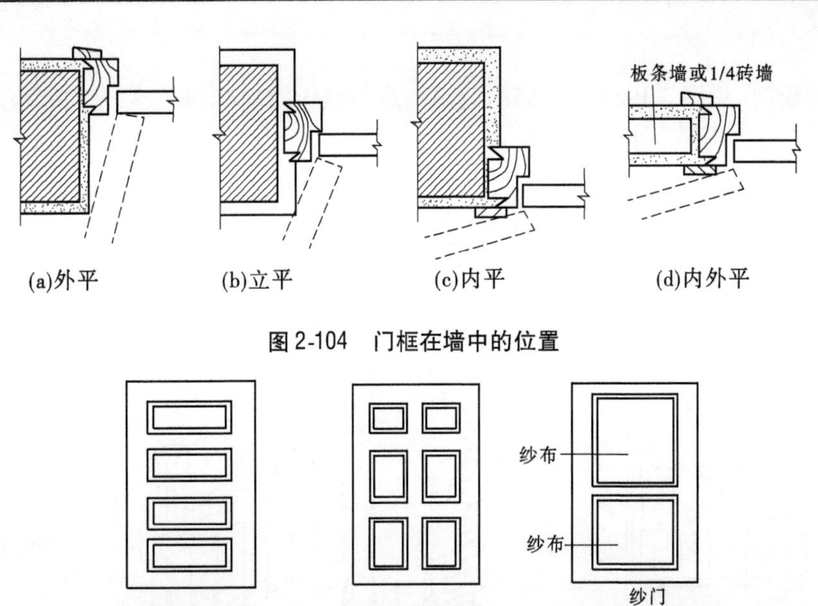

图 2-104　门框在墙中的位置

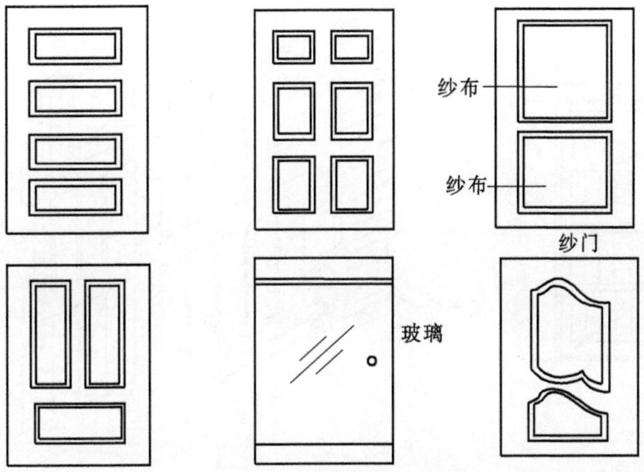

纱布
纱布
纱门
玻璃

图 2-105　镶板门

整体,共同抵抗变形。夹板门的形式可以是全夹板门、带玻璃或带百叶夹板门。

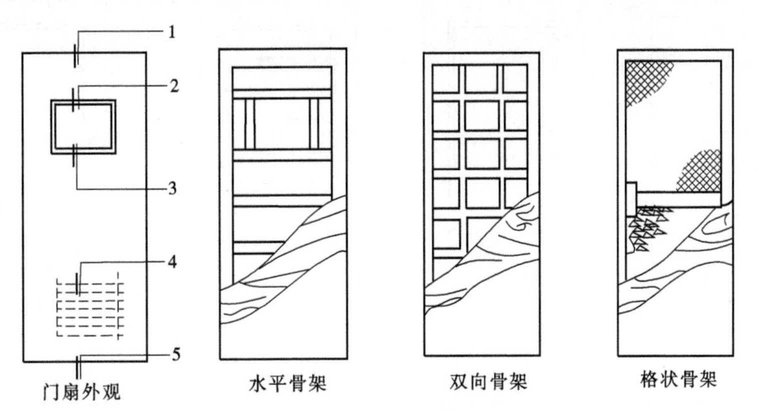

1—上框;2—洞口上边框;3—洞口下边框;4—百叶;5—下框

图 2-106　夹板门的构造

由于夹板门构造简单,可利用小料、短料,自重轻,外形简洁,便于工业化生产,故在一般民用建筑中广泛应用。

(3)拼板门(见图 2-107)。构造与镶板门相同,由骨架和拼板组成。只是拼板门的拼板用厚 35 ~ 45 mm 的木板拼接而成,因而自重较大;但坚固耐久,多用于库房、车间的外门。

(4)玻璃门(见图 2-108)。玻璃门门扇构造与镶板门基本相同,只是门芯板用玻璃代替,用在要求采光与透明的出入口处。

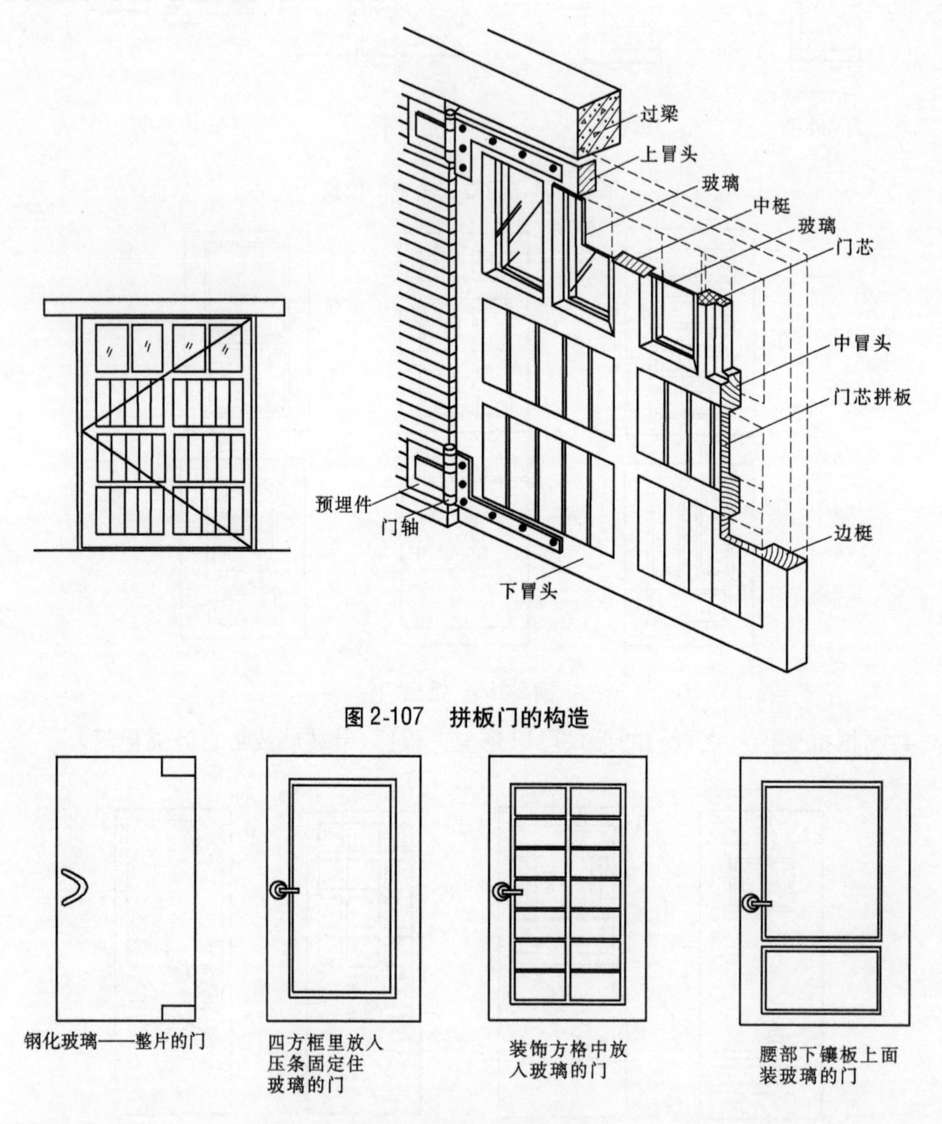

图 2-107　拼板门的构造

图 2-108　玻璃门的构造

2.4.2.2　平开木窗的构造

1. 平开窗的组成

平开窗一般由窗框、窗扇和五金零件组成(见图 2-109)。窗框是窗与墙体的连接部分,由上框、下框、边框、中横框和中竖框组成。窗扇是窗的主体部分,分为活动扇和固定扇两种,一般由上冒头、下冒头、边梃和窗芯(又称窗棂)组成骨架,中间固定玻璃、窗纱或百叶。五金零件包括铰链、插销、风钩等。

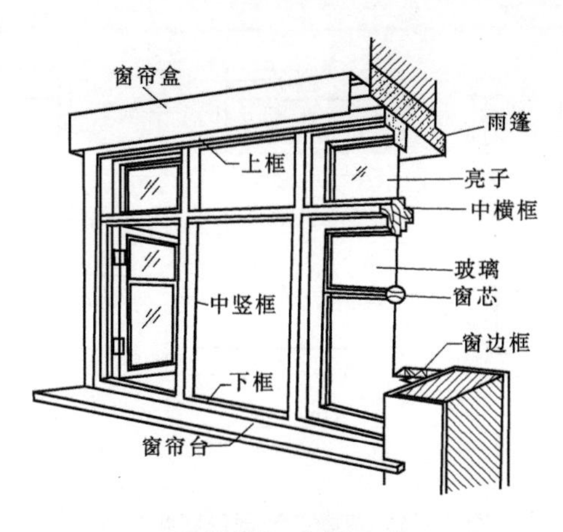

图 2-109　窗的组成

2. 平开木窗的细部构造

1) 窗框

(1) 窗框的安装。窗框位于墙和窗扇之间,木窗窗框的安装方式有两种:一是立口法,即先立窗框,后砌墙,为使窗框与墙体连接紧固,应在窗口的上下框各伸出 120 mm 左右的端头,俗称"羊角头";二是先砌筑墙体预留窗洞,然后将窗框塞入洞口内,即塞口法,其特点是不会影响施工进度,但窗框与墙体之间的缝隙较大,应加强固定时的牢固性和对缝隙的密闭处理。

窗框在墙洞中的安装位置(见图 2-110)有三种:一是与墙内表面平(内平),这样内开窗扇贴在内墙面,不占室内空间;二是位于墙厚的中部(居中),在北方墙体较厚,窗框的外缘多距外墙外表面 120 mm(1/2 砖);三是与墙外表面平(外平),外平多在板材墙或外墙较薄时采用。

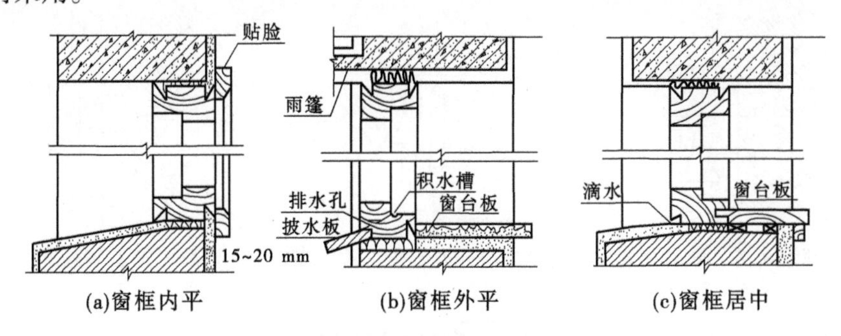

图 2-110　窗框在墙洞中的安装位置

(2) 窗框的断面形状和尺寸(见图 2-111)。常用木窗框断面形状和尺寸主要应考虑:横竖框接榫和受力的需要;框与墙、扇结合封闭(防风)的需要;防变形和最小厚度处的劈裂等。

(3) 墙与窗框的连接(见图 2-112)。墙与窗框的连接主要应解决固定和密封问题。地区墙洞口边缘采用平口,施工简单,如图 2-112(a) ~ (c)所示;在寒冷地区的有些地方常在窗洞两侧外缘做高低口,以增强密闭效果,如图 2-113 所示。

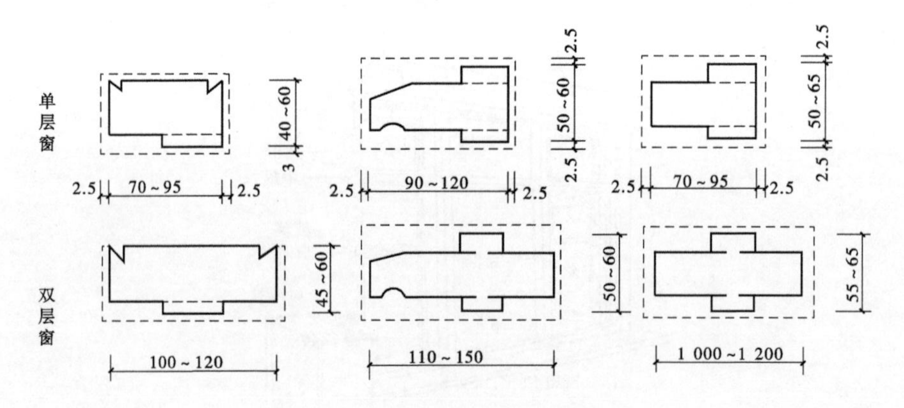

图 2-111　窗框的断面形状和尺寸

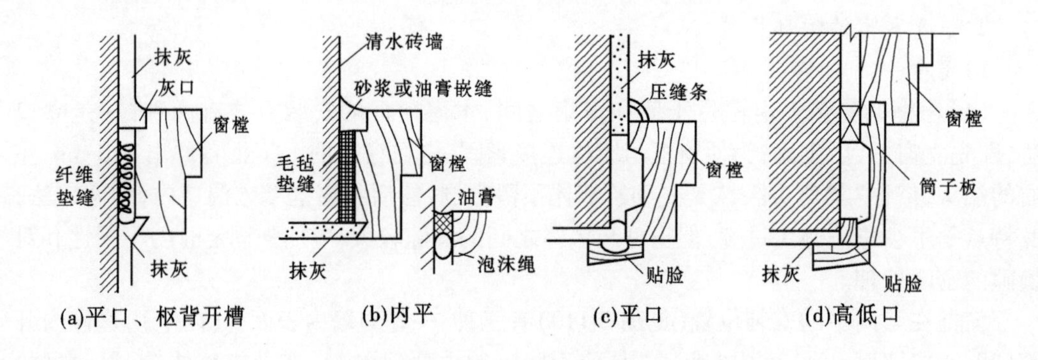

图 2-112　窗洞口、窗框及缝隙处理构造

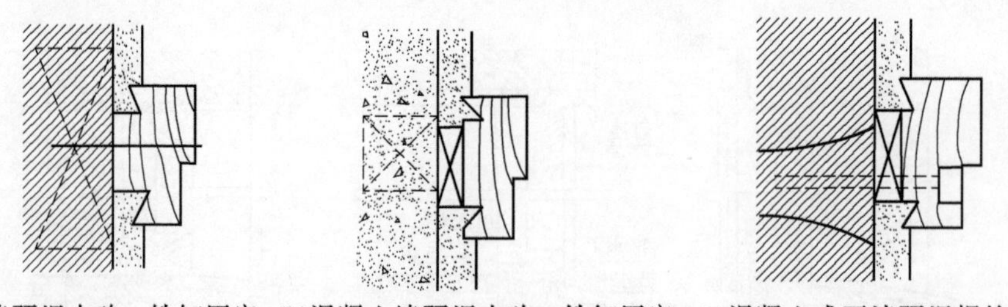

图 2-113　木窗框与墙的固定方法

2)窗扇

(1)玻璃窗扇的断面形式与尺寸(见图 2-114)。玻璃窗扇的窗梃和冒头断面约为 40 mm×55 mm,窗芯断面尺寸约为 40 mm×30 mm。窗扇也要有裁口以便安装玻璃,裁口宽度不小于 14 mm,高不小于 8 mm。

(2)玻璃的选择及安装。窗可根据不同要求,选择磨砂玻璃、压花玻璃、夹丝玻璃、吸热玻璃、有色玻璃等各种不同特性的玻璃。玻璃通常用油灰嵌在窗扇的裁口里,要求较高

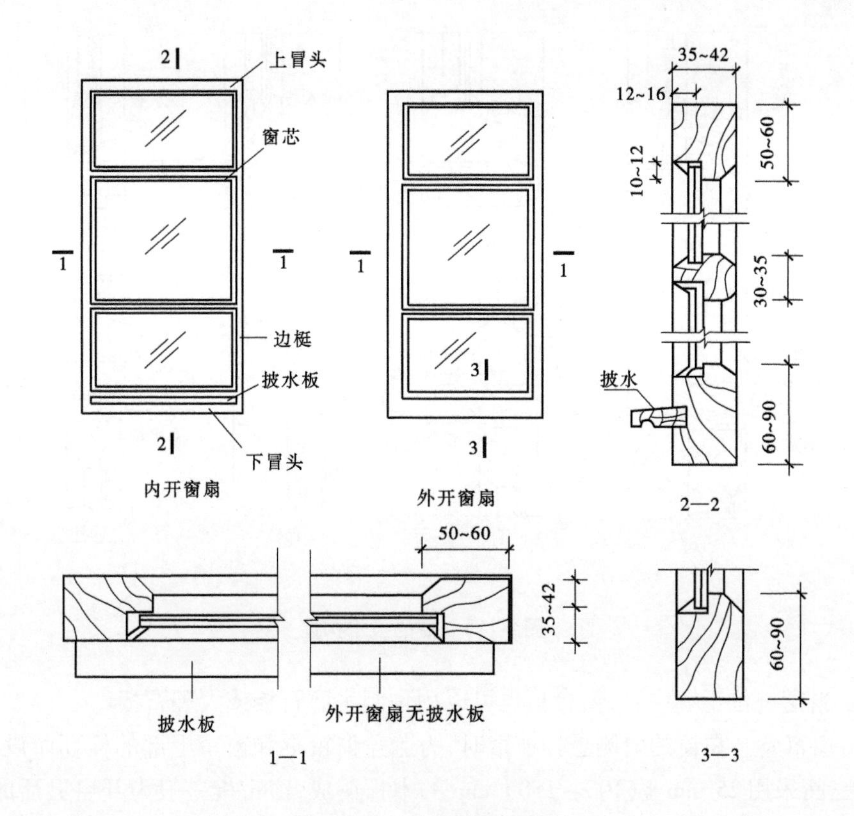

图 2-114 玻璃窗扇的构造

的窗则采用富有弹性的玻璃密封膏效果更好。油灰和密封膏在玻璃外侧密封有利于排除雨水和防止渗漏。

3)窗用五金配件

平开木窗用五金配件有合叶(铰链)、插销、撑钩、拉手和铁三角等,采用品种根据窗的大小和装修要求而定。

4)木窗的附件

(1)披水板。为防止雨水流入室内,在内开窗下冒头和外开窗中横框处附加一条披水板(见图 2-115),下边框设积水槽和排水孔,有时外开窗下冒头也做披水板和滴水槽。

(2)贴脸板。为防止墙面与窗框接缝处渗入雨水并达到美观要求,将 20 mm×45 mm 木板条内侧开槽,刨成各种断面的线脚以掩盖缝隙。

(3)压缝条。两扇窗接缝处,为防止渗漏透风雨,除做高低封盖口外,常在一面或两面加钉压缝条。一般采用 10~15 mm 见方的小木条,有时也用于填补窗框与墙体之间的缝隙,以防止热量的散失。

(4)筒子板。室内装修标准较高时,往往在窗洞口的上面和两侧墙面均用木板镶嵌,与窗台板结合使用。

(5)窗台板。在窗的下框内侧设窗台板,木板的两端挑出墙面 30~40 mm,板厚

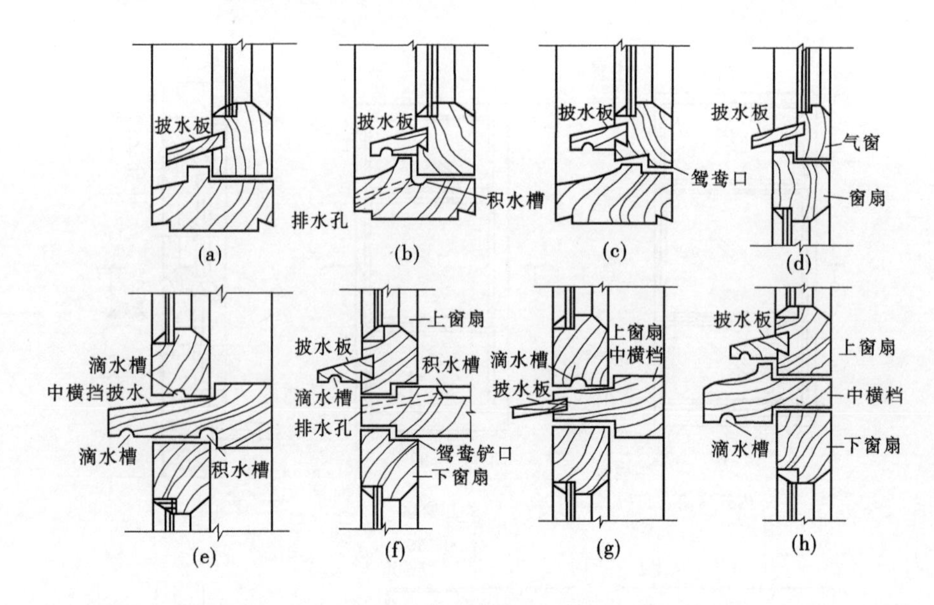

图 2-115　窗的披水构造

30 mm。当窗框位于墙中时,窗台板也可以用预制水磨石板或大理石板。

(6)窗帘盒。在窗的内侧悬挂窗帘时,为遮盖窗帘棍和窗帘上部的栓环而设窗帘盒。窗帘盒三面采用 25 mm×(100~150) mm 的木板镶成,窗帘棍一般为开启灵活的金属导轨,采用角钢或钢板支撑并与墙体连接。现在用得最多的是铝合金或塑钢窗帘盒,美观牢固、构造简单。

2.4.2.3　铝合金推拉门窗

铝合金推拉门窗的材料、形式及构造,在情境 3 中进行介绍。

2.4.3　小结

介绍了门窗的作用、产品要求、形式与尺度;重点分析了平开木门的组成、类型与细部(门框、门扇)构造;平开木窗的组成、类型与细部(窗框、窗扇、五金配件及附件等)构造。

2.4.4　思考题

1. 门和窗在建筑中的作用是什么?
2. 门和窗按开启方式可分为哪几类?
3. 门和窗主要由哪些部分组成?
4. 门和窗的尺度如何确定?

任务2.5　屋面的功能及构造分析

2.5.1　屋面的类型及功能分析

2.5.1.1　屋面的类型

(1)从屋顶外部形式看,可分为平屋顶、坡屋顶和空间曲面屋顶,见图2-116～图2-118,而这些形式的形成又源于建筑本身的使用功能、结构造型及建筑造型等要求。

图2-116　平屋顶

图2-117　坡屋顶

图2-118　曲面屋顶

(2)从屋面防水构造看,可分为卷材(柔性)防水屋面、刚性防水屋面、涂膜防水屋面和瓦类防水屋面。

屋顶主要由屋面和承重结构组成,同时为满足保温、隔热、隔音、防火等功能,需设有不同的辅助层及设施。

2.5.1.2　屋面功能分析

屋顶主要有三个作用:一是承重作用;二是围护作用;三是装饰建筑立面。屋顶应满足坚固耐久、防水排水、保温隔热、抵御侵蚀等使用要求，同时还应做到自重轻、构造简单、施工方便、造价经济，并与建筑整体形象协调。其中防水是对屋顶的最基本的要求，屋面的防水等级和设防要求见表2-6。

表2-6 屋面的防水等级和设防要求

项目		建筑物类别	防水层使用年限	防水选用材料	设防要求
屋面的防水等级	Ⅰ级	特别重要的民用建筑和对防水有特殊要求的工业建筑	25年	宜选用合成高分子防水卷材、高聚物改性沥青防水卷材、合成高分子防水涂料、细石防水混凝土等材料	三道或三道以上防水设防，其中应用一道合成高分子防水卷材，且只能有一道厚度不小于2 mm的合成高分子防水涂膜
	Ⅱ级	重要的工业与民用建筑、高层建筑	15年	宜选用高聚物改性沥青防水卷材、合成高分子防水卷材、合成高分子防水涂料、高聚物改性沥青防水涂料、细石防水混凝土、平瓦等材料	二道防水设防，其中应有一道卷材；也可采用压型钢板进行一道设防
	Ⅲ级	一般的工业与民用建筑	10年	应选用三毡四油沥青防水卷材、高聚物改性沥青防水卷材、合成高分子防水卷材、高聚物改性沥青防水涂料、合成高分子防水涂料、沥青基防水涂料、刚性防水层、平瓦、油毡瓦等材料	一道防水设防，或两种防水材料复合使用
	Ⅳ级	非永久性的建筑	5年	可选用二毡三油沥青防水卷材、高聚物改性沥青防水涂料、沥青基防水涂料、波形瓦等材料	一道防水设防

2.5.2 砖混结构建筑的屋面构造分析

2.5.2.1 平屋面做法一(防水材料为涂膜防水)

(1)1∶8水泥珍珠岩找坡2%，拍实刮平，最薄处0 mm厚。

(2)20 mm厚1∶3水泥砂浆找平压光。

（3）苯板胶黏剂铺挤塑聚苯板（挤塑聚苯板厚度按节能设计），点粘，粘贴面积不小于总面积的 30%。

（4）40 mm 厚 C20 细石混凝土表面撒 1∶2干水泥砂浆找平压光；伸缩缝设置：纵横两个方向均需设伸缩缝，缝距≤4 m，所有阴角处、混凝土与墙体及出屋面管道等交接部位设伸缩缝，缝宽 15 mm，缝下部用泡沫棒填塞，预留 15 mm 高防水密封膏嵌缝封严，阴角处抹成半径为 20 mm 的圆弧角。屋面防水施工前应进行流水坡度检查，验收合格后再进入下道工序。

（5）管根、出屋面烟道、泛水等阴角部位先刷 300 mm、宽 1 mm 厚聚氨酯（上翻 150 mm、平伸 150 mm），阴角处加一层 200 mm 宽玻纤布（上翻 100 mm、平伸 100 mm），处理到位，待验收合格后再进入下道工序。

（6）2.0 mm 厚聚氨酯防水涂料防水层，管根、出屋面烟道、泛水等阴角处防水上翻≥280 mm。

（7）满铺无纺布隔离层一道，搭接不小于 50 mm。

（8）40 mm 厚 C25 细石混凝土保护层原浆找平压光。伸缩缝设置及做法：纵横两个方向均需设伸缩缝，缝距≤4 m，缝宽 15 mm，缝下部泡沫棒填塞，预留 15 mm 高防水密封膏嵌缝封严；所有阴角处，混凝土与墙体及出屋面管道等交接部位设伸缩缝，缝宽 15 mm，防水密封膏嵌缝封严。

（9）细石混凝土保护层以上防水保护层做法：防水层表面刮 1 mm 厚抗裂砂浆结合层一道，10 mm 厚 1∶2.5 水泥砂浆找平压光。

（10）找坡层内设 75 mm 宽排气道，排气道间距纵横两个方向不大于 6 m，排气道内碎石填实，排气道交叉处设置透气帽，透气帽做法见详图“屋面透气帽做法”。

（11）天沟：宽度 400 mm，排水坡度为 1%，保温层厚度改为 30 mm，其他做法参照上述做法。

2.5.2.2　平屋面做法二（防水材料为 SBS 防水卷材）

（1）1∶8水泥珍珠岩找坡 2%，拍实刮平，最薄处 0 mm 厚。

（2）20 mm 厚 1∶3水泥砂浆找平压光。

（3）苯板胶黏剂铺挤塑聚苯板（挤塑聚苯板厚度按节能设计），点粘，粘贴面积不小于 30%。

（4）40 mm 厚 C20 细石混凝土表面撒 1∶2干水泥砂浆找平压光；伸缩缝设置：纵横两个方向均需设伸缩缝，缝距≤4 m，所有阴角处、混凝土与墙体及出屋面管道等交接部位设伸缩缝，缝宽 15 mm，缝下部用泡沫棒填塞，预留 15 mm 高防水密封膏嵌缝封严，阴角处抹成半径为 50 mm 的圆弧角。屋面防水施工前应进行流水坡度检查，验收合格后再进入下道工序。

（5）管根、出屋面烟道、泛水等阴角处设 500 mm 宽防水附加层一道，上翻 250 mm、平伸 250 mm；附加层材料选用：管根处采用 2 mm 厚高聚物改性沥青防水涂料，其他选用 3 mm 厚 SBS 防水卷材。

（6）4 mm 厚 SBS 防水卷材（带页岩保护层），管根、出屋面烟道、泛水等阴角处防水上翻≥250 mm，卷材搭接接缝处用 60 mm 宽 1 mm 厚沥青密封材料封边，外抹 3 mm 厚抗裂砂浆保护层。

(7)找坡层内设75 mm宽排气道,排气道间距纵横两个方向不大于6 m,排气道内用碎石填实,排气道交叉处设置透气帽,透气帽做法见详图“屋面透气帽做法”。

(8)天沟:宽度400 mm,排水坡度为1%,具体做法见详图“平屋面、天沟、女儿墙泛水做法”。

(9)雨水口500 mm范围内找坡5%坡向出水口。

2.5.2.3 坡屋面做法

(1)屋面板。

(2)20 mm厚1:3水泥砂浆找平压光。

(3)3 mm厚SBS防水卷材(带页岩)。

(4)20 mm厚1:3水泥砂浆找平压实。

(5)15 mm厚(最薄处)1:1水泥砂浆粘贴屋面瓦。

(6)天沟做法:①结构层;②1:2.5水泥砂浆找平压光,找坡1%,最薄处15 mm厚,阴角处做成圆弧角;③2 mm厚聚氨酯防水层,四周上翻至相邻结构顶部,与卷材交接处搭接150 mm;④先在聚氨酯防水层表面刮1 mm厚抗裂砂浆结合层,再抹20 mm厚1:3水泥砂浆找平压光。

2.5.2.4 屋面防水构造

屋面防水可分为刚性防水和柔性防水两种。刚性防水主要是用细石混凝土钢筋网防水层进行防水;柔性防水大多是用卷材进行防水。屋面防水基本构造见图2-119。

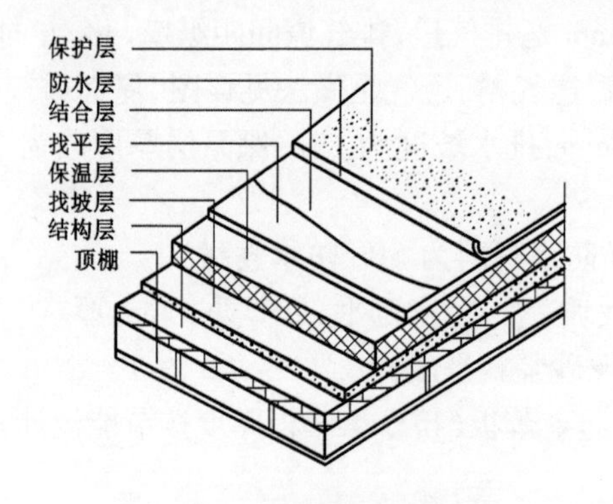

图2-119 屋面防水基本构造

1.卷材防水屋面

卷材防水屋面指以防水卷材和黏结剂分层粘贴而构成防水层的屋面。

卷材防水屋面所用卷材有沥青类卷材、高聚物改性沥青卷材、合成高分子类卷材,适用于防水等级为Ⅰ~Ⅳ级的屋面防水。

1)沥青防水卷材

沥青防水卷材常见的有纸胎沥青油毡(限制使用)、玻纤胎沥青油毡和抹布沥青油毡,见图2-120、图2-121。

2)高聚物改性沥青防水卷材

高聚物改性沥青防水卷材,是以合成高分子聚合物改性沥青为涂盖层,纤维织物或纤维毡为胎体,粉状、粒状、片状或薄膜材料为覆面材料制成可卷曲的片状材料,见图2-122。厚度一般为3 mm、4 mm、5 mm,以沥青基为主体。

图2-120　沥青纸胎油毡

图2-121　玻纤胎沥青油毡

图2-122　高聚物改性沥青防水卷材铺贴

3)合成高分子防水卷材

合成高分子防水卷材包含SBS改性沥青卷材、APP改性沥青卷材、SBR改性沥青卷材、再生胶改性沥青卷材、PVC改性焦油沥青卷材等。

此外,防水卷材还包括橡胶系(三元乙丙橡胶卷材、氯磺化聚乙烯卷材、丁基橡胶卷材)、树脂系(聚氯乙烯卷材、氯化聚乙烯卷材、高密度聚乙烯卷材)、橡塑共混系(氯化聚乙烯橡塑共混卷材)。

2. 柔性防水屋面细部构造

屋顶细部是指屋面上泛水、天沟、雨水口、檐口、变形缝等部位。

1)泛水构造

第一,应将屋面水泥砂浆找平层继续抹到垂直墙面上,转角处抹成圆弧形,使屋面油毡延续铺至墙上时能够贴实。禁止把油毡折成直角或架空,以免油毡断裂。

第二,泛水的高度不应小于250 mm,以免屋面积水超过油毡浸湿墙身,造成渗漏。

第三，要做好油毡防水层的收头处理。在垂直墙面上应把油毡上口压住，同时收头的上部还应有防护措施。

屋面泛水构造见图 2-123、图 2-124。

屋面防水卷材铺贴见图 2-125。

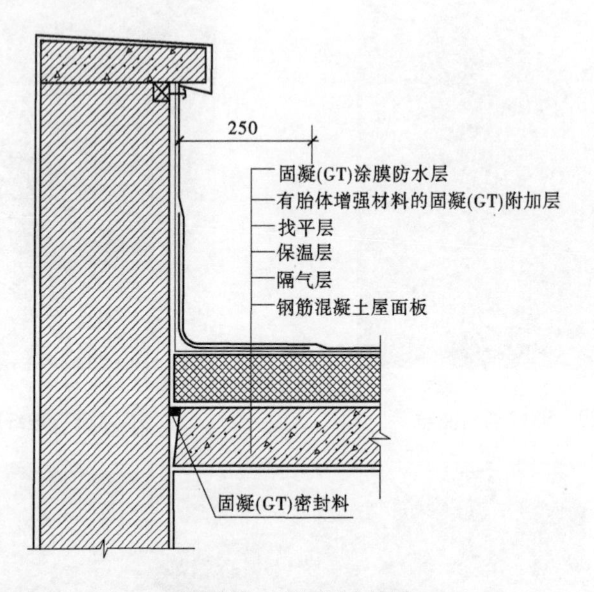

图 2-123　屋面泛水构造

图 2-124　屋面泛水实图

图 2-125　屋面防水卷材铺贴

2)天沟防水构造

屋面外墙内侧形成的排水沟称为天沟,一种是屋面坡面的低洼部分形成的似三角形断面的天沟,一种是用屋面专门设置的矩形天沟,如用槽形板等。

当建筑女儿墙外排水时,采用三角形天沟较普遍,为使天沟内雨水迅速排入雨水口,沿天沟方向用轻质材料垫成纵坡,一般取值0.5% ~1%;在降雨量大或屋面跨度大时,常采用矩形天沟来增加汇水量。其构造如图2-126所示。

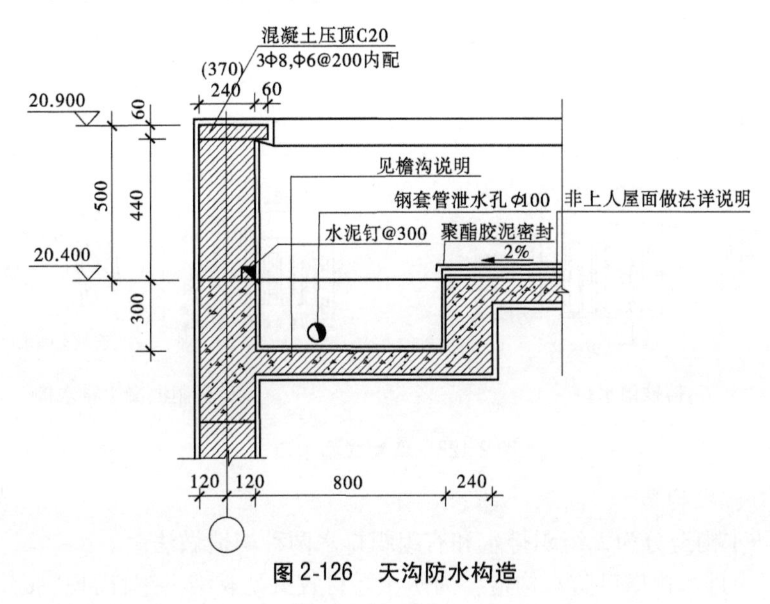

图2-126 天沟防水构造

3)雨水口构造

雨水口是天沟(或檐沟)与雨水管两者间的连接配件,构造上要求排水通畅,不易堵塞,不易渗漏,其通常为定型产品,分为直管式和弯管式两种,见图2-127、图2-128。直管式适用于中间天沟,挑檐沟适用于女儿墙排水天沟,弯管式适用于女儿墙外排水天沟,材料多为铸铁的改性PVC塑料。目前,后者因质轻、不锈、色彩多样、强度高、耐老化性能好而得到广泛运用。

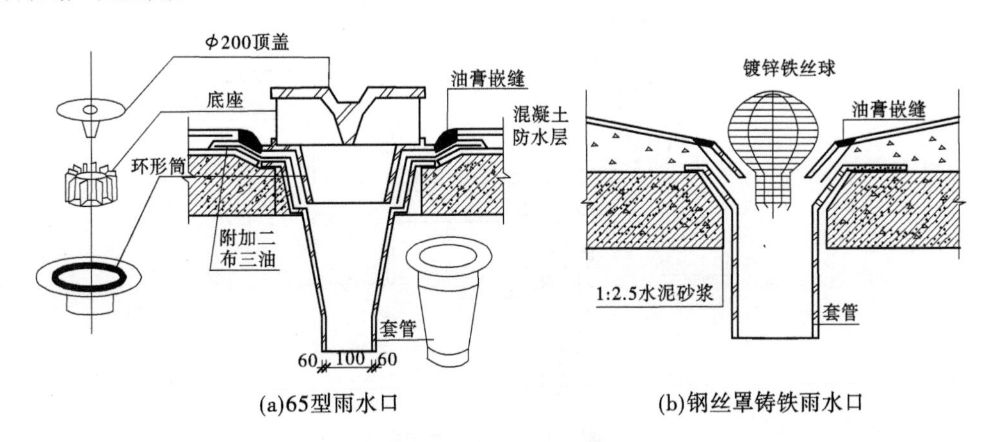

(a)65型雨水口　(b)钢丝罩铸铁雨水口

图2-127 直管式雨水口

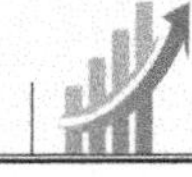

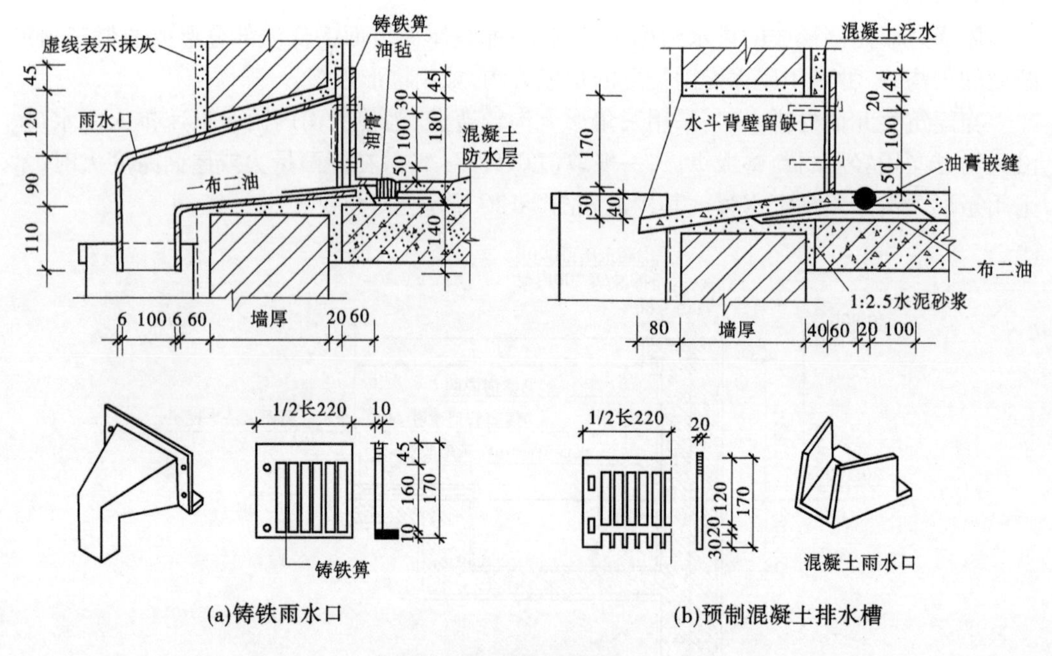

(a)铸铁雨水口　(b)预制混凝土排水槽

图 2-128　弯管式雨水口

4）挑檐口防水构造

挑檐口防水构造分为无组织排水和有组织排水两种构造做法。

（1）无组织排水挑檐口防水构造。为防止卷材收头处黏结不牢，出现"张口"现象，在防水卷材收头处于檐板上做一凹槽。将防水卷材用水泥钉等固牢于檐板上，上面再用油膏嵌固。

（2）有组织排水挑檐口防水构造。是将汇水檐沟设置于挑檐上，檐沟板可与圈梁连成整体，亦可预制檐沟板搁置于牛腿上，其防水构造需加 1～2 层卷材，转角处应做成圆弧或 45°斜面，防水卷材铺设至檐沟边缘固定，并用砂浆盖缝，如图 2-129 所示。

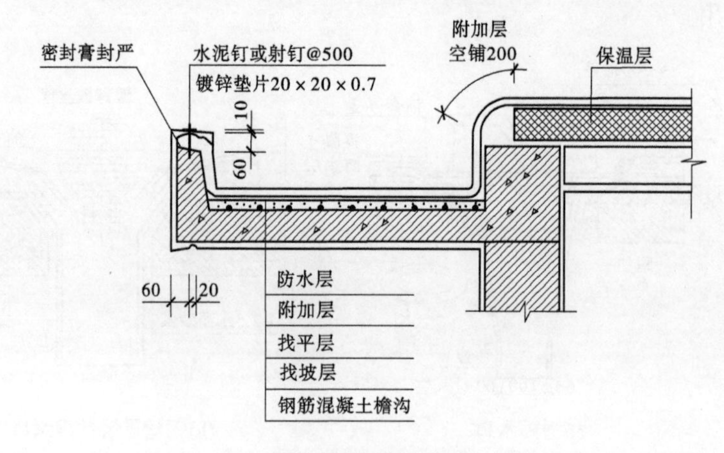

图 2-129　檐沟构造

5)屋面变形缝构造

屋面变形缝卷材防水构造既要防止雨水从变形缝处渗入室内,又不影响屋面变形。其变形缝分为横向变形缝和高低跨变形缝,即同层等高屋面上变形缝和高低屋面交接处的变形缝,如图2-130所示。

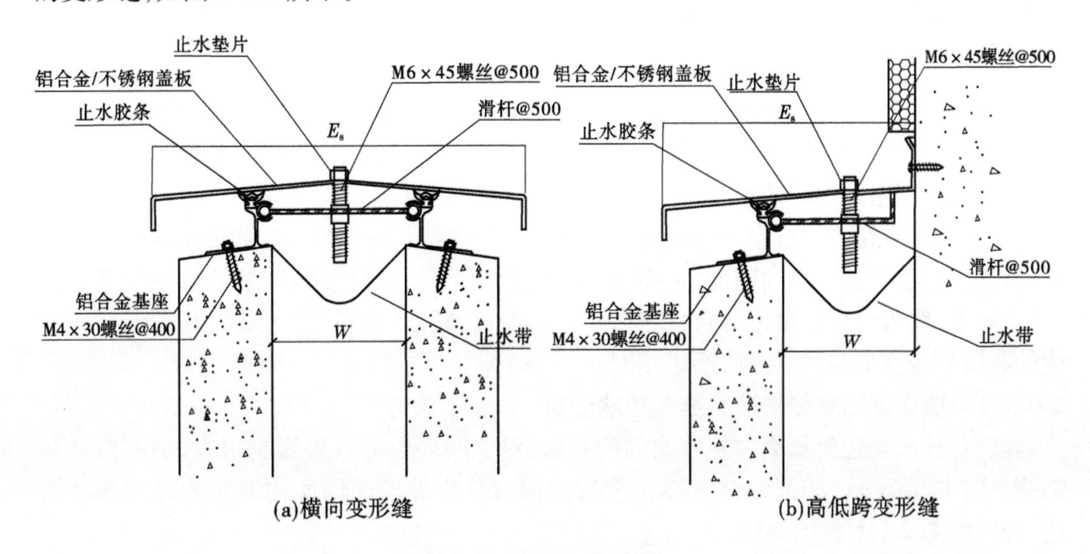

图2-130　屋面变形缝构造

(1)同层等高屋面变形缝处防水构造做法是:缝两边结构体上砌筑附加墙,厚度120 mm即可。做法类似泛水构造,为固定卷材顶端,附加墙顶必须预埋木砖。顶部盖缝,先设一层卷材,然后设置可伸缩的镀锌铁皮盖牢,并与附加墙固定,湿度大的地区可改用预制混凝土压顶板,确保耐久性。

(2)高低屋面变形缝处防水构造与等高屋面变形缝处防水构造做法大同小异,只需在低跨屋面上砌筑附加墙,镀锌铁皮盖缝片的上端固定在高跨墙上,做法同泛水构造。也可从高跨侧墙中设置钢筋混凝土板盖缝。

2.5.3　小结

通过本次任务的学习,应掌握屋面的构造类型,熟悉各种屋面的构造特点和构造分析,重点掌握屋面防水构造,即泛水构造、天沟构造、雨水口构造、挑檐构造、变形缝构造等。

2.5.4　思考题

1. 屋面有哪些类型?
2. 屋面的功能有哪些?
3. 卷材防水屋面的卷材有哪些类型?
4. 屋面防水中泛水做法有什么要求?
5. 挑檐防水有哪些类型?

任务2.6　装饰装修的功能及构造分析

2.6.1　装饰装修的功能分析

建筑装饰装修是指跟建筑物视觉或触觉等使用功能相关的部分，并且建筑装饰装修都是以修饰建筑空间及美化建筑为目的的行为，同时它还是建筑的物质功能和精神功能得以实现的关键。建筑装饰装修工程内容不仅包括对建筑物顶棚、墙面和地面的面层处理，同时也包括室内空间的色彩、造型、景观、光和热环境的设计与施工。

建筑装饰装修的部位主要包括室内装饰装修和室外装饰装修。室内装饰装修的部位包括楼地面、踢脚、墙裙、内墙面、顶棚、楼梯、栏杆扶手等；室外装饰装修的部位主要有外墙面、散水、勒脚、台阶、坡道、窗台、窗楣、雨篷、壁柱、腰线、挑檐、女儿墙及压顶等。各部位的装饰装修要求和施工方法不尽相同。

2.6.1.1　墙面装饰装修构造类型和功能分析

墙面、柱面是建筑物室内外空间的侧界面，对空间环境的效果影响很大，是室内外装饰装修的主要部分。墙面装饰装修构造按照部位分为外墙面饰面构造和内墙面饰面构造，分别见图2-131和图2-132。

图2-131　外墙面装饰装修

外墙面由于直接受到风雪、雨水、冰冻、光照等自然环境的作用，在装饰选材、构造方法上应注意装饰材料的耐久性、耐水性及抗污染性等。内墙面在使用过程中会受到人或物体的撞击、水的溅湿等破坏，同时由于墙面距离人的视觉较近，要求装饰装修的饰面效果更细腻。

图2-132 内墙面装饰装修

1. 墙面装饰装修构造功能分析

(1)保护墙体。通过装修材料对建筑物墙面的保护处理,可以提高墙体的防潮、耐腐蚀、抗老化的能力,提高墙体的耐久性和坚固性。

(2)改善性能。通过对墙体表面的构造处理,可以改善墙体的热工性能、声学性能和光学性能。如外墙面粘贴保温板,可以提高墙体的保温隔热性能,有助于建筑节能。

(3)美化环境。外墙面装饰装修处理对构成建筑总体艺术效果具有非常重要的作用。外墙面饰面的形式、色彩、图案、质感等给人以视觉享受,同时也体现出时代精神、民族特色、地域风采和艺术风格等。内墙面的饰面与室内环境紧密相连,适宜的室内墙面装饰装修可以装饰美化室内环境。

2. 墙面装饰装修构造类型及材料

建筑的墙面装饰装修构造类型,按构造技术和所使用的材料的不同可以分为抹灰类、贴面类、涂刷类、板材类、卷材类、罩面板类、清水墙类、幕墙类等。其中,卷材类应用于室内墙面,清水墙类、幕墙类应用于室外墙面,其他几类均可以应用于室内外墙面。

(1)抹灰类饰面包括一般抹灰和装饰抹灰。

(2)贴面类饰面包括天然石板材和预制板材等饰面。

(3)涂刷类饰面包括涂料和刷浆等饰面。

(4)清水墙饰面包括清水砖墙和清水混凝土墙。

(5)裱糊类饰面包括壁纸和墙布饰面。

(6)罩面板类饰面包括竹木制品、石膏板、矿棉板、金属、塑料和玻璃等饰面。

墙面装饰装修材料品种繁多,各类装饰构造材料如表2-7所示。

表 2-7　墙面装饰装修材料品种

类型	常用材料
抹灰类	石灰砂浆、水泥砂浆、水泥混合砂浆、纸筋石灰砂浆、石膏砂浆、水泥石渣浆、聚合物水泥砂浆
贴面类	陶瓷面砖、马赛克、大理石板、青石板、人造石材板
涂刷类	无机涂料、有机涂料、复合涂料
裱糊类及软包类	壁纸、墙布、织锦缎、壁毯、皮革
罩面类	木质饰面板、玻璃饰面板、不锈钢板、铝合金饰面板、铝塑板

2.6.1.2　楼地面装饰装修构造功能和类型分析

1. 楼地面装饰装修构造功能分析

楼地面的饰面层是人们在生活、工作、生产等活动中直接接触的构造层次，也是地面承受各种物理、化学作用的表面层，地面由于在使用过程中会受到人或物体的撞击等破坏，直接受到水、潮气等的作用，在装饰选材、构造方法上应注意装饰材料的耐磨性、坚固性、平整性、防水性、防潮性、不起尘，要有一定弹性等性能和装饰效果。通过对楼地层表面的构造处理，可以改善楼地层的热工性能、声学性能、室内清洁卫生条件等，从而有助于建筑节能和舒适感，创造良好的生产、生活环境。楼地面装饰装修构造基本功能如下：

(1)保护作用。通过装修材料对建筑物楼地面的保护处理，可以提高楼地面的防潮、防水、耐腐蚀性等，提高楼地面的耐久性和坚固性。

(2)隔音性能。包括隔绝空气声和隔绝撞击声两个方面。当楼地面材料的密实度比较大时，空气的隔绝效果较好，且有助于防止因发生共振现象而在低频时产生的吻合效应等。撞击声的隔绝，主要采用弹性地面。

(3)保温性能。建筑物的良好保温性是其满足使用功能的必备要求之一。从材料特性的角度考虑，水磨石地面、大理石地面等属于热传导性能较高的材料，而木地板、塑料地面等属于热传导性能较低的地面。从人的感受角度加以考虑，人们会将对某种地面材料的导热性能的认识用来评价整个建筑空间的保温特性。

(4)弹性性能。对于一般的民用建筑，不需要采用弹性地面，而要求较高的公共建筑或装饰标准较高的建筑室内地面应采用弹性材料作为楼地面的装饰面层。

(5)吸声性能。在标准较高、使用人数较多的公共建筑中有效地控制室内噪声，是具有积极作用的。一般来说，表面致密光滑、刚度较大的地面做法，如大理石地面，对于声波的反射能力较强，基本上没有吸声能力。而各种软质地面做法，却可以起到比较大的吸声作用。

(6)其他性能。建筑物的功能不同，对应不同的楼地面使用要求各不相同，对于计算机机房的楼地面应要求具有防静电的性能；对于有水作用的房间，楼地面装饰应考虑抗渗漏排积水等；对于有酸、碱腐蚀的房间，应考虑耐酸碱、防腐蚀等。

2. 楼地面装饰装修构造类型分析

楼地面装饰装修材料种类繁多，可以从不同的角度进行分类。

(1)根据施工工艺和结构方法分为整体式楼地面、块材式楼地面(见图2-133)、卷材式楼地面(见图2-134)。

图2-133　块材式楼地面

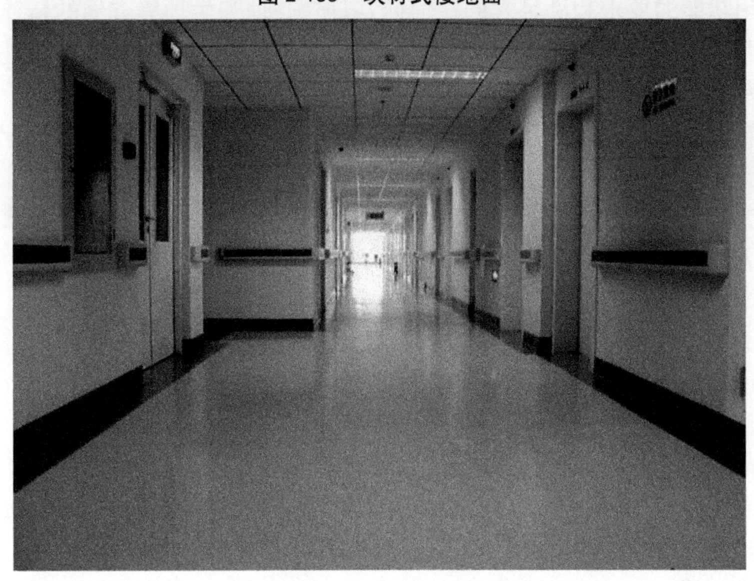

图2-134　PVC卷材式楼地面

(2)根据面层材料不同可以分为水泥砂浆楼地面、细石混凝土楼地面、水磨石楼地面(见图2-135)、涂料楼地面、塑料楼地面、橡胶楼地面、花岗石楼地面、大理石楼地面、地砖楼地面、木楼地面、地毯楼地面等。

(3)根据使用功能不同可分为防火楼地面、防静电楼地面、防渗油楼地面、低温辐射热水采暖楼地面、防腐蚀楼地面、种植土楼地面、综合布线楼地面。

(4)根据装饰效果可分为美术楼地面、席纹楼地面、拼花楼地面等。

2.6.1.3　顶棚装饰装修构造功能和类型分析

顶棚是位于建筑物楼盖下表面的装饰构件。悬挂在楼盖承重结构下表面的顶棚,也

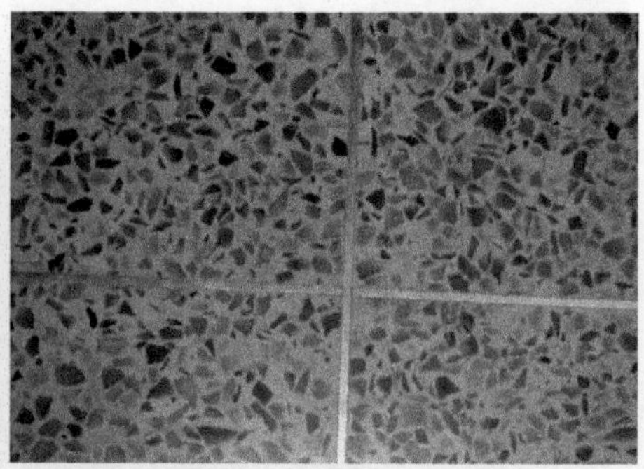

图2-135　水磨石楼面

称为吊顶。顶棚是构成建筑室内空间三大界面的顶界面，在室内空间中占据十分显要的位置。

1. 顶棚装饰装修构造功能分析

顶棚装饰工程是建筑装饰工程的重要组成部分。顶棚的构造设计与选择应从建筑功能、建筑照明、设备安装、管线敷设、维护检修、防火安全等诸多方面综合考虑。其作用是为了满足使用功能的要求和满足人们在信仰、习惯、心理和生理等方面的精神需求。

(1)满足建筑使用功能。顶棚装修有助于改善室内的照明、保温、隔热、吸声、防火等技术性能，使之满足建筑的使用功能。

(2)装饰室内空间环境。顶棚装修从空间、光影、材质等方面渲染室内环境，烘托气氛。

(3)服务其他设施。顶棚装修可以隐蔽各种设备管道和装置，并便于安装和检修。

2. 顶棚装饰装修构造类型分析

顶棚按饰面与基层的关系可归纳为直接式顶棚和悬吊式顶棚两大类。

1)直接式顶棚

直接式顶棚是在屋面板或楼板结构底面直接做饰面材料的顶棚，见图2-136。其构造简单、构造层厚度小、施工方便，不但可取得较高的室内净空，而且造价较低。但没有供管线和设备隐蔽的内部空间，所以只适用于普通建筑或空间高度受到限制的房间。

直接式顶棚按施工方法不同可分为直接式抹灰顶棚、直接式喷刷顶棚、直接式裱糊顶棚、直接固定装饰板顶棚及结构顶棚。

2)悬吊式顶棚

悬吊式顶棚是指顶棚的装饰表面悬吊于屋面板或楼板下，并与屋面板或楼板留有一定距离的顶棚，见图2-137。悬吊式顶棚可结合灯具、通风口、音响、喷淋、消防设施等进行整体设计，形成变化丰富的立体造型，以改善室内环境，进而满足不同使用功能的要求。悬吊式顶棚的类型很多，主要有以下几种：

按外观不同分类，有平滑式顶棚、井格式顶棚、叠落式顶棚和悬浮式顶棚。

按龙骨材料分类，有木龙骨悬吊式顶棚、轻钢龙骨悬吊式顶棚、铝合金龙骨悬吊式顶棚。

按饰面层和龙骨的关系分类，有活动装配式悬吊式顶棚、固定式悬吊式顶棚。

按顶棚结构层的显露状况分类，有开敞式悬吊式顶棚、封闭式悬吊式顶棚。

图2-136　直接式顶棚

图2-137　悬吊式顶棚

按顶棚面层材料分类,有木质悬吊式顶棚、石膏板悬吊式顶棚、矿棉板悬吊式顶棚、金属板悬吊式顶棚、玻璃发光板悬吊式顶棚、轻质悬吊式顶棚。

按顶棚受力大小分类,有上人悬吊式顶棚、不上人悬吊式顶棚。

按施工工艺不同分类,有暗龙骨悬吊式顶棚、明龙骨悬吊式顶棚。

2.6.2　装饰装修的构造分析

2.6.2.1　清水砖墙装饰装修构造分析

在砖混结构中,特别是砌体结构中,可以采用清水砖墙的形式作为外墙面。清水砖墙面常用黏土砖来砌筑。用于砌筑清水墙的砖应质地密实、表面晶化、砌体规整、棱角分明、色泽一致、并且抗冻性好、吸水率低。清水墙的装饰手法主要有以下几种:

(1)勾灰缝。清水砖墙的砌筑方法,一般以普通的全顺全丁式为主,其他还有三顺一丁和梅花丁式。改变灰缝的颜色能够有效地影响整个墙面的色调与明暗程度。这是因为灰缝的面积比较大,约占砖墙面积的1/6,所以砖缝的颜色变化,整个墙面的效果也会有变化。

清水砖墙勾缝多采用1∶1.5的水泥砂浆,可以在砂浆里掺入颜色,也可勾缝后再涂颜色。灰缝的处理形式主要有平缝、斜缝、凹缝、凸缝,见图2-138。

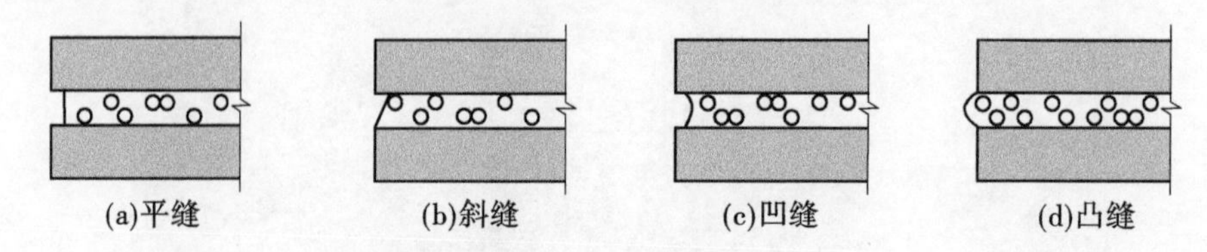

图2-138 清水墙的勾缝形式

(2)穿插过火砖或欠火砖。靠烧结程度不同的过火砖和欠火砖形成的深色和浅色穿插在普通砖当中,形成不规则的色彩排列,来表现丰富的装饰效果,见图2-139(a)。

图2-139 清水砖墙

(3)规律性的突出或凹进。是指将部分砖块有规律地突出或凹进墙面几个厘米的方法,形成一定的线性肌理,并形成一些阴影,产生一种浮雕感,见图2-139(b)。

(4)细部处理。清水砖墙建筑的勒脚、檐口、门套、窗台等部位,不能直接用砖来砌筑的情况,可以粉刷或用天然石材板进行装饰。在门窗过梁的位置外表面也可以用砖拱来装饰,若为混凝土过梁,可将过梁往里收入1/4砖宽左右,外表面再镶砖。

2.6.2.2 抹灰类饰面装饰装修构造分析

抹灰类装饰是墙面装饰中最常用、最基本的做法,分为内抹灰和外抹灰。内抹灰主要是保护墙体和改善室内卫生条件,增强光线反射,美化环境。外抹灰主要是保护外墙身不受风雨雪的侵蚀,提高墙面的防水、防冻、防风化、防紫外线、保温隔热能力,提高墙身的耐久性,也是建筑物表面的艺术处理措施之一。抹灰饰面的优点是取材较易、造价低廉、施工简便、效果良好;其缺点是多数为手工操作,功效低,湿作业量大,劳动强度高,砂浆年久

易产生龟裂、粉化、剥落等现象。抹灰墙面为避免开裂，保证抹灰与基层黏结牢固，通常都采用分层施工的做法，每次抹灰不宜太厚，其基本构造层次分为三层，即底层、中间层和面层，如图2-140所示。

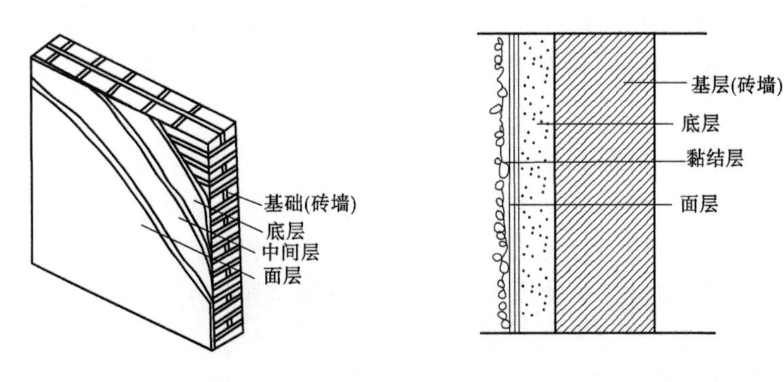

图2-140　抹灰类饰面构造

(1)底层抹灰，又称"刮糙"，对墙基层进行表面处理，初步找平，增强抹灰层与墙体基层的黏结作用。底层砂浆根据基层材料和受水浸湿情况不同，可以分别选择石灰砂浆、混合砂浆、水泥砂浆。

(2)中间层抹灰，在底层抹灰的基础上进一步找平，弥补底层抹灰的裂缝。所用材料与底层抹灰基本相同，可以一次抹成，也可以根据面层平整度和抹灰质量要求分多次抹成。

(3)面层抹灰，又称"罩面"，主要起装饰作用。要求表面平整，无裂痕，满足装饰装修要求。

由于施工操作方法的不同，抹灰表面可以抹成平面，也可以拉毛或用斧斩成假石状，还可以将细天然骨料或人造骨料(如大理石、花岗石、玻璃、陶瓷等)加工成粒料，采用手工涂抹或机械喷射成水刷石、干粘石、彩瓷粒等集石类墙面。根据面层抹灰装饰效果和所用材料不同，抹灰墙面分为一般抹灰和装饰抹灰。

1. 一般抹灰

一般抹灰是指采用石灰砂浆、水泥砂浆、水泥混合砂浆、聚合物水泥砂浆、麻刀灰、纸筋灰等对建筑物的面层抹灰罩面。一般抹灰的基本构造可见图2-141。

按建筑标准及墙体不同，一般饰面抹灰可分为高级、中级和普通三种标准。高级抹灰适用于大型公共建筑、纪念性建筑以及有特殊功能要求的建筑，由一层底层、数层中间层、一层面层构成，一般厚度为25 mm。中级抹灰适用于一般住宅、公共和工业建筑，以及高级建筑物中的附属建筑，由一层底层、一层中间层、一层面层构成，一般厚度为20 mm。普通抹灰适用于简易住宅、临时性房屋及辅助用房，由一层底层、一层面层构成，或者不分层，一遍成活，一般厚度为18 mm。

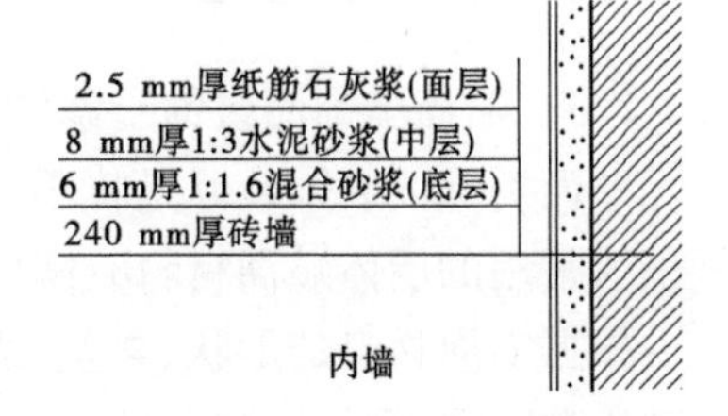

图2-141　一般抹灰构造

为确保抹灰砂浆与基体表面黏结牢固,防止抹灰层空鼓、裂缝和脱落等,在抹灰前必须对基层进行处理。墙体基层材料不同,处理方法也不同。对于砖混结构建筑,墙面主要是砖砌体,砖墙面平整度较差,墙面比较粗糙,凹凸不平,不利于砂浆与基层的黏结。为了更好黏结,抹灰前应先湿润墙面,底层抹灰后还要浇水养护,养护时间长短视环境温度而定。一般 120 mm 厚的砖墙,抹灰前一天浇水一遍,240 mm 厚的砖墙需浇水两遍。

2. 装饰抹灰

装饰抹灰一般是指采用水泥、石灰砂浆等抹灰基体材料,除对墙面做一般抹灰外,利用不同的施工操作方法将其直接做成饰面层。它除具有与一般抹灰相同的功能外,还因其本身装饰工艺的特殊性,饰面往往有鲜明的艺术特色和强烈的装饰效果。

装饰抹灰根据所用材料和处理方法不同,可分为砂浆类装饰抹灰和石砾类装饰抹灰两大类。

1) 砂浆类装饰抹灰

砂浆类装饰抹灰是在一般抹灰基础上,对抹灰表面进行装饰性加工。这类饰面的面层材料一般为各类砂浆,只是因工艺不同而采取不同的材料配比,且往往需要专门的施工工具,如拉条抹灰、拉毛抹灰、假面砖、喷涂、滚涂等。

2) 石砾类装饰抹灰

石砾类装饰饰面的构造层次与一般抹灰饰面相同,只是骨料由砂改为小粒径的石粒而已然后再用其他手段处理,显露出石料的颜色和质感。石砾类装饰抹灰与砂浆类装饰抹灰效果不同,石砾类装饰抹灰是靠石粒的颗粒形象和自然色彩来获得装饰效果的,色泽明亮,质感丰富,耐久性和耐污染性均较好。常见的做法有水刷石饰面和干粘石饰面。

常用装饰抹灰墙面的构造做法如表 2-8 所示。

表 2-8 常用装饰抹灰墙面的构造做法

抹灰名称	构造做法	应用范围
混合砂浆拉毛	15 mm 厚 1:1:6 水泥石灰砂浆; 5 mm 厚 1:0.5:5 水泥石灰砂浆拉毛	外墙面
水刷石	15 mm 厚 1:6 水泥砂浆; 刷素水泥浆一遍; 10 mm 厚 1:1.5 水泥石子,水刷表面	外墙面

2.6.2.3 贴面类饰面装饰装修构造分析

贴面类饰面装饰装修是将不同规格的块材采用镶贴或者挂贴的方式固定到墙面上的做法。常用的墙体贴面材料有陶瓷制品、天然石材、人造石材。

根据饰面材料的形状、重量、适用部位不同,其构造方法也有所不同,目前常用的方法有砂浆粘贴法、钢筋网挂粘贴法、钢筋钩挂法、石材干挂法、大力胶粘贴法。

1. 砂浆粘贴法

砂浆粘贴法适用于质量小、面积小的饰面材料,如釉面砖、陶瓷锦砖、玻璃砖等,边长不超过 400 mm、厚度为 8 ~ 12 mm 的薄型人造石材,可以直接采用砂浆等黏结材料镶贴。

分为水泥砂浆粘贴和聚酯砂浆粘贴。水泥砂浆粘贴使用釉面砖、陶瓷锦砖、玻璃砖、墙地砖等。构造做法如下：

(1)抹10～15 mm厚的1∶3水泥砂浆找平层。

(2)用3～4 mm厚的1∶1水泥砂浆加水重20%的白乳胶粘贴板材。

(3)用水泥浆擦缝，如图2-142所示。

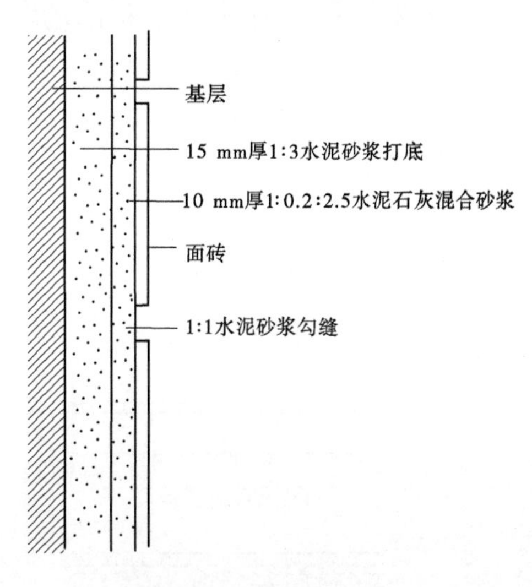

图2-142　面砖饰面构造

2. 钢筋网挂粘贴法

钢筋网挂粘贴法适用于板材厚度较大(20～40 mm)、尺寸规格较大(边长500～2 000 mm)、镶贴高度较高的石材墙面。根据在板材和墙面之间是否灌浆，分为干挂法和湿挂法(又叫挂贴整体法)，如图2-143所示。

湿挂法构造层次为基层、浇筑层(找平层和黏结层)、饰面层。构造做法如下：

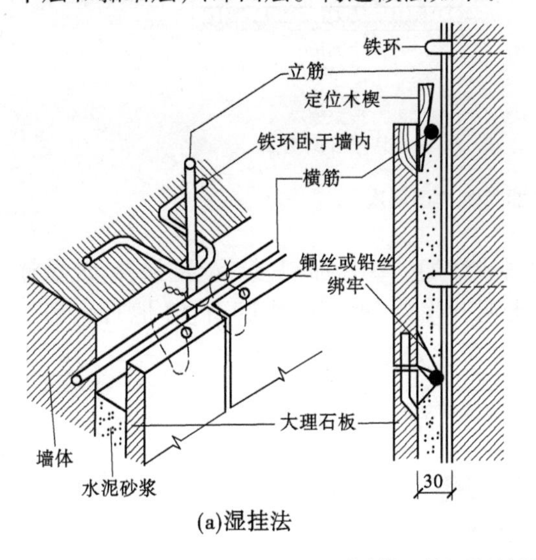

(a)湿挂法

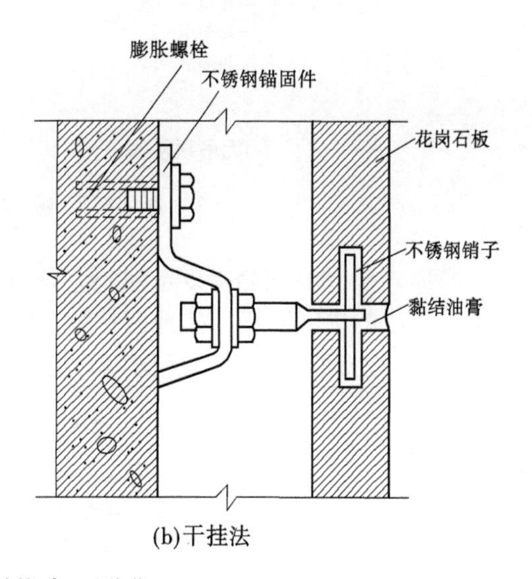

(b)干挂法

图2-143　饰面板的挂贴构造　(单位:mm)

(1)在基层上预埋铁件。

(2)根据板材尺寸及位置绑扎或焊接固定钢筋网，先固定直径8 mm竖向钢筋，再在竖向钢筋外侧绑扎横向钢筋，位置低于板缝2～3 mm。

(3)在板材上下沿钻孔或开槽口，孔深15 mm。

(4)将板材自下而上安装，用铅丝或锚固件将板材固定在横向钢筋上。

(5)板材与墙面之间逐层灌入1∶3水泥砂浆，先灌浆到板高1/3处，再灌到离上部绑扎30 mm处，如图2-143(a)所示。

2.6.2.4 整体式楼(地)面装饰装修构造分析

楼面、地面的基本构造层为面层、垫层、基层(结构层),其中面层即为装饰层。楼(地)面装饰作为装饰三大面的一个重要组成部分,包括楼面装饰和地面装饰两部分,两者的主要区别是其饰面承托层不同,楼面装饰面层的承托层是架空的楼面结构层,地面装饰面层的承托层是室内地基。当楼(地)面不满足要求时,往往还要在基层和面层之间增加若干中间层次,见图 2-144。

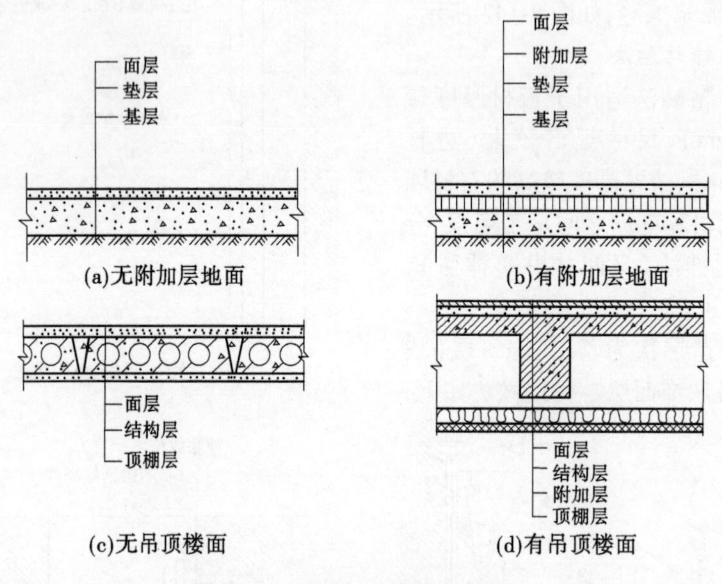

图 2-144 楼(地)面基本构造层次

整体式楼(地)面是指以水泥、水、砂石骨料或增加一些外加剂,经混合、搅拌,现场整体浇筑而成的楼(地)面。按地面材料不同有水泥砂浆楼(地)面、水磨石楼(地)面、细石混凝土楼(地)面、卵石楼(地)面等。其基本构造层次如图 2-145 所示。

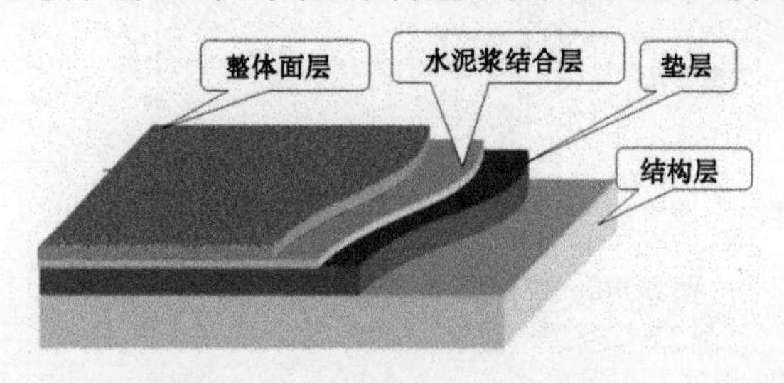

图 2-145 整体式楼(地)面构造层次

1. 水泥砂浆楼(地)面构造

水泥砂浆楼(地)面是以水泥砂浆材料形成地面面层的构造做法,具有构造简单、坚硬、强度较高等特点,但容易起灰、无弹性、热工性能较差、色彩灰暗。水泥砂浆地面构造做法如下:

(1)在钢筋混凝土楼板或混凝土垫层上刷掺有 107 胶素水泥浆一道。

(2)15 ~ 20 mm 厚 1∶3水泥砂浆打底找平。

(3)1∶2或1∶2.5水泥砂浆做5～10 mm厚面层。

表面可做抹光面层,也可做成有瓦垄状、齿痕状、螺旋状纹理的防滑水泥砂浆地面,或加色浆形成有色面层。接缝采用勾缝或压缝条的方式。如果水泥砂浆厚度超过30 mm,则须分层施工,如图2-146所示。水泥砂浆地面可作为一般装修要求的地面。

对于有水的房间,为了增加防水能力,可以在普通水泥砂浆中加入5%防水剂形成防水水泥砂浆地面(防水砂浆地面的构造做法与水泥砂浆地面的构造做法完全相同)。也有一种沥青水泥砂浆是用质量为10%～15%沥青、45%～50%砂、25%～30%碎石、10%～15%石粉调配而成的。沥青水泥砂浆施工时,里层先以混凝土打底,并用滚轮碾压,再以45°继续涂装施工缝。

2. 水磨石楼(地)面构造

水磨石楼(地)面是将水泥做胶结材料、大理石或白云石等中等硬度石屑做骨料而形成的水泥石屑浆抹面,硬结后,经磨光打蜡而成。可根据设计要求做成各种彩色图案,外形美观、明朗大方、坚硬耐磨、光亮美观,易清洁、不起灰、造价不高,装饰效果也优于水泥砂浆地面。其缺点是地面容易产生泛湿现象、表面坚硬、弹性差、吸热性强、有水时容易打滑。常用于教室、会议室、实验室、车站大厅及一般公共建筑的门厅、走廊等交通空间和房间。按施工方法分为现浇水磨石地面和预制水磨石地面两种,常见的是现浇制作(见图2-147)。现浇水磨石地面构造做法:

(1)在钢筋混凝土楼板或混凝土垫层上刷掺有107胶素水泥浆一道。

(2)15～20 mm厚1∶3水泥砂浆打底找平。

(3)10～15 mm厚1∶1.5或1∶2的水泥石屑浆抹面,待水泥凝结到一定硬度后,用磨光机打磨,再用草酸清洗,打蜡保护。

水磨石的石粒一般采用粒度为3～12 mm的白云石、大理石、花岗石等,要求质地坚硬,粗细均匀,色泽一致。有时还可以采用大块的石材与水泥结合,做成“假石”,亦可使用石头以外的其他材料,如钢及彩色玻璃等作为碎石渣,做出具有特色的各种水磨石。嵌条可以是玻璃条铜条、塑料条或铝合金条等。

3. 细石混凝土楼(地)面构造

细石混凝土楼(地)面是采用C20细石混凝土,表面撒1∶1水泥砂浆随打随抹而成。其中,水泥要求采用425号硅酸盐水泥、普通硅酸盐水泥或矿渣硅酸盐水泥;砂采用粗砂或中砂;石子粒径不应大于15 mm。其具有强度高、耐久性好等优点,适用于面积较小的房间。细石混凝土楼(地)面构造如图2-148所示。

名称	编号	重量 (kN/m²)	厚度	简图	构造		备注
					地面	楼面	
水泥砂浆面层（燃烧等级A）	DA3 LA3	≥1.98	a175 b95	a d b 地面 楼面	1.15 mm厚1:2.5水泥砂浆，表面撒适量水泥粉抹压平整 2.35 mm厚C10细石混凝土 3.1.5 mm厚聚氨酯防水层 4.最薄处20 mm厚1:3水泥砂浆或C20细石混凝土找坡层,抹平 5.水泥浆一道(内掺建筑胶) 6.80 mm厚C15混凝土垫层 7.夯实土	1～5同地面 6.现浇钢筋混凝土楼板或预制楼板上现浇叠合层	1.聚氨酯防水层表面宜(在第二道凝固前)宜撒粘适度细砂，以增加结合层与防水层的黏结力，防水层在墙柱交接处翻起高度不小于250 mm。 2.建筑胶品种见工程设计,需选用经检测、鉴定,品质优良的产品。 3.水泥砂浆面层施工完成后要浇水养护,避免开裂
	DA4 LA4	≥2.58	a325 b155	a d b 地面 楼面	1.15 mm厚1:2.5水泥砂浆，表面撒适量水泥粉抹压平整 2.35 mm厚C20细石混凝土 3.1.5 mm厚聚氨酯防水层 4.最薄处20 mm厚1:3水泥砂浆或C20细石混凝土找坡层,抹平 5.水泥浆一道(内掺建筑胶) 6.80 mm厚C15混凝土垫层 7.150 mm厚碎石夯入土中	1～5同地面 6.60 mm厚LC7.5轻骨料混凝土 7.现浇钢筋混凝土楼板或预制楼板上现浇叠合层	
	DA5 LA5	≥2.64	a325 b155	a d b 地面 楼面	1.15 mm厚1:2.5水泥砂浆，表面撒适量水泥粉抹压平整 2.35 mm厚C20细石混凝土 3.1.5 mm厚聚氨酯防水层 4.最薄处20 mm厚1:3水泥砂浆或C20细石混凝土找坡层,抹平 5.水泥浆一道(内掺建筑胶) 6.80 mm厚C15混凝土垫层 7.150 mm厚碎石灌M2.5混合砂浆,振捣密实或3:7灰土 8.夯实土	1～5同地面 6.60 mm厚1:6水泥焦渣填充层 7.现浇钢筋混凝土楼板或预制楼板上现浇叠合层	

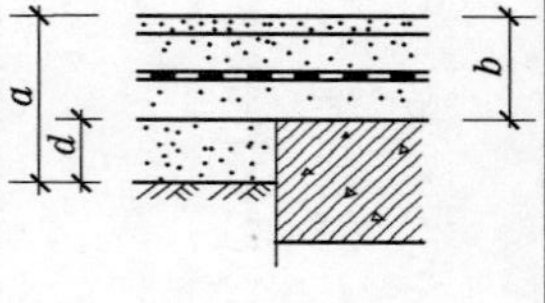

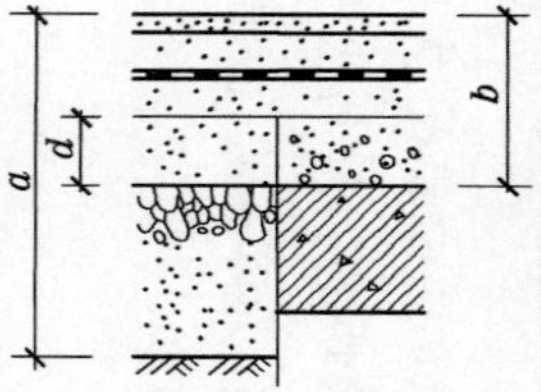

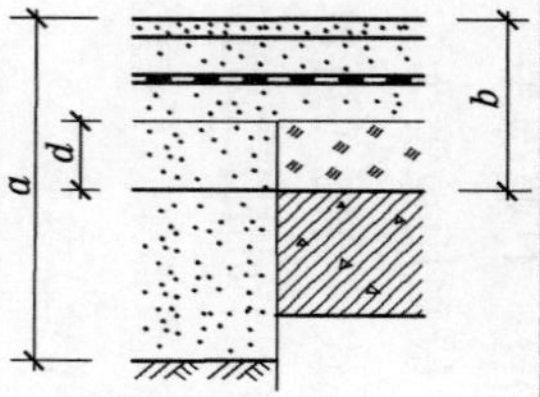

注：表中D为地面代号;L为楼面代号。

水泥砂浆楼(地)面 (有防水层)						图集号	12J304
审核		校对		设计		页	

图 2-146　水泥砂浆楼(地)面构造

<table>
<tr><th rowspan="2">名称</th><th rowspan="2">编号</th><th rowspan="2">重量(kN/m^2)</th><th rowspan="2">厚度</th><th rowspan="2">简图</th><th colspan="2">构造</th><th rowspan="2">备注</th></tr>
<tr><th>地面</th><th>楼面</th></tr>
<tr><td rowspan="6">现浇水磨石面层（燃烧等级A）</td><td rowspan="2">DA12
LA12
DA13
LA13</td><td rowspan="2">0.65</td><td rowspan="2">a110
b30</td><td rowspan="2"> 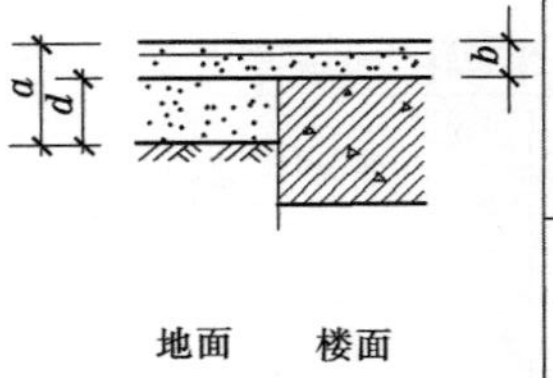地面 楼面</td><td colspan="2">1.10 mm厚1:2.5水泥彩色石子地面，表面磨光打蜡
2.20 mm厚1:3水泥砂浆结合层
3.水泥浆一道(内掺建筑胶)</td><td rowspan="6">1.编号DA13、DA15
DA17为普通水磨石，DA14、DA16、DA18为彩色水磨石，水磨石花色、规格见工程设计。
2.水磨石面层的分格要求、所用水泥石子的颜色等均见工程设计。
3.现浇水磨石面层的分格条可用玻璃条、铜板条或铝格条；铝板条表面需经氧化或用涂料防腐处理。
4.彩色水磨石应采用白水泥</td></tr>
<tr><td>4.80 mm厚C15混凝土垫层
5.夯实土</td><td>4.现浇钢筋混凝土楼板或预制楼板上现浇叠合层</td></tr>
<tr><td rowspan="2">DA14
LA14
DA15
LA15</td><td rowspan="2">1.25</td><td rowspan="2">a260
b90</td><td rowspan="2"> 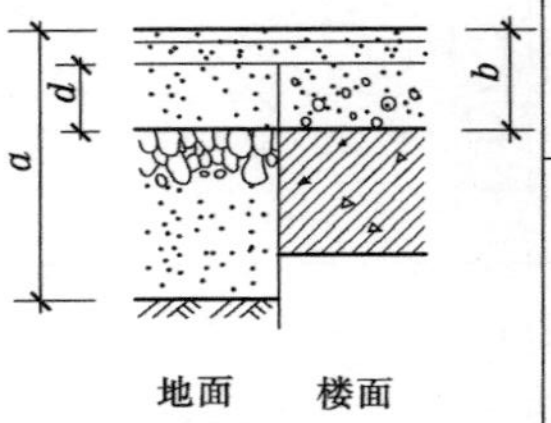地面 楼面</td><td colspan="2">1.10 mm厚1:2.5水泥彩色石子地面，表面磨光打蜡
2.20 mm厚1:3水泥砂浆结合层</td></tr>
<tr><td>3.水泥浆一道(内掺建筑胶)
4.80 mm厚C15混凝土垫层
5.150 mm厚碎石夯入土中</td><td>3.60 mm厚LC7.5轻骨料混凝土
4.现浇钢筋混凝土楼板或预制楼板上现浇叠合层</td></tr>
<tr><td rowspan="2">DA16
LA16
DA17
LA17</td><td rowspan="2">1.31</td><td rowspan="2">a260
b90</td><td rowspan="2"> 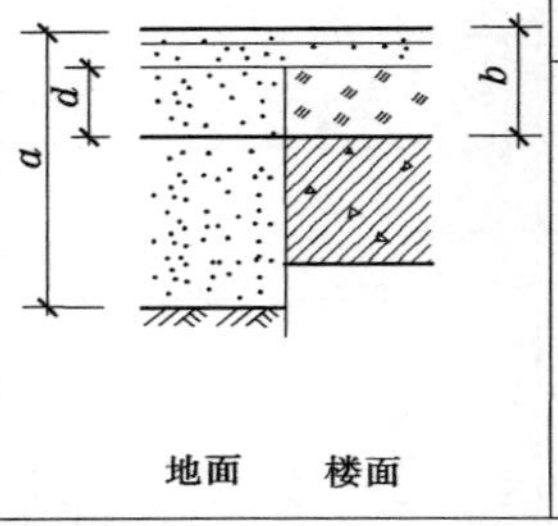地面 楼面</td><td colspan="2">1.10 mm厚1:2.5水泥彩色石子地面，表面磨光打蜡
2.20 mm厚1:3水泥砂浆结合层</td></tr>
<tr><td>3.水泥浆一道(内掺建筑胶)
4.80 mm厚C15混凝土垫层
5.150 mm厚碎石灌M2.5混合砂浆，振捣密实或3:7灰土
6.夯实土</td><td>3.60 mm厚1:6水泥焦渣填充层
4.现浇钢筋混凝土楼板或预制楼板上现浇叠合层</td></tr>
</table>

注：表中D为地面代号;L为楼面代号。

现浇水磨石楼(地)面						图集号	12J304
审核		校对		设计		页	

图 2-147 现浇水磨石楼(地)面构造

名称	编号	重量(kN/m²)	厚度	简图	构造：地面	构造：楼面	备注
细石混凝土面层（燃烧等级A）	DA6 LA6	1.00	a120 b40	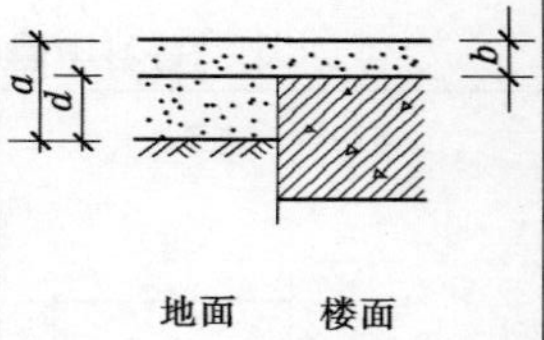 地面 楼面	1.40 mm厚C25细石混凝土，表面撒1:1水泥砂子随打随抹光，表面涂密封固化剂 2.水泥浆一道(内掺建筑胶) 3.80 mm厚C15混凝土垫层 4.夯实土	1.40 mm厚C25细石混凝土，表面撒1:1水泥砂子随打随抹光，表面涂密封固化剂 2.水泥浆一道(内掺建筑胶) 3.现浇钢筋混凝土楼板或预制楼板上现浇叠合层	1.建筑胶品种见工程设计，选用产品须经检测，鉴定品质。 2.3:7灰土技术要求见《建筑地面工程施工质量验收规范》(GB 50209)。
	DA7 LA7	1.60	a270 b100	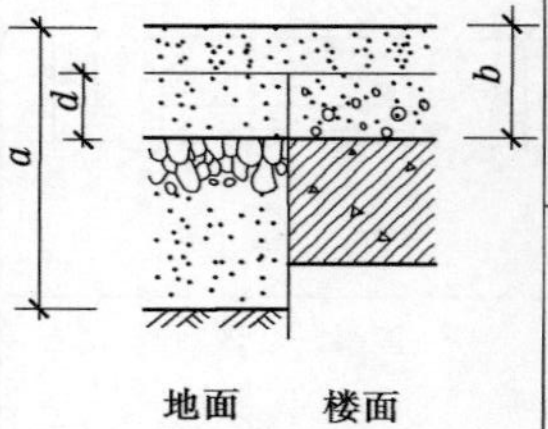 地面 楼面	1.40 mm厚C25细石混凝土，表面撒1:1水泥砂子随打随抹光，表面涂密封固化剂 2.水泥浆一道(内掺建筑胶) 3.80 mm厚C15混凝土垫层 4.150 mm厚碎石夯入土中	1.40 mm厚C25细石混凝土，表面撒1:1水泥砂子随打随抹光，表面涂密封固化剂 2.水泥浆一道(内掺建筑胶) 3.60 mm厚LC7.5轻骨料混凝土 4.现浇钢筋混凝土楼板或预制楼板上现浇叠合层	
	DA8 LA8	1.66	a270 b100	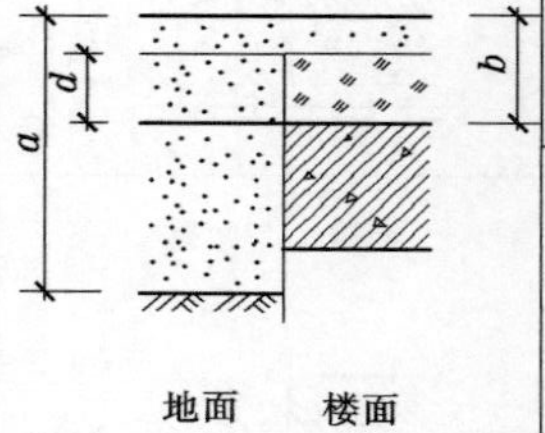 地面 楼面	1.40 mm厚C25细石混凝土，表面撒1:1水泥砂子随打随抹光，表面涂密封固化剂 2.水泥浆一道(内掺建筑胶) 3.80 mm厚C15混凝土垫层 4.150 mm厚碎石灌M2.5混合砂浆，振捣密实或3:7灰土 5.夯实土	1.40 mm厚C25细石混凝土，表面撒1:1水泥砂子随打随抹光，表面涂密封固化剂 2.水泥浆一道(内掺建筑胶) 3.60 mm厚1:6水泥焦渣填充层 4.现浇钢筋混凝土楼板或预制楼板上现浇叠合层	

注：本构造依据无锡市华灿化工有限公司提供的技术资料编制。

细石混凝土楼(地)面						图集号	12J304
审核		校对		设计		页	

图 2-148　细石混凝土楼(地)面构造

2.6.2.5　块材式楼(地)面装饰装修构造分析

块材式楼(地)面是指以陶瓷地砖、陶瓷锦砖、缸砖、水泥砖以及各类预制板、大理石板、花岗岩石板、塑料板块等板材铺砌的地面。其特点是花色品种多样、经久耐用、防火性能好、易于清洁,且施工速度快、湿作业量少,因此被广泛应用于建筑中各类房间。但此类地面大都属于刚性地面,弹性、保温、消音等性能较差,造价较高。

1. 大理石、花岗岩石材地面构造

石材地面色彩自然而且丰富,表面质感根据需要可以光滑,也可以粗糙,肌理效果富于变化。石材有天然石材和人造石材两种。天然石材包括花岗岩、砂岩、大理石等。其中,花岗岩和大理石最为常用,具有强度高、耐腐蚀、耐污染、施工简便等特点,一般用于装修标准较高的公共建筑的门厅、大堂、休息厅、营业厅或要求较高的卫生间等房间地面及道路和踏步等部位。石材按用料规格可分为石板、块(条)石等。天然大理石、花岗岩板规格大小不一,形状或破碎成规则形,一般为600 mm×600 mm~1 200 mm×1 200 mm,但角块不宜小于200~300 mm,厚度一般为20~30 mm,石缝中根据地面所处的环境可种草皮或水泥勾缝。找平层砂浆用干硬性水泥砂浆,板块在铺砌前应先浸水湿润,阴干后备用。石材铺贴主要构造方法:

(1)楼板或垫层上刷掺有建筑胶的素水泥浆结合层。

(2)抹20~30 mm厚的1:3~1:4的干硬性水泥砂浆或细石混凝土找平层。

(3)刷素水泥浆结合层,表面撒水泥粉。

(4)铺贴石材面层。

(5)素水泥浆填缝(缝隙也可镶嵌铜条),如图2-149和图2-150所示。

2. 地砖楼地面构造

用于室内的地面砖种类很多,目前常用的地砖材料有陶瓷地砖、陶瓷锦砖(又称马赛克)、缸砖等,规格大小也不尽相同。地砖地面具有表面平整、质地坚硬、耐磨、耐酸碱、吸水率小、色彩多样、施工方便等特点,适用于公共建筑及居住建筑的各类房间。

有些材料的地砖还可以做成拼花地面。地面的表面质感有的光泽如镜面,也有的凹凸不平,可以根据不同空间性质选用不同形式及材料的地砖。一般以水泥砂浆在基层找平后直接铺装即可。用水泥砂浆找平的地面砖的铺贴构造如图2-151所示。当然还有其他类型胶凝材料用于地砖的铺贴,比如说环氧胶泥、丁苯橡胶等;对于有防水要求的楼地面,还增加防水层构造。

陶瓷地砖又分为釉面和无釉面两种。目前随着生产技术和工艺水平的不断改进,这类地砖的性能和质量也有了很大提高,产品逐渐向大尺寸、多功能和豪华型发展。规格有600~1 200 mm不等,形状多为方形,也有矩形,厚度为8~10 mm。地砖背面有凸棱,有利于砖块胶结牢固。陶瓷地砖的特点是表面致密、光滑、坚硬耐磨、耐酸碱、防水性好、不易变色。陶瓷地砖的铺贴构造做法一般有以下几步:

(1)楼板或垫层上刷掺有建筑胶的水泥浆结合层。

(2)做10~20 mm厚1:3水泥砂浆或30 mm厚1:3~1:4干硬性水泥砂浆找平层。

(3)刷水泥浆结合层。

(4)铺贴面层。

(5)素水泥浆填缝。

名称	编号	重量(kN/m²)	厚度	简图	构造 地面	构造 楼面	备注
磨光花岗石板面层（燃烧等级A）	DB41 LB41	1.00	a120 b40	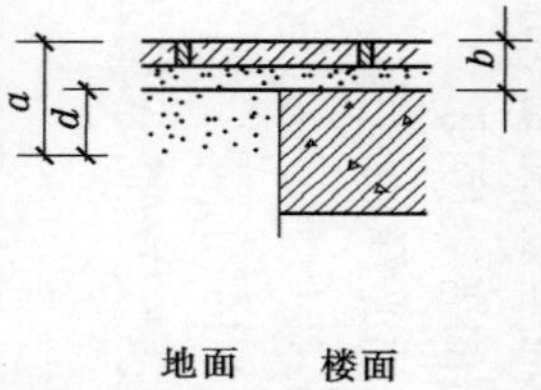 地面 楼面	1.20 mm厚磨光花岗石板，水泥浆擦缝 2.20 mm厚1:3水泥砂浆结合层，表面撒水泥粉 3.水泥浆一道(内掺建筑胶) 4.80 mm厚C15混凝土垫层 5.夯实土	1.20 mm厚磨光花岗石板，水泥浆擦缝 2.20 mm厚1:3水泥砂浆结合层，表面撒水泥粉 3.水泥浆一道(内掺建筑胶) 4.现浇钢筋混凝土楼板或预制楼板上现浇叠合层	1.花岗石板表面加工的品种有：镜面、光面、粗磨面、麻面(豆光)、条纹面(斧光)等，规格、颜色及分缝拼法均见工程设计。防污剂的施工见厂家提供的说明书。 2.建筑胶品种见工程设计，但需选用经检测、鉴定品质优良的产品。 3.石材的放射性应符合现行国家标准《建筑工程施工质量验收统一标准》(JC 518—93)的规定
	DB42 LB42	1.60	a270 b100	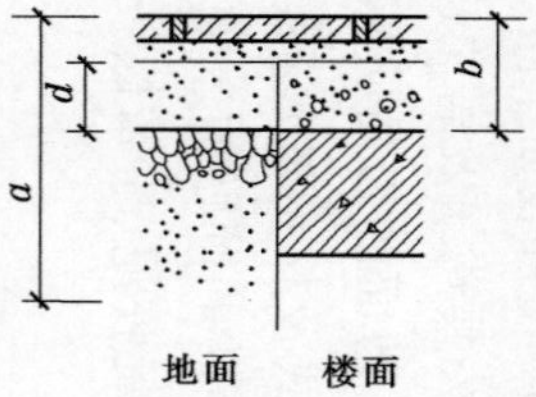 地面 楼面	1.20 mm厚磨光花岗石板，水泥浆擦缝 2.20 mm厚1:3水泥砂浆结合层，表面撒水泥粉 3.水泥浆一道(内掺建筑胶) 4.80 mm厚C15混凝土垫层 5.150 mm厚碎石夯入土中	1.20 mm厚磨光花岗石板，水泥浆擦缝 2.20 mm厚1:3水泥砂浆结合层，表面撒水泥粉 3.60 mm厚LC7.5轻骨料混凝土 4.现浇钢筋混凝土楼板或预制楼板上现浇叠合层	
	DB43 LB43	1.66	a270 b100	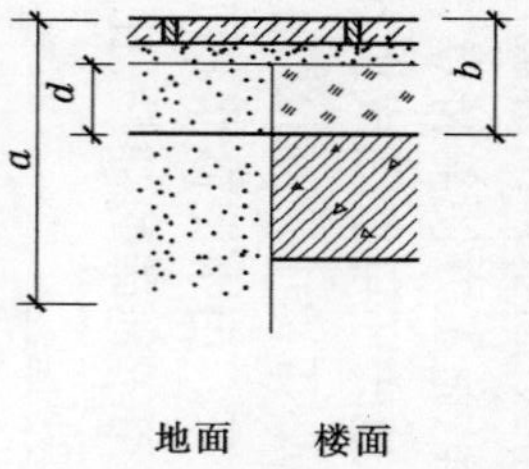 地面 楼面	1.20 mm厚磨光花岗石板，水泥浆擦缝 2.20 mm厚1:3水泥砂浆结合层，表面撒水泥粉 3.水泥浆一道(内掺建筑胶) 4.80 mm厚C15混凝土垫层 5.150 mm厚碎石灌M2.5混合砂浆振捣密实或3:7灰土 6.夯实土	1.20 mm厚磨光花岗石板，水泥浆擦缝 2.20 mm厚1:3水泥砂浆结合层，表面撒水泥粉 3.60 mm厚1:6水泥焦渣填充层 4.现浇钢筋混凝土楼板或预制楼板上现浇叠合层	

注：表中D为地面代号;L为楼面代号。

磨光花岗石板楼地面						图集号	12J304
审核		校对		设计		页	

图 2-149 磨光花岗石板楼(地)面构造

名称	编号	重量(kN/m²)	厚度	简图	构造 地面	构造 楼面	备注
磨光大理石板面层（燃烧等级A）	DB47 LB47	1.00	a120 b40	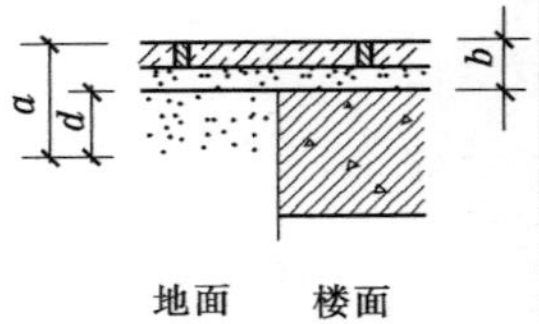 地面　楼面	1.20 mm厚磨光大理石板，水泥浆擦缝 2.20 mm厚1:3水泥砂浆结合层，表面撒水泥粉 3.水泥浆一道(内掺建筑胶) 4.80 mm厚C15混凝土垫层 5.夯实土	1.20 mm厚磨光大理石板，水泥浆擦缝 2.20 mm厚1:3水泥砂浆结合层，表面撒水泥粉 3.水泥浆一道(内掺建筑胶) 4.现浇钢筋混凝土楼板或预制楼板上现浇叠合层	1.大理石板表面加工的品种有镜面、光面、粗磨面等，规格、颜色及分缝拼法均见工程设计。防污剂的施工见厂家提供的说明书。 2.建筑胶品种见工程设计，但需选用经检测、鉴定品质优良的产品。 3.大理石板的5个黏结面，应涂防污剂
	DB48 LB48	1.60	a270 b100	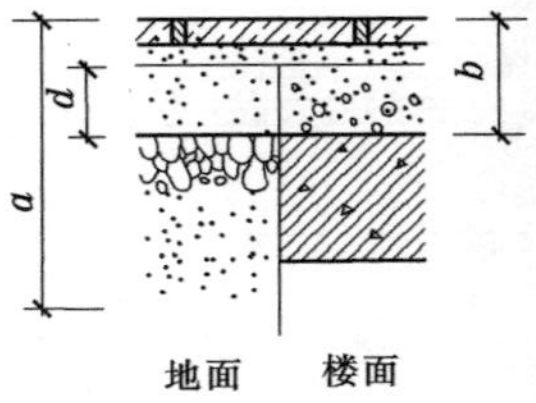 地面　楼面	1.20 mm厚磨光大理石板，水泥浆擦缝 2.20 mm厚1:3水泥砂浆结合层，表面撒水泥粉 3.水泥浆一道(内掺建筑胶) 4.80 mm厚C15混凝土垫层 5.150 mm厚碎石夯入土中	1.20 mm厚磨光大理石板，水泥浆擦缝 2.20 mm厚1:3水泥砂浆结合层，表面撒水泥粉 3.60 mm厚LC7.5轻骨料混凝土 4.现浇钢筋混凝土楼板或预制楼板上现浇叠合层	
	DB49 LB49	1.66	a270 b100	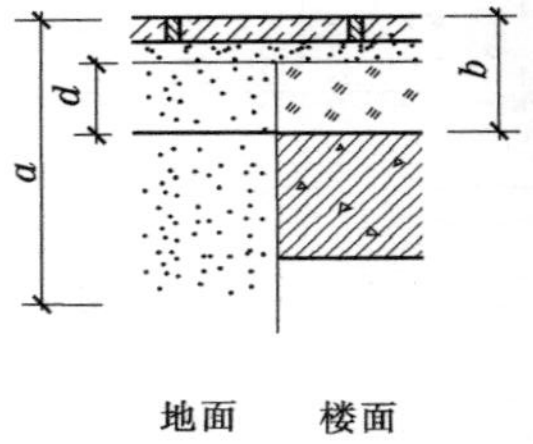 地面　楼面	1.20 mm厚磨光大理石板，水泥浆擦缝 2.20 mm厚1:3水泥砂浆结合层，表面撒水泥粉 3.水泥浆一道(内掺建筑胶) 4.80 mm厚C15混凝土垫层 5.150 mm厚卵石灌M2.5混合砂浆，振捣密实或3:7灰土 6.夯实土	1.20 mm厚磨光大理石板，水泥浆擦缝 2.20 mm厚1:3水泥砂浆结合层，表面撒水泥粉 3.60 mm厚1:6水泥焦渣填充层 4.现浇钢筋混凝土楼板或预制楼板上现浇叠合层	

注：表中D为地面代号;L为楼面代号。

磨光大理石板楼(地)面						图集号	12J304
审核		校对		设计		页	

图2-150　磨光大理石板楼（地）面构造

名称	编号	重量(kN/m²)	厚度	简图	构造（地面）	构造（楼面）	备注
地砖面层(燃烧等级A)	DB68 LB68	0.70	a115 b35	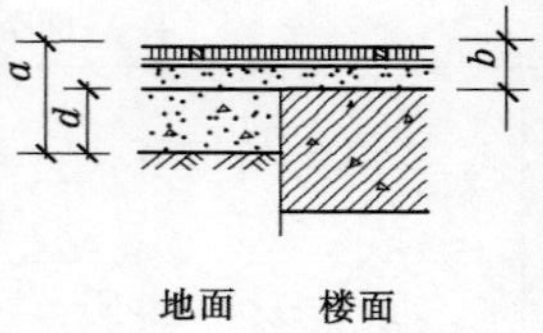 a b 地面 楼面	1.10 mm厚地砖，用聚合物水泥砂浆铺砌 2.5 mm厚聚合物水泥砂浆结合层 3.20 mm厚1:3水泥砂浆找平层 4.聚合物水泥浆一道 5.80 mm厚C15混凝土垫层 6.夯实土	1.10 mm厚地砖，用聚合物水泥砂浆铺砌 2.5 mm厚聚合物水泥砂浆结合层 3.20 mm厚1:3水泥砂浆找平层 4.聚合物水泥浆一道 5.现浇钢筋混凝土楼板或预制楼板上现浇叠合层	1.薄型楼地面，即结合层和找平层厚度较薄，对施工平整度等要求较高，用以实现轻质高强的楼地面构造。 2.聚合物有氯丁胶乳液、聚丙烯酸酯乳液、环氧乳液等品种。 3.大规格地砖要加厚，见工程设计
	DB69 LB69	1.30	a265 b95	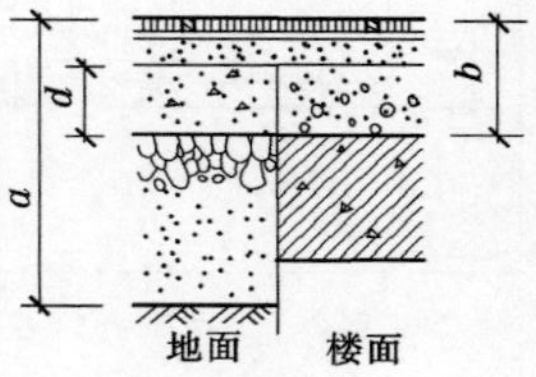 a b 地面 楼面	1.10 mm厚地砖，用聚合物水泥砂浆铺砌 2.5 mm厚聚合物水泥砂浆结合层 3.20 mm厚1:3水泥砂浆找平层 4.聚合物水泥浆一道 5.80 mm厚C15混凝土垫层 6.150 mm厚碎石夯入土中	1.10 mm厚地砖，用聚合物水泥砂浆铺砌 2.5 mm厚聚合物水泥砂浆结合层 3.20 mm厚1:3水泥砂浆找平层 4.聚合物水泥浆一道 5.60 mm厚LC7.5轻骨料混凝土 6.现浇钢筋混凝土楼板或预制楼板上现浇叠合层	
	DB70 LB70	1.36	a265 b95	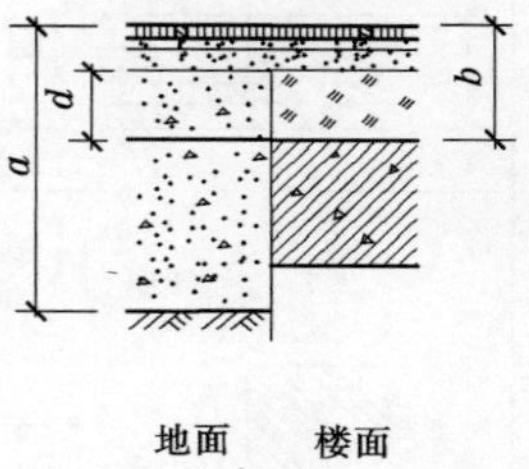 a b 地面 楼面	1.10 mm厚地砖，用聚合物水泥砂浆铺砌 2.5 mm厚聚合物水泥砂浆结合层 3.20 mm厚1:3水泥砂浆找平层 4.聚合物水泥浆一道 5.80 mm厚C15混凝土垫层 6.150 mm厚卵石灌M2.5混合砂浆，振捣密实或3:7灰土 7.夯实土	1.10 mm厚地砖，用聚合物水泥砂浆铺砌 2.5 mm厚聚合物水泥砂浆结合层 3.20 mm厚1:3水泥砂浆找平层 4.聚合物水泥浆一道 5.60 mm厚1:6水泥焦渣填充层 6.现浇钢筋混凝土楼板或预制楼板上现浇叠合层	

注：表中D为地面代号;L为楼面代号。

地砖面层薄型楼(地)面 (水泥砂浆找平)						图集号	12J304
审核		校对		设计		页	

图 2-151　地砖面层薄型楼(地)面构造

2.6.2.6　竹、木楼(地)面装饰装修构造分析

竹、木楼(地)面是指表面用木板铺钉或胶合而成的地面,具有纹理美观、不起灰、易清洁、弹性好、耐磨、热传导率小、不返潮等优点,但耐火性差、潮湿环境下易腐朽、易产生裂缝和翘曲变形,常用于高级住宅、宾馆中无防水要求的房间及练功房、剧院舞台等。

根据材质不同,木地板可分为普通纯木地板、复合木地板、软木地板;按结构构造形式不同,可分为架空式木地板和实铺式木地板。架空式木地板是将支撑木地板的隔栅架空搁置,使地板下有足够的空间,便于通风,以保持干燥,防止木板受潮变形或腐烂。此外,由于其弹性好,这种构造方式也常用于舞台。构造形式如图2-152所示。

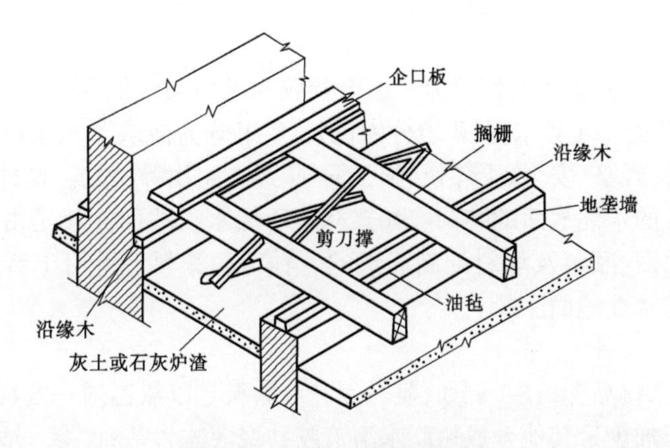

图2-152　架空式木地板构造

实铺式木地板是直接在实体基层上铺设的木地板,有搁栅式实铺木地板和粘贴式实铺木地板两种方法。搁栅式实铺木地板是在结构基层找平的基础上,固定梯形或矩形的木搁栅,然后铺硬木地板(如图2-153所示)。粘贴式实铺木地板是将木地板用沥青胶或环氧树脂等黏结材料直接粘贴在找平层上,若为底层地面,则应在找平层上做防潮层,或直接用沥青砂浆找平。

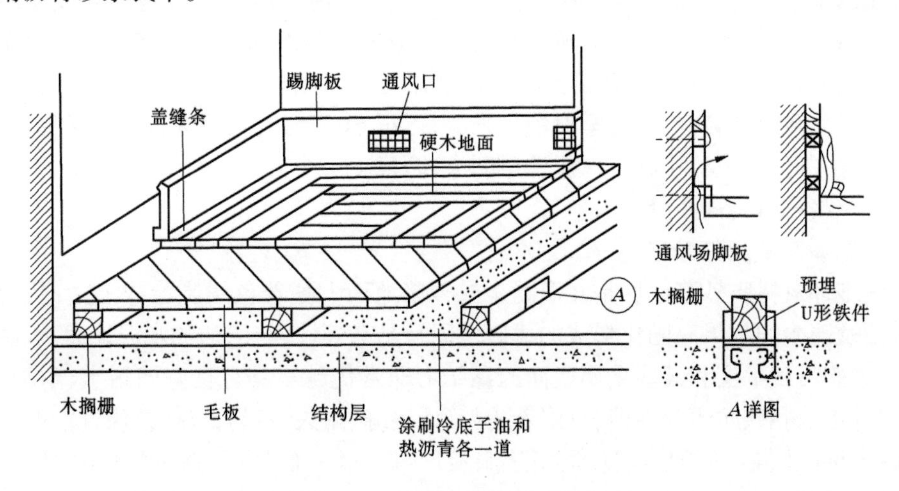

图2-153　搁栅式实铺木地板构造

2.6.2.7 涂料楼(地)面装饰装修构造分析

地面涂料的主要功能是装饰与保护室内地面,使地面清洁美观,与其他装饰材料一同创造优雅的室内环境。为了获得良好的装饰效果,地面涂料应具有耐碱性好、黏结力强、耐水性强、耐磨性好、抗冲击力强、涂刷施工方便及价格合理等。用于楼地面的涂料种类很多,主要有以下几种。

1. 环氧树脂涂料

环氧树脂涂料是以环氧树脂为主要成膜物质的双组分常温固化型涂料。环氧树脂涂料与基层黏结性能良好,涂膜坚韧、耐磨,具有良好的耐化学腐蚀、耐油、耐水等性能及优良的耐候性能,装饰效果良好,是近几年来国内开发的耐腐蚀地面涂料的新品种。

2. 水溶性地面涂料

水溶性地面涂料是以水溶性高分子聚合物胶为基料与特制填料制成。其分为 A、B、C 三组分。A 组分为 425 号水泥、B 组分为色浆、C 组分为面层罩光涂料。水溶性地面涂料具有无毒、不燃、经济、安全、干燥快、施工简便、经久耐用等特点。这种涂料可用于公共建筑、住宅建筑等的水泥地面的装饰。如聚酯酸乙烯水泥地面涂料是由聚酯酸乙烯水乳液、普通硅酸盐水泥、颜料及填料配制而成的一种地面涂料。可用于新旧水泥地面的装饰,是一种新颖的水性地面涂料。

3. 水乳型地面涂料

水乳型地面涂料品种很多,例如,氯—偏乳液涂料是以氯乙烯—偏氯乙烯共聚乳液为主要成膜物质,添加少量其他合成树脂水溶液胶共聚液体为基料,掺入适量的不同品种的颜料、填料及辅助剂等配置而成的涂料。氯—偏乳液涂料具有无味、无毒、不燃、快干、施工方便、黏结力强,涂层坚牢光洁、不脱粉,有良好的耐水、防潮、耐磨、耐酸、耐碱、耐腐蚀等特点,且产量大,在乳液类中价格较低,故在建筑内外装饰中有着广泛的应用前景。苯—丙地面涂料也适用于公共建筑和民用住宅建筑的地面装饰。

4. 溶剂型地面涂料

过氯乙烯水泥地面涂料属于溶剂型地面涂料。溶剂型地面涂料是以合成树脂为基料,掺入颜料、填料、各种助剂及有机溶剂配制而成的一种地面涂料。该类涂料涂刷在地面上以后,随着有机溶剂挥发而成膜硬结。过氯乙烯水泥地面涂料具有干燥快、施工方便、耐水性好、耐磨性较好、耐化学腐蚀性强等特点。由于含有大量易挥发、易燃的有机溶剂,因而在配制涂料及涂刷施工时应注意防火、防毒。

5. 涂料楼地面构造分析

1)溶剂型环氧树脂砂浆地坪

溶剂型环氧树脂砂浆地坪是在混凝土或砂浆地面上把着色树脂涂抹上去,从而达到美化地面及防尘的效果。固化形成的薄膜坚固且具有韧性,与清洁的水泥地面、水磨石地面、花岗岩碎石找平层和某些金属表面的黏结力非常优越。具有良好的耐水、耐油、耐化学品、耐冲击、耐磨、防尘等性能,且附着力好、无接缝、耐久、容易清洗、复涂性能好。可制成0.5 ~3 mm 不同厚度的涂层。适用于服装厂、机械厂、食品厂、造纸厂、印刷厂、学校、物流厂库、标准厂房、旧厂改造、4S 店、车库及餐厅等地面工程。其基本构造做法如下:

(1)水泥素地:浇筑后须干燥 28 d,表面平整,无空鼓,平滑坚硬;

(2)底涂:厚度0.2 mm,双组分,按指定量配比搅匀,用滚涂或刮片施工;

(3)中涂:厚度0.3~0.6 mm,双组分,按指定量配比搅匀,用抹刀或刮片施工;

(4)腻子:厚度0.2~0.3 mm,双组分,按指定量配比搅匀,用抹刀或刮片施工;

(5)面涂:厚度0.3~0.4 mm,双组分,按指定量配比搅匀,用喷枪刀或滚筒施工。

溶剂型环氧树脂砂浆地坪构造做法见图2-154所示。

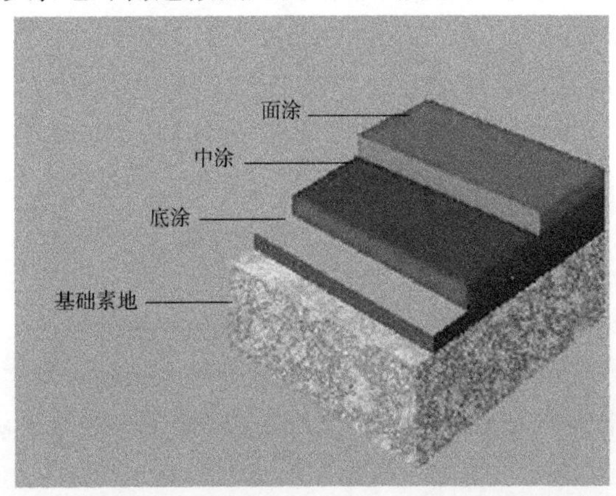

图2-154 溶剂型环氧树脂砂浆地坪

2)无溶剂型环氧树脂砂浆自流地坪

无溶剂型环氧树脂砂浆自流地坪是在混凝土或砂浆面上把着色树脂薄涂上去,从而达到美装地面的效果。涂层外观平整、明亮、无接缝、无毒、无污染,具有优异的耐水性、耐油性、抗化学品性、耐磨性、耐冲击、高附着力、流平性好、不龟裂、耐久等特点。适用于制药厂、电子厂、化妆品厂、食品厂、GMP车间、电厂、配电室、空调机房等净化场所地面。其一般构造做法程序如下:

(1)15 mm厚1:3水泥砂浆找平层;

(2)底涂:厚度0.2 mm,双组分,按指定量配比搅匀,用滚涂或刮片施工;

(3)中涂:厚度0.3~0.6 mm,双组分,按指定量配比搅匀,用抹刀或刮片施工;

(4)腻子:厚度0.2~0.3 mm,双组分,按指定量配比搅匀,用抹刀或刮片施工;

(5)面涂:厚度1~2 mm,双组分,按指定量配比搅匀,用抹刀施工。

无溶剂型环氧树脂砂浆自流地坪构造做法见图2-155所示。

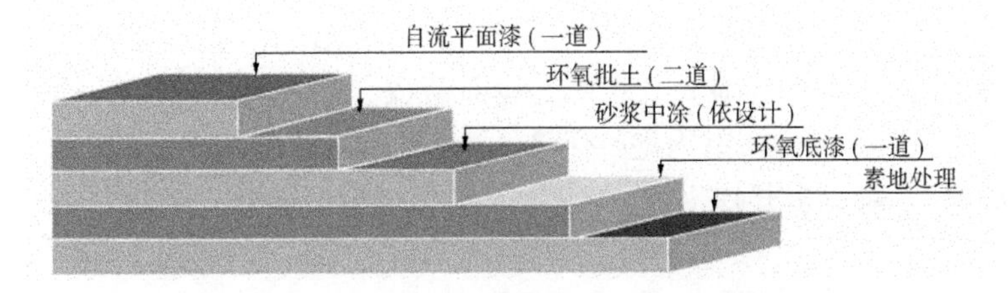

图2-155 无溶剂型环氧树脂砂浆自流地坪构造

2.6.3 小结

建筑装饰装修的部位主要包括室内装饰装修和室外装饰装修。室内装饰装修的部位包括楼地面、踢脚、墙裙、内墙面、顶棚、楼梯、栏杆、扶手等;室外装饰装修的部位主要有外墙面、散水、勒脚、台阶、坡道、窗台、窗楣、雨篷、壁柱、腰线、挑檐、女儿墙及压顶等。各部位的装饰装修要求和施工方法不尽相同。

本次任务主要介绍了墙面、楼地面和顶棚装饰装修的类型和功能,详细分析了抹灰类墙面装饰装修构造、贴面类墙面装饰装修构造、整体式楼(地)面装饰装修构造、块材式楼(地)面装饰装修构造、涂料楼(地)面装饰装修构造等常规装饰装修构造做法。

2.6.4 思考题

1. 总结砖混结构建筑的外墙面装饰装修的类型及其构造做法。
2. 总结砖混结构建筑的内墙面装饰装修的类型及其构造做法。
3. 分析自己生活中见到的楼地面装饰装修类型,分析其构造做法。

任务 2.7　水电设备及管线安装的功能及构造分析

安装工程即根据设计文件和规范的要求,将某些设备、零部件,或某些系统构件、材料等,运用各种技术手段,在特定的场所进行定位、组装或链接,并使其成为一个有机的整体。它是建筑业中不可缺少的重要组成部分。

土建工程为各类工业与民用项目提供基础设施、房屋结构、道路桥梁等人们生活、生产、交通所必需的建筑产品;安装工程则为这些建筑产品实现使用功能或生产能力提供设备、管网、系统等必须的安装产品。两者相辅相成。

给排水工程作为安装工程的一部分,是建筑产品最常见的安装类别。

2.7.1 给排水系统组成

2.7.1.1 给水系统组成

建筑给水系统组成见图 2-156。

1. 引入管

引入管又称进户管,是室外给水接户管与建筑内部给水干管相连接的管段。一般埋地敷设,穿越建筑物外墙或基础。引入管受地面荷载、冰冻线的影响,一般埋设在室外地坪下 0.7 m。给水干管一般在室内地坪下 0.3 ~0.5 m,引入管进入建筑后立即上返到给水干管埋设深度,以避免多开挖土方。

2. 水表节点

水表节点是安装在引入管上的水表及其前后设置的阀门和泄水装置的总称。水表用于计量该建筑物的总用水量,水表前后设置的阀门用于检修、拆换水表时关闭管路,泄水口用于检修时排泄掉室内管道系统中的水,也可用来检查水表精度和测定管道进户时的水压值。水表节点一般设在水表井中。

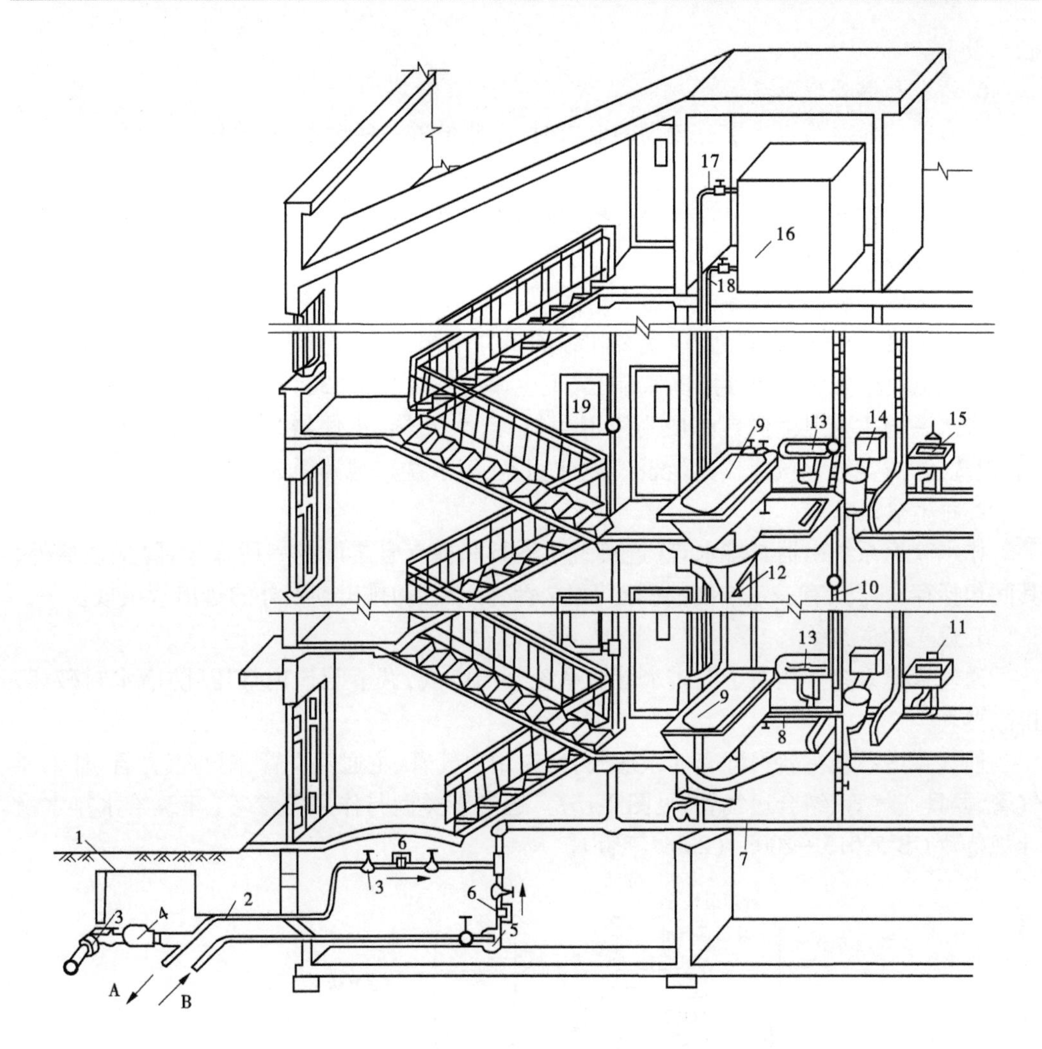

1—检修孔；2—引入管；3—闸阀；4—水表；5—水泵；6—止回阀；7—给水干管；8—给水支管；9—浴盆；10—立管；11—水嘴；12—淋浴器；13—洗脸盆；14—大便器；15—洗涤盆；16—水箱；17—水箱进水管；18—水箱出水管；19—消火栓；A—进贮水池；B—来自贮水池

图2-156 建筑给水系统组成

3. 管道系统

管道系统分为给水干管、给水立管、支管，由管件及管道附件连接成给水管道系统。

4. 给水管道附件、阀门

管道附件是用以输配水、控制流量和压力的附属部件与装置。在建筑给水中，按用途可以分为配水附件和控制附件。配水附件即配水龙头，又称水嘴，是向卫生器具或其他用水设备配水的管道附件。控制附件是管道系统中用于调节水量、水压，控制水流方向，以及关断水流，便于管道、仪表和设备检修的各类阀门。

5. 贮水与提升设备

当室外给水管网的水压、水量不能满足建筑用水要求，或要求供水压力稳定、确保供水安全可靠时，应根据需要，在给水系统中设置水泵、气压给水设备和水池、水箱等增压和贮水设备。

6. 给水局部处理设施

当有些建筑对给水水质有较高的要求时，需要设置一些设备、构筑物进行深度处理。

7. 消防设备

建筑内部按照国家规范设置消火栓、自动喷水灭火系统等设备。

2.7.1.2 排水系统组成

1. 卫生器具和生产设备受水器

卫生器具的用途、设置地点、安装和维护条件不同，其结构、形式和材料也各不相同。现行卫生器具的安装主要参照国家标准《卫生设备安装》(09S304)执行。

排水系统主要卫生器具由便溺用卫生器具(大便器、小便器)、盥洗沐浴器具(洗脸盆、盥洗槽、浴盆等)、洗涤器具(洗涤盆、化验盆、污水盆)、地漏组成。

2. 排水管道系统

排水管道系统由器具排水管(连接卫生器具和横支管之间的一段短管，除坐便器外，其间包括存水弯)、有一定坡度的横支管、立管、横干管和排出到室外的排出管组成。

3. 通气管道系统

通气管道系统作用在于向排水管道系统补给空气，调节管道内气压，防治水封破坏，排除臭气。

通气管道系统主要类型有伸顶通气管、专用通气管、主通气立管、副通气立管、环形通气管、器具通气管、结合通气管，见图2-157。通气管类型与作用可参考《建筑给水排水设计规范》(GB 50015—2003)(2009年版)。

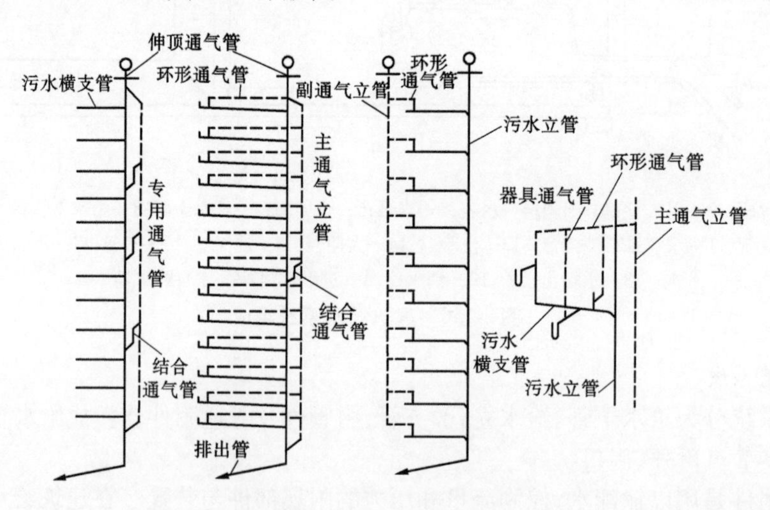

图2-157 通气管道系统类型

2.7.2 给排水常用管材

根据管道制造工艺和材质的不同，管材有很多品种，主要有金属管道、非金属管道、复合管道和新型管道，根据系统不同用途使用不同管道材料。

2.7.2.1　钢管

1. 无缝钢管

无缝钢管采用碳素钢或合金钢制造，一般以10、20、35及45低碳钢用热轧或冷拔两种方法生产。无缝钢管强度高、内表面光滑、水力条件好，适用于高压供热系统和高层建筑的热、冷水管。一般工作压力在0.6 MPa以上的管道都应采用无缝钢管。

2. 焊接钢管

焊接钢管因有焊接缝，常称为有缝钢管。材质采用易焊接的碳素钢。常用于水、燃气输送，故常将有缝钢管称为水燃气管。有缝钢管能承受一般要求的压力，因此也称为普通钢管（黑铁管）。将黑铁管镀锌后则称为白铁管或镀锌管，常用于消防系统，而禁止用于室内给水管道。

2.7.2.2　铸铁管

铸铁管采用铸造生铁（灰口铸铁）铸造而成。优点是耐腐蚀、经久耐用。缺点是质脆、承压能力低。现在生产的稀土高硅球墨铸铁管，无论是耐腐蚀性或是其机械强度都有了改进，因而扩大了铸铁管应用范围。

2.7.2.3　塑料管

1. 给水用硬聚氯乙烯管（PVC－U）

给水用硬聚氯乙烯管是由以聚氯乙烯树脂为主，加入符合标准的必要添加剂混合料，不加增塑剂，加热挤压而成，符合《给水用硬聚氯乙烯（PVC－U）管材》（GB/T 10002.1—2006）的要求。该管材用于输送温度不超过45 ℃的水，包括一般用水和饮用水，输送饮用水的管材不得使水产生气味和颜色，水质应符合卫生指标，并能保证长期符合卫生标准。

2. 排水用硬聚氯乙烯管（PVC－U）

建筑排水用硬聚氯乙烯管是由以聚氯乙烯树脂为主要原料，加入助剂，注塑成型的，与满足《无压埋地排污、排水用硬聚氯乙烯（PVC－U）管材》（GB/T 20221—2006）规定的管材配合使用。

3. 聚乙烯塑料管（PE管）

聚乙烯塑料管应用于燃气管道工程中埋地部分，也用于室外给水管道埋地部分。包括高密度聚乙烯管（HDPE）和低密度聚乙烯管（LDPE）。工程上主要采用热熔连接。

4. 聚丁烯管（PB管）

用高分子树脂制成的高密度塑料管，管材质软、耐磨、耐热、抗冻、无毒无害、耐久性好、质量轻、施工安装简单，冷水管工作压力为1.6～2.5 MPa，热水管工作压力为1.0 MPa，能在－20～95 ℃安全使用，适用冷、热水系统。

5. 聚丙烯管（PP管）

聚丙烯管是由丙烯－乙烯共聚物加入适量的稳定剂，挤压成型的热塑性塑料管，可燃。改性聚丙烯管有三种，即均聚丙烯（PP－H，一型）管、嵌段共聚聚丙烯（PP－B，二型）管、无规共聚聚丙烯（PP－R，三型）管。由于PP－B管、PP－R管的适用范围涵盖了PP－H管，故PP－H管逐步退出了管材市场。PP－R管的优点是强度高、韧性好、无毒、温度适用范围广（5～95 ℃）、耐腐蚀、抗老化、不结垢、水力条件好、施工安装方便。广泛用于冷水、热水、纯净饮用水系统。

2.7.2.4 复合管

复合管是一种常用的由两种或两种以上的材料复合组成的管材，常见的有钢塑复合管和铝塑复合管等。

1. 钢塑复合管

钢塑复合管兼备了金属管材的强度高、耐高压、能承受较强的外来冲击力和塑料管材的耐腐蚀、不结垢、导热系数低、流体阻力小等优点。可采用沟槽式、法兰式或螺纹式连接方式，同原有的镀锌管系统完全相容，但须在工厂预制，不宜在施工现场切割。

2. 铝塑复合管

铝塑复合管内外壁均为化学稳定性非常高的聚乙烯或交联聚乙烯，耐腐蚀、防渗透，可以抵御大多数化学液体的腐蚀，抗老化性能好。由于带有金属铝，暗地施工后容易被探明位置。可广泛应用于民用建筑自来水、空调、采暖系统及饮用水供应系统。

2.7.3 给排水管道安装构造分析

给排水管道穿越基础、墙体和楼板时，应配合土建预留孔洞，管道穿越楼板或墙应设置金属或塑料套管。

2.7.3.1 给排水管道穿基础构造

给排水管穿基础做法见图 2-158、图 2-159，在无资料的情况下预留洞尺寸见表 2-9。

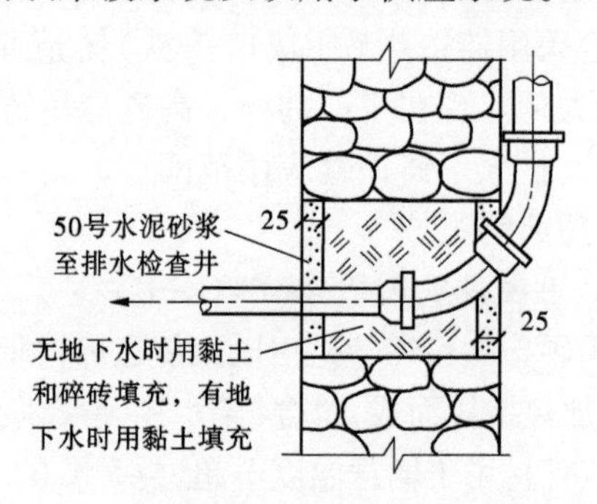

图 2-158 排水排出管穿基础

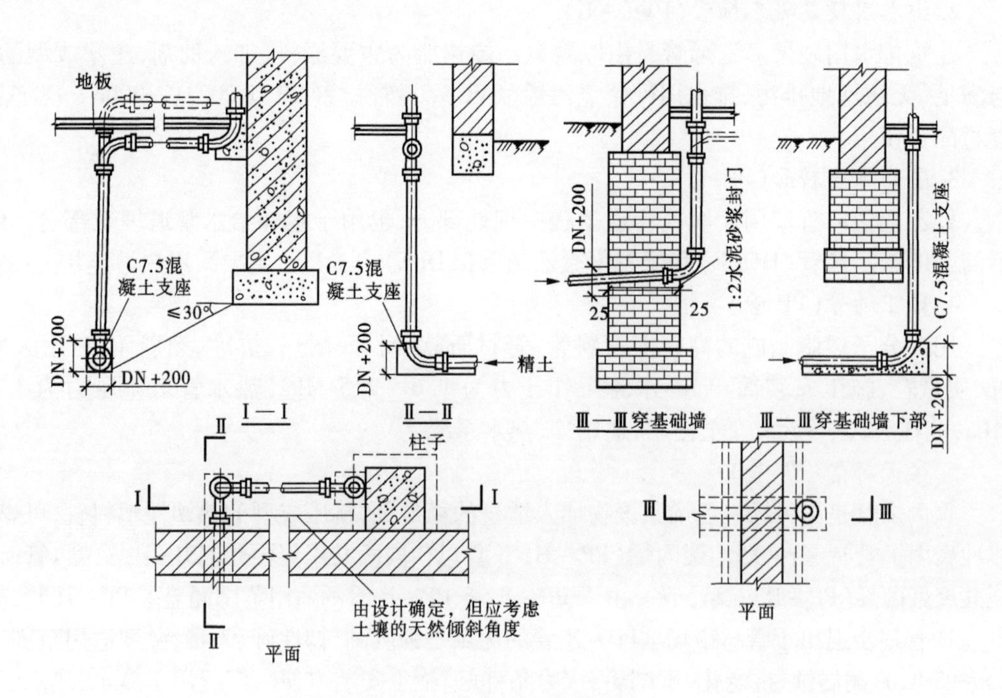

图 2-159 给水引入管穿基础

表 2-9　常见给排水预留洞尺寸规格

序号	管道名称	明管	暗管
		预留洞尺寸(长×宽)或管径(mm)	墙槽尺寸(长×宽)(mm)
1	给水引入管 ≤DN25 以下 DN32～50 DN70～100	 100×100 150×150 200×200	 130×130 150×150 200×200
2	排水立管 ≤DN50 ≤DN70～100	 150×150 200×200	 200×130 250×200
3	排水排出管 ≤DN80 ≤DN100～150	 300×300 (管径+300)×(管径+300)	

2.7.3.2　给排水管道穿楼板做法与构造

一般管道在穿越地坪、楼板、基础墙时,除需预留洞外,还应设置套管,套管的选用可参照国家《防水套管》(02S404)标准执行。其做法见图 2-160。

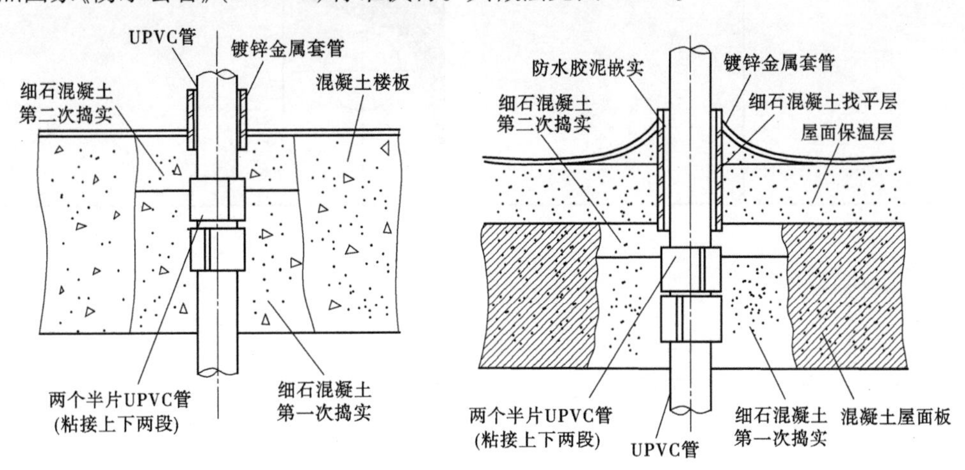

图 2-160　塑料管穿楼板和屋顶做法

2.7.3.3　排水管道穿砖墙做法与构造

排水塑料管(含通气管)穿越砖混结构砖砌内墙时,在外表面用砂纸打毛,当采用硬聚氯乙烯类管材时,表面可刷黏胶后涂干燥黄砂一层,见图 2-161。排水管穿砖墙预留孔洞尺寸见表 2-10。

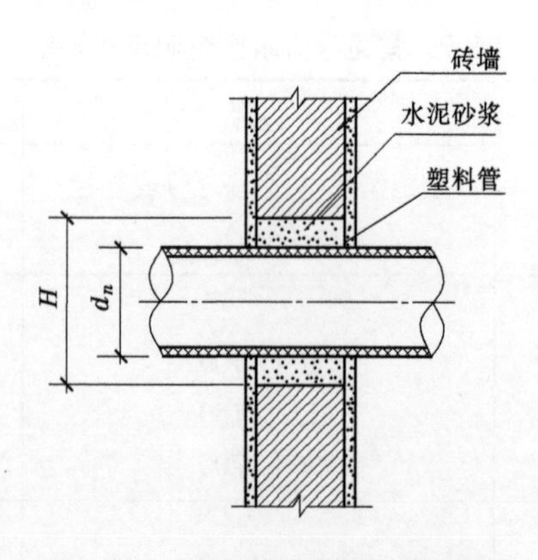

图 2-161　塑料管穿砖砌内墙做法

表 2-10　排水管穿砖墙预留孔洞尺寸

管径(mm)	≤100	125～200	200～3 000
孔洞尺寸(mm)	240×240	370×370	490×490
a(mm)	120	185	245
图示	a　100		

2.7.4　小结

给排水管道安装时与土建的联系主要体现在管道穿墙、基础、楼面、屋面时预留孔洞的具体尺寸，管卡、支架、吊架固定方式。

2.7.5　思考题

实训项目：排水管道穿越楼板安装。

实训目的：考察学生了解排水管道安装时与土建的关系。

实训要求：

(1)查找相关资料，至少找出 2 种排水管穿楼板时的安装方法。

(2)编写方案，描述预留洞尺寸、套管管径与形式、密封方式。

任务2.8 节能保温的功能及构造分析

2.8.1 节能保温的类型及功能分析

2.8.1.1 建筑节能的重要性

（1）我国人口众多，房屋建筑规模巨大，近几年来每年城乡新建房屋建筑面积近16亿～20亿 m^2。现在一年建成的房屋建筑面积，比所有发达国家一年建成的房屋建筑面积的总和还要多。

我国城乡既有建筑面积达441亿 m^2，同时现在我国正处于房屋建设的战略机遇期，预计到2020年年底，全国房屋建筑面积将达686亿 m^2，其中城市为261亿 m^2。

我国既有的400多亿 m^2 城乡建筑中，99%为高能耗建筑，新建的数量巨大的房屋建筑中，95%以上还是高能耗建筑。我国人均资源占有量不到世界平均水平的1/5，而单位建筑面积能耗是气候相近的发达国家的3～5倍。

建筑能耗连同围护结构材料生产能耗占到全国能源消耗总量的27.6%，并将随着人民生活水平的提高逐步增加到33%以上。2000年，全国建筑能耗达到3.5亿t标准煤，如果建筑节能工作仍维持目前的状况，2020年建筑能耗将达到10.89亿t标准煤，为2000年的3倍以上。

（2）2009年12月，全球有史以来最大规模和最高规格的环境会议——哥本哈根大会，将全球气候变暖这个世界性的问题摆在世人面前。哥本哈根会议成为一个启蒙会议，使"低碳生活""低碳经济""低碳社区"等词汇逐渐为社会熟知。建筑节能减排备受关注。有资料显示：若未来10年我国能效曲线达到全球目前平均水平，我国单位GDP能耗的下降空间高达50%，其中30%将来自于节能。传统行业的节能中建筑节能为主要的节能途径之一。

（3）我国的建筑节能起步落后于发达国家，但并不妨碍我们将技术目标瞄准世界前沿，同时，我国特有的广袤地域、不同的气候条件又为建筑节能提供了广阔的实战领域。因此，随着新产品、新材料、新技术、新工艺的不断涌现，一方面关注设计、应用等实际环节的有效性；另一方面要不断调整和整理我们的认识，接受新思维、新意识、新观念，结合我国现在的建筑节能现状和节能实践，毫无疑问，建筑节能特别是建筑围护结构节能在其中扮演着很重要的角色。

2.8.1.2 围护结构概念

建筑围护结构是指建筑物及房间各面的围护物，分为不透光和透光两种类型。不透光围护结构有墙、屋面、地板、顶棚等；透光围护结构有侧窗、天窗、阳台门、玻璃幕墙等。按位置是否与室外空气直接接触及在建筑物中的位置，又分为外围护结构和内围护结构。在不需要特别的指明下，围护结构通常是指外围护结构，包括外墙、屋面、窗户、阳台、外门及不采暖楼梯间的隔墙和户门等。

建筑围护结构的耗热量要占建筑采暖空调能耗的1/3以上，其中墙体所占比重最大，约占通过建筑围护结构传热耗热量的75%～80%。因此，墙体是建筑围护结构中传热面积最大的一部分,它对整个建筑能耗有决定性的影响作用。

2.8.1.3　**节能保温的类型及功能分析**

1. 外墙外保温节能

外墙外保温是指置于建筑物外墙外侧的保温及饰面系统,由高效保温材料、胶黏剂(或机械保温装置)、抹面胶浆(或水泥抗裂砂浆)、耐碱玻璃纤维网格布(或镀锌焊接网)及饰面层等组成的外墙外保温复合墙体。

外墙外保温的特点如下:

(1)因为保温材料置于建筑物外墙的外侧,基本上可以消除建筑物各个部位的冷、热桥影响。能充分发挥新型轻质高效保温材料的保温性能,相对于外墙内保温和夹心保温墙体,在使用相同保温材料情况下,需要保温材料的厚度较小。

(2)达到较高的节能效果,并能改善室内环境。

(3)建筑外墙外保温提高了墙体的保温隔热性能,减少室内热能的传导损失,增加了室内的热稳定性。还在一定程度上阻止了风霜雨雪等对外围墙体的侵蚀,提高了墙体的防潮性能,避免了室内的霉斑、结露、透寒等现象,进而创造了舒适的室内居住环境。另外,因保温材料铺贴于墙体外侧,避免了保温材料中的挥发性有害物质对室内环境的污染。

2. 屋面节能

工程领域将屋面系统分为两大类,一类为传统正置式屋面;另一类为倒置式屋面。屋面节能设计的关键问题是发展轻质、高强、吸水率低的保温材料作为屋面保温隔热层,以及采用微通风构造,以利于排除湿气等。目前,用于屋面保温的材料大多数为高效保温材料,如挤塑聚苯板、现场发泡硬质聚氨酯、高密度聚苯乙烯板等。

对于坡屋面,若阁楼层空间不作为居住空间,而作为贮藏室或通风阁楼,而且保温层做在阁楼的楼板上,则这种坡屋面对保温隔热是有利的;若阁楼为居住空间,则坡屋面应按节能标准中对屋面的要求采取保温隔热措施。

3. 门窗节能技术

1)控制窗墙的比例

窗墙比例系指窗户面积与窗户面积加上外墙面积之比。一般来说,窗户的传热系数大于同朝向、同面积的外墙传热系数。因此,采暖耗能热量随着窗墙比例的增加而增加。在采光通风条件的允许下,控制窗墙比例比设置保温窗帘和窗板更加有效。

2)改善窗户保温效果

真空玻璃的使用:真空玻璃不仅隔音性能优良,而且保温性能极佳。它的保温性能为二级,与空调节能性能比较,真空玻璃可分别比中空玻璃、单片玻璃节约用电16%～18%、29%～30%,窗户采用真空塑钢窗,可以大幅度提高窗户的保温性能及建筑节能效果。

增加窗户玻璃层数,在内外层玻璃之间形成密闭的空气层,可以大大改善窗户的保温性能。适当加厚玻璃之间的空气层,保温性能也得到进一步的提高。但是当空气层厚度从20 mm继续增大时,保温性能提高就很少。一般来说,双层窗户传热系数比单层窗户传热系数降低将近1/2,三层窗户传热系数比两层窗户又降低将近1/3,此外,在窗户上加

贴透明聚酯膜,节能效果也好。

窗框部分的保温效果主要取决于窗框材料的导热性能。木材和塑料的导热系数低,保温性能良好;钢材和铝材导热系数高,传递热能迅速。若用木材、塑料制作成窗框,保温性能虽然良好,但是时间过长,木材容易腐烂,塑料容易老化和变形。基于它们各自的优缺点,可用木材、塑料与钢材、铝材混合叠加作为门框材料。做法:先将金属材料放置于居室外侧,木材或塑料置于内侧,从而可以组成材料互补的框格,达到性能优化的效果。

3)减少冷风渗透

在我国住宅中,多数门窗特别是钢窗的气密性很差,在风压和热压的共同作用下,冬季室外冷空气通过门窗缝隙进入室内,从而增加了供暖能量的消耗。除提高门窗的制作质量外,增设密封条是提高门窗气密性的手段之一。密封条应弹性良好,镶嵌牢固严密,经久耐用,使用方便,价格适中。同时,密封条品种的选择要与门窗的类型、缝隙的宽度、使用的部位相互匹配。根据门窗的具体情况,分别采用不同的密封条,如橡胶条、塑料条或橡塑结合的密封条。然而当密封过于严实,又与居室的卫生环境(通风换气)发生矛盾时,为使正常的通风换气问题得到解决,在要求普遍安设密封条的同时,还应开发使用简便的微量通风器。微量通风器可以设置在窗框内,手动调节它的启闭程度。

4)加强户门、阳台门的保温

以前,我们大都采用实心木板或复合板作为户门和阳台门,它们的保温隔热性能较差,同时不利于安全防火。众所周知,木材是遇火即燃的物质。户门和阳台门一般与外界接触,自然界的风霜雨雪对户门产生很大的负面影响(变形、裂缝、腐烂)。有些地方虽然使用空腹薄板当作户门,对改善户门的保温隔热虽然起到一定的作用,但是户门的强度性较差,在外界各种力的作用下,空腹薄板户门容易损坏,而且维修不方便,价钱昂贵。因此,可将空腹薄板置于居室内侧,铝合金置于外侧,使两者相得益彰,这样不仅达到保温隔热的效果,而且又达到安全防护的作用,此种多功能户门的传热系数可降低到1 W/m。

4.幕墙节能技术

(1)建筑物采用的玻璃幕墙面积不宜过大。

(2)尽量采用中空玻璃、低辐射玻璃,有遮阳要求的地区应尽量采用吸热玻璃、镀膜玻璃等。

(3)有隔热要求的地区应尽量采取遮阳措施。

(4)提高幕墙的密封性能。

5.地面节能技术

随着节能标准的逐步提高,地面节能技术已经逐步在工程中应用。地面节能技术是指包括空调房间接触土壤的地面,毗邻不采暖空调房间的地面,采暖地下室与土壤接触的外墙,不采暖地下室上面的楼板,不采暖车库上面的楼板,接触室外空气或外挑楼板的地面等,对不采暖地下室顶板传热系数限值的要求也愈来愈严。在上述位置的内外侧设置保温层的做法是目前常用的一种节能构造要求。

2.8.2 外墙节能保温构造分析

2.8.2.1 外墙外保温分析

近年来,在建筑保温技术不断发展的过程中,主要形成了外墙外保温和外墙内保温两种技术形式。

节能技术发展初期,内保温技术为推动我国建筑节能技术迅速起步起到了应有的历史作用。这是因为:我国节能技术在当时还处于起步阶段,外保温技术还不太成熟;我国节能标准对围护结构的保温要求较低,且内保温有一定的优点,如造价低、安装方便等。但是,从发展的角度考虑,随着我国节能标准的提高(由原来的30%提高到50%再到65%),内保温的做法已不适应新的形势,且会给建筑物带来某些不利的影响。因此,它只能是某些地区的过渡性做法,在寒冷地区特别是严寒地区逐步予以淘汰。

2.8.2.2 外墙内保温的基本情况

外墙内保温是在墙体结构内侧覆盖一层保温材料,通过黏结剂固定在墙体结构内侧,之后在保温材料外侧做保护层及饰面。外墙内保温主要存在如下缺点:

(1)保温隔热效果差,外墙平均传热系数高。

(2)热桥保温处理困难,易出现结露现象。

(3)占用室内使用面积。

(4)不利于室内装修,包括重物钉挂困难等,在安装空调、电话及其他装饰物等设施时尤其不便。

(5)不利于既有建筑的节能改造。

(6)保温层易出现裂缝。由于外墙受到的温差大,直接影响到墙体内表面应力变化,这种变化一般比外保温墙体大得多。昼夜和四季的更替,易引起内表面保温的开裂,特别是保温板之间的裂缝尤为明显。实践证明,外墙内保温容易在下列部位引起开裂或产生"热桥",如采用保温板的板缝部位、顶层建筑女儿墙沿屋面板的底部部位、两种不同材料在外墙同一表面的接缝部位、内外墙之间丁字墙外侧的悬挑构件部位等。

2.8.2.3 外墙外保温的优势

外墙外保温是在主体墙结构外侧在黏结材料的作用下,固定一层保温材料,并在保温材料的外侧用玻璃纤维网加强并涂刷黏结胶浆。

相对于外墙内保温,外墙外保温具有以下七大优势:

(1)保护主体结构、延长建筑物寿命。对消费者而言,房屋拥有70年的产权。买房基本上是一次性投入。如果建筑物质量受损,大修一次,花费若干,岂不是很不合算?采用外保温技术,由于保温层置于建筑物围护结构外侧,缓冲了因温度变化导致结构变形产生的应力,避免了雨、雪、冻、融、干、湿循环造成的结构破坏,减少了空气中有害气体和紫外线对围护结构的侵蚀。因此,外保温有效提高了主体结构的使用寿命,减少了长期维修费用。

(2)基本消除热桥的影响。热桥指的是在内外墙交界处、构造柱、框架梁、门窗洞等部位,形成的散热的主要渠道。对内保温而言,热桥是难以避免的,而外保温既可以防止热桥部位产生结露,又可以消除热桥造成的热损失。热损失减少了,采暖的支出自然就降了下来。

(3)使墙体潮湿情况得到改善。一般情况下,内保温需设置隔汽层,而采用外保温时,由于蒸汽透性高的主体结构材料处于保温层的内侧,只要保温材料选材适当,在墙体内部一般不会发生冷凝现象,故无须设置隔汽层。同时,采取外保温措施后,结构层的整个墙身温度提高了,降低了它的含温量,因而进一步改善了墙体的保温性能。

(4)有利于室温保持稳定。家中如果有老人或小孩,温差较大,常常使抵抗力弱的老人、小孩患病,而外保温墙体由于蓄热能力较大的结构层在保温板内侧,当室内受到不稳定热作用时,室内空气温度上升或下降,墙体结构层能够吸收或释放热量,故有利于室温保持稳定。

(5)便于旧建筑物进行节能改造。以前的建筑物一般都不能满足节能的要求,因此对旧房进行节能改造,已提上议事日程,与内保温相比,采用外保温方式对旧房进行节能改造,最大的优点是无须临时搬迁,基本不影响用户的室内生活和正常生活。

(6)可以避免装修对保温层的破坏。不管是买新房还是买二手房,消费者一般都需要按照自己的喜好进行装修,在装修中,内保温层容易遭到破坏,外保温则可以避免发生这种问题。

(7)增加房屋使用面积。消费者买房最关心的问题之一就是房屋的使用面积,由于保温材料贴在墙体的外侧,其保温、隔热效果优于内保温,故可使主体结构墙体减薄,从而增加每户的使用面积。据统计,以北京、沈阳、哈尔滨、兰州的塔式建筑为例,当主体结构为实心砖墙时,每户使用面积分别可增 1.2 m^2、2.4 m^2、4.2 m^2 和 1.3 m^2,可见经济效益十分显著。

外墙外保温工程是一种新型、先进、节约能源的方法。外墙外保温系统是由保温层、保护层与固定材料构成的非承重保温构造的总称。外墙外保温工程是将外墙外保温系统通过组合、组装、固定技术手段在外墙外表面上所形成的建筑物实体。

2.8.2.4　外墙外保温工程适用范围及作用

外墙外保温工程适用于严寒和寒冷地区、夏热冬冷地区新建居住建筑物或旧建筑物的墙体改造工程,起保温、隔热的作用,是庞大的建筑物节能的一项重要技术措施,是一种新型建材和先进的施工方法。

新型外墙外保温材料(EPS)集节能、保温、防水和装饰功能为一体,采用阻燃、自熄型聚苯乙烯泡沫塑料板材,外用专用抹面胶浆铺贴抗碱玻璃纤维网格布,形成浑然一体的坚固保护层,表面可涂美观耐污染的高弹性装饰涂料和贴各种面砖。

1. 新型聚苯板外墙外保温的特点

(1)节能:由于采用导热系数较低的聚苯板,整体将建筑物外面包起来,消除了冷桥,减少了外界自然环境对建筑的冷热冲击,可达到较好的保温节能效果。

(2)牢固:由于该墙体采用了高弹力强力黏合基料或与混凝土一起现浇,使聚苯板与墙面的垂直拉伸黏结强度符合相关规范规定的技术指标,具有可靠的附载效果,耐候性、耐久性更好更强。

(3)防水:该墙体具有高弹性和整体性,解决了墙面开裂、表面渗水的通病,特别对陈旧墙面局部裂纹有整体覆盖作用。

(4)体轻:采用该材料可将建筑房屋外墙厚度减小,不但减小了砌筑工程量、缩短了工期,而且减轻了建筑物自重。

(5)阻燃:聚苯板为阻燃型,具有隔热、无毒、自熄、防火功能。

(6)易施工:该墙体饰面施工,对建筑物基层混凝土、红砖、砌块、石材、石膏板等有广泛的适用性。施工简单的工具,具有一般抹灰水平的技术工人,经短期培训,即可进行现场操作施工。

2. EPS 板薄抹灰外墙外保温构造

主要介绍聚苯板外墙外保温工程薄抹灰系统。

1)基本做法

采用聚苯板做保温隔热层,用胶黏剂与基层墙体粘贴辅以锚栓固定。当建筑物高度不超过 20 m 时,也可采用单一的黏结固定方式,一般由工程设计部门根据具体情况确定。聚苯板的防护层为嵌埋有耐碱玻璃纤维网格增强的聚合物抗裂砂浆,属薄抹灰面层,增强防护层厚度普通型 3 ~ 5 mm,加强型 5 ~ 7 mm,饰面为涂料。挤塑聚苯板因其强度高,有利于抵抗各种外力作用,可用于建筑物的首层及二层等易受撞击的位置,如图 2-162。

(1)基层墙体。房屋建筑中起承重或围护作用的外墙体,可以是混凝土及各种砌体墙体。

(2)胶黏剂。专用于把聚苯板黏结在基层墙体上的化工产品。有液体胶黏剂与干粉料两种产品形式。在施工现场按使用说明加入一定比例的水泥或加入一定比例的拌和用水,搅拌均匀即可使用。

(3)EPS 板。由可发性聚苯乙烯珠粒经加热发泡后在模具中加热成型而制得的具有闭孔结构的聚苯乙烯泡沫塑料板材。有阻燃和绝热的作用,表观密度为 18 ~ 22 kg/m^3。挤塑聚苯板表观密度为 25 ~ 32 kg/m^3。聚苯板的常用厚度有 30 mm、35 mm、40 mm 等。聚苯板出厂前在自然条件下必须陈化 42 d 或在 60 ℃蒸汽中陈化 5 d,才可出厂使用。

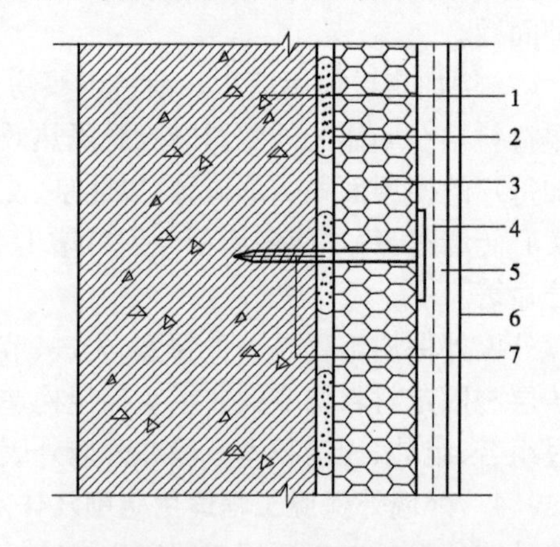

1—基层;2—胶黏剂;3—保温层:EPS 板;4—增强层;5—薄抹面层;6—饰面涂层;7—锚栓

图 2-162 EPS 板薄抹灰外墙外保温构造

(4)耐碱网布。在玻璃纤维网格布上,表面涂覆耐碱防水材料,埋入抹面胶浆中,形成薄抹灰增强防护层,提高防护层的机械强度和抗裂性。

(5)抹面胶浆。由水泥基或其他无机胶凝材料、高分子聚合物和填料等材料组成。埋入抹面胶浆中,用以提高防护层的强度和抗裂性。

(6)锚栓。固定聚苯板于基层墙体上的专用连接件,一般情况下包括塑料钉或具有防腐性能的金属螺钉和带圆盘的塑料膨胀套管两部分。有效锚固深度不小于 25 mm,塑料圆盘直径不小于 50 mm。

2)系统特点及技术性能

(1)用 EPS 板做保温层,自重轻,保温可靠,质量稳定。

(2)黏结强度高。

(3)用耐碱玻璃纤维网格布增强的聚合物水泥砂浆保护层能提高系统的抗冲击性能和耐久性。

(4)既适用于北方,也适用于南方。

3)使用范围

该系统适用于建筑物中起承重或围护作用的混凝土或各种砌体墙体的外保温,既可用于新建建筑,也可用于既有建筑物外墙的节能改造。

3. 机械固定 EPS 钢丝网架板外墙外保温构造(机械固定系统)

1)基本做法

机械固定系统是由机械固定装置、腹丝非穿透型 EPS 钢丝网架板、掺外加剂的水泥砂浆厚抹面层或胶粉 EPS 颗粒保温浆料抹面层、抗裂砂浆复合耐碱玻璃纤维网格布或热镀锌电焊网、涂料或面砖等饰面层组成。机械固定系统构造,如图 2-163 所示。

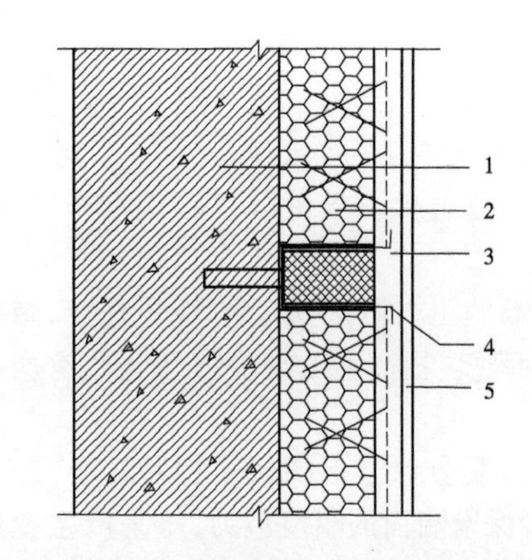

1—基层;2—EPS 钢丝网架板;3—掺外加剂的水泥砂浆厚抹面层;4—饰面层;5—机械固定装置

图 2-163　机械固定系统构造

外墙主要采用机械固定钢丝网架 EPS 外墙外保温体系,它是将钢丝网架聚苯乙烯保温板放置于墙体的外侧,采用胶黏剂和锚固件相结合的方式机械固定单面钢丝网架 EPS 板,局部做节点处理。

2)系统特点及技术性能

(1)用 EPS 板和钢丝网架复合做保温层,保温可靠,质量稳定。

(2)用机械锚固件或金属承托件保温板同墙体固定,连接安全。

(3)用掺有外加剂的水泥抗裂砂浆厚抹面层,内衬钢丝网架做保护层,提高系统的耐久性和抗冲击性能。但是该类保温系统由于金属固定件较多,外墙面热桥较多,对于系统的结露有不利的影响。

(4)适用范围广。该系统对于结构基层适用性强,特别适用于面砖类荷载较重的饰面层。

3)适用范围

机械固定 EPS 钢丝网架板外墙外保温系统,适用于新建和扩建民用建筑及其附属设施,其结构基层为混凝土墙或承重砌体砖墙。

4. 复合保温板外墙外保温构造(复合保温板系统)

复合保温板是由 EPS 板为保温层和厚度为 6 mm、中间夹有增强网的聚合物水泥砂浆层,经复合工艺、工厂化生产的板材。保温板的尺寸一般为:长 500 ~ 1 500 mm、宽 500 ~ 800 mm、厚度根据节能设计需要确定。

1)基本做法

复合保温板外墙外保温系统,是指采用胶黏剂和机械锚固件,将复合保温板固定于外墙外表面，待饰面层完成后采用密封材料嵌缝，从而形成一种新的外墙外保温系统。复合保温板的构造，见图 2-164、图 2-165。

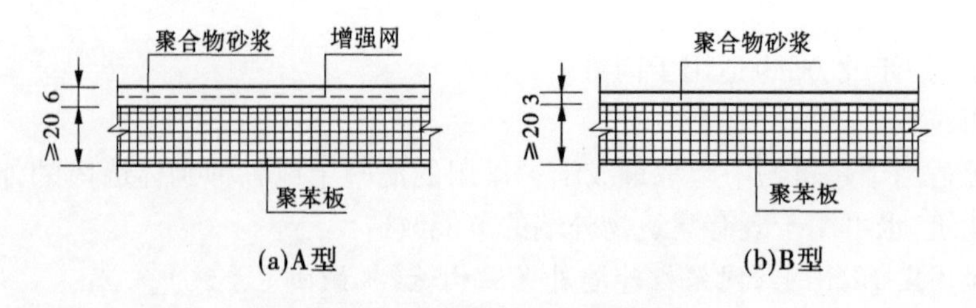

图 2-164　复合保温板构造示意图(一)

2)系统特点及技术性能

(1)复合保温板可以工厂化生产，质量稳定。

(2)施工方便，现场湿作业量较少，减轻了劳动强度，提高了工效，施工费用也有所降低。

(3)复合保温板的尺寸相对较小，有利于减少保温墙面的温度应力，不易产生变形裂缝。

(4)带有饰面涂料或金属板材的复合保温板已经问世，外立面更加丰富，施工更加便捷。

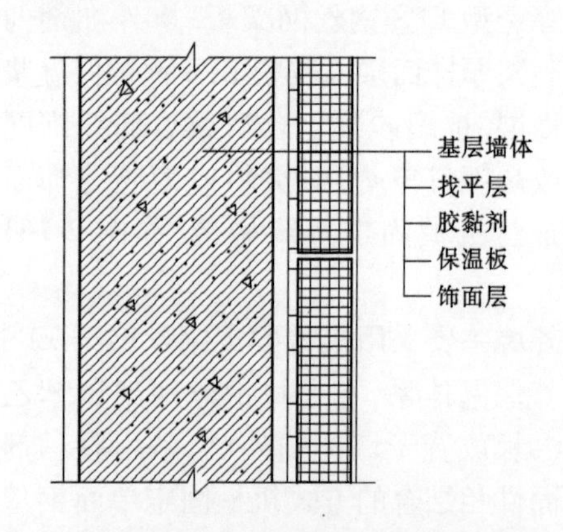

注：用于固定保温板的锚固件宜设置在板缝处

图 2-165　复合保温板构造示意图(二)

3)适用范围

复合保温板适用于新建、改建、扩建及既有民用建筑、墙体为混凝土或各种砌体的外墙外保温工程。适用高度：当采用涂料饰面层时，宜控制在 60 m 以内；当采用面砖饰面层时，宜控制在 20 m 以内。

5. 胶粉 EPS 颗粒保温浆料复合型外墙外保温构造(保温浆料复合系统)

胶粉 EPS 颗粒保温浆料复合型外墙外保温系统，是通过胶粉 EPS 颗粒保温浆料，与其他高效保温材料如 EPS 板、硬泡 PU 等复合构成的外墙外保温系统。

1)基本做法

该系统由界面层、胶粉聚苯颗粒保温浆料保温层、抗裂砂浆薄抹面层和饰面层组成。胶粉聚苯颗粒保温浆料经现场拌和后喷涂或抹在基层上形成保温层，应分遍抹灰，每遍间隔时间应在 24 h 以上，每遍厚度不宜超过 20 mm。总厚度不宜超过 100 mm，每遍应压实，最后一遍应找平，并用大杠搓平，保温浆料干密度应不小于 180 kg/m^3，且不得大于 250 kg/m^3，薄抹面层中应满铺玻纤网。保温浆料复合系统的构造，见图 2-166。

2)系统特点及技术性能

外保温系统应经耐候性试验验证。对于面砖饰面外保温系统，还应经抗震试验验证，

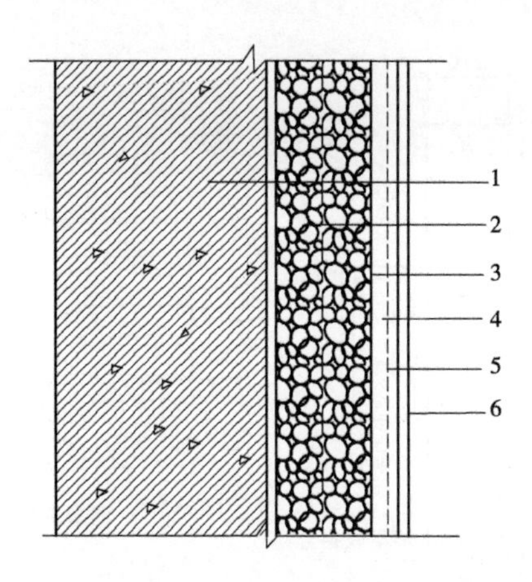

1—基层;2—界面砂浆;3—胶粉 EPS 颗粒保温浆料;
4—抗裂砂浆薄抹面层;5—玻纤网;6—饰面层

图 2-166　保温浆料复合系统的构造示意图

并确保其在设防烈度地震作用下面砖饰面及外保温系统无脱落。

3)适用范围

它适用于墙体为钢筋混凝土墙及砖砌体、混凝土小型空心砌块与加气混凝土砌块等砌体墙的外墙外保温,适用于高度不超过 60 m 的建筑。

2.8.3　屋面保温隔热构造

屋面的保温隔热是建筑隔热的重要环节,它能有效地阻止外界气温对建筑物内的影响,节约能源。隔热层可以采用架空隔热层、种植屋面隔热层与蓄水屋面隔热层等。

架空隔热屋面及蓄水隔热屋面在夏热冬暖地区应用较广泛,在严寒地区和寒冷地区应用较少。但由于近年来大力提倡环保绿色建筑,因此种植隔热屋面在全国各地均有较多应用。

2.8.3.1　架空隔热屋面

架空屋面是在屋面防水层上采用薄型制品架设一定高度的空间,起到隔热作用的屋面。

架空隔热屋面应在通风较好的平屋面建筑上采用,夏季风量小的地区和通风差的建筑上适用效果不好,尤其在高女儿墙情况下不宜采用,应采取其他隔热措施。

寒冷地区也不宜采用,因为冬天寒冷时也会降低屋面温度,反而使室内降温。适用于具有隔热要求的屋面工程。

基本构造做法:结构基层用松散材料找坡→卷材防水→保温层→保护层→架空板层,见图 2-167 构造。

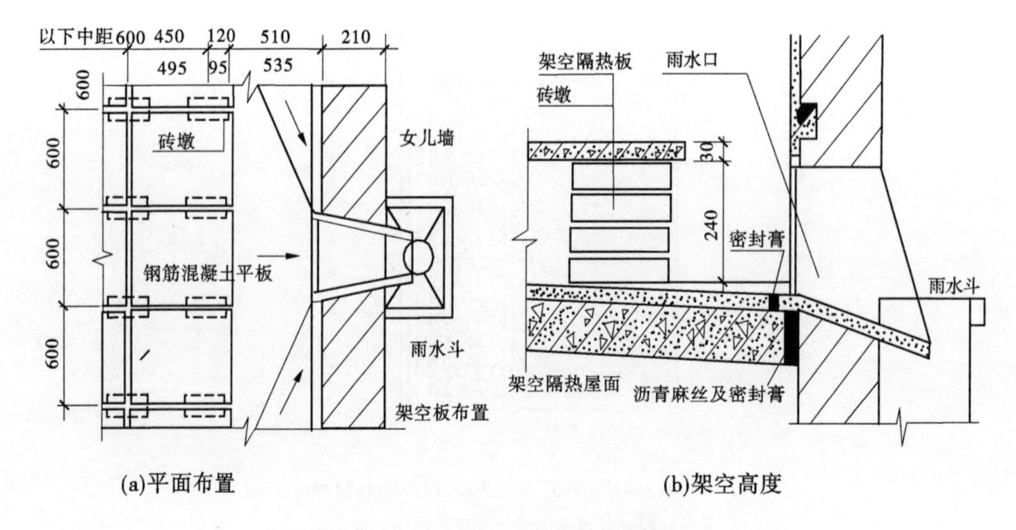

图 2-167 架空隔热屋面构造图

优点：材料来源广泛，构造简单，适用性强，施工工艺简单，造价较低。

缺点：适用范围受限制。

适用范围：夏热冬暖地区建筑物的平屋面。

架空屋面是比较传统的做法，其隔热原理是在屋顶中设置通风的空气间层降低屋顶下表面的温度，达到隔热降温的目的。架空屋面的优点是构造简单，且造价低廉。但是架空屋面的隔热效果相对于种植屋面和蓄水屋面都要差很多，尤其是夏季建筑顶层的温度一般都会比其他楼层的温度要高。

2.8.3.2 种植隔热屋面

种植屋面是目前比较流行的一种屋面，也是今后发展的一个趋势。它是在屋面防水层上用各种培养基种植绿色植物，以达到隔热降温的目的。主要适用于夏热冬冷地区和夏热冬暖地区，在寒冷地区也有一定的市场。

基本做法：结构层施工—轻质材料找坡—保温层—防水层—细石混凝土保护层—耐穿刺防水层—排水、过滤层—种植介质，构造见图 2-168。

优点：材料来源广泛，构造简单，适用性强。

缺点：外加荷载较大，对于基层结构构件强度和刚度均有一定要求，植土不能太厚，植物宜采用浅根植物，适用范围有限制。

适用范围：在住宅小区顶层和地下车库、屋顶花园等工程中使用。

一般来说，种植屋面使用的都是不需要额外维护、易于生存的本地生草本或者蕨类植物，因此种植屋面其实价格比较低廉，而且又有较好的保温隔热效果。种植屋面除要特别注意屋面的防水和防渗漏外，并没有其他技术难点，由于培养基的厚度比较小，所以屋顶的承重问题相对也易于解决，但是由于覆土的重量，结构造价会有相应的增加。

2.8.3.3 蓄水隔热屋面

屋面上蓄水，由于水的蓄热和蒸发，可大量消耗投射在屋面上的太阳辐射热，有效地减少通过屋盖的传热量，从而起到有效的保温隔热作用。同时，蓄水屋面对防水层和屋盖

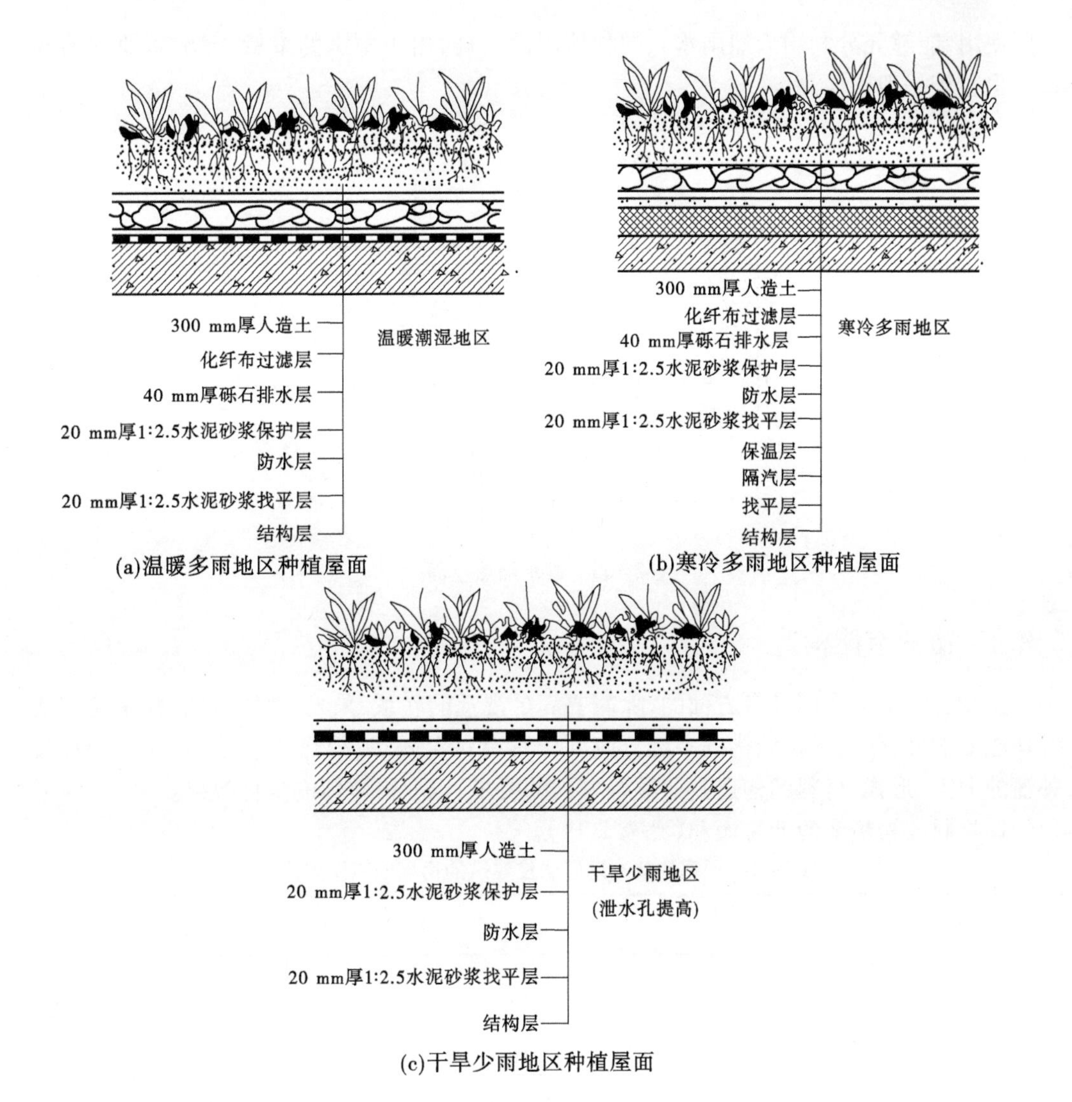

图 2-168　种植隔热屋面构造

结构起到有效的保护，延缓了防水层的老化。但它要求屋面防水有效和耐久，否则会引起渗漏很难修补，所以蓄水屋面宜选用刚性细石混凝土防水层或在柔性防水层上面再做刚性细石混凝土防水层复合。

基本做法：结构层施工—材料找坡—卷材防水层施工—刚性防水层—蓄水层，其构造如图 2-169。

优点：材料来源广泛，构造简单，适用性强，节约资源，改善环境。

缺点：屋面荷载较大，对于基层结构构件受力有一定要求，适用范围有一定的限制。

适用范围：夏热冬暖地区应用较多，严寒和寒冷地区应用较少。

蓄水屋面除防水要求外，最大的问题就是水源的及时补给。一般来说，深蓄水深度为 500 mm，浅蓄水深度只有 200 mm，在夏季如果不及时补充水源，很容易造成蓄水屋面干涸，从而导致刚性防水层开裂，就无法修复了。所以，蓄水屋面最好在雨水量相对充足的地区使用，能够充分利用天然雨水。同种植屋面一样，由于蓄水的重量，蓄水屋面的结构造价也会较一般屋面高。

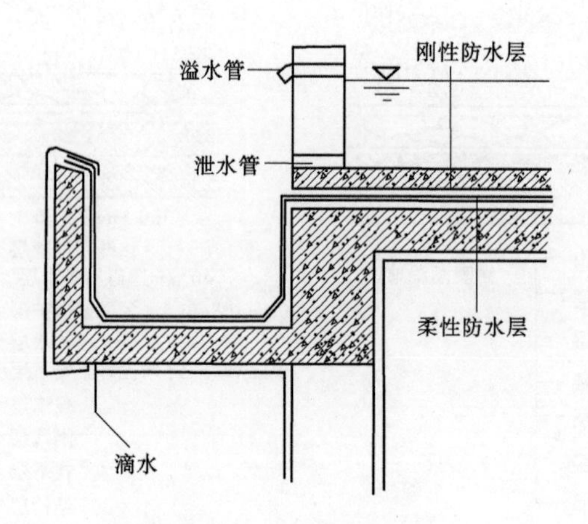

图 2-169 蓄水隔热屋面

2.8.4 窗户节能构造

窗在建筑上的作用是多方面的，除需要满足视觉的联系、采光、通风、日照及建筑造型等功能要求外，作为围护结构的一部分应同样具有保温隔热、得热或散热的作用。因此，外窗的大小、形式、材料和构造就兼顾各方面的要求，以取得整体的最佳效果。

1. 控制各向墙面的开窗面积(见表 2-11)。

表 2-11 严寒和寒冷地区居住建筑的窗墙面积比限值

朝向	窗墙面积比	
	严寒地区	寒冷地区
北	≤0.25	≤0.30
东、西	≤0.30	≤0.35
南	≤0.45	≤0.50

夏热冬冷地区在进行围护结构节能设计时，不宜过分依靠减少窗墙比，应重点提高窗的热工性能。

夏热冬暖地区加大窗墙比的代价是要提高窗的综合遮阳系数和保温隔热性能或提高外墙的隔热性能。

2. 高窗的气密性，减少冷风渗透

《建筑外窗空气渗透性能分级及其检测方法》(GB/T 7107—2002)中将窗的气密性能分为五级。低层和多层居住建筑(1～6 层)中应等于或优于 3 级，高层和中高层居住建筑(7～30 层)应等于或优于 4 级。

3. 设计好开扇的形式

开扇形式的设计要点：

(1)在保证必要的换气次数前提下，尽量缩小开扇面积。

(2)选用周边长度与面积比小的窗扇形式，接近正方形利于节能。

(3)镶嵌的玻璃面积尽可能的大。

(4)减少窗的传热耗热，见图2-170、图2-171。

图2-170　在建筑立面上窗的热图像

图2-171　在室内拍摄的窗的热图像

2.8.5　门节能构造

门具有多种功能，一般应具有防盗、保温、隔热等功能。

一般采用金属门板，采取15 mm厚玻璃棉板或18 mm厚岩棉板为保温、隔音材料。

目前，阳台门有两种类型：一是落地玻璃阳台门，这种可接外窗做节能处理；二是有门芯板的及部分玻扇的阳台门。这种门玻璃扇部分接外窗处理。阳台门下门芯板采用菱镁、聚苯板加芯型代替钢质门芯板（聚苯板厚19 mm，菱镁内、外面层2.5 mm厚，含玻纤网格布），门芯板传热系数为1.69 W/(m·K)。

2.8.6　地面节能构造

地面按其是否直接接触土壤分为两类：一类是不直接接触土壤的地面，又称地板，这其中又可分成接触室外空气的地板和不采暖地下室上部的地板，以及底部架空的地板等；另一类是直接接触土壤的地面，表2-12为其热工性能分类。

表2-12　地面热工性能分类

类别	吸热指数 B [$W/(m^2 \cdot h^{-1/2} \cdot K)$]	适用的建筑类型
Ⅰ	<17	高级居住建筑，托幼、医疗建筑
Ⅱ	17~23	一般居住建筑，办公、学校建筑等
Ⅲ	>23	临时逗留及室温高于23 ℃的采暖房间

注：表中B值是反映地面从人体脚部吸收热量多少和速度的一个指数。厚度为3~4 mm的面层材料的热渗透系数对B值的影响最大。热渗透系数 $b=\sqrt{\lambda c\rho}$，故面层宜选择密度、比热容和导热系数小的材料较为有利。

2.8.7 小结

本次学习任务主要讲了建筑节能的重要性和围护结构的节能问题；围护结构的节能保温主要从外墙保温节能、屋面节能、门窗节能、幕墙节能、地面节能等方面着手；详细分析了外墙外保温和内保温的特点、功能及不同保温材料下的构造要点；屋面架空隔热层、种植屋面隔热层与蓄水屋面隔热层的基本构造做法、特点和适用范围；蓄水隔热屋面的基本构造做法、特点和适用范围；窗户节能的措施和门的节能构造；简要介绍了地面的节能要点。

2.8.8 思考题

1. 砖混结构建筑的节能保温应该从哪些方面着手？为什么？
2. 外墙外保温与外墙内保温有何不同？各有何优缺点？
3. 常用的外墙保温材料有哪些？
4. 新型聚苯板外墙外保温有哪些特点？
5. 简述聚苯板外墙外保温工程薄抹灰系统的基本做法。
6. 屋面隔热方式有哪几种？各有什么特点？
7. 窗的节能措施有哪些？

任务 2.9 防火的功能及构造分析

2.9.1 建筑火灾、防火的概念、类型及功能分析

2.9.1.1 火灾的定义

根据国家标准《消防基本术语(第一部分)》(GB 5907)，火灾是指在时间或空间上失去控制的燃烧所造成的灾害。

2.9.1.2 火灾的分类

根据不同的需要，火灾可以按不同的方式进行分类。

1. 按照燃烧对象的性质分类

按照国家标准《火灾分类》(GB/T 4968—2008)的规定，火灾分为 A、B、C、D、E、F 六类。

A 类火灾：固体物质火灾。这种物质通常具有有机物性质，一般在燃烧时能产生灼热的余烬，如木材、棉、毛、麻、纸张等。

B 类火灾：液体或可熔化固体物质火灾，如汽油、煤油、原油、甲醇、乙醇、沥青、石蜡等。

C 类火灾：气体火灾，如煤气、天然气、甲烷、乙烷、氢气、乙炔等。

D 类火灾：金属火灾，如钾、钠、镁、钛、锆、锂等。

E 类火灾：带电火灾，物体带电燃烧的火灾。

F类火灾:烹饪器具内的烹饪物(如动植物油脂)火灾。

2. 按照火灾事故所造成的灾害损失程度分类

依据国务院2007年4月6日颁布的《生产安全事故报告和调查处理条例》(国务院令493号)中规定的生产安全事故等级标准,消防部门将火灾分为特别重大火灾、重大火灾、较大火灾和一般火灾四个等级。

(1)特别重大火灾:是指造成30人以上死亡,或者100人以上重伤,或者1亿元以上直接财产损失的火灾。

(2)重大火灾:是指造成10人以上30人以下死亡,或者50人以上100人以下重伤,或者5 000万元以上1亿元以下直接财产损失的火灾。

(3)较大火灾:是指造成3人以上10人以下死亡,或者10人以上50人以下重伤,或者1 000万元以上5 000万元以下直接财产损失的火灾。

(4)一般火灾:是指造成3人以下死亡,或者10人以下重伤,或者1 000万元以下直接财产损失的火灾。

注:"以上"包括本数,"以下"不包括本数。

2.9.1.3　火灾发生的常见原因

1. 电气

电气原因引起的火灾在我国火灾中居于首位。电气设备过负荷、电气线路接头接触不良、电气线路短路等是电气引起火灾的直接原因。其间接原因是电气设备故障或电器设备设置使用不当。

2. 吸烟

烟蒂和点燃烟后未熄灭的火柴梗虽然是个不大的火源,但它们能引起许多可燃物质燃烧,在起火原因中,占有相当的比例。

3. 生活用火不慎

主要是城乡居民家庭生活用火不慎,如炊事用火中炊事器具设置不当,安装不符合要求,在炉灶的使用中违反安全技术要求等引起火灾;家中烧香祭祀过程中无人看管,造成香灰散落引发火灾等。

4. 生产作业不慎

主要指违反生产安全制度引起火灾。比如,在易燃易爆的车间内动用明火;将性质相抵触的物品混存在一起;在用气焊焊接和切割时,飞迸出的大量火星和熔渣;在机器运转过程中,不按时加油润滑,或没有清除附在机器轴承上面的杂质、废物;化工生产设备失修,易燃、可燃液体跑、冒、滴、漏现象等。

5. 设备故障

在生产或生活中,一些设施设备疏于维护保养,导致在使用过程中无法正常运行,因摩擦、过载、短路等原因造成局部过热,从而引发火灾。

6. 玩火

因小孩玩火造成火灾,是生活中常见的火灾原因之一。尤其是在农村,儿童缺乏看管,常玩火取乐。此外,每逢节日庆典,被点燃的烟花爆竹本身即是火源,稍有不慎,就易引发火灾。

7. 放火

主要指采用人为放火的方式引起的火灾。这类火灾为当事人故意为之,通常经过一定的策划准备,因而往往缺乏初期救助,火灾发展迅速,后果严重。

8. 雷击

雷电导致的火灾大体上有三种:一是雷电直接击在建筑物上;二是雷电产生的静电感应和电磁感应作用;三是高电位雷电波沿着电气线路或金属管道系统侵入建筑物内部。

2.9.1.4 建筑火灾的烟气蔓延

1. 烟气的扩散路线

烟气扩散流动速度与烟气温度和流动方向有关。烟气在水平方向的扩散流动速度较小,在火灾初期为0.1 ~0.3 m/s,在火灾中期为0.5 ~0.8 m/s。烟气在竖直方向的扩散流动速度较大,通常为1 ~5 m/s。在楼梯间或管道竖井中,由于烟囱效应产生的抽力,烟气的上升流动速度可达6 ~8 m/s,甚至更大。

当高层建筑发生火灾时,烟气在其内的流动扩散一般有三条路线:第一条,也是最主要的一条,着火房间→走廊→楼梯间→上部各楼层→室外;第二条,着火房间→室外;第三条,着火房间→相邻上层房间→室外。

2. 烟气流动的驱动力

烟气流动的驱动力包括室内外温差引起的烟囱效应,外界风的作用、通风空调的影响等。

1)火风压

火风压在起火房间内,由于温度上升,气体迅速膨胀,对楼板和四壁形成的压力。火风压的影响主要在起火房间,如果火风压大于进风口的压力,则大量的烟火将通过外墙窗口,由室外向上蔓延;若火风压等于或小于进风口的压力,则烟火便全部从内部蔓延,当它进入楼梯间、电梯井、管道井、电缆井等竖向孔道以后,会大大加强烟囱效应。

2)烟囱效应

当建筑物内外的温度不同时,室内外空气的密度随之出现差别,这将引发浮力驱动的流动。如果室内空气温度高于室外,则室内空气将发生向上运动,建筑物越高,这种流动越强。竖井是发生这种现象的主要场合,在竖井中,由于浮力作用产生的气体运动十分显著,通常称这种现象为烟囱效应。在火灾过程中,烟囱效应是造成烟气向上蔓延的主要因素。

烟囱效应和火风压不同,它能影响全楼。多数情况下,建筑物内的温度大于室外温度,所以室内气流总的方向是自下而上,即正烟囱效应。起火层的位置越低,影响的层数越多。在正烟囱效应下,若火灾发生在中性面(室内压力等于室外压力的一个理论分界面)以下的楼层,火灾产生的烟气进入竖井后会沿竖井上升,一旦升到中性面以上,烟气不但可由竖井上部的开口流出来,也可进入建筑物上部与竖井相连的楼层;若中性面以上的楼层起火,当火势较弱时,由烟囱效应产生的空气流动可限制烟气流进竖井,如果着火层的燃烧强烈,热烟气的浮力足以克服竖井内的烟囱效应进入竖井而继续向上蔓延。因

此,对高层建筑中的楼梯间、电梯井、管道井、天井、电缆井、排气道、中庭等竖向孔道,如果防火处理不当,就形同一座高耸的烟囱,强大的抽拔力将使火沿着竖向孔道迅速蔓延。

3)外界风的作用

风的存在可在建筑物的周围产生压力分布,而这种压力分布能够影响建筑物内的烟气流动。建筑物外部的压力分布受到多种因素的影响,其中包括风的速度和方向、建筑物的高度和几何形状等。风的影响往往可以超过其他驱动烟气运动的力(自然和人工)。一般来说,风朝着建筑物吹过来会在建筑物的迎风侧产生较高的滞止压力,这可增强建筑物内的烟气向下风方向的流动。

3. 烟气蔓延的途径

火灾时,建筑内烟气呈水平流动和垂直流动。蔓延的途径主要有:内墙门、洞口,外墙门、窗口,房间隔墙,空心结构,闷顶,楼梯间,各种竖井管道,楼板上的空洞及穿越楼板、墙壁的管线和缝隙等。对主体为耐火结构的建筑来说,造成蔓延的主要原因有:未设有效的防火分区,火灾在未受限制的条件下蔓延;洞口处的分隔处理不完善,火灾穿越防火分隔区域蔓延;防火隔墙和房间隔墙未砌至顶板,火灾在吊顶内部空间蔓延;采用可燃构件与装饰物,火灾通过可燃的隔墙、吊顶、地毯等蔓延。

1)孔洞开口蔓延

在建筑物内部的一些开口处,是水平蔓延的主要途径,如可燃的木质户门、无水幕保护的普通卷帘,未用不燃材料封堵的管道穿孔处等。此外,发生火灾时,一些防火设施未能正常启动,如防火卷帘因卷帘箱开口、导轨等受热变形,或因卷帘下方堆放物品,或因无人操作手动启动装置等导致无法正常放下,同样造成火灾蔓延。

2)穿越墙壁的管线和缝隙蔓延

室内发生火灾时,室内上半部处于较高压力状态下,该部位穿越墙壁的管线和缝隙很容易把火焰、高温烟气传播出去,造成蔓延。此外,穿过房间的金属管线在火灾高温作用下,往往会通过热传导方式将热量传到相邻房间或区域一侧,使与管线接触的可燃物起火。

3)闷顶内蔓延

由于烟火是向上升腾的,因此吊顶棚上的入孔、通风口等都是烟火进入的通道。闷顶内往往没有防火分隔墙,空间大,很容易造成火灾水平蔓延,并通过内部孔洞再向四周、下方的房间蔓延。

4)外墙面蔓延

在外墙面,高温热烟气流会促使火焰窜出窗口向上层蔓延。建筑物外墙窗口的形状、大小对火势的蔓延有很大影响。

2.9.1.5　建筑构件的燃烧性能和耐火极限

1. 建筑构件的燃烧性能

建筑构件的燃烧性能,主要是指组成建筑构件材料的燃烧性能。而材料的燃烧性能,有些得到共识而无须进行检测,如钢材、混凝土、石膏等,但有些材料特别是一些新型建材,则需要通过试验来确定其燃烧性能。除有一些特别规定外,大部分建筑材料的燃烧性能可按 GB 8624 等相关标准确定,即不燃性、难燃性和可燃性。

1)不燃性

用不燃烧性材料做成的构件统称为不燃性构件。不燃烧材料是指在空气中受到火烧或高温作用时不起火、不微燃、不炭化的材料,如钢材、混凝土、砖、石、砌块、石膏板等。

2)难燃性

凡用难燃烧性材料做成的构件或用燃烧性材料做成而用非燃烧性材料做保护层的构件统称为难燃性构件。难燃烧性材料是指在空气中受到火烧或高温作用时难起火、难微燃、难炭化,当火源移走后燃烧或微燃立即停止的材料,如沥青混凝土,经阻燃处理后的木材、塑料、水泥、刨花板、板条抹灰墙等。

3)可燃性

凡用燃烧性材料做成的构件统称为可燃性构件。燃烧性材料是指在空气中受到火烧或高温作用时立即起火或微燃,且火源移走后仍继续燃烧或微燃的材料,如木材、竹子、刨花板、保丽板、塑料等。

2. 建筑构件的耐火极限

耐火极限是指建筑构件按时间一温度标准曲线进行耐火试验,从受到火的作用时起,到失去支持能力或完整性或失去隔火作用时止的这段时间,用小时(h)表示。

在火灾中,建筑耐火构配件起着阻止火势蔓延扩大、延长支撑时间的作用,它们的耐火性能直接决定着建筑物在火灾中的失稳和倒塌的时间。影响建筑构配件耐火性能的因素较多,主要有材料本身的属性、构配件的结构特性、材料与结构间的构造方式、标准所规定的试验条件、材料的老化性能、火灾种类和使用环境要求等。

1)材料本身的属性

材料本身的属性是构配件耐火性能主要的内在影响因素。建筑材料对火灾的影响有四个方面:一是影响点燃和轰燃的速度;二是火焰的连续蔓延;三是助长了火灾的热温度;四是产生浓烟及有毒气体。在其他条件相同的情况下,材料的属性决定了构配件的耐火极限,当然还有材料的理化力学性能也应符合要求。

2)建筑构配件的结构特性

构配件的受力特性决定其结构特性(如梁和柱),不同的结构处理在其他条件相同时,得出的耐火极限是不同的,尤其是节点的处理如焊接、铆接、螺钉连接、简支、固支等方式;球接网架、轻钢桁架,钢结构和组合结构等结构形式;规则截面和不规则截面,暴露的不同侧面等。结构越复杂,高温时结构的温度应力分布越复杂,火灾隐患越大,因此构件的结构特性决定了保护措施选择方案。

3)材料与结构间的构造方式

即使使用品质优秀的材料,当构造方式不恰当时同样起不到应有的防火作用,应该说只要不是易燃材料均可起到防火保护作用,因为可以增大材料用量,只是不经济而已;材料与结构间的构造方式取决于材料自身的属性和基材的结构特性,关系到结构设计的有效性问题,根据材料和基材特性来确定经济合理的构造方式。如厚涂型结构防火涂料在使用厚度超过一定范围后就需要用钢丝网来加固涂层与构件之间的附着力;薄涂型和超薄型结构防火涂料在一定厚度范围内耐火极限达不到工程要求,而增加厚度并不一定能提高耐火极限时,可采用在涂层内包裹建筑纤维布的办法来增强已发泡涂层的附着力,提高耐火极限,满足工程要求,这些仅仅是涂层的构造处理。选择的构造一定要有普遍性和代表性,避免试验的大量重复。这一问题反映了实验室与工程实际之间的距离。

4)标准规定的试验条件

标准规定的耐火性能试验与所选择的执行标准有关,其中包括试件养护条件、使用场合、升温条件、试验炉压力条件、受力情况、判定指标等。在试件不变的情况下试验条件越苛刻,耐火极限越低。

5)材料的老化性能

各种构配件所使用的材料需具有良好的耐久性和较长的使用寿命,尤其是化学建材制成的构件、防火涂料所保护的结构件。对于材料的耐火性能衰减应选用合理的方法和对应产品长期积累的应用实际数据进行合理的评估。

6)火灾种类和使用环境要求

应该说由不同的火灾种类得出的构配件耐火极限是不同的。构配件所在环境决定了其耐火试验时应遵循的火灾试验条件,应对建筑物可能发生的火灾类型做充分的考虑,引入设计程序中,从各方面保证构配件耐火极限符合相应耐火等级要求。

3. 不同耐火等级建筑中建筑构件耐火极限的确定

建筑构件的耐火性能是以楼板的耐火极限为基础,再根据其他构件在建筑物中的重要性以及耐火性能可能的目标值调整后制定的。根据火灾的统计数据来看,88%的火灾可在1.5 h内扑灭,80%的火灾可在1 h内扑灭,因此将一级(具体分级标准见下节建筑耐火等级要求)建筑物楼板的耐火极限定为1.5 h,二级的定为1 h,以下级别的则相应降低要求。其他结构构件按照在结构中所起的作用以及耐火等级的要求而制定了相应的耐火极限时间,如对于在建筑中起主要支撑作用的柱子,其耐火极限值要求相对较高,一级耐火等级的建筑要求3.0 h,二级耐火等级建筑要求2.5 h。这样的要求,对于大部分钢筋混凝土建筑来说都可以满足,但对于钢结构建筑,就必须采取相应的保护措施方可满足耐火极限的要求。

2.9.1.6 建筑耐火等级要求

耐火等级是衡量建筑物耐火程度的分级标准。规定建筑物的耐火等级是建筑设计防火技术措施中的最基本的措施之一。在防火设计中,建筑构件的耐火极限是衡量建筑物的耐火等级的主要指标。建筑耐火等级是由组成建筑物的墙、柱、楼板、屋顶承重构件和吊顶等主要构件的燃烧性能和耐火极限决定的。耐火等级分为一、二、三、四级。由于各类建筑使用性质、重要程度、规模大小、层数高低和火灾危险性存在差异,所要求的耐火程度有所不同。

民用建筑的耐火等级分为一、二、三、四级。除另有规定外,不同耐火等级建筑相应构件的燃烧性能和耐火极限不应低于表2-13中的规定。

表 2-13　不同耐火等级建筑相应构件的燃烧性能和耐火极限(h)

构件名称		耐火等级			
		一级	二级	三级	四级
墙	防火墙	不燃性、3.00	不燃性、3.00	不燃性、3.00	不燃性、3.00
	承重墙	不燃性、3.00	不燃性、2.50	不燃性、2.00	难燃性、0.50
	非承重外墙	不燃性、1.00	不燃性、1.00	不燃性、0.50	可燃性
	楼梯间和前室的墙、电梯井的墙、住宅建筑单元之间的墙和分户墙	不燃性、2.00	不燃性、2.00	不燃性、1.50	难燃性、0.50
	疏散走道两侧的隔墙	不燃性、1.00	不燃性、1.00	不燃性、0.50	难燃性、0.25
	房间隔墙	不燃性、0.75	不燃性、0.50	难燃性、0.50	难燃性、0.25
柱		不燃性、3.00	不燃性、2.50	不燃性、2.00	难燃性、0.50
梁		不燃性、2.00	不燃性、1.50	不燃性、1.00	难燃性、0.50
楼板		不燃性、1.50	不燃性、1.00	不燃性、0.50	可燃性
屋顶承重构件		不燃性、1.50	不燃性、1.00	不燃性、0.50	可燃性
疏散楼梯		不燃性、1.50	不燃性、1.00	不燃性、0.50	可燃性
吊顶(包括吊顶搁栅)		不燃性、0.25	难燃性、0.25	难燃性、0.15	可燃性

注:1. 除另有规定外,以木柱承重且墙体采用不燃材料的建筑,其耐火等级应按四级确定。
2. 住宅建筑构件的耐火极限和燃烧性能可按现行国家标准《住宅建筑规范》(GB 50368)的规定执行。

民用建筑的耐火等级应根据其建筑高度、使用功能、重要性和火灾扑救难度等确定,并应符合下列规定:

(1)地下或半地下建筑(室)和一类高层建筑的耐火等级不应低于一级。

(2)单、多层重要公共建筑和二类高层建筑的耐火等级不应低于二级。

建筑高度大于 100 m 的民用建筑,其楼板的耐火极限不应低于 2.00 h。一、二级耐火等级建筑的上人平屋顶,其屋面板的耐火极限分别不应低于 1.50 h 和 1.00 h。

一、二级耐火等级建筑的屋面板应采用不燃材料,但屋面防水层可采用可燃材料。

二级耐火等级建筑内采用难燃性墙体的房间隔墙,其耐火极限不应低于 0.75 h;当房间的建筑面积不大于 100 m^2 时,房间的隔墙可采用耐火极限不低于 0.50 h 的难燃性墙体或耐火极限不低于 0.30 h 的不燃性墙体。二级耐火等级多层住宅建筑内采用预应力钢筋混凝土的楼板,其耐火极限不应低于 0.75 h。

二级耐火等级建筑内采用不燃材料的吊顶,其耐火极限不限。三级耐火等级的医疗建筑、中小学校的教学建筑、老年人建筑及托儿所、幼儿园的儿童用房和儿童游乐厅等儿童活动场所的吊顶,应采用不燃材料;当采用难燃材料时,其耐火极限不应低于 0.25 h。二、三级耐火等级建筑中门厅、走道的吊顶应采用不燃材料。

建筑内预制钢筋混凝土构件的节点外露部位,应采取防火保护措施,且节点的耐火极限不应低于相应构件的耐火极限。

2.9.1.7　建筑防火间距

防火间距是一座建筑物着火后，火灾不致蔓延到相邻建筑物的空间间隔，它是针对相邻建筑设置的。建筑物起火后，其内部的火势在热对流和热辐射作用下迅速扩大，在建筑物外部则因强烈的热辐射作用对周围建筑物构成威胁。火场辐射热的强度取决于火灾规模的大小、持续时间的长短，与邻近建筑物的距离及风速、风向等因素。通过对建筑物进行合理布局和设置防火间距，防止火灾在相邻的建筑物之间相互蔓延，合理利用和节约土地，并为人员疏散、消防人员的救援和灭火提供条件，减少失火建筑对相邻建筑及其使用者强烈的辐射和烟气的影响。

1. 防火间距的确定原则

影响防火间距的因素很多，火灾时建筑物可能产生的热辐射强度是确定防火间距应考虑的主要因素。热辐射强度与消防扑救力量、火灾延续时间、可燃物的性质和数量、相对外墙开口面积的大小、建筑物的长度和高度以及气象条件等有关。但实际工程中不可能都考虑。防火间距主要是根据当前消防扑救力量，结合火灾实例和消防灭火的实际经验确定的。

(1)防止火灾蔓延。根据火灾发生后产生的辐射热对相邻建筑的影响，一般不考虑飞火、风速等因素。火灾实例表明，一、二级耐火等级的低层建筑，保持6～10 m的防火间距，在有消防队进行扑救的情况下，一般不会蔓延到相邻建筑物。根据建筑的实际情形，将一、二级耐火等级多层建筑之间的防火间距定为6 m。其他三、四级耐火等级的民用建筑之间的防火间距，因耐火等级低，受热辐射作用易着火而致火势蔓延，所以防火间距在一、二级耐火等级建筑要求的基础上有所增加。

(2)保障灭火救援场地需要。防火间距还应满足消防车的最大工作回转半径和扑救场地的需要。建筑物高度不同，需使用的消防车不同，操作场地也就不同。对低层建筑，普通消防车即可；而对高层建筑，则还要使用曲臂、云梯等登高消防车。考虑到扑救高层建筑需要使用曲臂车、云梯登高消防车等车辆，为满足消防车辆通行、停靠、操作的需要，结合实践经验，规定一、二级耐火等级高层建筑之间的防火间距不应小于13 m。

(3)节约土地资源。

(4)防火间距的计算。防火间距应按相邻建筑物外墙的最近距离计算，如外墙有凸出的可燃构件，则应从其凸出部分外缘算起；如为储罐或堆场，则应从储罐外壁或堆场的堆垛外缘算起。

2. 防火间距不足时的消防技术措施

防火间距由于场地等原因，难以满足国家有关消防技术规范的要求时，可根据建筑物的实际情况，采取以下补救措施：

(1)改变建筑物的生产和使用性质，尽量降低建筑物的火灾危险性，改变房屋部分结构的耐火性能，提高建筑物的耐火等级。

(2)调整生产厂房的部分工艺流程，限制库房内储存物品的数量，提高部分构件的耐火极限和燃烧性能。

(3)将建筑物的普通外墙改造为防火墙或减少相邻建筑的开口面积，如开设门窗，应采用防火门窗或加防火水幕保护。

(4)拆除部分耐火等级低、占地面积小、使用价值低且与新建筑物相邻的原有陈旧建筑物。

(5)设置独立的室外防火墙。在设置防火墙时,应兼顾通风排烟和破拆扑救,切忌盲目设置,顾此失彼。

2.9.1.8 建筑平面布置

一个建筑在建设时,除要考虑城市的规划和在城市中的设置位置外,单体建筑内,在考虑满足功能需求的划分外,还应根据某些重点部位的火灾危险性、使用性质、人员密集场所人员快捷疏散和消防成功扑救等因素,对建筑物内部空间进行合理布置,以防止火灾和烟气在建筑内部蔓延扩大,确保火灾时的人员生命安全,减少财产损失。

1. 布置原则

(1)建筑内部某部位着火时,能限制火灾和烟气在(或通过)建筑内部和外部的蔓延,并为人员疏散、消防人员的救援和灭火提供保护。

(2)建筑物内部某处发生火灾时,减少邻近(上下层、水平相邻空间)分隔区域受到强辐射热和烟气的影响。

(3)消防人员能方便进行救援、利用灭火设施进行灭火。

(4)有火灾或爆炸危险的建筑设备设置部位,能防止对人员和贵重设备造成影响或危害。或采取措施防止发生火灾或爆炸,及时控制灾害的蔓延扩大。

2. 设备用房布置

由于建筑规模的扩大、用电负荷的增加和集中供热的需要,建筑所需锅炉的蒸发量和变配电设备越来越大,但锅炉和变压器等在运行中又存在较大的危险,发生事故后的危害也较大,特别是燃油、燃气锅炉,容易发生燃烧爆炸事故。可燃油油浸电力变压器发生故障产生电弧时,将使变压器内的绝缘油迅速发生热分解,析出氢气、甲烷、乙炔等可燃气体,压力骤增,造成外壳爆裂而大面积喷油,或者析出的可燃气体与空气形成爆炸性混合物,在电弧或火花的作用下极易引起燃烧和爆炸。变压器爆炸后,火灾将随高温变压器油的流淌而蔓延,造成更大的火灾。

1)锅炉房、变压器室布置

燃煤、燃油或燃气锅炉、油浸电力变压器、充有可燃油的高压电容器和多油开关等用房宜独立建造。当确有困难时,可贴邻民用建筑布置,但应采用防火墙隔开,且不应贴邻人员密集场所。燃油或燃气锅炉、油浸电力变压器、充有可燃油的高压电容器和多油开关等用房受条件限制必须布置在民用建筑内时,不应布置在人员密集场所的上一层、下一层或贴邻,并应符合下列规定:

(1)燃油和燃气锅炉房、变压器室应设置在首层或地下一层靠外墙部位,但常(负)压燃油、燃气锅炉可设置在地下二层,当常(负)压燃气锅炉距安全出口的距离大于6 m时,可设置在屋顶上。燃油锅炉应采用丙类液体作燃料。采用相对密度(与空气密度的比值)大于等于0.75的可燃气体为燃料的锅炉,不得设置在地下或半地下建筑(室)内。

(2)锅炉房、变压器室的门均应直通室外或直通安全出口,外墙开口部位的上方应设置宽度不小于1 m的不燃烧体防火挑檐或高度不小于1.2 m的窗槛墙。

(3)锅炉房、变压器室与其他部位之间应采用耐火极限不低于2.00 h的不燃烧体隔墙和1.50 h的不燃烧体楼板隔开。在隔墙和楼板上不应开设洞口,当必须在隔墙上开设门窗时,应设置甲级防火门窗。

(4)当锅炉房内设置储油间时,其总储存量不应大于1 m^3,且储油间应采用防火墙与锅炉间隔开,当必须在防火墙上开门时,应设置甲级防火门。

(5)变压器室之间、变压器室与配电室之间,应采用耐火极限不低于2.00 h的不燃烧体墙隔开。

(6)油浸电力变压器、多油开关室、高压电容器室,应设置防止油品流散的设施。油浸电力变压器下面应设置储存变压器全部油量的事故储油设施。

(7)锅炉的容量应符合现行国家标准《锅炉房设计规范》(GB 50041)的有关规定。油浸电力变压器的总容量不应大于1 260 kVA,单台容量不应大于630 kVA。

(8)应设置火灾报警装置。

(9)应设置与锅炉、油浸变压器容量和建筑规模相适应的灭火设施。

(10)燃气锅炉房应设置防爆泄压设施,燃气、燃油锅炉房应设置独立的通风系统,并应符合《建筑设计防火规范》关于对燃油、燃气锅炉房通风要求的有关规定。

2)柴油发电机房布置

柴油发电机房布置在民用建筑内时应符合下列规定:

(1)宜布置在建筑物的首层及地下一、二层,不应布置在地下三层及以下,柴油发电机应采用丙类柴油作燃料。

(2)应采用耐火极限不低于2.00 h的不燃烧体隔墙和1.50 h的不燃烧体楼板与其他部位隔开,门应采用甲级防火门。

(3)机房内应设置储油间,其总储存量不应大于8 h的需要量,且储油间应采用防火墙与发电机间隔开;当必须在防火墙上开门时,应设置甲级防火门。

(4)应设置火灾报警装置。

(5)应设置与柴油发电机容量和建筑规模相适应的灭火设施。

3)消防控制室布置

消防控制室是建筑物内防火、灭火设施的显示控制中心,是扑救火灾的指挥中心,是保障建筑物安全的要害部位之一,应设在交通方便和发生火灾后不易延烧的部位。其设置应符合下列规定:

(1)单独建造的消防控制室,其耐火等级不应低于二级。

(2)附设在建筑物内的消防控制室,宜设置在建筑物内首层的靠外墙部位,亦可设置在建筑物的地下一层,应采用耐火极限不低于2.00 h的隔墙和1.50 h的楼板与其他部位隔开,并应设置直通室外的安全出口。

(3)严禁与消防控制室无关的电气线路和管路穿过。

(4)不应设置在电磁场干扰较强及其他可能影响消防控制设备工作的设备用房附近。

4)消防设备用房布置

附设在建筑物内的消防设备用房,如固定灭火系统的设备室、消防水泵房和通风空气调节机房、防排烟机房等，应采用耐火极限不低于2.00 h的隔墙和1.50 h的楼板与其他部位隔开。独立建造的消防水泵房，其耐火等级不应低于二级，附设在建筑内的消防水泵房，不应设置在地下三层及以下或地下室内地面与室外出入口地坪高差大于10 m的楼层，消防水泵房设置在首层时，其疏散门宜直通室外，设置在地下层或楼层上时，其疏散门应靠近安全出口。消防水泵房的门应采用甲级防火门；电梯机房应与普通电梯机房之间采用耐火极限不低于2.00 h的隔墙分开，如开门，应设甲级防火门。

3.人员密集场所布置

1)观众厅、会议厅、多功能厅

高层建筑内的观众厅、会议厅、多功能厅等人员密集场所，应设在首层或二、三层；当必须设在其他楼层时，应符合下列规定：

(1)一个厅、室的建筑面积不宜超过400 m^2。

(2)一个厅、室的安全出口不应少于两个。

(3)必须设置火灾自动报警系统和自动喷水灭火系统。

(4)幕布和窗帘应采用经阻燃处理的织物。

2)歌舞娱乐放映游艺场所

歌舞厅、卡拉OK厅(含具有卡拉OK功能的餐厅)、夜总会、录像厅、放映厅、桑拿浴室(除洗浴部分外)、游艺厅(含电子游艺厅)、网吧等歌舞娱乐放映游艺场所(简称歌舞娱乐放映游艺场所)，应布置在建筑的首层或二、三层，宜靠外墙设置，不应布置在袋形走道的两侧和尽端，面积按厅室建筑面积计算，这里的“一个厅、室”是指歌舞娱乐放映游艺场所中一个相互分隔的独立单元，并应采用耐火极限不低于2.00 h的隔墙和1.00 h的楼板与其他场所隔开，当墙上必须开门时，应设置不低于乙级的防火门。当必须设置在其他楼层时，尚应符合下列规定：

(1)不应设置在地下二层及二层以下，设置在地下一层时，地下一层地面与室外出入口地坪的高差不应大于10 m。

(2)一个厅、室的建筑面积不应超过200 m^2。

(3)一个厅、室的出口不应少于两个，当一个厅、室的建筑面积小于50 m^2，可设置一个出口。

(4)应设置火灾自动报警系统和自动喷水灭火系统及防烟、排烟设施等。

3)电影院、剧场、礼堂

(1)电影院、剧场等不宜设置在住宅楼、仓库、古建筑内。

(2)在一、二级耐火等级的建筑内设置的电影院：设在商场、市场、购物广场等建筑内，利用这些建筑中的餐饮、购物、休闲等设施相互促进，从而使双方获得好的经济效益。但是，由于影院与商场的作息时间不同，因此特别规定，综合建筑内设置的电影院应设置在独立的竖向交通附近，并应有人员集散空间，应有单独出入口通向室外，同时应设置明显标志。目前，这种形式的电影院已经与传统意义上的影院有了很大的差异。设置在三层以上时，其设计一般要求参照设在四层以上的会议厅、多功能厅的要求来设计。

(3)当电影院、剧场、礼堂设置在三级耐火等级的建筑内时，应设置在首层、二层；当设置在四级耐火等级的建筑内时，应设置在首层。

4. 特殊场所布置

1) 老年人建筑及儿童活动场所

老年人及儿童行动不便,缺乏必要的自理能力,易造成严重伤害,火灾时无法进行适当的自救和安全逃生,一般均需依靠成年人的帮助来实现逃生。因此,老年人建筑及托儿所、幼儿园的儿童用房和儿童游乐厅等儿童活动场所宜设置在独立的建筑内。当在一、二级耐火等级的多层和高层建筑内设置时,应设置在建筑物的首层或二、三层;当设置在三级耐火等级的建筑内时,应设置在首层及二层;当设置在四级耐火等级的建筑内时,应设置在首层,并均宜设置独立的出口。

2) 医院的病房

(1) 对于设置在人防工程中的医院病房,不应设置在地下二层及以下层,当设置在地下一层时,室内地面与室外出入口地坪高差不应大于 10 m。

(2) 人防工程内设置的病房,应划分独立的防火分区,且疏散楼梯不得与其他防火分区的疏散楼梯共用。

(3) 当病房设置在三级耐火等级的建筑内时,应设置在首层、二层;当设置在四级耐火等级的建筑内时,应设置在首层。

2.9.1.9 防火防烟分区与分隔

1. 防火分区

防火分区是指采用具有较高耐火极限的墙和楼板等构件作为一个区域的边界构件划分出的,能在一定时间内阻止火势向同一建筑的其他区域蔓延的防火单元。防火分区的面积大小应根据建筑物的使用性质、高度、火灾危险性、消防扑救能力等因素确定。不同类别的建筑,其防火分区的划分有不同的标准。

2. 防火分隔

划分防火分区时必须满足防火设计规范中规定的面积及构造要求,同时还应遵循以下原则:同一建筑物内,不同的危险区域之间、不同用户之间、办公用房和生产车间之间,应进行防火分隔处理;做避难通道使用的楼梯间、前室和具有避难功能的走廊,必须受到完全保护,保证其不受火灾侵害并畅通无阻。高层建筑中的各种竖向井道,如电缆井、管道井等,其本身应是独立的防火单元,应保证井道外部火灾不扩大到井道内部,井道内部火灾也不蔓延到井道外部。有特殊防火要求的建筑,在防火分区之内应设置更小的防火区域。

1) 防火分区分隔

防火分区划分的目的是采用防火措施控制火灾蔓延,减少人员伤亡和经济损失。划分防火分区,应考虑水平方向的划分和竖直方向的划分。水平防火分区,即采用一定耐火极限的墙、楼板、门窗等防火分隔物按防火分区的面积进行分隔的空间。按竖直方向划分的防火分区也称竖向防火分区,可把火灾控制在一定的楼层范围内,防止火灾向其他楼层垂直蔓延,主要采用具有一定耐火极限的楼板做分隔构件。每个楼层可根据面积要求划分成多个防火分区,高层建筑在垂直方向应以每个楼层为单元划分防火分区,所有建筑物的地下室,在垂直方向应以每个楼层为单元划分防火分区。

2) 功能区域分隔

(1) 歌舞娱乐放映游艺场所。歌舞娱乐放映游艺场所是相互分隔的独立房间,如卡拉 OK 的每间包房、桑拿浴的每间按摩房或休息室等房间应是独立的防火分隔单元。当其布置在地下或四层及以上楼层时，一个厅、室的建筑面积不应大于 200 m^2，即使设置自动喷水灭火系统，面积也不能增加，以便将火灾限制在该房间内。厅、室之间及与建筑的其他部位之间，应采用耐火极限不低于 2.00 h 的防火隔墙和不低于 1.00 h 的不燃性楼板分隔，设置在厅、室墙上的门和该场所与建筑内其他部位相通的门均应采用乙级防火门。单元之间或与其他场所之间的分隔构件上无任何门窗洞口。

(2)人员密集场所。观众厅、会议厅(包括宴会厅)等人员密集的厅、室布置在四层及以上楼层时，建筑面积不宜大于 400 m^2，且应设置火灾自动报警系统和自动喷水灭火系统等自动灭火系统，幕布的燃烧性能不应低于 B1 级。

(3)医院、疗养院建筑。医院、疗养院建筑指医院或疗养院内的病房楼、门诊楼、手术部或疗养楼、医技楼等直接为病人诊查、治疗和休养服务的建筑。病房楼内的火灾荷载大、大多数人员行动能力受限，相比办公楼等公共建筑的火灾危险性更高。因此，在按照规范要求划分防火分区后，病房楼的每个防火分区还需根据面积大小和疏散路线进一步分隔，以便将火灾控制在更小的区域内，并有效地减小烟气的危害，为人员疏散与灭火救援提供更好的条件。医院和疗养院的病房楼内相邻护理单元之间应采用耐火极限不低于 2.00 h 的防火隔墙分隔，隔墙上的门应采用乙级防火门，设置在走道上的防火门应采用常开防火门。

(4)住宅。住宅建筑的火灾危险性与其他功能的建筑有较大差别，需独立建造。当将住宅与其他功能场所空间组合在同一座建筑内时，需在水平与竖向采取防火分隔措施与其他部分分隔，并使各自的疏散设施相互独立，互不连通。在水平方向，应采用无门窗洞口的防火墙分隔；在竖向，应采用楼板分隔并在建筑立面开口位置的上下楼层分隔处采用防火挑檐、窗槛墙等防止火灾蔓延。住宅建筑与其他使用功能的建筑合建时，应符合下列规定：

①住宅部分与非住宅部分之间，应采用耐火极限不低于 1.50 h 的不燃性楼板和耐火极限不低于 2.00 h 且无门、窗、洞口的防火隔墙完全分隔；当为高层建筑时，应采用耐火极限不低于 2.50 h 的不燃性楼板和无门、窗、洞口的防火墙完全分隔，住宅部分与非住宅部分相接处应设置高度不小于 1.2 m 的防火挑檐，或相接处上、下开口之间的墙体高度不应小于 4.0 m。

②设置商业服务网点的住宅建筑，居住部分与商业服务网点之间应采用耐火极限不低于 1.50 h 的不燃性楼板和耐火极限不低于 2.00 h 且无门、窗、洞口的防火隔墙完全分隔，住宅部分和商业服务网点部分的安全出口和疏散楼梯应分别独立设置。

③商业服务网点中每个分隔单元之间应采用耐火极限不低于 2.00 h 且无门、窗、洞口的防火隔墙相互分隔。

3)设备用房分隔

(1)附设在建筑内的消防控制室、灭火设备室、消防水泵房和通风空气调节机房、变配电室等，应采用耐火极限不低于 2.00 h 的防火隔墙和不低于 1.50 h 的楼板与其他部位分隔。设置在丁、戊类厂房内的通风机房应采用耐火极限不低于 1.00 h 的防火隔墙和不低于 0.50 h 的楼板与其他部位分隔。通风空气调节机房和变配电室开向建筑内的门应采用甲级防火门，消防控制室和其他设备房开向建筑内的门应采用乙级防火门。

(2)锅炉房、变压器室等与其他部位之间应采用耐火极限不低于2.00 h的防火隔墙和不低于1.50 h的不燃性楼板分隔。在隔墙和楼板上不应开设洞口，在必须在隔墙上开设门、窗时，应设置甲级防火门、窗。

(3)锅炉房内设置的储油间，其总储存量不应大于1 m^3，且储油间应采用防火墙与锅炉间分隔；必须在防火墙上开门时，应设置甲级防火门；变压器室之间、变压器室与配电室之间，应设置耐火极限不低于2.00 h的防火隔墙；油浸变压器、多油开关室、高压电容器室，应设置防止油品流散的设施。油浸变压器下面应设置能储存变压器全部油量的事故储油设施。

(4)布置在民用建筑内的柴油发电机房应采用耐火极限不低于2.00 h的防火隔墙和不低于1.50 h的不燃性楼板与其他部位分隔，门应采用甲级防火门；机房内设置储油间，其总储存量不应大于1 m^3，储油间应采用防火墙与发电机间分隔；必须在防火墙上开门时，应设置甲级防火门。

4)中庭防火分隔

中庭也称为“共享空间”，是建筑中由上下楼层贯通而形成的一种共享空间。近年来，随着建筑物大规模化和综合化趋势的发展，出现了贯通数层，乃至数十层的大型中庭空间建筑。建筑中庭的设计在世界上非常流行，在大型中庭空间中，可以用于集会、举办音乐会、舞会和各种演出，其大空间的团聚气氛显示出良好的效果。中庭空间具有以下特点：①在建筑物内部、上下贯通多层空间。②多数以屋顶或外墙的一部分采用钢结构和玻璃，使阳光充满内部空间。③中庭空间的用途是不确定的。

(1)中庭建筑的火灾危险性。

设计中庭的建筑，最大的问题是发生火灾时，其防火分区被上下贯通的大空间所破坏。因此，当中庭防火设计不合理或管理不善时，有火灾急速扩大的可能性。其危险在于：

①火灾不受限制地急剧扩大。中庭空间一旦失火，属于“燃料控制型”燃烧，因此很容易使火势迅速扩大。

②烟气迅速扩散。由于中庭空间形似烟囱，因此易产生烟囱效应。当在中庭下层发生火灾时，烟火就进入中庭；当在上层发生火灾，中庭空间未考虑排烟时，就会向周围楼层扩散，进而扩散到整个建筑物。

③疏散危险。由于烟气在多层楼迅速扩散，楼内人员会产生心理恐惧，人们争先恐后夺路逃命，极易出现伤亡。

④自动喷水灭火设备难启动。中庭空间的顶棚很高，因此采取以往的火灾探测和自动喷水灭火装置等方法不能达到火灾早期探测和初期灭火的效果。即使在顶棚下设置了自动洒水喷头，由于太高，而温度达不到额定值，洒水喷头就无法启动。

⑤灭火和救援活动可能受到影响。同时可能出现要在几层楼进行灭火；消防队员不得不逆疏散人流的方向进入火场；火灾迅速多方位扩大，消防队难以围堵扑灭火灾；火灾时，屋顶和壁面上的玻璃因受热破裂而散落，对扑救人员造成威胁；建筑物中庭的用途不

确定,将会有大量不熟悉建筑情况的人员参与活动,并可能增加大量的可燃物,如临时舞台、照明设施、座位等,将会加大火灾发生的概率,加大火灾时人员的疏散难度。

(2)中庭建筑火灾的防火设计要求。建筑物内设置中庭时,防火分区的建筑面积应按上下层相连通的建筑面积叠加计算。当中庭相连通的建筑面积之和大于一个防火分区的最大允许建筑面积时,应符合下列规定:

①中庭应与周围相连通空间进行防火分隔。采用防火隔墙时,其耐火极限不应低于1.00 h;采用防火玻璃时,防火玻璃与其固定部件整体的耐火极限不应低于1.00 h,但采用C类防火玻璃时,应设置闭式自动喷水灭火系统保护;采用防火卷帘时,其耐火极限不应低于3.00 h,并应符合相关规范的相关规定;与中庭相连通的门、窗,应采用火灾时能自行关闭的甲级防火门、窗。

②高层建筑内的中庭回廊应设置自动喷水灭火系统和火灾自动报警系统。

③中庭应设置排烟设施。

④中庭内不应布置可燃物。

5)玻璃幕墙防火分隔

现代建筑中,经常采用类似幕帘式的墙板。这种墙板一般都比较薄,最外层多采用玻璃、铝合金或不锈钢等漂亮的材料,形成饰面,改变了框架结构建筑的艺术面貌。幕墙工程技术飞速发展,当前多以精心设计和高度工业化的型材体系为主。由于幕墙框料及玻璃均可预制,大幅度降低了工地上复杂细致的操作工作量;新型轻质保温材料、优质密封材料和施工工艺的较快发展,促使非承重轻质外墙的设计和构造发生了根本性改变。然而,发生火灾时玻璃幕墙在火灾初期即会爆裂,导致火灾在建筑物内蔓延,垂直的玻璃幕墙和水平楼板、隔墙间的缝隙是火灾扩散的途径。

玻璃幕墙的防火措施有以下几方面要求:

(1)对不设窗间墙的玻璃幕墙,应在每层楼板外沿,设置耐火极限不低于1.0 h、高度不低于1.2 m的不燃性实体墙或防火玻璃墙;当室内设置自动喷水灭火系统时,该部分墙体的高度不应小于0.8 m。

(2)为了阻止火灾时幕墙与楼板、隔墙之间的洞隙蔓延火灾,幕墙与每层楼板交界处的水平缝隙和隔墙处的垂直缝隙,应该用防火封堵材料严密填实。窗间墙、窗槛墙的填充材料应采用防火封堵材料,以阻止火灾通过幕墙与墙体之间的空隙蔓延。需要注意的是,当玻璃幕墙遇到防火墙时,应遵循防火墙的设置要求。防火墙不应与玻璃直接连接,而应与其框架连接。

6)管道井防火分隔

楼梯间、电梯井、采光天井、通风管道井、电缆井、垃圾井等竖井串通各层的楼板,形成竖向连通孔洞,其烟囱效应十分危险。这些竖井应该单独设置,以防烟火在竖井内蔓延;否则,烟火一旦侵入,就会形成火灾向上层蔓延的通道,其后果将不堪设想。高层建筑各种竖井的防火设计构造要求,见表2-14。

表2-14　高层建筑各种竖井的防火设计构造要求

名称	防火要求
电梯井	①应独立设置 ②井内严禁敷设可燃气体和甲、乙、丙类液体管道，且不应敷设与电梯无关的电缆、电线等 ③井壁应为耐火极限不低于2 h的不燃性墙体 ④井壁除开设电梯门洞和通气孔洞外，不应开设其他洞口 ⑤电梯门不应采用栅栏门
电缆井、管道井、排烟道、排气道	①这些竖井应分别独立设置 ②井壁应为耐火极限不低于1 h的不燃性墙性 ③墙壁上的检查门应采用丙级防火门 ④高度不超过100 m的高层建筑，其电缆井、管道井应每隔2~3层在楼板处用相当于楼板耐火极限的不燃性墙体作防火分隔，建筑高度超过100 m的建筑物，应每层做防火分隔 ⑤电缆井、管道井与房间、吊顶、走道等相连通的孔洞，应用不燃材料或防火封堵材料严密填实
垃圾道	①宜靠外墙独立设置，不宜设在楼梯间内 ②垃圾道、排气口应直接开向室外 ③垃圾斗宜设在垃圾道前室内，前室门采用丙级防火门 ④垃圾斗应用不燃材料制作并能自动关门

7）变形缝防火分隔

为防止因建筑变形破坏管线而引发火灾并使烟气通过变形缝扩散，电线、电缆、可燃气体和甲、乙、丙类液体的管道穿过建筑内的变形缝时，应在穿过处加设不燃材料制作的套管或采取其他防变形措施，并应采用防火封堵材料封堵。

8）管道空隙防火封堵

防烟、排烟、供暖、通风和空气调节系统中的管道及建筑内的其他管道，在穿越防火隔墙、楼板和防火分区处的孔隙应采用防火封堵材料封堵。

防火封堵材料，均要符合国家有关标准《防火膨胀密封件》（GB 16807）和《防火封堵材料的性能要求和试验方法》（GA 161）等的要求。

3. 防火分隔设施与措施

对建筑物进行防火分区的划分是通过防火分隔构件来实现的。具有阻止火势蔓延，能把整个建筑空间划分成若干较小防火空间的建筑构件称为防火分隔构件。防火分隔构件可分为固定式和可开启关闭式两种。固定式包括普通砖墙、楼板、防火墙等，可开启关闭式包括防火门、防火窗、防火卷帘、防火水幕等。

1）防火墙

防火墙是具有不少于3.00 h耐火极限的不燃性实体墙。在设置时应满足以下六个方面的构造要求：

（1）防火墙应直接设置在基础上或钢筋混凝土框架上。防火墙应截断可燃性墙体或难燃性墙体的屋顶结构，且应高出不燃性墙体屋面不小于40 cm，高出可燃性墙体或难燃性墙体屋面不小于50 cm。

(2)防火墙中心距天窗端面的水平距离小于4 m,且天窗端面为可燃性墙体时,应采取防止火势蔓延的设施。

(3)建筑物外墙如为难燃性墙体,防火墙应突出墙的外表面40 cm,或防火墙带的宽度,从防火墙中心线起每侧不应小于2 m。

(4)防火墙内不应设置排气道。防火墙上不应开设门、窗、洞口,如必须开设,应采用能自行关闭的甲级防火门、窗。可燃气体和甲、乙、丙类液体管道不应穿过防火墙。其他管道如必须穿过,应用防火封堵材料将缝隙紧密填塞。

(5)建筑物内的防火墙不应设在转角处。如设在转角附近,内转角两侧上的门窗洞口之间最近的水平距离不应小于4 m。紧靠防火墙两侧的门、窗、洞口之间最近的水平距离不应小于2 m。

(6)设计防火墙时,应考虑防火墙一侧的屋架、梁、楼板等受到火灾的影响而破坏时,不致使防火墙倒塌。

2)防火卷帘

防火卷帘是在一定时间内,连同框架能满足耐火稳定性和完整性要求的卷帘,由帘板、卷轴、电机、导轨、支架、防护罩和控制机构等组成。

(1)类型。

①按叶板厚度,可分为轻型(厚度0.5~0.6 mm)及重型(厚度为1.5~1.6 mm)。

一般情况下,0.8~1.5 mm厚度适用于楼梯间或电动扶梯的隔墙,1.5 mm厚度以上适用于防火墙或防火分隔墙。

②按卷帘动作方向,可分为上卷(宽度可达10 m,耐火极限可达4 h)及侧卷(宽度可达80~100 m,>90°转弯,耐火极限可达4.3 h)。

③按材料,可分为普通型钢质(耐火极限分别达到1.5 h、2.0 h)、复合型钢质(中间加隔热材料,耐火极限可分别达到2.5 h、3.0 h、4.0 h)。此外,还有非金属材料制作的复合防火卷帘,主要材料是石棉布,有较高的耐火极限。

(2)设置要求。

替代防火墙的防火卷帘应符合防火墙耐火极限的判定条件,或在其两侧设冷却水幕,计算水量时,其火灾延续时间按不小于3.00 h考虑。设在疏散走道和前室的防火卷帘应具有延时下降功能。在卷帘两侧设置启闭装置,并应能电动和手动控制。需在火灾时自动降落的防火卷帘,应具有信号反馈的功能。应有防火防烟密封措施。两侧压差为20 Pa时,漏烟量小于0.2 $m^3/(m^2 \cdot min)$。不宜采用侧式防火卷帘;防火卷帘的耐火极限不应低于规范对所设置部位的耐火极限要求。防火卷帘应符合现行国家标准《防火卷帘》(GB 14102)的规定。

(3)设置部位。

一般设置在电梯厅、自动扶梯周围,中庭与楼层走道、过厅相通的开口部位,生产车间中大面积工艺洞口以及设置防火墙有困难的部位等。需要注意的是,为保证安全,除中庭外,当防火分隔部位的宽度不大于30 m时,防火卷帘的宽度不应大于10 m;当防火分隔部位的宽度大于30 m时,防火卷帘的宽度不应大于该防火分隔部位宽度的1/3,且不应大于20 m。

3）防火门窗

(1)防火门。

防火门是指具有一定耐火极限，且在发生火灾时能自行关闭的门。建筑中设置的防火门，应保证门的防火和防烟性能符合现行国家标准《防火门》(GB 12955)的有关规定，并经消防产品质量检测中心检测试验认证才能使用。

①分类。

按耐火极限：防火门分为甲、乙、丙三级，耐火极限应分别不低于1.50 h、1.00 h和0.50 h，对应的分别应用于防火墙、疏散楼梯门和竖井检查门。按材料可分为木质、钢质、复合材料防火门。按门扇结构可分为带亮子、不带亮子，单扇、多扇，全玻门、防火玻璃防火门。

②防火要求。

疏散通道上的防火门应向疏散方向开启，并在关闭后应能从任一侧手动开启。设置防火门的部位，一般为房间的疏散门或建筑某一区域的安全出口。建筑内设置的防火门既要能保持建筑防火分隔的完整性，又要能方便人员疏散和开启。因此，防火门的开启方式、开启方向等均要保证在紧急情况下人员能快捷开启，不会导致阻塞。

用于疏散走道、楼梯间和前室的防火门，应能自动关闭；双扇和多扇防火门，应设置顺序闭门器。

除允许设置常开防火门的位置外，其他位置的防火门均应采用常闭防火门。常闭防火门应在门扇的明显位置设置“保持防火门关闭”等提示标志。为方便平时经常有人通行而需要保持常开的防火门，在发生火灾时，应具有自动关闭和信号反馈功能，如设置与报警系统联动的控制装置和闭门器等。

为保证分区间的相互独立，设在变形缝附近的防火门，应设在楼层较多的一侧，且门开启后不应跨越变形缝，防止烟火通过变形缝蔓延。平时关闭后应具有防烟性能。

(2)防火窗。

防火窗是采用钢窗框、钢窗扇及防火玻璃制成的，能起到隔离和阻止火势蔓延的窗，一般设置在防火间距不足部位的建筑外墙上的开口或天窗，建筑内的防火墙或防火隔墙等部位以及需要防止火灾竖向蔓延的外墙开口部位。

防火窗按照安装方法可分固定窗扇与活动窗扇两种。固定窗扇防火窗，不能开启，平时可以采光，遮挡风雨，发生火灾时可以阻止火势蔓延；活动窗扇防火窗，能够开启和关闭，起火时可以自动关闭，阻止火势蔓延，开启后可以排除烟气，平时还可以采光和通风。为了使防火窗的窗扇能够开启和关闭，需要安装自动和手动开关装置。

防火窗的耐火极限与防火门相同。设置在防火墙、防火隔墙上的防火窗，应采用不可开启的窗扇或具有火灾时能自行关闭的功能。防火窗应符合现行国家标准《防火窗》(GB 16809)的有关规定。

4）防火分隔水幕

防火分隔水幕可以起到防火墙的作用，在某些需要设置防火墙或其他防火分隔物而无法设置的情况下，可采用防火水幕进行分隔。防火分隔水幕宜采用雨淋式水幕喷头，水幕喷头的排列不少于3排，水幕宽度不宜小于6 m，供水强度不应小于2 L/(s·m)。

5)防火阀

防火阀是在一定时间内能满足耐火稳定性和耐火完整性要求,用于管道内阻火的活动式封闭装置。空调、通风管道一旦窜入烟火,就会导致火灾在大范围蔓延。因此,在风道贯通防火分区的部位(防火墙),必需设置防火阀。防火阀平时处于开启状态,发生火灾时,当管道内烟气温度达到70 ℃时,易熔合金片熔断断开而自动关闭。

(1)防火阀的设置部位。穿越防火分区处;穿越通风、空气调节机房的房间隔墙和楼板处;穿越重要或火灾危险性大的房间隔墙和楼板处;穿越防火分隔处的变形缝两侧;竖向风管与每层水平风管交接处的水平管段上,但当建筑内每个防火分区的通风、空气调节系统均独立设置时,水平风管与竖向总管的交接处可不设置防火阀;公共建筑的浴室、卫生间和厨房的竖向排风管,应采取防止回流措施或在支管上设置公称动作温度为70 ℃的防火阀。公共建筑内厨房的排油烟管道宜按防火分区设置,且在与竖向排风管连接的支管处应设置公称动作温度为150 ℃的防火阀。

(2)防火阀的设置要求。防火阀宜靠近防火分隔处设置;防火阀安装时,应在安装部位设置方便维护的检修口;在防火阀两侧各2.0 m范围内的风管及其绝热材料应采用不燃材料;防火阀应符合现行国家标准《建筑通风和排烟系统用防火阀门》(GB 15930)的规定。

6)排烟防火阀

排烟防火阀是安装在排烟系统管道上起隔烟、阻火作用的阀门。它在一定时间内能满足耐火稳定性和耐火完整性的要求,具有手动和自动功能。当管道内的烟气达到280 ℃时排烟阀门自动关闭。

排烟防火阀设置场所:排烟管进入排风机房处;穿越防火分区的排烟管道上;排烟系统的支管上。

4. 防烟分区

防烟分区是在建筑内部采用挡烟设施分隔而成,能在一定时间内防止火灾烟气向同一防火分区的其余部分蔓延的局部空间。

划分防烟分区的目的:一是在火灾时,将烟气控制在一定范围内;二是提高排烟口的排烟效果。防烟分区一般应结合建筑内部的功能分区和排烟系统的设计要求进行划分,不设排烟设施的部位(包括地下室)可不划分防烟分区。

1)防烟分区面积划分

设置排烟系统的场所或部位应划分防烟分区。防烟分区不宜大于2 000 m^2,长边不应大于60 m。当室内高度超过6 m,且具有对流条件时,长边不应大于75 m。设置防烟分区应满足以下几个要求:

(1)防烟分区应采用挡烟垂壁、隔墙、结构梁等划分。

(2)防烟分区不应跨越防火分区。

(3)每个防烟分区的建筑面积不宜超过规范要求。

(4)采用隔墙等形成封闭的分隔空间时,该空间宜作为一个防烟分区。

(5)储烟仓高度不应小于空间净高的10%,且不应小于500 mm,同时应保证疏散所需的清晰高度;最小清晰高度应由计算确定。

(6)有特殊用途的场所应单独划分防烟分区。

2)防烟分区分隔措施

划分防烟分区的构件主要有挡烟垂壁、建筑横梁、防火卷帘、隔墙等。

(1)挡烟垂壁。

挡烟垂壁是用不燃材料制成,垂直安装在建筑顶棚、横梁或吊顶下,能在火灾时形成一定的蓄烟空间的挡烟分隔设施。挡烟垂壁常设置在烟气扩散流动的路线上,烟气控制区域的分界处,和排烟设备配合进行有效的排烟。其从顶棚下垂的高度一般应距顶棚面50 cm以上,称为有效高度。当室内发生火灾时,所产生的烟气由于浮力作用而积聚在顶棚下,只要烟层的厚度小于挡烟垂壁的有效高度,烟气就不会向其他场所扩散。

挡烟垂壁分固定式和活动式两种。固定式挡烟垂壁是指固定安装的、能满足设定挡烟高度的挡烟垂壁。活动式挡烟垂壁可从初始位置自动运行至挡烟工作位置,并满足设定挡烟高度的挡烟垂壁。

(2)建筑横梁。

当建筑横梁的高度超过50 cm时,该横梁可作为挡烟设施使用。

2.9.1.10　安全疏散

1.安全出口

安全出口是供人员安全疏散用的楼梯间、室外楼梯的出入口或直通室内外安全区域的出口。

1)疏散楼梯

(1)平面布置。

为了提高疏散楼梯的安全可靠程度,在进行疏散楼梯的平面布置时,应满足下列防火要求:

①疏散楼梯宜设置在标准层(或防火分区)的两端,以便于为人们提供两个不同方向的疏散路线。

②疏散楼梯宜靠近电梯设置。发生火灾时,人们习惯于利用经常走的疏散路线进行疏散,而电梯则是人们经常使用的垂直交通运输工具,靠近电梯设置疏散楼梯,可将常用疏散路线与紧急疏散路线相结合,有利于人们快速进行疏散。如果电梯厅为开敞式,为避免因高温烟气进入电梯井而切断通往疏散楼梯的通道,两者之间应进行防火分隔。

③疏散楼梯宜靠外墙设置。有利于采用带开敞前室的疏散楼梯间,同时也便于自然采光、通风和进行火灾的扑救。

(2)竖向布置。

①疏散楼梯应保持上、下畅通。高层建筑的疏散楼梯宜通至平屋顶,以便当向下疏散的路径发生堵塞或被烟气切断时,人员能上到屋顶暂时避难,等待消防部门利用登高车或直升机进行救援。

②应避免不同的人流路线相互交叉。高层部分的疏散楼梯不应和低层公共部分(指裙房)的交通大厅、楼梯间、自动扶梯混杂交叉,以免紧急疏散时两部分人流发生冲突,引起堵塞和意外伤亡。

2)疏散门

疏散门是人员安全疏散的主要出口。其设置应满足下列要求:

(1)疏散门应向疏散方向开启,但人数不超过60人的房间且每樘门的平均疏散人数不超过30人时,其门的开启方向不限(除甲、乙类生产车间外)。

(2)民用建筑及厂房的疏散门应采用平开门,不应采用推拉门、卷帘门、吊门、转门和折叠门;但丙、丁、戊类仓库首层靠墙的外侧可采用推拉门或卷帘门。

(3)当门开启时,门扇不应影响人员的紧急疏散。

(4)公共建筑内安全出口的门应设置在火灾时能从内部易于开启门的位置;人员密集的公共场所、观众厅的入场门、疏散出口不应设置门槛,从门扇开启90°的门边处向外1.4 m范围内不应设置踏步,疏散门应为推闩式外开门。

(5)高层建筑直通室外的安全出口上方,应设置挑出宽度不小于1.0 m的防护挑檐。

3)安全出口设置基本要求

为了在发生火灾时能够迅速安全地疏散人员,在建筑防火设计时必须设置足够数量的安全出口。每座建筑或每个防火分区的安全出口数目不应少于两个,每个防火分区相邻两个安全出口或每个房间疏散出口最近边缘之间的水平距离不应小于5.0 m。安全出口应分散布置,并应有明显标志。

公共建筑可设置一个安全出口的特殊情况:

(1)除歌舞娱乐放映游艺场所外的公共建筑,当符合下列条件之一时,可设置一个安全出口:

①除托儿所、幼儿园外,建筑面积不大于200 m^2 且人数不超过50人的单层建筑或多层建筑的首层。

②除医疗建筑、老年人建筑及托儿所、幼儿园的儿童用房和儿童游乐厅等儿童活动场所等外,符合表2-15规定的2、3层建筑。

表2-15　公共建筑可设置一个安全出口的条件

耐火等级	最多层数	每层最大建筑面积(m^2)	人数
一、二级	3层	200	第二层和第三层的人数之和不超过50人
三级	3层	200	第二层和第三层的人数之和不超过25人
四级	2层	200	第二层人数不超过15人

③相邻两个防火分区(除地下室外),当防火墙上有防火门连通,且两个防火分区的建筑面积之和不超过规范规定的一个防火分区面积的1.40倍的公共建筑。

④公共建筑中位于两个安全出口之间的房间,当其建筑面积不超过60 m^2 时,可设置一个门,门的净宽不应小于0.9 m;公共建筑中位于走道尽端的房间,当其建筑面积不超过75 m^2 时,可设置一个门,门的净宽不应小于1.40 m。

(2)住宅建筑安全出口设置要求。

住宅建筑每个单元每层的安全出口不应少于两个,且两个安全出口之间的水平距离不应小于5 m。

2. 疏散出口

1)基本概念

疏散出口包括安全出口和疏散门。疏散门是直接通向疏散走道的房间门、直接开向疏散楼梯间的门(如住宅的户门)或室外的门,不包括套间内的隔间门或住宅套内的房间门。安全出口是疏散出口的一个特例。

2)疏散出口设置基本要求

民用建筑应根据建筑的高度、规模、使用功能和耐火等级等因素合理设置安全疏散设施。安全出口、疏散门的位置、数量和宽度应满足人员安全疏散的要求。

(1)建筑内的安全出口和疏散门应分散布置,并应符合双向疏散的要求。

(2)公共建筑内各房间疏散门的数量应经计算确定且不应少于两个,每个房间相邻两个疏散门,最近边缘之间的水平距离不应小于5 m。

(3)除托儿所、幼儿园、老年人建筑、医疗建筑、教学建筑内位于走道尽端的房间外,符合下列条件之一的房间可设置一个疏散门:

①位于两个安全出口之间或袋形走道两侧的房间,对于托儿所、幼儿园、老年人建筑,建筑面积不大于50 m^2;对于医疗建筑、教学建筑,建筑面积不大于75 m^2;对于其他建筑或场所,建筑面积不大于120 m^2。

②位于走道尽端的房间,建筑面积小于50 m^2 且疏散门的净宽度不小于0.90 m,或由房间内任一点至疏散门的直线距离不大于15 m、建筑面积不大于200 m^2 且疏散门的净宽度不小于1.40 m。

③歌舞娱乐放映游艺场所内建筑面积不大于50 m^2 且经常停留人数不超过15人的厅、室或房间。

④建筑面积不大于200 m^2 的地下或半地下设备间;建筑面积不大于50 m^2 且经常停留人数不超过15人的其他地下或半地下房间。

对于一些人员密集场所,如剧院、电影院和礼堂的观众厅,其疏散出口数目应经计算确定,且不应少于两个。为保证安全疏散,应控制通过每个安全出口的人数:即每个疏散出口的平均疏散人数不应超过250人;当容纳人数超过2 000人时,其超过2 000人的部分,每个疏散出口的平均疏散人数不应超过400人。

体育馆的观众厅,其疏散出口数目应经计算确定,且不应少于两个,每个疏散出口的平均疏散人数不宜超过400~700人。

高层建筑内设有固定座位的观众厅、会议厅等人员密集场所,观众厅每个疏散出口的平均疏散人数不应超过250人。

3. 疏散走道与避难走道

疏散走道贯穿整个安全疏散体系,是确保人员安全疏散的重要因素。其设计应简捷明了,便于寻找、辨别,避免布置成S形、U形或袋形。

1)疏散走道

(1)基本概念。疏散走道是指发生火灾时,建筑内人员从火灾现场逃往安全场所的通道。疏散走道的设置应保证逃离火场的人员进入走道后,能顺利地继续通行至楼梯间,到达安全地带。

(2)疏散走道设置基本要求。走道应简捷,并按规定设置疏散指示标志和诱导灯。在1.8 m高度内不宜设置管道、门垛等突出物,走道中的门应向疏散方向开启。尽量避免设置袋形走道。疏散走道的宽度应符合要求。办公建筑的走道最小净宽应满足要求。疏散走道在防火分区处应设置常开甲级防火门。

2)避难走道

(1)基本概念。设置防烟设施且两侧采用防火墙分隔,用于人员安全通行至室外的走道。

(2)避难走道设置要求。走道楼板的耐火极限不应低于1.50 h;走道直通地面的出口不应少于两个,并应设置在不同方向;当走道仅与一个防火分区相通且该防火分区至少有一个直通室外的安全出口时,可设置一个直通地面的出口;走道的净宽度不应小于任一防火分区通向走道的设计疏散总净宽度;走道内部装修材料的燃烧性能应为A级;防火分区至避难走道入口处应设置防烟前室,前室的使用面积不应小于6.0 m^2,开向前室的门应采用甲级防火门,前室开向避难走道的门应采用乙级防火门;走道内应设置消火栓、消防应急照明、应急广播和消防专线电话。

4. 疏散楼梯与楼梯间

当建筑物发生火灾时,普通电梯没有采取有效的防火防烟措施,且供电中断,一般会停止运行,上部楼层的人员只有通过楼梯才能疏散到建筑物的外边,因此楼梯成为最主要的垂直疏散设施。

1)疏散楼梯间的一般要求

(1)楼梯间应能天然采光和自然通风,并宜靠外墙设置。靠外墙设置时,楼梯间及合用前室的窗口与两侧门、窗洞口最近边缘之间的水平距离不应小于1.0 m。

(2)楼梯间内不应设置烧水间、可燃材料储藏室。

(3)楼梯间不应设置卷帘。

(4)楼梯间内不应有影响疏散的凸出物或其他障碍物。

(5)楼梯间内不应敷设或穿越甲、乙、丙类液体的管道。公共建筑的楼梯间内不应敷设或穿越可燃气体管道。居住建筑的楼梯间内不宜敷设或穿越可燃气体管道,不宜设置可燃气体计量表;当必须设置时,应采用金属配管和设置切断气源的装置等保护措施。

(6)除通向避难层错位的疏散楼梯外,建筑中的疏散楼梯间在各层的平面位置不应改变。

(7)疏散用楼梯和疏散通道上的阶梯不宜采用螺旋楼梯和扇形踏步。必须采用时,踏步上、下两级所形成的平面角度不应大于10°,且每级离扶手250 mm处的踏步深度不应小于220 mm。

(8)高度大于10 m的三级耐火等级建筑应设置通至屋顶的室外消防梯。室外消防梯不应面对老虎窗,宽度不应小于0.6 m,且宜从离地面3.0 m高处设置。

(9)除住宅建筑套内的自用楼梯外,地下、半地下室与地上层不应共用楼梯间,必须共用楼梯间时,在首层应采用耐火极限不低于2.00 h的不燃烧体隔墙和乙级防火门将地下、半地下部分与地上部分的连通部位完全分隔,并应有明显标志。

2)敞开楼梯间

敞开楼梯间是低、多层建筑常用的基本形式,也称普通楼梯间。该楼梯的典型特征是,楼梯与走廊或大厅都是敞开在建筑物内,在发生火灾时不能阻挡烟气进入,而且可能成为向其他楼层蔓延的主要通道。敞开楼梯间安全可靠程度不大,但使用方便、经济,适用于低、多层的居住建筑和公共建筑中。

3）封闭楼梯间

封闭楼梯间是指设有能阻挡烟气的双向弹簧门或乙级防火门的楼梯间。封闭楼梯间有墙和门与走道分隔，比敞开楼梯间安全。但因其只设有一道门，在火灾情况下人员进行疏散时难以保证不使烟气进入楼梯间，所以对封闭楼梯间的使用范围应加以限制。

（1）封闭楼梯间的适用范围。

多层公共建筑的疏散楼梯，除与敞开式外廊直接相连的楼梯间外，均应采用封闭楼梯间，具体如下：

医疗建筑、旅馆、老年人建筑；设置歌舞娱乐放映游艺场所的建筑；商店、图书馆、展览建筑、会议中心及类似使用功能的建筑；6层及其以上的其他建筑；高层建筑的裙房；建筑高度不超过32 m的二类高层建筑；建筑高度大于21 m且不大于33 m的住宅建筑，其疏散楼梯间应采用封闭楼梯间；当住宅建筑的户门为乙级防火门时，可不设置封闭楼梯间。

（2）封闭楼梯间的设置要求。

封闭楼梯间应靠外墙设置，并设可开启的外窗排烟，当不能天然采光和自然通风时，应按防烟楼梯间的要求设置。建筑设计中为方便通行，常把首层的楼梯间敞开在大厅中。此时，楼梯间的首层可将走道和门厅等包括在楼梯间内，形成扩大的封闭楼梯间，但应采用乙级防火门等措施与其他走道和房间隔开。除楼梯间门外，楼梯间的内墙上不应开设其他的房间门窗及管道井、电缆井的门或检查口。高层建筑、人员密集的公共建筑、人员密集的多层丙类厂房设置封闭楼梯间时，楼梯间的门应采用乙级防火门，并应向疏散方向开启；其他建筑封闭楼梯间的门可采用双向弹簧门。

4）防烟楼梯间

防烟楼梯间系指在楼梯间入口处设有前室或阳台、凹廊，通向前室、阳台、凹廊和楼梯间的门均为乙级防火门的楼梯间。防烟楼梯间设有两道防火门和防排烟设施，发生火灾时能作为安全疏散通道，是高层建筑中常用的楼梯间形式。

（1）防烟楼梯间的类型。

①带阳台或凹廊的防烟楼梯间。

带开敞阳台或凹廊的防烟楼梯间的特点是以阳台或凹廊作为前室，疏散人员须通过开敞的前室和两道防火门才能进入楼梯间内。

②带前室的防烟楼梯间。

利用自然排烟的防烟楼梯间。在平面布置时，设靠外墙的前室，并在外墙上设有开启面积不小于2 m^2 的窗户，平时可以是关闭状态，但发生火灾时窗户应全部开启。由走道进入前室和由前室进入楼梯间的门必须是乙级防火门，平时及火灾时乙级防火门处于关闭状态。

采用机械防烟的楼梯间。楼梯间位于建筑物的内部，为防止火灾时烟气侵入，采用机械加压方式进行防烟。加压方式有仅给楼梯间加压、分别对楼梯间和前室加压以及仅对前室或合用前室加压等不同方式。

（2）防烟楼梯间的适用范围。

发生火灾时，防烟楼梯间能够保障所在楼层人员安全疏散，是高层和地下建筑中常用的楼梯间形式。在下列情况下应设置防烟楼梯间：

一类高层建筑及建筑高度大于32 m的二类高层建筑；建筑高度大于33 m的住宅建筑；建筑高度大于32 m且任一层人数超过10人的高层厂房；当地下层数为3层及3层以上，以及地下室内地面与室外出入口地坪高差大于10 m时。

(3)防烟楼梯间的设置要求。

防烟楼梯间除应满足疏散楼梯的设置要求外，还应满足以下要求：

当不能天然采光和自然通风时，楼梯间应按规定设置防烟设施，并应设置应急照明设施；在楼梯间入口处应设置防烟前室、开敞式阳台或凹廊等。前室可与消防电梯间的前室合用；前室的使用面积：公共建筑不应小于6.0 m^2，居住建筑不应小于4.5 m^2；合用前室的使用面积：公共建筑、高层厂房以及高层仓库不应小于10.0 m^2，居住建筑不应小于6.0 m^2；疏散走道通向前室以及前室通向楼梯间的门应采用乙级防火门，并应向疏散方向开启；除楼梯间门和前室门外，防烟楼梯间及其前室的内墙上不应开设其他门窗洞口。

5)室外疏散楼梯

在建筑的外墙上设置全部敞开的室外楼梯，不易受烟火的威胁，防烟效果和经济性都较好。

(1)室外楼梯的适用范围。

甲、乙、丙类厂房；建筑高度大于32 m且任一层人数超过10人的丁、戊类高层厂房；辅助防烟楼梯。

(2)室外楼梯的构造要求。

室外楼梯作为疏散楼梯应符合下列规定：栏杆扶手的高度不应小于1.1 m；楼梯的净宽度不应小于0.9 m；倾斜度不应大于45°；楼梯和疏散出口平台均应采取不燃材料制作。平台的耐火极限不应低于1.00 h，楼梯段的耐火极限不应低于0.25 h；通向室外楼梯的门宜采用乙级防火门，并应向室外开启；门开启时，不得减少楼梯平台的有效宽度；除疏散门外，楼梯周围2.0 m内的墙面上不应设置其他门、窗洞口，疏散门不应正对楼梯段。高度大于10 m的三级耐火等级建筑应设置通至屋顶的室外消防梯。室外消防梯不应面对老虎窗，宽度不应小于0.6 m，且宜从离地面3.0 m高处设置。

6)剪刀楼梯

剪刀楼梯，又名叠合楼梯或套梯，是在同一个楼梯间内设置了一对相互交叉，又相互隔绝的疏散楼梯。剪刀楼梯在每层楼层之间的梯段一般为单跑梯段。剪刀楼梯的特点是，同一个楼梯间内设有两部疏散楼梯，并构成两个出口，有利于在较为狭窄的空间内组织双向疏散。剪刀楼梯的两条疏散通道是处在同一空间内，只要有一个出口进烟，就会使整个楼梯间充满烟气，影响人员的安全疏散，为防止出现这种情况应采取下列防火措施：

(1)剪刀楼梯应具有良好的防火、防烟能力，应采用防烟楼梯间，并分别设置前室。

(2)为确保剪刀楼梯两条疏散通道的功能，其梯段之间，应设置耐火极限不低于1.00 h的实体墙分隔。

(3)楼梯间内的加压送风系统不应合用。

5.避难层(间)

避难层是超高层建筑中专供发生火灾时人员临时避难使用的楼层。如果作为避难使

用的只有几个房间，则这几个房间称为避难间。

1）避难层

封闭式避难层，周围设有耐火的围护结构（外墙、楼板），室内设有独立的空调和防排烟系统，如在外墙上开设窗口，应采用防火窗。这种避难层设有可靠的消防设施，足以防止烟气和火焰的侵害，同时还可以避免外界气候条件的影响，因而适用于我国南北方广大地区。

（1）避难层的设置条件及避难人员面积指标。

设置条件，建筑高度超过100 m的公共建筑和住宅建筑应设置避难层。面积指标，避难层（间）的净面积应能满足设计避难人数避难的要求，可按5人/m^2计算。

（2）避难层的设置数量。

根据目前国内主要配备的50 m高云梯车的操作要求，规范规定从首层到第一个避难层之间的高度不应大于50 m，以便火灾时可将停留在避难层的人员由云梯车救援下来。结合各种机电设备及管道等所在设备层的布置需要和使用管理以及普通人爬楼梯的体力消耗情况，两个避难层之间的高度不大于45 m。

（3）避难层的防火构造要求。

为保证避难层具有较长时间抵抗火烧的能力，避难层的楼板宜采用现浇钢筋混凝土楼板，其耐火极限不应低于2.00 h。为保证避难层下部楼层起火时不致使避难层地面温度过高，在楼板上宜设隔热层。避难层四周的墙体及避难层内的隔墙，其耐火极限不应低于3.00 h，隔墙上的门应采用甲级防火门。

避难层可与设备层结合布置。在设计时应注意，各种设备、管道竖井应集中布置，分隔成间，既方便设备的维护管理，又可使避难层的面积完整。易燃、可燃液体或气体管道，排烟管道应集中布置，并采用防火墙与避难区分隔；管道井、设备间应采用耐火极限不低于2.00 h的防火隔墙与避难区分隔。

（4）避难层的安全疏散。

为保证避难层在建筑物起火时能正常发挥作用，避难层应至少有两个不同的疏散方向可供疏散。通向避难层的防烟楼梯间，其上下层应错位或断开布置，这样楼梯间里的人都要经过避难层才能上楼或下楼，为疏散人员提供了继续疏散还是停留避难的选择机会。同时，使上下层楼梯间不能相互贯通，减弱了楼梯间的"烟囱"效应。楼梯间的门宜向避难层开启，在避难层进入楼梯间的入口处应设置明显的指示标志。

为了保障人员安全，消除或减轻人们的恐惧心理，在避难层应设应急照明，其供电时间不应小于1.00 h，照度不应低于1.00 lx。除避难间外，避难层应设置消防电梯出口。消防电梯是供消防人员灭火和救援使用的设施，在避难层必须停靠；而普通电梯因不能阻挡烟气进入，则严禁在避难层开设电梯门。

（5）通风与防排烟系统。

应设置直接对外的可开启窗口或独立的机械防烟设施，外窗应采用乙级防火窗或耐火极限不低于1.00 h的C类防火窗。

（6）灭火设施。

为了扑救超高层建筑及避难层的火灾，在避难层应配置消火栓和消防软管卷盘。

（7）消防专线电话和应急广播设备。

避难层在火灾时停留为数众多的避难者，为了及时和防灾中心及地面消防部门互通信息，避难层应设有消防专线电话和应急广播。

2）避难间

建筑高度大于24 m的病房楼，应在二层及以上各楼层设置避难间。避难间除应符合上述规定外，尚应符合下列规定：

（1）避难间的使用面积应按每个护理单元不小于25.0 m^2 确定；

（2）当电梯前室内有一部及以上病床梯兼做消防电梯时，可利用电梯前室作为避难间。

6. 逃生疏散辅助设施

1）应急照明及疏散指示标志

在发生火灾时，为了保证人员的安全疏散以及消防扑救人员的正常工作，必须保持一定的电光源，据此设置的照明总称为火灾应急照明；为防止疏散通道在火灾下骤然变暗就要保证一定的亮度，抑制人们心理上的惊慌，确保疏散安全，以显眼的文字、鲜明的箭头标记指明疏散方向，引导疏散，这种用信号标记的照明，称为疏散指示标志。

（1）应急照明。

①设置场所。除单、多层住宅外，民用建筑、厂房和丙类仓库的下列部位，应设置疏散应急照明灯具：封闭楼梯间、防烟楼梯间及其前室、消防电梯间的前室或合用前室和避难层（间）；消防控制室、消防水泵房、自备发电机房、配电室、防烟与排烟机房以及发生火灾时仍需正常工作的其他房间；观众厅、展览厅、多功能厅和建筑面积超过200 m^2 的营业厅、餐厅、演播室；建筑面积超过100 m^2 的地下、半地下建筑或地下室、半地下室中的公共活动场所；公共建筑中的疏散走道。

②设置要求。建筑内消防应急照明灯具的照度应符合下列规定：疏散走道的地面最低水平照度不应低于1.0 lx；人员密集场所、避难层（间）内的地面最低水平照度不应低于3.0 lx；楼梯间、前室或合用前室、避难走道的地面最低水平照度不应低于5.0 lx；消防控制室、消防水泵房、自备发电机房、配电室、防烟与排烟机房以及发生火灾时仍需正常工作的其他房间的消防应急照明，仍应保证正常照明的照度。

消防应急照明灯具宜设置在墙面的上部、顶棚上或出口的顶部。

（2）疏散指示标志。

①设置场所。公共建筑及其他一类高层民用建筑，高层厂房（仓库）及甲、乙、丙类厂房应沿疏散走道和在安全出口、人员密集场所的疏散门的正上方设置灯光疏散指示标志。

下列建筑或场所应在其内疏散走道和主要疏散路线的地面上增设能保持视觉连续的灯光疏散指示标志或蓄光疏散指示标志：总建筑面积超过8 000 m^2 的展览建筑；总建筑面积超过5 000 m^2 的地上商店；总建筑面积超过500 m^2 的地下、半地下商店；歌舞娱乐放映游艺场所；座位数超过1 500个的电影院、剧院，座位数超过3 000个的体育馆、会堂或礼堂。

②设置要求。安全出口和疏散门的正上方应采用“安全出口”作为指示标识；沿疏散走道设置的灯光疏散指示标志，应设置在疏散走道及其转角处距地面高度1.0 m以下的墙面上，且灯光疏散指示标志间距不应大于20.0 m；对于袋形走道，不应大于10.0 m；在走道转角区，不应大于1.0 m。疏散指示标志应符合现行国家标准《消防安全标志》（GB

13495）和《消防应急照明和疏散指示系统》（GB 17945）的有关规定。

（3）应急照明和疏散指示标志的共同要求。

①建筑内设置的消防疏散指示标志和消防应急照明灯具，应符合《建筑防火设计规范》、现行国家标准《消防安全标志》（GB 13495）和《消防应急照明和疏散指示系统》（GB 17945）的有关规定。

②应急照明灯和灯光疏散指示标志，应设玻璃或其他不燃烧材料制作的保护罩。

③应急照明和疏散指示标志备用电源的连续供电时间，对于高度超过 100 m 的民用建筑不应少于 1.5 h，对于医疗建筑、老年人建筑、总建筑面积大于 100 000 m^2 的公共建筑不应少于 1.0 h，对于其他建筑不应少于 0.5 h。

2）避难袋

避难袋最外层由玻璃纤维制成，可耐 800 ℃的高温；第二层为弹性制动层，束缚下滑的人体和控制下滑的速度；内层张力大而柔软，使人体以舒适的速度向下滑降。避难袋用于建筑内部时，设于防火竖井内；用于建筑外部时，装设在低层建筑窗口处的固定设施内，失火后将其取出向窗外打开，通过避难袋滑到室外地面。

3）缓降器

缓降器是高层建筑的下滑自救器具，是目前市场上应用最广泛的辅助安全疏散产品。消防队员还可带着一人滑至地面。对于伤员、老人、体弱者或儿童，可由地面人员控制从而安全降至地面。

4）避难滑梯

避难滑梯是一种非常适合病房楼建筑的辅助疏散设施。避难滑梯是一种螺旋形的滑道，节省占地、简便易用、安全可靠、外观别致，能适应各种高度的建筑物，是高层病房楼理想的辅助安全疏散设施。

5）室外疏散救援舱

室外疏散救援舱由平时折叠存放在屋顶的一个或多个逃生救援舱和外墙安装的齿轨两部分组成。

6）缩放式滑道

采用耐磨、阻燃的尼龙材料和高强度金属圈骨架制作成可缩放式的滑道，平时折叠存放在高层建筑的顶楼或其他楼层，火灾时可打开释放到地面，并将末端固定在地面事先确定的锚固点，被困人员依次进入后，滑降到地面。

2.9.2　防火构造分析

2.9.2.1　防火间距

一、二级耐火等级的低层建筑，保持 6 ~ 10 m 的防火间距，在有消防队进行扑救的情况下，一般不会蔓延到相邻建筑物。根据建筑的实际情形，将一、二级耐火等级多层建筑之间的防火间距定为 6 m。其他三、四级耐火等级的民用建筑之间的防火间距，因耐火等级低，受热辐射作用易着火而致火势蔓延，所以防火间距在一、二级耐火等级建筑的要求基础上有所增加，见表 2-16。

表 2-16 不同类别建筑的防火间距

建筑类别		高层民用建筑	裙房和其他民用建筑		
		一、二级	一、二级	三级	四级
高层民用建筑	一、二级	13	9	11	14
裙房和其他民用建筑	一、二级	9	6	7	9
	三级	11	7	8	10
	四级	14	9	10	12

在执行表 2-16 的规定时,应注意以下几点:

(1)相邻两座单、多层建筑,当相邻外墙为不燃性墙体且无外露的可燃性屋檐,每面外墙上无防火保护的门、窗、洞口不正对开设且面积之和不大于该外墙面积的 5% 时,其防火间距可按表 2-16 规定减少 25%。

(2)两座建筑相邻较高一面外墙为防火墙,或高出相邻较低一座一、二级耐火等级建筑的屋面 15 m 及以下范围内的外墙为防火墙时,其防火间距可不限,见图 2-172。

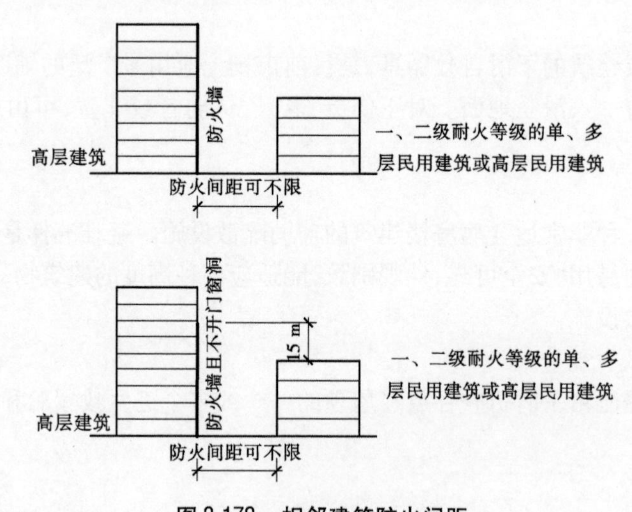

图 2-172 相邻建筑防火间距

(3)相邻两座高度相同的一、二级耐火等级建筑中相邻任一侧外墙为防火墙时,其防火间距可不限。

(4)相邻两座建筑中较低一座建筑的耐火等级不低于二级,屋面板的耐火极限不低于 1.00 h,屋顶无天窗且相邻较低一面外墙为防火墙时,其防火间距不应小于 3.5 m。

(5)相邻两座建筑中较低一座建筑的耐火等级不低于二级且屋顶无天窗,相邻较高一面外墙高出较低一座建筑的屋面 15 m 及以下范围内的开口部位设置甲级防火门、窗,或设置符合现行国家标准《自动喷水灭火系统设计规范》(GB 50084)规定的防火分隔水幕或规范规定的防火卷帘时,其防火间距不应小于 3.5 m。

(6)相邻建筑通过底部的建筑物、连廊或天桥等连接时,其间距不应小于表 2-16 的规定。

(7)耐火等级低于四级的既有建筑,其耐火等级可按四级确定。

2.9.2.2　防火分区

民用建筑当建筑面积过大时，室内容纳的人员和可燃物的数量相应增大，为了减少火灾损失，对建筑物防火分区的面积按照建筑物耐火等级的不同给予相应的限制。

单层、多层民用建筑防火分区面积是以建筑面积计算的。每个防火分区的最大允许建筑面积应符合表2-16的要求。

在进行防火分区划分时应注意以下几点：

(1)防火分区间应采用防火墙分隔，如有困难，可采用以背火面温升做耐火极限判定条件的防火卷帘(耐火极限3 h以上)、不以背火面温升做耐火极限判定条件的防火卷帘加闭式自动喷水灭火系统和防火水幕带分隔。防火墙上设门窗时，应采用甲级防火门窗，并应能自行关闭。

(2)建筑内设有自动灭火系统时，每层最大允许建筑面积可按表2-16增加1倍。局部设置时，增加面积可按该局部面积1倍计算。

(3)建筑物内如设有上下层相连通的走廊、自动扶梯等开口部位时，应按上、下连通层作为一个防火分区，其建筑面积之和不宜超过表2-17的规定。

表2-17　每个防火分区的最大允许建筑面积

耐火等级	最多允许层数	防火分区的最大允许建筑面积(m^2)	备注
一、二级	按相关规范的规定	2 500	1.体育馆、剧院的观众厅，展览建筑的展厅，其防火分区最大允许建筑面积可适当放宽。 2.托儿所、幼儿园的儿童用房和儿童游乐厅等儿童活动场所不应超过三层或设置在四层及四层以上楼层或地下、半地下建筑(室)内
三级	5层	1 200	1.托儿所、幼儿园的儿童用房和儿童游乐厅等儿童活动场所、老年人建筑和医院、疗养院的住院部分不应超过两层或设置在三层及三层以上楼层或地下、半地下建筑(室)内。 2.商店、学校、电影院、剧院、礼堂、食堂、菜市场不应超过两层或设置在三层及三层以上楼层
四级	2层	600	学校、食堂、菜市场、托儿所、幼儿园、老年人建筑、医院等不应设置在二层
	地下、半地下建筑(室)	500	—

注：1.建筑内设置自动灭火系统时，该防火分区的最大允许建筑面积可按本表的规定增加1倍。局部设置时，增加面积可按该局部面积的1.0倍计算。

2.当住宅建筑构件的耐火极限和燃烧性能符合现行国家标准《住宅建筑规范》(GB 50368)的规定时，其最多允许层数执行该标准的规定。

但多层建筑的中庭，在房间、走道与中庭相通的开口部位，设有可自行关闭的乙级防火门或防火卷帘；与中庭相通的过厅、通道等处设有乙级防火门或卷帘；中庭每层回廊设有火灾自动报警系统和自动喷水灭火系统；以及封闭屋盖设有自动排烟设施时，中庭上下各层的建筑面积可不叠加计算。

(4)地下室、半地下室发生火灾时，人员不易疏散，消防人员扑救困难，故对其防火分区面积应控制得严一些，规定建筑物的地下室、半地下室应采用防火墙划分防火分区，其面积不应超过500 m^2。

2.9.2.3 防火分隔

剧场、电影院、礼堂设置在一、二级耐火等级的多层民用建筑内时，应采用耐火极限不低于2 h的防火隔墙和甲级防火门与其他区域分隔；布置在四层及以上楼层时，一个厅、室的建筑面积不宜大于400 m^2；设置在三级耐火等级的建筑内时，不应布置在三层及以上楼层；设置在地下或半地下时，宜设置在地下一层，不应设置在地下三层及以下楼层，防火分区的最大允许建筑面积不应大于1 000 m^2；当设置自动喷水灭火系统和火灾自动报警系统时，该面积也不得增加。

2.9.2.4 安全出口

建筑高度不大于27 m，每个单元任一层的建筑面积小于650 m^2 且任一套房的户门至安全出口的距离小于15 m。

符合以上条件时，每个单元每层可设置一个安全出口。

2.9.3 小结

本任务主要介绍了建筑火灾、防火的概念、类型及功能。分析并重点介绍了：火灾发生的常见原因；建筑火灾的烟气蔓延；建筑构件的燃烧性能和耐火极限；建筑耐火等级要求；建筑防火间距；建筑平面布置；防火防烟分区与分隔；安全疏散（安全出口、疏散出口、疏散走道与避难走道、疏散楼梯与楼梯间、避难层（间）、逃生疏散辅助设施）；砖混结构建筑的防火构造包括防火间距、防火分区、防火分隔、安全出口等方面的设置。

2.9.4 思考题

1. 什么是火灾？火灾怎样分类？

2. 火灾发生的常见原因有哪些？

3. 当高层建筑发生火灾时，烟气在其内的流动扩散一般有哪三条路线？

4. 火灾发生时，烟气流动的驱动力有哪几种？烟气蔓延的途径有哪些？

5. 什么是建筑构件的燃烧性能和耐火极限？

6. 建筑中，常见的不燃构件和难燃构件分别有哪些？

7. 影响建筑构配件耐火性能的因素有哪些？建筑材料对火灾的影响有哪四个方面？

8. 什么是建筑防火间距？防火间距的确定原则有哪些？当防火间距不足时可采取哪些消防技术措施？

9. 为了防止建筑火灾，建筑平面布置应遵循什么原则？

10. 什么是防火分区、防火分隔？

11. 住宅建筑与其他使用功能的建筑合建时,应符合哪些规定?

12. 中庭建筑的火灾危险性有哪些?

13. 玻璃幕墙的防火措施有哪几方面要求?

14. 建筑物防火分隔设施与措施有哪些?

15. 建筑防火墙设置应满足哪些构造要求?

16. 建筑防火门窗分别有哪些类型? 如何设置?

17. 什么是防烟分区? 为什么要设置防烟分区? 设置防烟分区应满足哪几个要求?

18. 划分防烟分区的构件主要有哪些?

19. 什么是安全出口? 安全出口设置有什么要求? 住宅建筑安全出口设置有什么要求?

20. 什么是疏散出口? 疏散出口的设置有哪些基本要求?

21. 什么是疏散走道与避难走道? 怎样设置?

22. 什么是避难层? 避难层设置要考虑哪些因素?

23. 逃生疏散辅助设施有哪些?

任务2.10　变形缝的功能及构造分析

2.10.1　变形缝的概念、类型及功能分析

受温度变化、地基不均匀沉降及地震等因素的影响,建筑结构内部会产生附加变形和应力。如果不采取措施或处理不当,将会使建筑物产生裂缝甚至倒塌,影响使用与安全。为了解决上述问题,一般采用以下两种方法来解决:

(1)通过加强建筑的整体性,使之具有足够的强度和刚度以抵抗这些破坏应力,而不产生开裂。

(2)预先在建筑的变形敏感部位把结构断开,预留缝隙,使建筑物的各个部分在缝隙范围内可以自由变形,避免破坏。

第二种办法更为经济,通常被采用,一般需要在缝隙的构造上进行处理以满足使用和美观的要求。这种为了防止建筑物在外界因素,如温度变化、地基不均匀沉降以及地震作用下产生变形、开裂甚至破坏而预先设置的缝隙叫做变形缝。按照功能的不同,变形缝分为伸缩缝、沉降缝和防震缝三种。

在建筑物因昼夜温差、不均匀沉降以及地震而可能引起结构破坏的变形的敏感部位或其他必要的部位,预先设缝将整个建筑物沿全高断开,令断开后建筑物的各部分成为独立的单元,或者是划分为简单、规则、均一的段,并令各段之间的缝达到一定的宽度,以能够适应变形的需要。

2.10.2　变形缝构造分析

变形缝的构造做法通常取决于建筑变形缝的种类,以及地面、屋面、墙面等相关构件自身的构造做法、选材、施工条件等。变形缝的构造应遵循以下原则:①能满足该类型缝

的变形需要;②建筑围护结构(如外墙、屋面)的缝口构造,应能阻止外界雨雪风霜对室内的侵蚀;③缝口的面层处理应符合使用和外观要求;④抗震设防区的温度缝和沉降缝必须按照防震缝的相关要求进行设计。

2.10.2.1 伸缩缝的构造分析

建筑因温度变化的影响产生热胀冷缩,在结构内部产生温度应力。应力的大小往往与温差和建筑的尺度成正比。当建筑长度超过一定限度、建筑平面变化较多或结构类型复杂时,建筑会因热胀冷缩产生较大的变形而出现开裂。为了预防上述裂缝的发生,应在有可能发生变形产生裂缝的位置预设伸缩缝。通常沿着建筑物长度方向每隔一定的距离预留缝隙,或者在结构变化较大处设缝将建筑断开,见图 2-173。

在伸缩缝位置,应将建筑物基础以上的构件全部断开,以利于让缝两侧的建筑沿着水平方向做自由伸缩,见图 2-174。基础部分因为在地下,受温度变化的影响较小,所以不必断开。

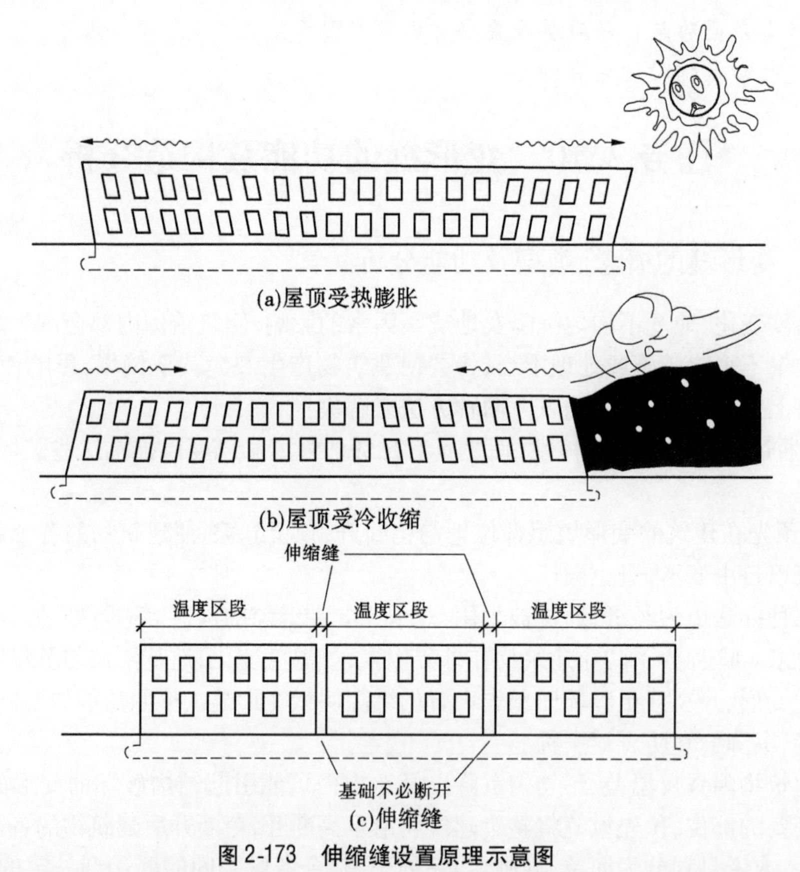

图 2-173 伸缩缝设置原理示意图

伸缩缝的间距,根据结构材料的类别和环境温度等具体设计条件来确定。砌体结构设计规范对砌体结构伸缩缝的最大间距做了规定,见表 2-18。伸缩缝的宽度设置参照表 2-19。

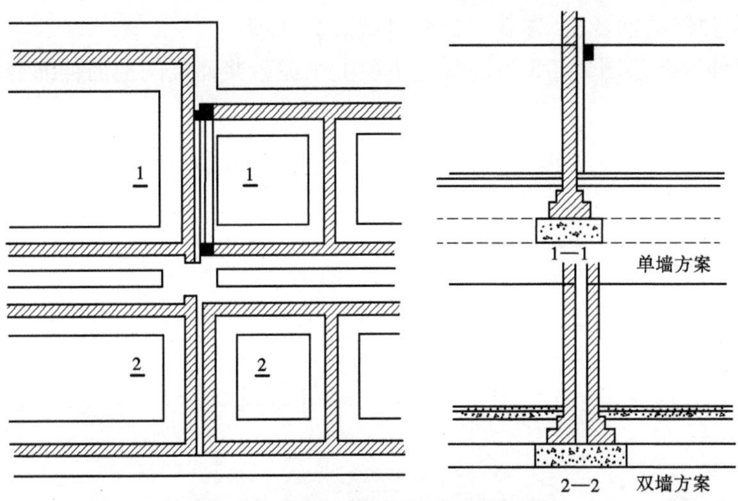

图 2-174　砖混结构伸缩缝结构简图

表 2-18　砌体房屋伸缩缝的最大间距　　（单位：m）

屋盖或楼盖类别		间距
整体式或装配整体式钢筋混凝土结构	有保温层或隔热层的屋盖、楼盖	50
	无保温层或隔热层的屋盖	40
装配式无檩体系钢筋混凝土结构	有保温层或隔热层的屋盖、楼盖	60
	无保温层或隔热层的屋盖	50
装配式有檩体系钢筋混凝土结构	有保温层或隔热层的屋盖	75
	无保温层或隔热层的屋盖	60
瓦材屋盖、木屋盖或楼盖、轻钢屋盖		100

注：1. 对烧结普通砖、多孔砖、配筋砌块砌体房屋取表中数值；对石砌体、蒸压灰砂砖、蒸压粉煤灰砖和混凝土砌块房屋取表中数值乘以 0.8 的系数，当墙体有可靠外保温措施时，其间距可取表中数值。

2. 层高大于 5 m 的烧结普通砖、烧结多孔砖、配筋砌块砌体结构单层房屋，其伸缩缝间距可按表中数值乘以 1.3 的系数。

3. 温差较大且变化频繁地区和严寒地区不采暖的房屋及构筑物墙的伸缩缝最大间距，应按表中数值予以适当减小。

4. 墙体的伸缩缝应与结构的其他变形缝相重合，缝宽度应满足各种变形缝的变形要求；在进行立面处理时，必须保证缝隙的变形作用。

表 2-19　伸缩缝的宽度　　（单位：mm）

结构类型	宽度
一般砌体结构、梁板结构	20 ~ 30
框架结构	20 ~ 30
按功能或设备易发生火灾者	1/200 伸缩缝间距

砖混结构伸缩缝的楼板及屋面可以采用单墙或双墙承重方案，如图 2-174 所示。

1. 楼地面伸缩缝构造

楼地面伸缩缝一般贯通楼地面各层，面层应加设不妨碍构件之间变形的盖缝板，盖缝板的选材应与室内装饰装修相协调，以满足地面的平整、光洁、防水以及卫生等要求，缝内一般采用具有弹性的油膏、沥青麻丝等材料做嵌缝处理。

(1)地坪伸缩缝。图2-175为混凝土垫层上水泥砂浆面层的地面伸缩缝构造。

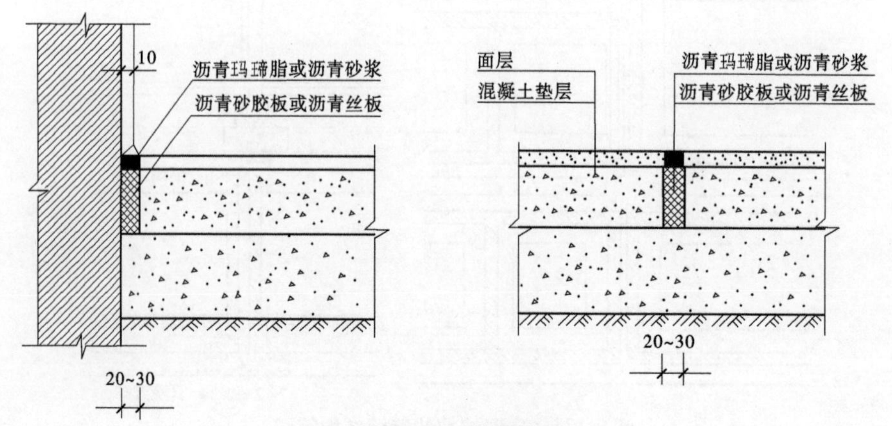

图2-175　地坪伸缩缝构造

(2)当楼面为地砖或其他板材时,变形缝盖板选材通常与之相同,并用沥青麻丝等柔性材料嵌缝,如图2-176所示。

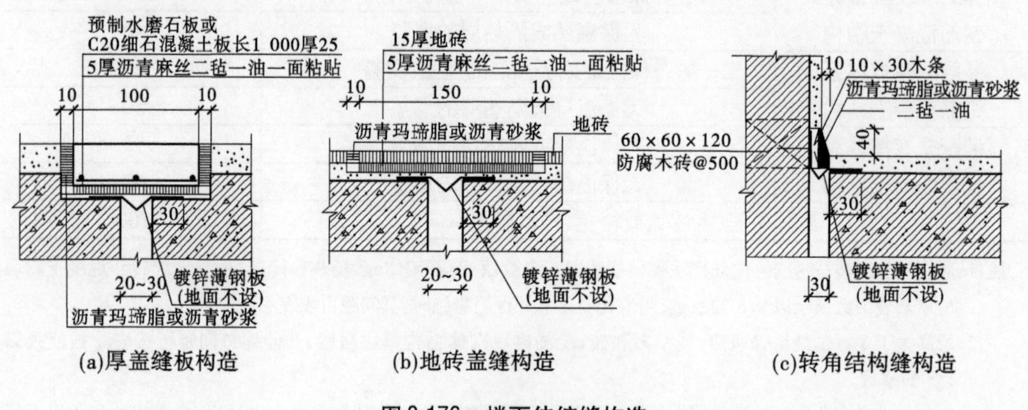

(a)厚盖缝板构造　(b)地砖盖缝构造　(c)转角结构缝构造

图2-176　楼面伸缩缝构造

2. 墙体伸缩缝构造

根据墙体的材料厚度以及施工条件,墙体的伸缩缝可以做成错口缝、企口缝、平缝等不同的形式。当外墙厚度为一砖半以上时,应设计成错口缝或企口缝,厚度为一砖时可做成平缝,如图2-177所示。

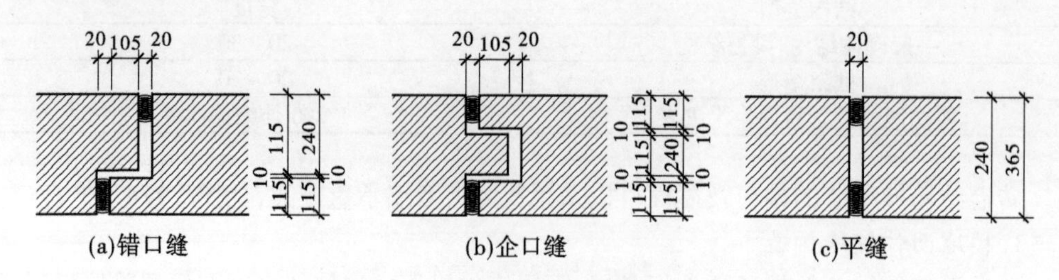

(a)错口缝　(b)企口缝　(c)平缝

图2-177　不同厚度墙体伸缩缝形式

为防止外界自然条件对墙体及室内环境的影响（如防止透风和水蒸气等），外墙伸缩缝内应填塞有防水、防渗漏、保温、防腐性能的弹性材料，如沥青麻丝、泡沫塑料条、橡胶条、油膏等。墙体内侧的缝口常用具有装饰效果的金属片、木质盖缝条、塑料片遮盖，并且仅将一侧固定在墙上，见图2-178所示。

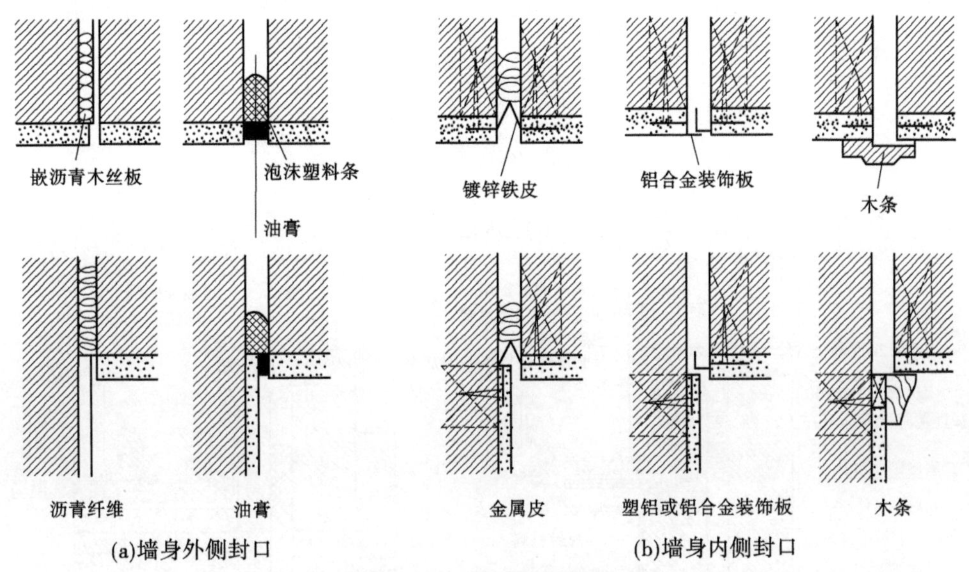

图2-178　墙体伸缩缝构造

3. 屋顶伸缩缝构造

屋顶伸缩缝的位置和尺寸大小，应与墙体、楼地面的伸缩缝相对应，一般设置在同一标高屋顶处或墙与屋顶高低错落处。

当屋顶是不上人屋面时，一般为登高屋面，在伸缩缝处加砌矮墙，并做屋面防水以及泛水处理，如图2-179所示。

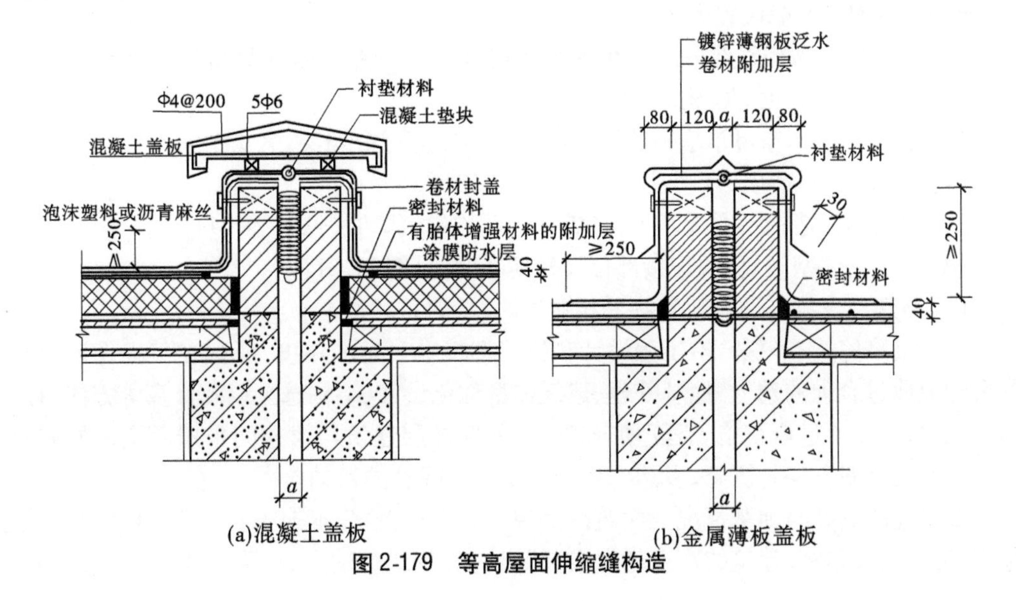

图2-179　等高屋面伸缩缝构造

当屋顶为上人屋面时,则用防水油膏嵌缝并做好泛水处理。当变形缝设置在上人屋面出入口时,为了防止人的活动对变形缝造成损坏,通常需要加设缝顶盖板等(见图 2-180)。

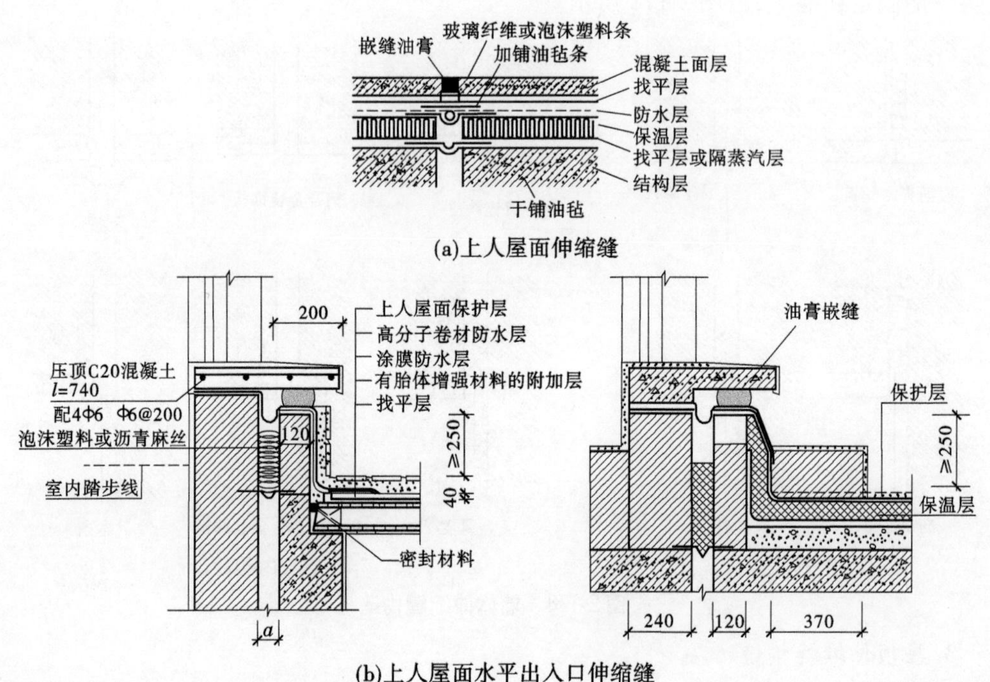

(a)上人屋面伸缩缝

(b)上人屋面水平出入口伸缩缝

图 2-180 上人屋面伸缩缝构造

2.10.2.2 沉降缝的构造分析

沉降缝是为了预防建筑物各部分由于不均匀沉降引起的破坏而设置的变形缝。遇到下列情况时,均应考虑设置沉降缝:

(1)同一建筑物相邻部分高度相差大或荷载大小相差悬殊或结构形式变化处,容易导致地基沉降不均匀时,见图 2-181(a)。

(2)建筑物各部分相邻基础的形式、宽度以及埋置深度相差较大,由此导致基础底部压力有较大差异,易造成不均匀沉降时,见图 2-181(a)。

(3)建筑物建造在不同地基上,且难以保证均匀沉降时,见图 2-181(b)。

(4)建筑物体型较复杂,连接部位又较薄弱时,见图 2-181(b)。

(5)新建建筑物与原有建筑物紧相毗连时,见图 2-181(c)。

由于沉降缝构造复杂,给工程设计和施工都带来一定的难度,所以在工程设计中,应尽可能地通过合理的选址、地基处理、建筑体型优化设计、结构选型以及计算等方法;在工程施工中,可以通过调整施工程序加强配合,如在高层建筑与裙楼间采用后浇带的方法,尽量避免或克服不均匀沉降,以达到不设或少设沉降缝的目的。

沉降缝的宽度与地基情况及建筑高度相关。通常,地基越软弱的建筑,沉降的可能性越高,沉降缝应越宽;建筑的高度越大或层数越多,荷载就越大,沉降的可能越高,沉降缝

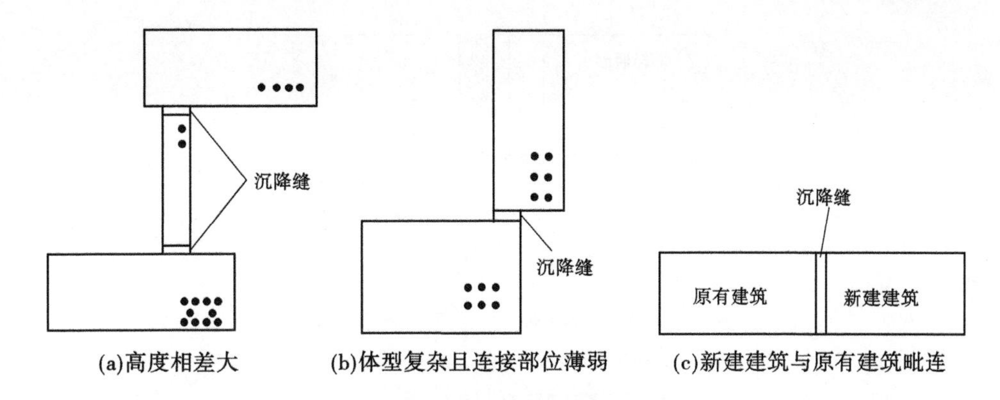

(a)高度相差大　　(b)体型复杂且连接部位薄弱　　(c)新建建筑与原有建筑毗连

图 2-181　沉降缝设置部位示意图

应更宽。沉降缝的宽度见表 2-20。

表 2-20　沉降缝的宽度

结构类型		宽度(mm)
一般基础	建筑物高度 <5 m	30
	建筑物高度 5 ~ 10 m	50
	建筑物高度 10 ~ 15 m	70
软弱基础	2 ~ 3 层	50 ~ 80
	4 ~ 5 层	80 ~ 120
	5 层以上	>120
湿陷性黄土		≥50

1. 基础沉降缝构造

沉降缝是上下变形,所以基础部分也包括地下室都必须断开,使沉降缝两侧的建筑成为各自独立的单元,在垂直方向可以自由沉降,以减少对相邻部分的影响。砖墙承重条形基础的沉降缝构造见图 2-182。

2. 墙体沉降缝构造

墙体沉降缝的构造与伸缩缝基本相同,只是盖缝板或调节片在构造上应保证两侧墙体在水平方向和垂直方向均能自由变形。通常墙体外侧封口见图 2-183。

2.10.2.3　防震缝的构造分析

地震的发生引起地震波,纵波能使建筑物上下振动,横波会引起建筑物产生水平方向的晃动,进而可能造成建筑物开裂、破坏,甚至倒塌。在地震区建造建筑时,必须采取相应的措施。

通常在地震作用下,建筑物不同部位的振幅和振动周期不相同,所以地震时这些不同部位的连接处很容易产生开裂、断裂等破坏。可以考虑在这些连接部位预先设置防震缝,把建筑物刚度差别大的部分分开,使其成为各自的独立单元,防止这类破坏的发生。

防震缝应根据抗震设防烈度、房屋结构类型和高度来设置。对于多层砌体房屋,在 8 度和 9 度设防地区,有下列情况之一时,宜设置防震缝:

(1)建筑立面高差在 6 m 以上。

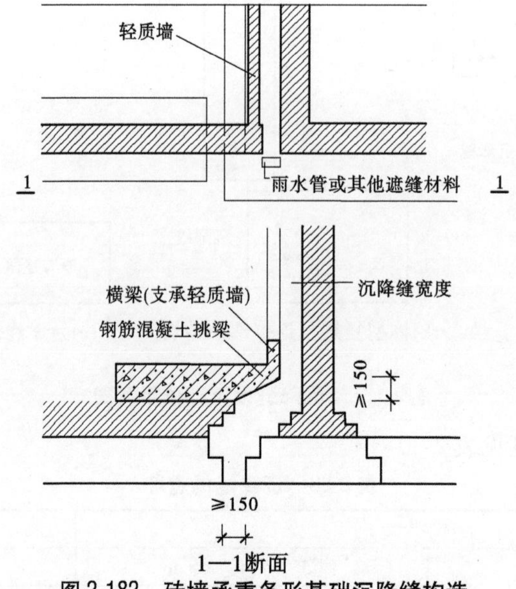

图 2-182　砖墙承重条形基础沉降缝构造

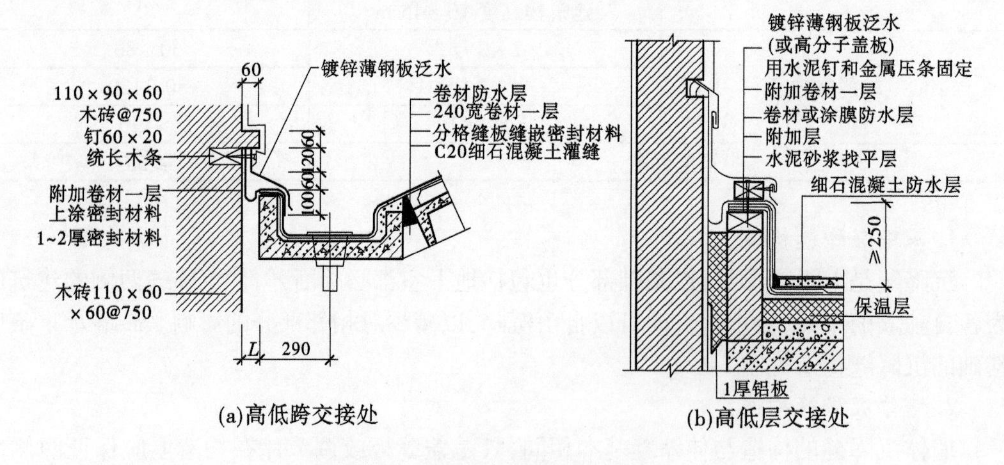

图 2-183　高低跨处屋面沉降缝构造

(2)建筑有错层且楼层高差较大(超过层高 1/4)。

(3)各部分刚度、质量和结构形式截然不同。

设置防震缝时,应将建筑分割成独立、规则的结构单元,分割的每个独立单元必须具有足够的刚度。砌体结构中,防震缝两侧的承重墙应成双布置,即双墙;在框架结构中,防震缝两侧布置双柱。防震缝两侧的上部结构应完全断开。另外,对于要求兼具沉降缝作用的防震缝,基础部分也应该断开,如图 2-184 所示。

防震缝的宽度与房屋高度和抗震设防烈度有关,防震缝宽度见表 2-21。

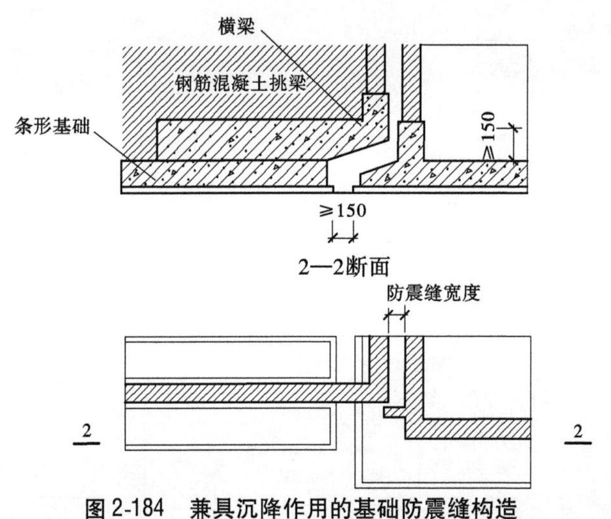

图2-184　兼具沉降作用的基础防震缝构造

表2-21　防震缝的宽度

<table>
<tr><th colspan="2">结构类型</th><th>宽度</th></tr>
<tr><td colspan="2">砌体结构多层建筑</td><td>70 ~ 100 mm</td></tr>
<tr><td colspan="2">单层钢筋混凝土柱厂房</td><td>纵横跨交接处、大柱网厂房或不设柱间支撑时 100 ~ 150 mm，其他区情况可用50 ~ 70 mm</td></tr>
<tr><td colspan="2">单层钢结构厂房</td><td>不小于单层钢筋混凝土柱厂房的1.5倍</td></tr>
<tr><td colspan="2">单层砖柱厂房</td><td>50 ~ 70 mm</td></tr>
<tr><td rowspan="2">多层框架结构</td><td>建筑高度≤15 m</td><td>100 mm</td></tr>
<tr><td colspan="2">建筑高度 > 15 m 在宽度 = 100 mm 的基础上：
设计烈度6度，每增加5 m，增加20 mm
设计烈度7度，每增加4 m，增加20 mm
设计烈度8度，每增加3 m，增加20 mm
设计烈度9度，每增加2 m，增加20 mm</td></tr>
<tr><td>框架—剪力墙结构、剪力墙结构</td><td colspan="2">框架—剪力墙结构不应小于多层框架结构相应高度建筑缝宽的70%，剪力墙结构不应小于多层框架结构相应高度建筑缝宽的50%，均不宜小于100 mm</td></tr>
</table>

注：当抗震设防区的建筑设置伸缩缝和沉降缝时，其宽度应不小于防震缝宽的要求。

防震缝构造与伸缩缝和沉降缝基本相同。

1. 楼地面防震缝

地震时，建筑物会发生来回的振动，缝的宽度会处于快速变化之中。为了防止由此造成的盖板损坏，可以选用软性硬橡胶板作为防震缝盖板；如果选用与楼地面材料一致的刚性盖板时，盖板两侧应填塞不小于1/4缝宽的柔性材料，如图2-185所示。

2. 墙体防震缝

防震缝宽度较大，构造上更需要注意盖缝的牢固、防风和防雨等。寒冷地区的外缝口还应用有弹性的软质聚氯乙烯泡沫塑料、聚苯乙烯泡沫塑料等保温材料填实，见图2-186。

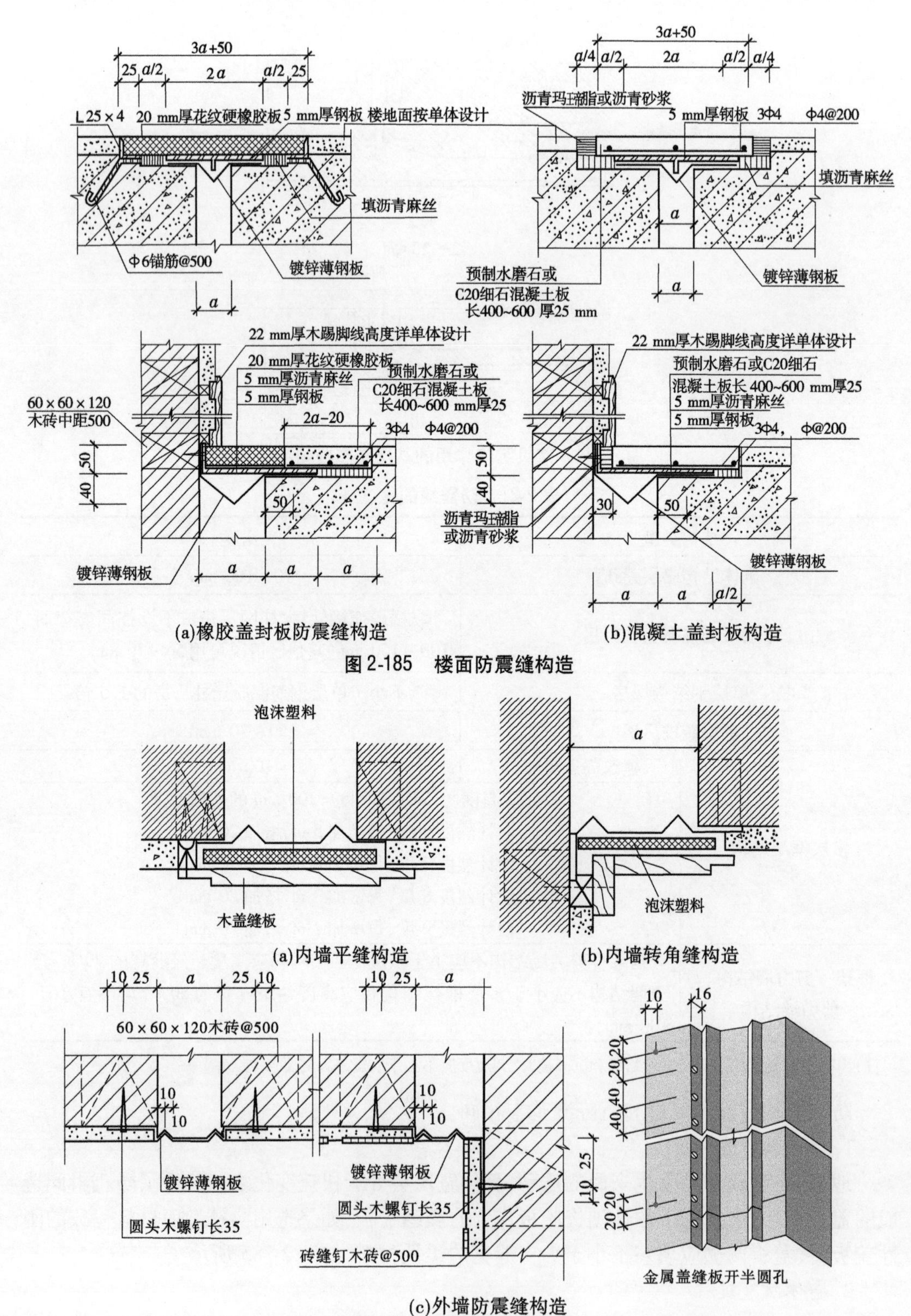

(a)橡胶盖封板防震缝构造
(b)混凝土盖封板构造

图 2-185 楼面防震缝构造

(a)内墙平缝构造
(b)内墙转角缝构造
(c)外墙防震缝构造

图 2-186 墙体防震缝构造

实际工程中将外墙防震缝盖板设计成横向有两个三角凹口的专用盖板。为了防止锈蚀，通常选用铝板或不锈钢板制作，如果采用镀锌薄钢板，则需要双面涂刷防锈漆和油漆。另外，为使得抹灰层与金属盖板黏结牢固，在板侧开有圆形小孔，让抹灰砂浆能渗入板的小孔中，见图2-186。

2.10.3　小结

本任务主要介绍了变形缝的概念、类型以及设置目的，分别讲述了伸缩缝、沉降缝、防震缝三种变形缝各自的设计原则和基本构造特点。

2.10.4　思考题

1. 建筑物为什么要设置变形缝？

2 建筑中出现什么条件时应该设置沉降缝？

3. 伸缩缝、防震缝各自的设计原则是什么？

4. 绘图表示墙体、楼板、屋顶处的伸缩缝构造。

5. 绘图表示条形基础沉降缝的处理。

情境3 框剪结构建筑的构造分析

框架-剪力墙结构，简称为框剪结构，是高层建筑经常采用的结构类型，其受力构件主要是钢筋混凝土的框架和剪力墙。框剪结构也可以理解成设置了少数剪力墙的框架结构。由于框架梁、柱数量较多，而剪力墙数量相对较少，因此便于空间划分和布置。在框架梁柱之间往往用质量较轻的黏土空心砖、加气混凝土砌块等砌筑成填充墙，以围成供人们使用的房间。

在框架结构中合理设置剪力墙以后，一方面能够提供便于灵活布局的大空间，另一方面剪力墙抗侧刚度大、抗剪性能好，能够抵抗较大的水平荷载，减少横向变形，具有优良的抗震性能。因此，很多平面或竖向布置繁杂、水平荷载大的民用高层住宅建筑都采用了框剪结构，见图3-1。

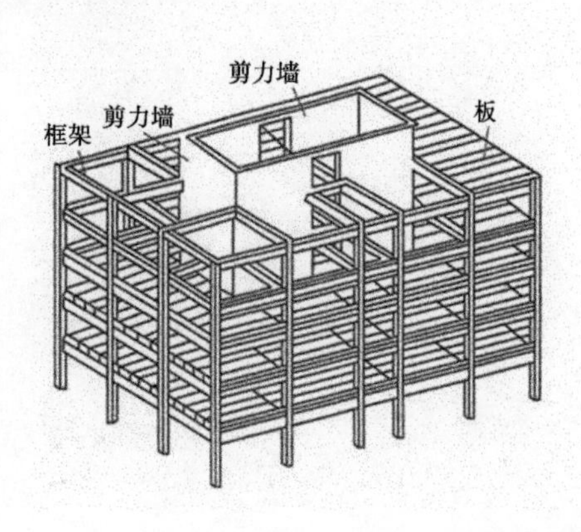

图3-1 框架-剪力墙结构(框剪结构)

任务3.1 基础的功能及构造分析

3.1.1 框剪结构建筑的基础类型

由于框剪结构建筑的高度一般比较高(20~33层较多)，而占地面积相对较小(如同塔楼)，整个建筑上部的荷载都要通过层层梁、板、柱、墙等构件传到建筑的基础上，再通过有限的基础传给地基。在设计时，既要保证基础自身的强度、刚度能够承受上部传下来的荷载，又要确保基础的形式有利于地基均匀分散、传递荷载，减少地基沉降和变形。因此，框剪结构的基础设计和地基处理十分重要。基础的类型、埋深、材料、形式、承载力及抗变形能力等都是设计时考虑的重要因素。

经过几千年的房屋建造实践经验积累和理论探索发展,人类已经创造出了很多种建筑基础类型,分别应用于不同的地基和不同的建筑类型。从基础的材料及受力来划分,可分为刚性基础(指用砖、灰土、混凝土、三合土等材料做成的受刚性角限制的基础)、柔性基础(指用钢筋混凝土制成的既能抗压、又能抗拉、不受刚性角限制的基础)。从基础的构造型式划分,可分为条形基础、独立基础、筏形基础、箱形基础和桩基础等。其中,适用于高层建筑(如框剪结构)的基础类型主要有柱下独立基础、井格基础、筏形基础、箱形基础、桩基础等。

(1)柱下独立基础。是指在每个承重柱下部设置的相对独立的钢筋混凝土基础。各独立柱基础之间一般采用联系梁(又叫地梁)进行连接。它的适用条件为:上部结构为框架结构或框剪结构、地基土质较好、荷载较小、柱网分布较均匀。

(2)井格基础(又称十字交叉条形基础)。通过纵横双向的条形基础把各个柱下独立基础相互连接起来形成整体的基础形式。它的适用条件为:①上部结构为框架剪力墙结构、无地下室、地基条件较好;②上部结构为框架或剪力墙结构、无地下室、地基较差、荷载较大,为了增加基础的整体性和减少不均匀沉降。

(3)筏形基础(平板式或梁板式)。是整个建筑物的基础浇筑成一块整板或"纵横向地梁+钢筋混凝土厚板"的基础形式。它的适用条件为:①上部结构为框架剪力墙结构、无地下室,在软土地基上,用柱下条形基础或柱下十字交梁条形基础不能满足上部结构对变形的要求和地基承载力的要求;②建筑物的柱距较小而柱的荷载又很大,或柱的荷载相差较大将会产生较大的沉降差需要增加基础的整体刚度以调整不均匀沉降;③风荷载及地震荷载起主要作用的多高层建筑物,要求基础有足够的刚度和稳定性。

(4)箱形基础。是由钢筋混凝土基础底板、基础顶板和基础纵横向隔墙构成的形如箱子的基础结构。由于整体性好,结构刚度大,箱形基础对地基不均匀沉降有显著的调整和减小作用,所以适用于天然地基上作为高层或重型建筑物的基础,形成的室内空间可以作为人防、地下储藏库或地下服务性用房。

(5)桩基础。也是框剪结构建筑中常用的一种基础形式。桩基础有多种分类方法,根据受力特点,可分为摩擦桩和端承桩;根据施工方法不同可分为预制桩和现浇桩;根据成孔方法不同,可分为人工挖孔桩、机械成孔桩(如旋挖桩)等;根据承台下基桩数量多少,可分为单桩和群桩;根据材料不同,可分为钢筋混凝土桩和钢桩。根据桩的长度不同又可分为短桩和长桩等。具体采用哪种形式的桩,需要在设计时充分考虑,如框剪结构形式、材料、荷载大小、地下土层构造、基础材料、地基承载力等多方面因素。

桩基础的适用条件为:①浅表土层软弱,在较深处有能承受较大荷载土层作为桩基础的持力层;②在较大深度范围内,土层均较软弱,且承载力较低;③框剪结构建筑传递给基础的垂直和水平荷载很大;④对于不均匀沉降非常敏感和控制严格。

目前,工程中最常用的是现浇钢筋混凝土桩基础。

3.1.2 框剪结构建筑基础的构造分析

3.1.2.1 独立基础

建筑物上部结构采用框架结构、框剪结构、单层排架结构承重时,基础常采用圆柱形和多边形等形式的独立式基础,这类基础称为独立基础,也称单独基础。独立基础分为阶形基础、坡形基础、杯形基础等三种，见图 3-2、图 3-3。

独立基础一般设在柱下，常用断面形式有阶形、锥形、杯形。材料通常采用钢筋混凝土、素混凝土等。当柱为现浇时，独立基础与柱子是整浇在一起的；当柱子为预制时，通常将基础做成杯口形，然后将柱子插入，并用细石混凝土嵌固，此时称为杯口基础。

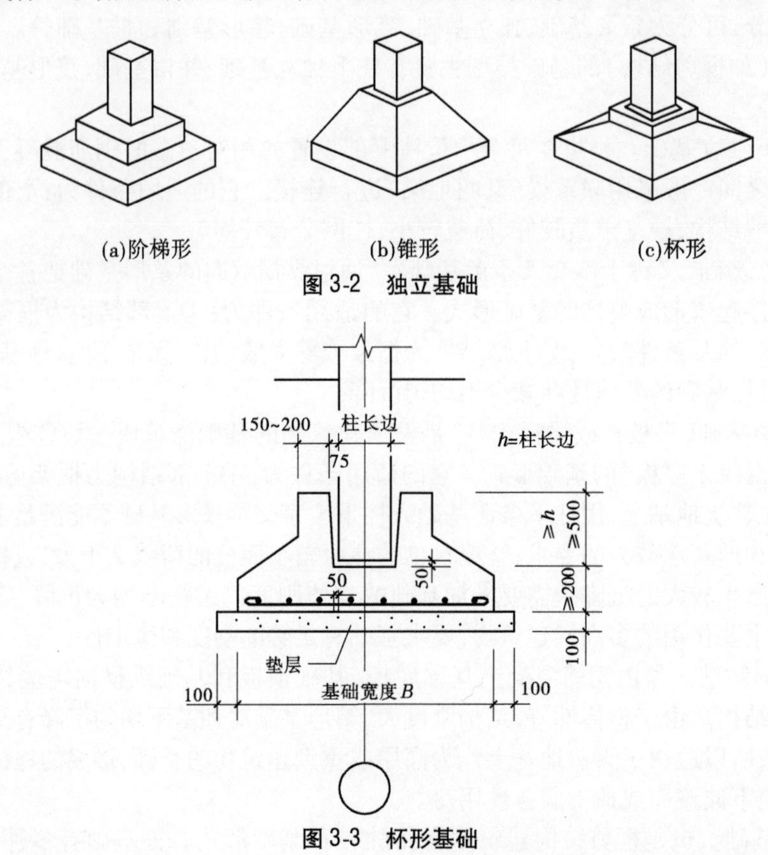

图 3-2　独立基础

图 3-3　杯形基础

3. 1. 2. 2　井格基础

当框架结构或框剪结构处于地基条件较差或上部荷载较大时，为了提高建筑物的整体性，防止柱子之间产生不均匀沉降，常将柱下基础沿纵横两个方向扩展连接起来，做成十字交叉的井格基础，见图 3-4。

3. 1. 2. 3　筏形基础

筏形基础，当建筑物上部荷载较大而地基承载能力又比较弱时，用简单的独立基础或条形基础已不能适应地基变形的需要，这时常将墙或柱下基础连成一片，使整个建筑物的荷载承受在一块整板上，这种满堂式的板式基础称为筏形基础。筏形基础由于其底面面积大，故可减小基底压强，同时也可提高地基土的承载力，并能更有效地增强基础的整体性，调整不均匀沉降。

筏形基础分为平板式和梁板式，一般根据地基土质、上部结构体系、柱距、荷载大小及施工条件等确定。

1. 平板式

平板式筏形基础的底板是一块厚度相等的钢筋混凝土平板，见图 3-5。板厚一般为

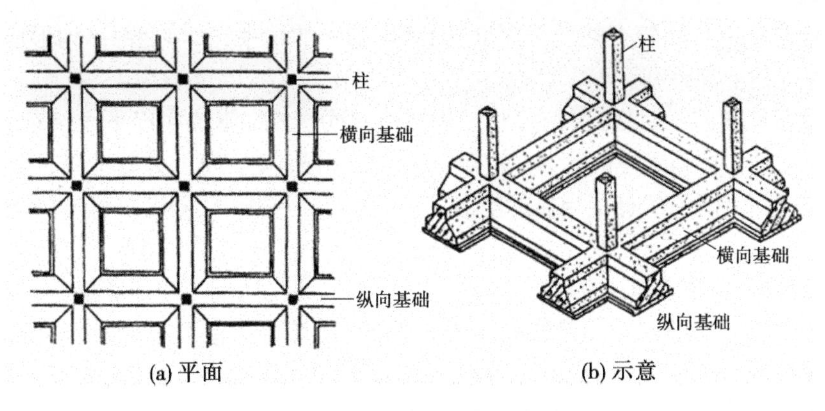

图 3-4　井格基础

0.5～2.5 m。平板式基础适用于柱荷载不大、柱距较小且等柱距的情况，其特点是施工方便、建造快，但混凝土用量大。底板的厚度可以按升一层加 50 mm 初步确定，然后校核板的抗冲切强度。底板厚度不得小于 500 mm。通常 5 层以下的民用建筑，板厚不小于 250 mm；6 层民用建筑的板厚不小于 300 mm。

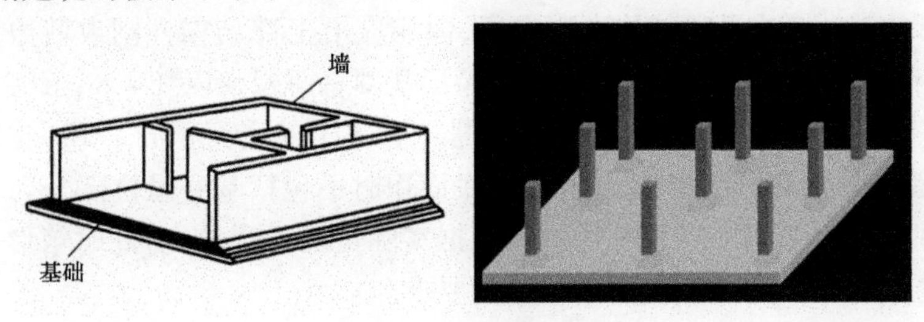

图 3-5　平板式筏形基础

2. 梁板式

当柱网间距较大时，一般采用梁板式筏形基础。根据肋梁的设置分为单向肋和双向肋两种形式。单向肋梁板式筏形基础是将两根或两根以上的柱下条形基础中间用底板连接成一个整体，以扩大基础的底面面积并加强基础的整体刚度。双向肋梁板式筏形基础是在纵、横两个方向上的柱下都布置肋梁，有时也可在柱网之间再布置次肋梁以减少底的厚度。梁板式筏形基础见图 3-6。

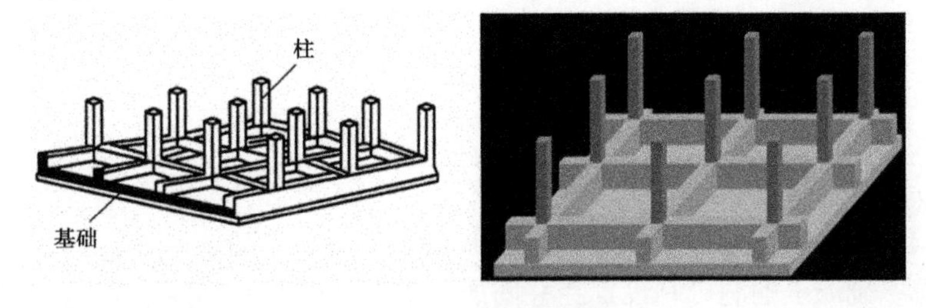

图 3-6　梁板式筏形基础

3.1.2.4　箱形基础

1. 箱形基础的优点

箱形基础在我国高层建筑基础选形中占有相当的比例，具有以下的优点：

(1)箱形基础具有较大的埋设深度,受到周围土的约束,又与上部结构形成刚度很大的整体,对抗震十分有利。

(2)箱形基础施工时,需要挖掉相当深的一部分土方,使基底以下土卸荷,当再施工基础和上部结构时,箱基空间大,基底实际附加压力减小,从而可有效地降低沉降。箱形基础体积虽然大,但内部有相当大的空间,基础本身自重减少,可以获得增加建筑层数的效果。

2. 箱形基础的主要构造要求

(1)为保证箱形基础具有足够的刚度和整体性,其高度宜大于箱基长度的1/18。一般可取高度的1/15(建筑物的高度是指室外地坪至屋面檐口的高度),且不应小于3 m,也可将多层地下室设计成箱形基础。

(2)箱形基础的平面形状及尺寸,应根据地基土的承载力和上部结构的布置及荷载分布等因素来确定。

(3)高层建筑在同一个单元内,不能既采用箱形基础,又采用其他类型的基础。箱形基础在同一个单元内,基础埋深要一致。

(4)箱形基础外墙应沿建筑物四周布置,内墙应沿上部结构柱网或剪力墙位置纵横均匀布置。箱形基础的长度,应按每平方米箱形基础总面积乘以0.4 m,墙底水平截面面积不宜小于基础面积的1/10,其中纵墙配置量不宜小于基底面积的1/18(在计算墙体长度或水平截面时不扣除洞口部分,计算基础底面积时不包括基底悬挑部分),但由于使用要求或其他原因,不能满足上述要求时,可根据实际情况适当放宽,此时箱形基础墙体应均匀布置且墙体、底板、顶板应满足承载力的要求。

(5)箱形基础底板、顶板及墙体的厚度,应根据受力情况、整体刚度、施工条件及防水要求确定。底板厚度不应小于300 mm,外墙厚度不应小于250 mm,内墙厚度不应小于200 mm,顶板厚度不应小于150 mm,箱形基础底板及顶板混凝土强度等级不宜选用过高,一般以C20或C25为宜。当底板混凝土强度等级为C20~C25,配筋率不大干0.8%时,底板厚度可按表3-1选用。选用时,板厚不宜过大,同时应核算受冲切及受剪强度。底板内力可按塑性方法计算。

表3-1 箱形基础底板厚度选用表参考

基底平均反力 P_j(kPa)	底板厚度(mm)	基底平均反力 P_j(kPa)	底板厚度(mm)
150~200	$(1/14\sim1/10)l_0$	300~400	$(1/18\sim1/6)l_0$
200~300	$(1/10\sim1/8)l_0$	400~500	$(1/7\sim1/5)l_0$

注:1. l_0 为底板较大区格的短向净跨尺寸。

2. 当地下水位较高,采用刚性防水方案时,宜验算底板的抗裂性。

(6)箱形基础墙上的洞口宜设置在柱间居中部位或两相邻横隔墙间的中部,见图3-7。洞边至柱中或隔墙中心的距离,不宜小于1.2 m。开口系数应符合下式要求:式中隔墙面积等于基础全高乘以柱距或横隔墙距。

(7)箱形基础内外墙交接处做法,当上部结构为框架结构但层数较少、荷载较轻时,内外墙可以采用直交而不需设八字角,见图3-8。当上部结构为框架-剪力墙结构或层

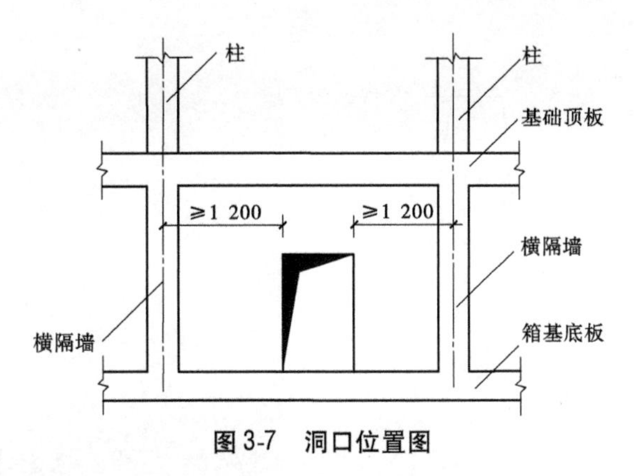

图 3-7　洞口位置图

数较多的框架结构，柱荷载又较大时，柱边宜设八字角，见图 3-9。八字角尺寸根据墙厚，柱截面与轴线关系及施工允许误差确定。墙边与柱边或杜角与八字角之间的趴离一般为 30～50 mm，并应验算柱墙交接处墙体的局部受压承载力。当不满足时，应增加箱形基础墙体的受压面积或采取其他措施。

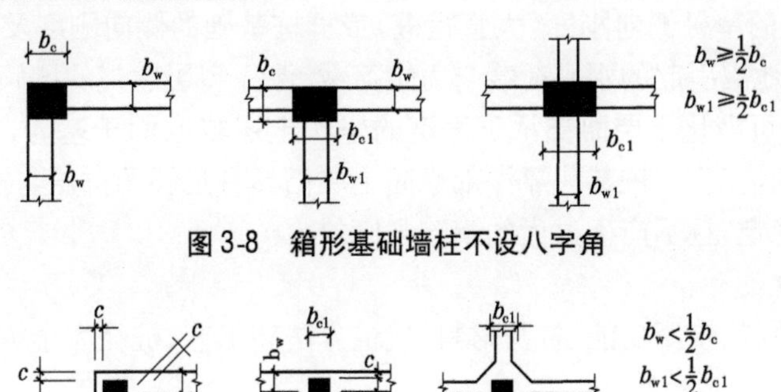

图 3-8　箱形基础墙柱不设八字角

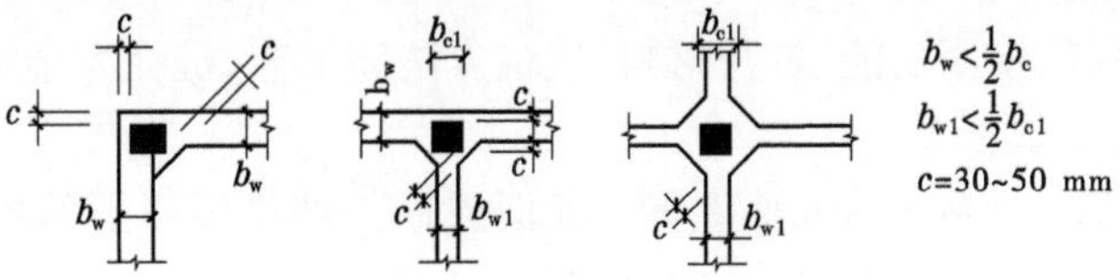

$b_w < \frac{1}{2}b_c$

$b_{w1} < \frac{1}{2}b_{c1}$

c=30~50 mm

图 3-9　箱形基础墙柱设八字角

3.1.2.5　桩基础

1. 桩基础的组成

桩基础由桩和连接于桩顶的承台共同组成。桩是设置于土中的具有一定刚度和抗弯能力的竖直或倾斜的柱形基础构件，其横截面尺寸比长度小得多，它与连接桩顶和承接上部结构的承台组成深基础。

承台是把若干根桩的顶部联结成整体，把上部结构传来的荷载转换、调整分配于各桩，由穿过软弱土层或水的桩传递到深部较坚硬的、压缩性小的土层或岩层，从而保证建筑物满足地基稳定和变形允许值的要求。桩基础的组成见图 3-10。

2. 桩基础的特点

桩基础具有承载力高、沉降量小而均匀、沉降速率缓慢等特点。它能承受竖向荷载、水平荷载、上拔力以及机器的振动或动力作用，已广泛用于房屋地基、桥梁、水利等工程中。

(1)桩支承于坚硬的(基岩、密实的卵砾石层)或较硬的(硬塑黏性土、中密砂等)持力层，具有很高的竖向单桩承载力或群桩承载力，足以承担高层建筑的全部竖向荷载(包括偏心荷载）。

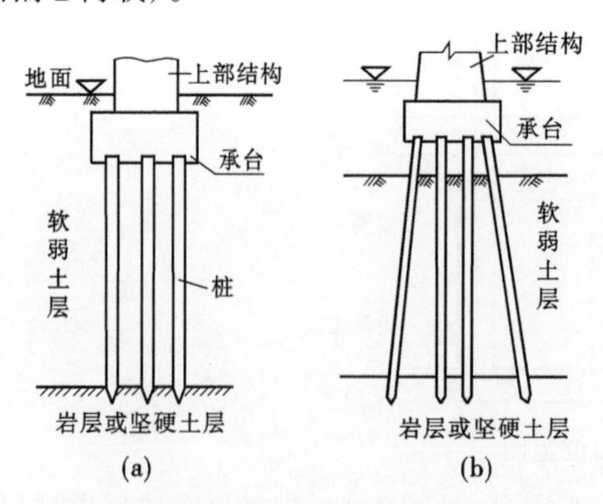

图 3-10 桩基础

（2）桩基具有很大的竖向单桩刚度（端承桩）或群刚度（摩擦桩），在自重或相邻荷载影响下，不产生过大的不均匀沉降，并确保建筑物的倾斜不超过允许范围。

（3）凭借巨大的单桩侧向刚度（大直径桩）或群桩基础的侧向刚度及其整体抗倾覆能力，抵御由于风和地震引起的水平荷载与力矩荷载，保证高层建筑的抗倾覆稳定性。

（4）桩身穿过可液化土层而支承于稳定的坚实土层或嵌固于基岩，在地震造成浅部土层液化与震陷的情况下，桩基凭靠深部稳固土层仍具有足够的抗压与抗拔承载力，从而确保高层建筑的稳定，且不产生过大的沉陷与倾斜。

3. 桩基础的分类

桩可按承载性状、使用功能、桩身材料、成桩方法和工艺、桩径大小等进行分类。

1）按承台位置高低分类

（1）低承台桩基：凡是承台底面埋置于地面或局部冲刷线以下的桩基称为低承台桩基。房屋建筑工程的桩基多属于这一类，见图 3-11（a）。

（2）高承台桩基：由于结构设计上的需要，群桩承台底面有时设在地面或局部冲刷线之上，这种桩基称为高承台桩基。这种桩基在桥梁、港口等工程中常用，见图 3-11（b）。

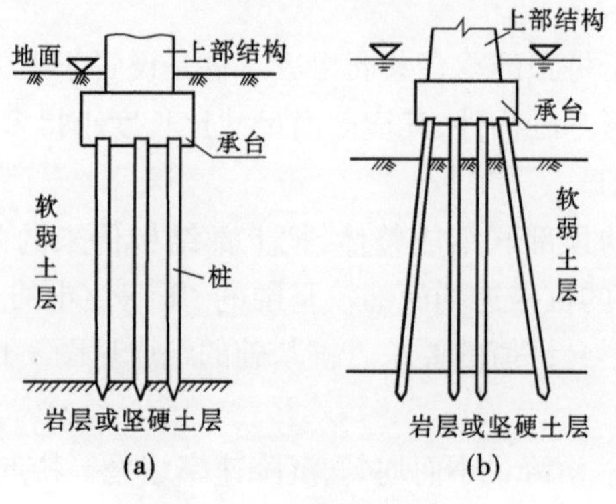

图 3-11 桩基础的分类

2）按承载性质不同分类

（1）摩擦桩：竖向荷载下，基桩的承载力以桩侧摩阻力为主，外部荷载主要通过桩

身侧表面与土层之间的摩擦阻力传递给周围的土层，桩尖部分承受的荷载很小。主要用于岩层埋置很深的地基。这类桩基的沉降较大，稳定时间也较长，见图3-12(a)。

(2)端承桩：在极限荷载作用状态下，桩顶荷载由桩端阻力承受的桩。如通过软弱土层桩尖嵌入基岩的桩，外部荷载通过桩身直接传给基岩，桩的承载力由桩的端部提供，不考虑桩侧摩擦阻力的作用，见图3-12(b)。

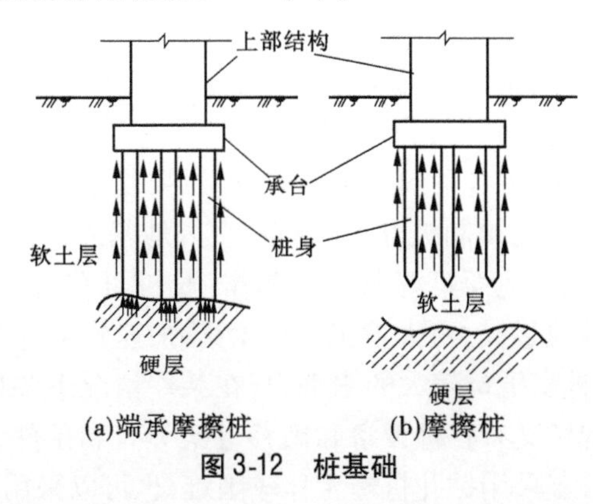

图3-12　桩基础

3)按桩身材料分类

(1)钢桩：强度高、运输方便、施工质量稳定，能承受强大的冲击力和获得较高的承载力，预制桩时贯入能力强、速度较快，且排挤土量小，对邻近建筑影响小，见图3-13(a)。

可根据荷载特征制作成各种有利于提高承载力的断面，即其设计的灵活性大、壁厚、桩径的选择范围大，便于割接，桩长容易调节。

还可根据弯矩沿桩身的变化情况局部加强其断面刚度和强度。

主要缺点是用钢量大，成本昂贵，在大气和水土中钢材具有腐蚀性。

(2)钢筋混凝土桩：配筋率较低(一般为0.3%～1.0%)，而混凝土取材方便、价格便宜、耐久性好。钢筋混凝土桩既可预制又可现浇(灌注桩)，还可采用预制与现浇组合，适用于各种地层，成桩直径和长度可变范围大，见图3-13(b)。

(a) 钢桩

(b) 钢筋混凝土桩

图3-13　桩身按材料分类

因此，桩基工程的绝大部分是钢筋混凝土桩，桩基工程的主要研究对象和主要发展方向也是钢筋混凝土桩。

4)按施工方法分类

基桩的施工方法不同,不仅在于采用的机具设备和工艺过程的不同,而且将影响桩与桩周土接触边界处的状态,也影响桩土间的共同作用性能。桩的施工方法种类较多,但基本形式为预制桩和灌注桩。

(1)预制桩。

预制桩包括锤击、静压、振动下沉和射水下沉的桩,可用于黏性土、砂土以及碎石类土等。

预制桩的施工方法均为将各种预先制好的桩(主要是钢筋混凝土或预应力混凝土实心桩或管桩及钢桩)以不同的预制桩方式(设备)沉入地基内达到所需要的深度。

预制桩是按设计要求在地面良好条件下制作(长桩可在桩端设置钢板、法兰盘等接桩构造,分节制作),桩体质量高,可大量工厂化生产,加速施工进度。

预制桩可以采用斜桩来抵抗较大的水平力,在某些情况下要比采用竖直的钻孔桩有利。如桩数量较多,而现场又有打桩设备和搬移桩架等有利条件,可以考虑采用预制桩。在有严重流砂的河床内,若采用钻孔桩施工比较困难,也可以采用预制桩。

预制桩的形式及施工方式,见图3-14。

(a) 钢筋混凝土预制方桩

(b) 打桩施工

图3-14　预制桩

预制桩具有以下特点:

①不易穿透较厚的砂土等硬夹层(除非采用预钻孔、射水等辅助预制桩措施),只能进入砂、砾、硬黏土、强风化岩层等坚实持力层不大的深度。

②预制桩方法一般采用锤击,由此产生的振动、噪声污染必须加以考虑。

③预制桩过程产生挤土效应,特别是在饱和软黏土地区预制桩可能导致周围建筑物、道路、管线等的损失。

④一般说来,预制桩的施工质量较稳定。

⑤预制桩打入松散的粉土、砂砾层中,由于桩周和桩端土受到挤密,桩侧表面法向应力提高,桩侧摩阻力和桩端阻力也相应提高。

⑥由于桩的贯入能力受多种因素制约,因而常常出现因桩打不到设计标高而截桩,造

成浪费。

⑦预制桩由于承受运输、起吊、打击应力,需要配置较多钢筋,混凝土强度等级也要相应提高,因此其造价往往高于灌注桩。

(2)钻(挖)孔灌注桩。

灌注桩是在现场地基中钻挖桩孔,然后在孔内放入钢筋骨架,再灌注桩身混凝土而成的桩。灌注桩在成孔过程中需采取相应的措施和方法来保证孔壁稳定和提高桩体质量。针对不同类型的地基土可选择适当的钻具设备和施工方法。

钻(挖)孔桩适用于各类土层(包括碎石类土层和岩石层),但应注意钻孔桩用于淤泥及可能发生流砂的土层时,宜先做试桩。挖孔桩宜用于无地下水或地下水量不多的地层。

钻孔灌注桩系指用钻(冲)孔机具在土中钻进,边破碎土体边出土渣而成孔,然后在孔内放入钢筋骨架,灌注混凝土而形成的桩,见图3-15。为了顺利成孔、成桩,需采用包括制备有一定要求的泥浆护壁、提高孔内泥浆水位、灌注水下混凝土等相应的施工工艺和方法。

图3-15 钻孔灌注桩

钻孔灌注桩的特点是施工设备简单、操作方便,适用于各种砂性土、黏性土,也适用于碎、卵石类土层和岩层。但对淤泥及可能发生流沙或承压水的地基,施工较困难,施工前应做试桩以取得经验。我国已施工的钻孔灌注桩的最大入土深度已达百余米。

依靠人工(用部分机械配合)在地基中挖出桩孔,然后与钻孔桩一样灌注混凝土而成的桩称为挖孔灌注桩,见图3-16。

图3-16 挖孔灌注桩

挖孔灌注桩适用于无水或少水的较密实的各类土层中,或缺乏钻孔设备,或不用钻机以节省造价。桩的直径(或边长)不宜小于1.4 m,孔深一般不宜超过20 m。对可能发生流沙或含较厚的软黏土层地基施工较困难(需要加强孔壁支撑);在地形狭窄、山坡陡峻处可以代替钻孔桩或较深的刚性扩大基础。

3.1.3 小结

建筑物向地基传递荷载的下部结构就是基础,一般由土和岩石组成。

基础的类型很多,划分方法也不尽相同。从基础的材料及受力来划分,可分为刚性基础(指用砖、灰土、混凝土、三合土等受压强度大、而受拉强度小的刚性材料做成的基础)、柔性基础(指用钢筋混凝土制成的受压、受拉均较强的基础)。从基础的构造形式,可分为条形基础、独立基础、筏形基础、箱形基础和桩基础等。框剪结构常用的基础形式有独立基础、井格基础、筏形基础、箱形基础和桩基础。

3.1.4 思考题

1. 基础按构造形式不同分为哪几类?
2. 框剪结构常用的基础类型有哪些?
3. 桩基础有哪些分类?
4. 谈谈各类基础的适用范围。

任务 3.2 主体结构的功能及构造分析

3.2.1 承重结构的类型及功能分析

框剪结构的主体结构主要由承重结构和围护结构组成。承重结构一般是指由剪力墙、梁、柱、板、楼梯等构件组成的受力体系,见图 3-17。围护结构一般是指填充墙、构造柱、圈梁等构件组成的二次结构部分,见图 3-18。虽然围护结构与承重结构一起组成了框剪结构的主体结构,但是围护结构不能脱离承重结构而单独存在,因此围护结构也可以看成是承重结构上的荷载。

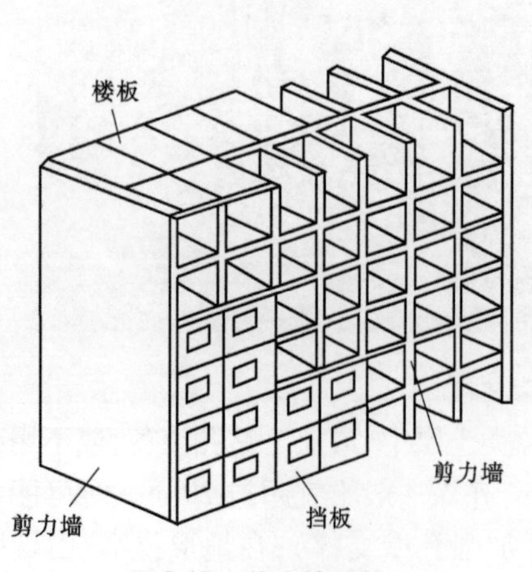

图 3-17 剪力墙结构

图 3-18 围护结构

3.2.2　承重结构的构造分析

3.2.2.1　剪力墙的概念、形式与类别

1. 剪力墙的概念

剪力墙，又称抗风墙、抗震墙或结构墙，是当建筑物超过一定高度（如20层或60 m）后，在水平荷载和横向变形影响越来越大的情况下，为了增强横向刚度而在建筑物或构筑物中设置的主要承受水平荷载（风荷载、水平地震作用）和竖向荷载（重力）的墙体。其作用主要是抵抗横向变形和防止结构剪切破坏。

在框架结构中设置一定数量的纵向、横向剪力墙，则形成了框架－剪力墙结构，简称为框剪结构（见图3-1）。如果整个结构的竖向承重结构都采用剪力墙，则称为剪力墙结构（见图3-17）。剪力墙既可以呈多个纵横向单片墙体（平面剪力墙）分布于框剪结构中（见图3-19），也可以做成局部开洞、相对封闭的筒体剪力墙（如电梯间墙体）（见图3-20）。筒体剪力墙一般用于高层建筑、高耸结构和悬吊结构中，由电梯间、楼梯间、设备及辅助用房的间隔墙围成，筒壁均为现浇钢筋混凝土墙体，其刚度和强度较平面剪力墙高可承受较大的水平荷载。

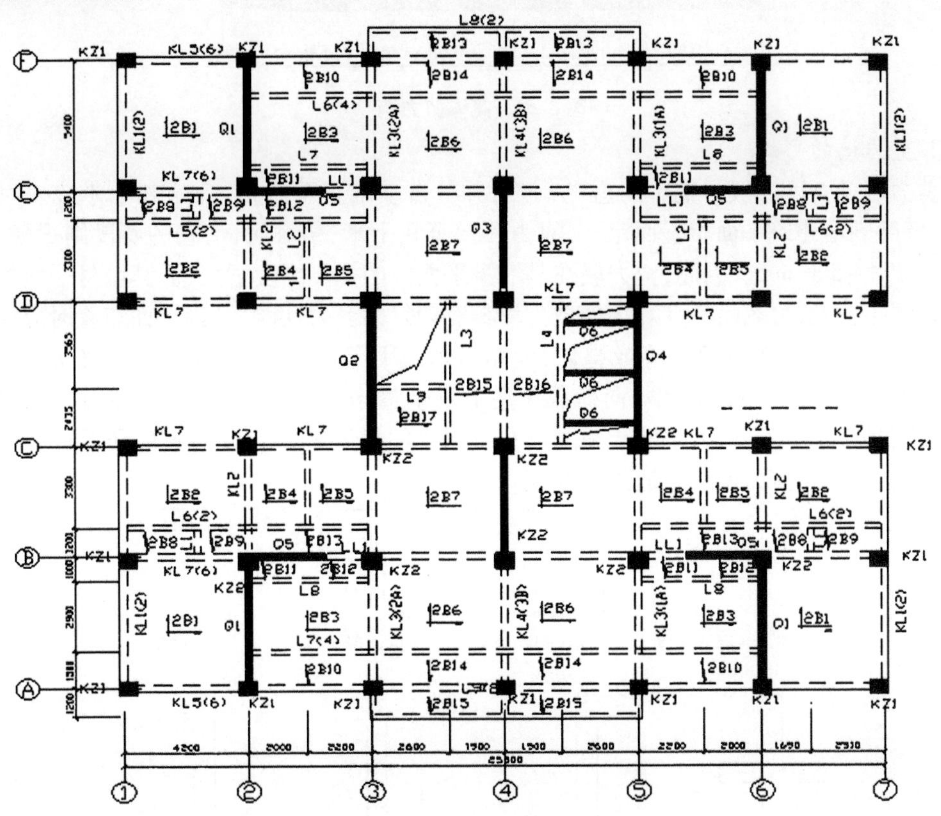

图3-19　框剪结构中的剪力墙分布

剪力墙按结构材料可以分为钢板剪力墙、钢筋混凝土剪力墙和配筋砌块剪力墙。其中以现浇钢筋混凝土剪力墙最为常用。一般情况下，现浇剪力墙与周边梁、柱同时浇筑，

整体性好。

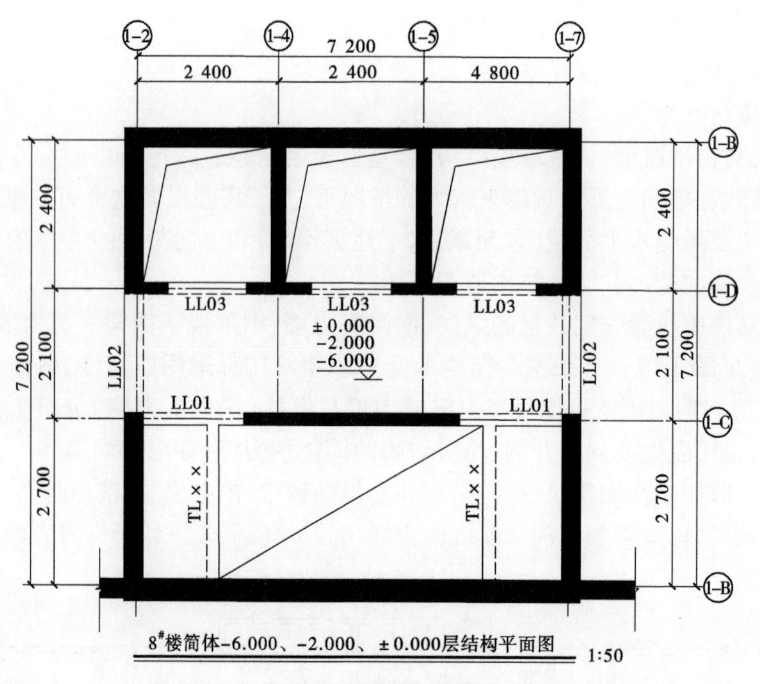

图 3-20 筒体剪力墙

2. 剪力墙的形式

剪力墙的高度一般与整个房屋的高度相同,自基础直至屋顶,高达几十米或一百多米;其宽度则由建筑平面布置而定,一般为几米至几十米;相对而言,它的厚度则很薄,一般仅为 200 ~ 300 mm。因此,剪力墙在其墙身平面内的抗侧刚度很大,而其墙身平面外的刚度却很小,一般可忽略不计。为使剪力墙具有较好的受力性能,结构平面布置时应注意纵横向剪力墙交叉布置使之连成整体,使墙肢形成 I 形、T 形、[形、Z 形的截面形式(见图 3-21)。为了防止剪力墙在竖向荷载作用下发生整体失稳破坏,楼(屋)盖对它的支撑约束作用是必不可少的;为了防止剪力墙在楼层之间发生平面外失稳破坏和保证墙体混凝土的浇筑质量,剪力墙应有适当的厚度。

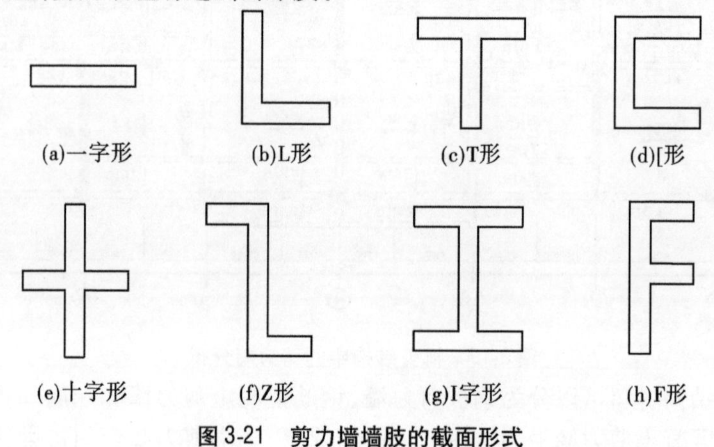

图 3-21 剪力墙墙肢的截面形式

在立面上剪力墙常因开门开窗，穿行管线而需开设洞口，这时应尽量使洞口上下对齐，布置规则，使洞口至墙边及相邻洞口之间形成墙肢、上下洞口之间形成连梁。规则成列开洞的剪力墙传力直接，受力明确，受力钢筋容易布置且作用明确，因而经济指标较好。而错洞剪力墙往往受力复杂，洞口角边容易产生明显的应力集中，地震中容易发生震害，钢筋作用得不到充分发挥。

3. 剪力墙的类别划分

根据剪力墙上洞口的大小、多少及排列方式，可将剪力墙分为以下几种类型。

1）整体墙

当没有门窗洞口或只有少量很小的洞口时，可以忽略洞口的存在，这种剪力墙即为整体剪力墙，简称整体墙，见图3-22（a）。

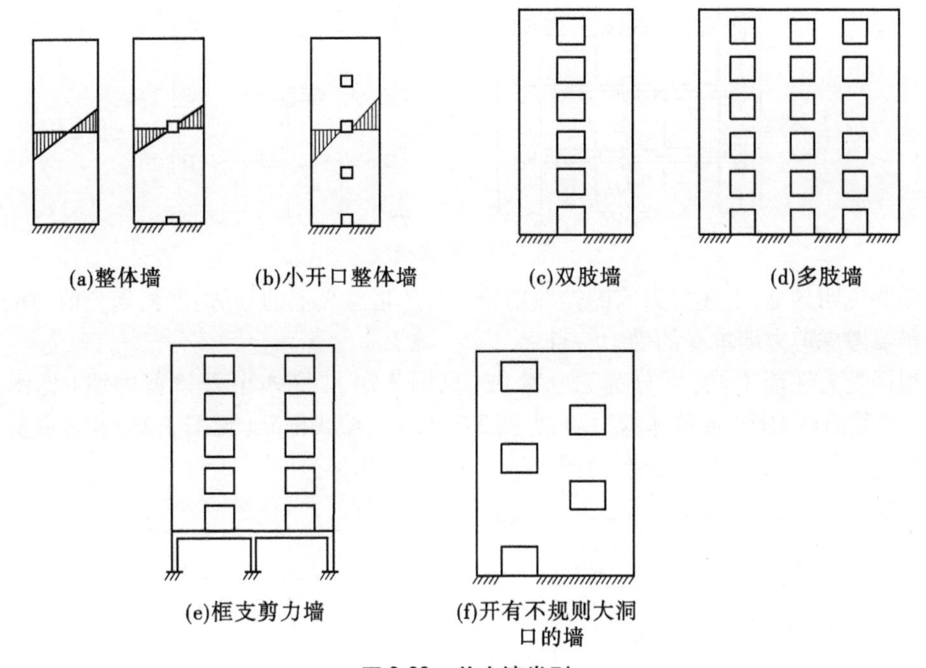

图3-22　剪力墙类别

当门窗洞口的面积之和不超过剪力墙侧面积的15%，且洞口间净距及孔洞至墙边的净距大于洞口长边尺寸时，即为整体墙。

2）小开口整体墙

门窗洞口尺寸比整体墙要大一些，此时墙肢中已出现局部弯矩，这种墙称为小开口整体墙（见图3-22（b））。

3）连肢墙

剪力墙上开有一列或多列洞口，且洞口尺寸相对较大，此时剪力墙的受力相当于通过洞口之间的连梁连在一起的一系列墙肢，故称连肢墙，见图3-22（c）、（d）。

4）框支剪力墙

当底层需要大空间时，采用框架结构支撑上部剪力墙，就形成框支剪力墙。在地震区，不容许采用纯粹的框支剪力墙结构，见图3-22（e）。

5)开有不规则大洞口的剪力墙

有时由于建筑使用的要求,需要在剪力墙上开有较大的洞口,而且洞口的排列不规则,即为此种类型(图3-22(f))。

6)壁式框架

在联肢墙中,如果洞口开的再大一些,使得墙肢刚度较弱、连梁刚度相对较强时,剪力墙的受力特性已接近框架。由于剪力墙的厚度较框架结构梁柱的宽度要小一些,故称壁式框架,见图3-23。

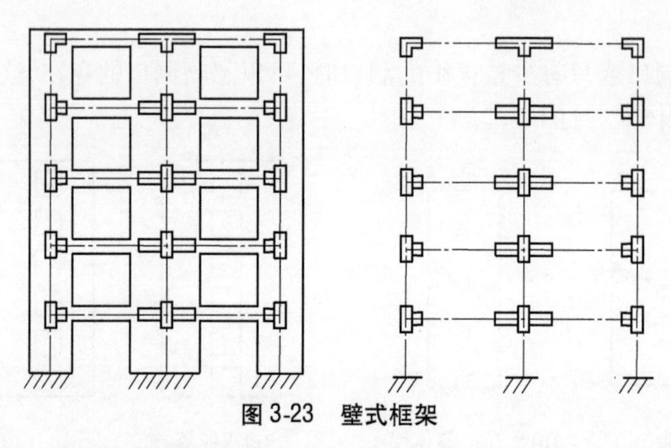

图3-23 壁式框架

需要说明的是,上述剪力墙的类型划分不是严格意义上的划分,严格划分剪力墙的类型还需要考虑剪力墙本身的受力特点。

根据受力性能不同,可分为独立墙肢(见图3-24)、整体小开口剪力墙(见图3-22(b))、整截面剪力墙(或整体剪力墙,见图3-22(a))、壁式框架(见图3-23)和连肢剪力墙(包括双肢剪力墙、多肢剪力墙,见图3-22(c)、(d))几种。

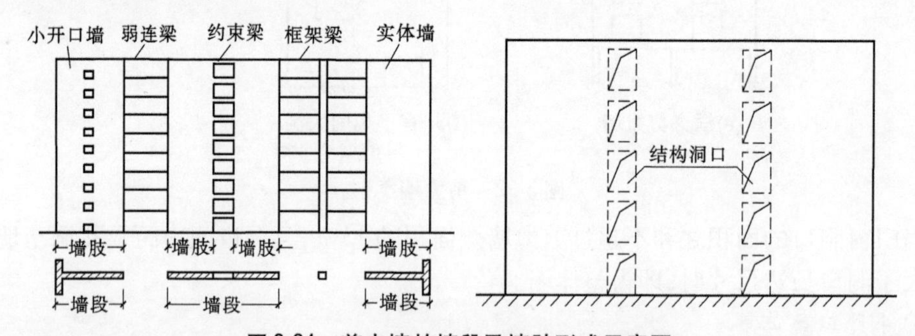

图3-24 剪力墙的墙段及墙肢形式示意图

3.2.2.2 剪力墙的构造

剪力墙可视为由剪力墙身、剪力墙柱、剪力墙梁(简称为墙身、墙柱、墙梁)三类构成。剪力墙结构通常包括“一墙、二柱、三梁”,也就是说包含一种墙身、两种墙柱、三种墙梁。

1.一种墙身

剪力墙的墙身就是钢筋混凝土墙,常见厚度在200 mm以上,一般配置内外两排钢筋网,见图3-25。

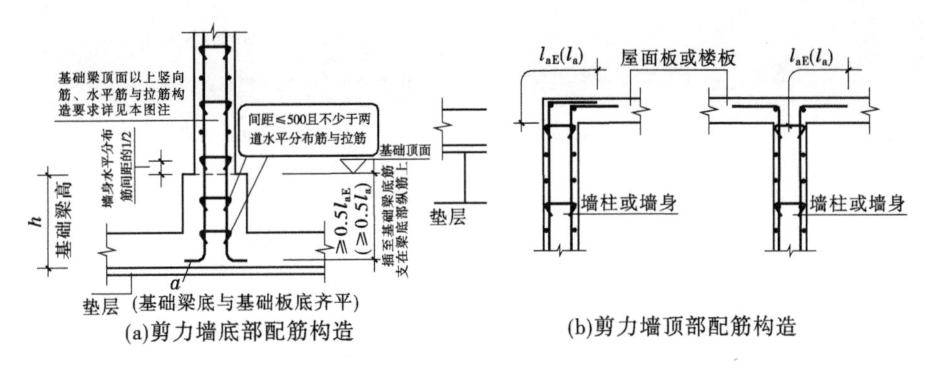

(a)剪力墙底部配筋构造　　(b)剪力墙顶部配筋构造

图 3-25　剪力墙配筋构造

2. 两种墙柱

剪力墙柱分为两大类:暗柱和端柱。暗柱的宽度等于墙的厚度,所以暗柱隐藏在墙内看不见。暗柱一般设在剪力墙两端,垂直向贯通整个墙体高度,钢筋大小多为 12 mm 钢筋(具体详设计图纸)。暗柱应设置箍筋,受力筋较多时应根据数量设置多支箍(见图 3-26)。端柱的宽度比墙厚度要大,图集中把暗柱和端柱统称为边缘构件,这是因为这些构件被设置在墙肢的边缘部位。边缘构件又分为两大类:构造边缘构件和约束边缘构件。边缘构件(暗柱或端柱)之间的钢筋混凝土墙体一般设置大于等于 8 mm 的双向钢筋。墙体钢筋应根据设计间距挂设拉钩,墙体的水平筋长度为包括暗柱的剪力墙长度,两端设垂直弯钩,拉钩应在绑扎好墙体钢筋后设置在最外层,见图 3-27。

图 3-26　暗柱箍筋设置

暗柱的钢筋搭接或焊接区域不应设置在梁下 500 mm 或板面上 500 mm 范围,墙体钢筋搭接区域没有限制,一般在板面上搭接,有利于钢筋的绑扎。

3. 三种墙梁

三种墙梁包括连梁(LL)、暗梁(AL)和边框梁(BKL)。

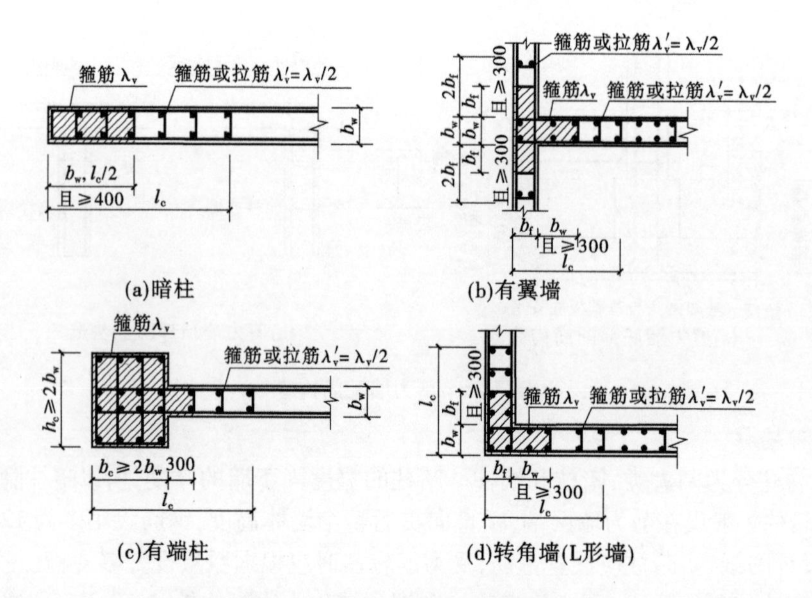

图 3-27 剪力墙的约束边缘构件

(1)连梁。是一种特殊的墙身,它是上下楼层窗(门)洞口之间的那部分窗间墙(见图 3-28(a))。

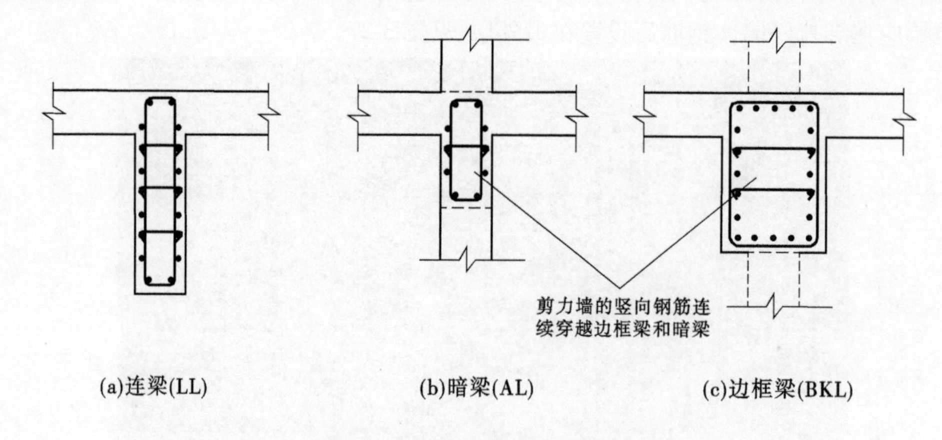

图 3-28 框剪结构中的三种墙梁

(2)暗梁。与暗柱类似,是隐藏在墙身内部看不见的水平构件,是墙身的一个组成部分。剪力墙的暗梁和砖混结构的圈梁有共同之处,都是墙身的一个平行性“加强带”。一般设置在楼板之下(见图 3-28(b))。

(3)边框梁。与暗梁有很多共同之处,边框梁也是一般设置在楼板以下部位,但边框梁的截面宽度比暗梁宽。也就是说,边框梁的截面宽度大于墙身厚度,因而形成了凸出剪力墙面的一个边框(图 3-28(c))。

剪力墙与连梁的连接构造见图 3-29。剪力墙与楼板的连接构造见图 3-30。

剪力墙柱、剪力墙梁(简称为墙柱、墙梁)的编号如表 3-2、表 3-3 所示。

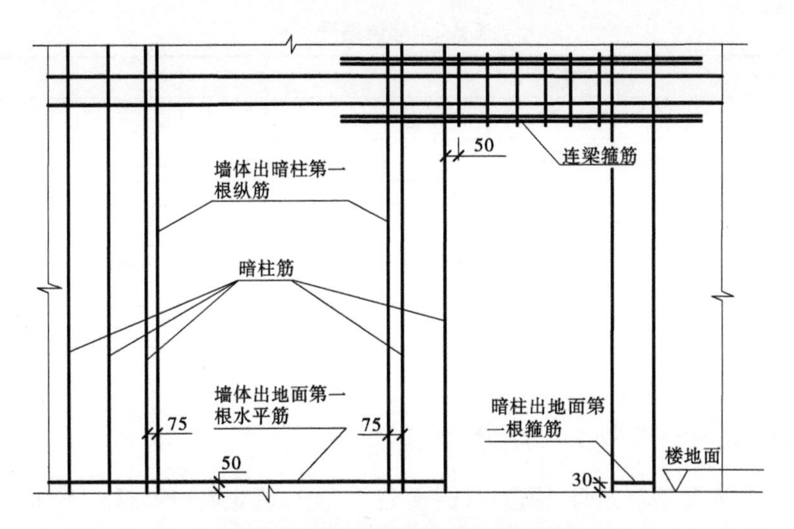

图3-29　剪力墙与连梁的连接构造

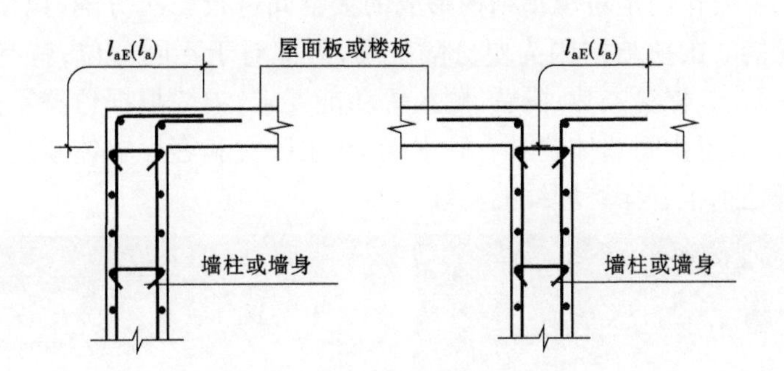

图3-30　剪力墙与楼板的连接构造

表3-2　墙柱编号

墙柱类型	代号	序号
约束边缘暗柱	YAZ	××
约束边缘端柱	YDZ	××
约束边缘翼墙(柱)	YYZ	××
约束边缘转角墙(柱)	YJZ	××
构造边缘端柱	GDZ	××
构造边缘暗柱	GAZ	××
构造边缘翼墙(柱)	GYZ	××
构造边缘转角墙(柱)	GJZ	××
非边缘暗柱	AZ	××
扶壁柱	FBZ	××

表 3-3 墙梁编号

墙梁类型	代号	序号
连梁	LL	××
连梁(对角暗撑配筋)	LL(JC)	××
连梁(交叉斜角配筋)	LL(JX)	××
连梁(集中对角斜筋配筋)	LL(DX)	××
暗梁	AL	××
边框梁	BKL	××

3.2.3 围护结构的类型及功能分析

围护结构主要包括填充墙、构造柱、圈梁等。其中,填充墙根据材料不同可分为空心砖墙、加气混凝土砌块墙、蒸压灰砂砖墙、轻质板材墙等,见图 3-31 ~ 图 3-34。

围护结构的主要作用是对承重结构形成的大空间进行二次分隔,以便于形成所需要的空间和使用功能。围护结构因为要分隔空间,因此对于不同部位,就有不同的功能要求。外墙要具有防水、保温隔热、隔音、耐久等功能要求;内墙根据位置不同,要求的功能侧重点不同。比如,卫生间墙体要具有防水功能;主卧室和客厅墙体就应具有隔音功能。围护结构的内部还承担着穿管埋线的功能。

图 3-31 空心砖墙

图 3-32 加气混凝土砌块墙

图 3-33 蒸压灰砂砖墙

图 3-34 轻质板材墙

3.2.4　围护结构的构造分析

3.2.4.1　空心砖墙的构造

1. 空心砖墙的材料和分类

空心砖墙一般由黏土空心砖和1∶3水泥砂浆砌筑而成，其厚度一般不超过剪力墙厚度（100 mm、200 mm）。当墙面长度或高度较大时，为了保证墙体的整体性和稳定性，通常在墙内设置钢筋混凝土圈梁或构造柱。

2. 空心砖墙的构造方法和工艺

由于空心砖的两端开孔较大，因此空心砖墙的砌筑方法多采用全顺式，砌筑时要求横平竖直、上下错缝、灰缝饱满，由下至上逐层砌筑。当墙体较长时，可在中部适当位置设置构造柱，连接处砌成马牙槎，且每隔500 mm高设置2 Φ 6 拉结筋（见图3-35（a））。空心砖墙的最下面200 mm高（三皮砖）一般用实心砖砌筑（见图3-31），最顶端靠近梁底处用实心砖斜砌（见图3-35（b））。在门窗洞口处，要用实心砖砌筑，便于牢固固定和安装门窗框。

在外墙转角及内外墙交接处应咬砌，并在沿墙高1 m左右的灰缝内配制钢筋或网片，每边深入墙内1 m，山墙沿墙高1 m左右的灰缝内另加通长钢筋。

(a) 空心砖墙构造柱设置　　(b) 空心砖墙顶部构造

图3-35　空心砖填充墙构造

3. 空心砖墙与剪力墙及梁连接处的构造

空心砖墙与剪力墙连接处容易出现通缝，因此在构造上要进行处理。一般是在浇筑好的剪力墙内植筋。所谓植筋，就是在剪力墙端面内每隔500 mm高钻两个深度不小于120 mm的孔，灌入专用强力胶，然后植入两根直径为6～8 mm的钢筋，待植筋的抗拔强度达到设计要求后，与空心砖墙砌筑为一体，从而起到拉结作用，见图3-36。

空心砖墙砌至离梁底距离不足一砖长时，可采用斜砌法砌筑，见图3-35（b）。

除了上述构造外，为了使空心砖墙能够与剪力墙以及梁连接的更为牢固，同时为了避免后续的抹灰层开裂，通常做法是在填充墙与周围的钢筋混凝土构件（剪力墙和梁）之间钉上一层镀锌钢丝网，见图3-37。在钢丝网上面进行抹灰，就能够防止开裂。

3.2.4.2　加气混凝土砌块墙的构造

1. 加气混凝土砌块墙的材料和分类

1）加气混凝土的概念

从广义上来讲，加气混凝土就是所有加了气的混凝土，包括加气混凝土砌块、泡沫混

图 3-36 植筋构造

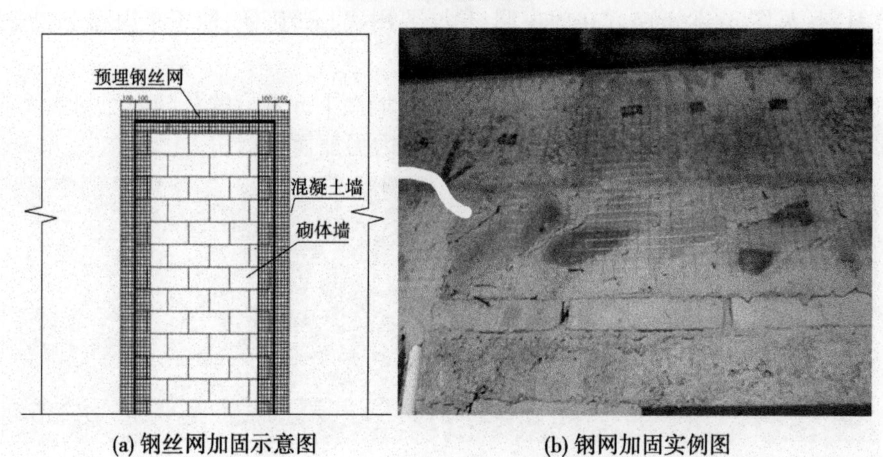

(a) 钢丝网加固示意图 (b) 钢网加固实例图

图 3-37 镀锌钢丝网加固

凝土及加了引气剂的混凝土。狭义上讲，就是加气混凝土砌块。目前，加气混凝土砌块的标准是《蒸压加气混凝土砌块标准》(GB 11968—2006)。

规范的定义是：以硅质材料(砂、粉煤灰及含硅尾矿等)和钙质材料(石灰、水泥)为主要原料，掺加发气剂(铝粉)，通过配料、搅拌、浇筑、预养、切割、蒸压、养护等工艺过程制成的轻质多孔硅酸盐制品。因其经发气后含有大量均匀而细小的气孔，故名加气混凝土。

2)加气混凝土的分类

一般根据原材料的类别、采用的工艺及承担的功能进行分类。

加气混凝土按形状，可分为各种规格砌块或板材。

加气混凝土按原料，基本有三种：水泥、石灰、粉煤灰加气砖，水泥、石灰、砂加气砖，水泥、矿渣、砂加气砖。

加气混凝土按用途，可分为非承重砌块、承重砌块、保温块、墙板与屋面板五种。

3)加气混凝土的特性

容重轻、保温性能高、吸音效果好，具有一定的强度和便于加工，是我国推广应用最早,使用最广泛的轻质墙体材料之一。

4)加气混凝土砌块主要尺寸和规格

长度(L)为600 mm;宽度(B)为75 mm、100 mm、150 mm、200 mm、120 mm、180 mm、240 mm;高度(H)为200 mm。

5)加气混凝土砌块的适用范围

蒸压加气混凝土砌块适用于各类建筑地面(±0.000)以上的内外填充墙和地面以下的内填充墙(有特殊要求的墙体除外)。蒸压加气混凝土砌块如无切实有效措施,不得使用在下列部位:

建筑物±0.000以下(地下室的室内填充墙除外)部位;长期浸水或经常受干湿交替的部位;受化学环境侵蚀(如强酸、强碱)或高浓度二氧化碳等环境;砌体表面经常处于80 ℃以上的高温环境;屋面女儿墙。

蒸压加气混凝土砌块不应直接砌筑在楼面、地面上。对于厕浴间、露台、外阳台以及设置在外墙面的空调机承托板与砌体接触部位等经常受干湿交替作用的墙体根部,宜浇筑宽度同墙厚、高度不小于0.2 m的C20素混凝土墙垫;对于其他墙体,宜用蒸压灰砂砖在其根部砌筑高度不小于0.2 m的墙垫。

2.加气混凝土砌块墙的构造方法和工艺

加气混凝土砌块墙一般由加气混凝土砌块和1∶3水泥砂浆砌筑而成,其厚度与一般剪力墙厚度相同(200~300 mm)。

承重加气混凝土砌块砌体所用砌块强度等级应不低于MU7.5,砂浆强度不低于M5。

加气混凝土砌块砌筑前,应根据建筑物的平面、立面图绘制砌块排列图。在墙体转角处设置皮数杆,皮数杆上画出砌块皮数及砌块高度,并在相对砌块上边线间拉准线,依准线砌筑,见图3-38。

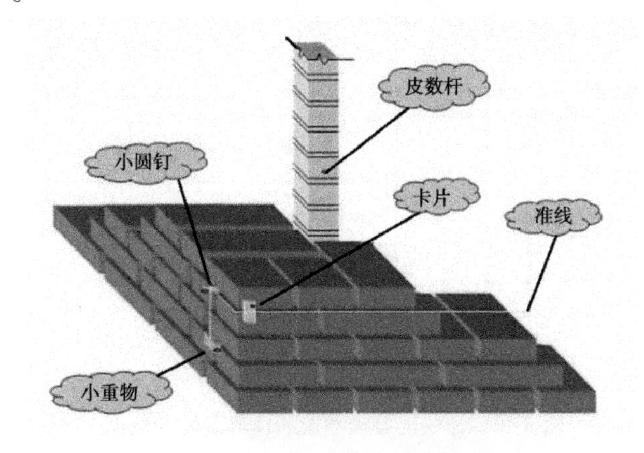

图3-38　盘角、挂线、皮数杆示意图

加气混凝土砌块墙的上下皮砌块的竖向灰缝应相互错开,相互错开长度宜为300 mm,并不小于150 mm。如不能满足,应在水平灰缝设置2 Φ6的拉结筋或Φ4钢筋网片,拉结钢筋或钢筋网片的长度不应小于700 mm。

加气混凝土砌块墙的灰缝应横平竖直,砂浆饱满,水平灰缝砂浆饱满度不应小于80%;竖向灰缝砂浆饱满度不应小于80%。水平灰缝厚度宜为15 mm,竖向灰缝宽度宜为 15 mm。

加气混凝土砌块墙的转角处,应使纵横墙的砌块相互搭砌,隔皮砌块露端面。加气混凝土砌块墙的 T 字交接处,应使横墙砌块隔皮露端面,并坐中于纵墙砌块。

加气混凝土砌块墙上不得留设脚手眼。

在加气混凝土砌块墙下列部位宜设置构造柱或抗裂柱(以下统称抗裂柱),抗裂柱的平面位置应在结构平面图中表示出来:

宽度大于 2 m 的洞口两侧;厂房门、车房门、安全门以及洞口宽度大于 1.5 m 的重型门两侧;墙长大于 5 m 时,每隔不超过 5 m 的部位;支承于悬臂梁、悬臂板上的砌体;窗间墙长度小于 0.6 m 且其侧向无墙处;设计需要加强的部位。见图 3-39、图 3-40。

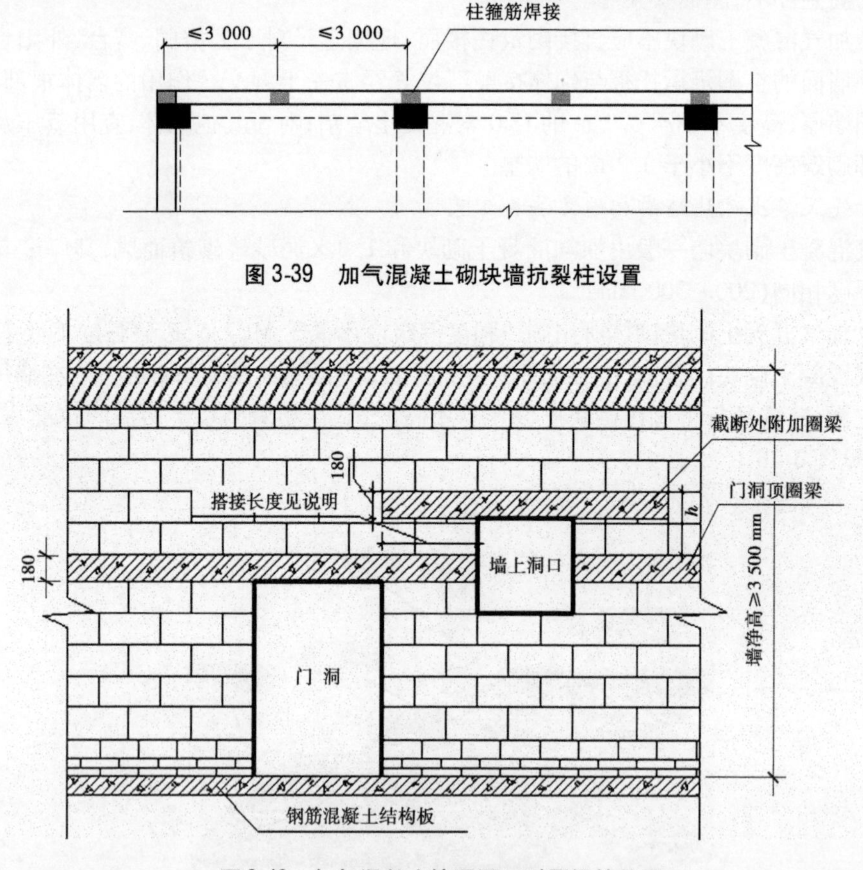

图 3-39 加气混凝土砌块墙抗裂柱设置

图 3-40 加气混凝土墙遇洞口时圈梁的处理

3. 加气混凝土砌块墙与剪力墙及梁连接处的构造

沿墙高每隔 1.4 ~ 1.5 m 处宜沿砌体设置通长的钢筋砂浆带,截面宽同墙厚、高宜为 40 mm,砌体宽度不大于 0.15 m 时配 2 Φ 10 纵筋、大于 0.15 m 时配 3 Φ 10 纵筋,横向配 Φ 6@ 300 筋;砂浆的品种、性能同砌筑砂浆。纵筋进入混凝土墙柱长度宜符合锚固要求,纵筋宜采用单面焊接,长度不小于 10 倍纵筋直径(见图 3-41)。当钢筋砂浆带碰上洞口时,应设至洞边处;当纵横两个方向的钢筋砂浆带连接时应符合构造要求。

墙高超过4 m时，在墙的半高处宜设置与混凝土墙柱连接且沿全墙贯通的钢筋混凝土水平系梁。水平系梁的截面尺寸、配筋、纵筋进入墙柱长度以及混凝土强度等级由设计计算确定，见图3-42。

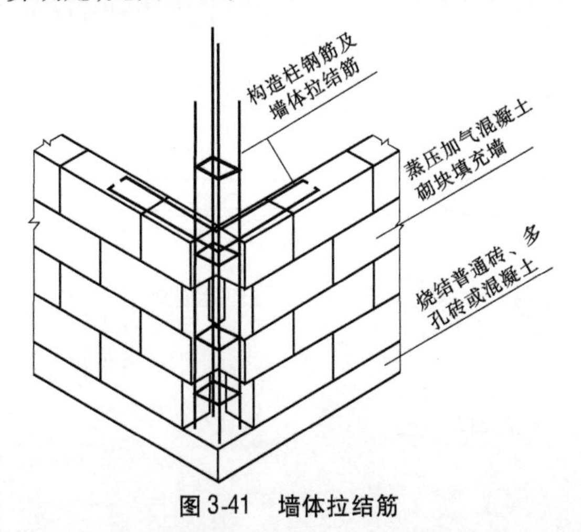

图3-41 墙体拉结筋

图3-42 水平系梁

砌体中的混凝土过梁、水平系梁和压顶以及钢筋砂浆带等砌体中水平向构件的纵向钢筋进入混凝土墙柱中的长度，当设计未明确的宜符合下列要求：直径大于12 mm时宜用预埋方法锚固，锚固长度应符合《混凝土结构设计规范》(GB 50010—2011)要求。

直径不大于12 mm时可采用后植筋，植入段长度应根据工艺试验确定。

纵筋锚固工艺试验应根据锚固力不小于钢筋抗拉极限承载力的原则确定植入段长度。

直接在蒸压加气混凝土砌块的砌体上面现浇钢筋混凝土水平构件时，应在该构件的底部、砌体的表面刷一层聚合物水泥浆。

砌体顶部与混凝土梁板连接，见图3-43。

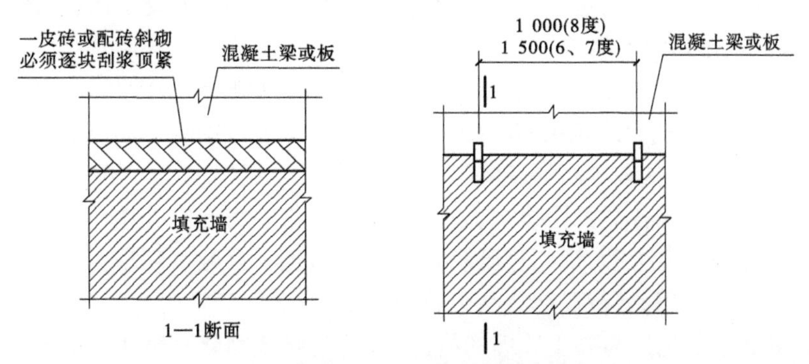

图3-43 砌体顶部与混凝土梁板连接构造

外墙内侧和内墙的找平层中在下列部分宜挂耐碱玻纤网，耐碱玻纤网性能应符合规范要求，搭接长度不小于0.1 m，见图3-44。

后砌的非承重墙、填充墙或隔墙与外承重墙相交处，应沿墙高900~1 000 mm处用钢筋与外墙拉接，且每边深入墙内的长度不得小于700 mm。

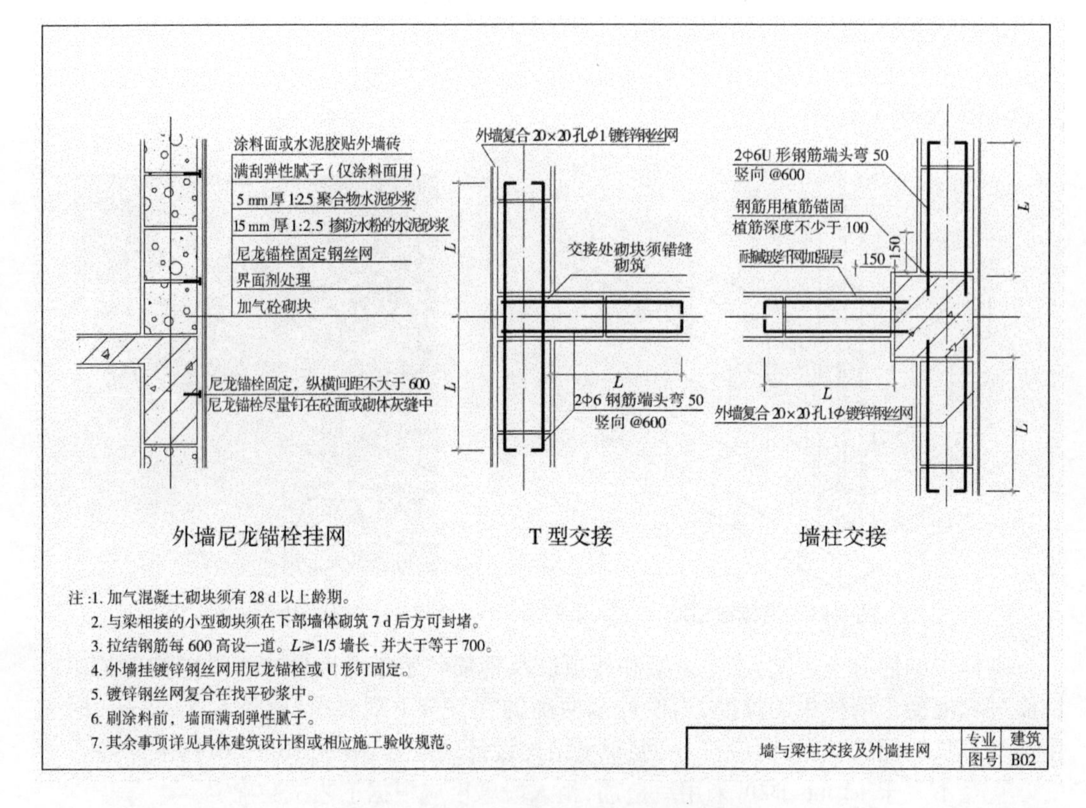

图 3-44 外墙、内墙及交接处挂网示意图

在砌块墙底、墙顶、门窗洞口处，应局部采用烧结普通砖或多孔砖砌筑，其高度不宜小于 200 mm。

砌筑砂浆应采用黏结性能良好的专用砂浆，加气混凝土的抹面也应采用专用的抹面材料或聚丙烯纤维抹面抗裂砂浆。

更多构造可参考国家建筑标准设计图集 13J104《蒸压加气混凝土砌块、板材构造》。

3.2.4.3 蒸压灰砂砖墙的构造

蒸压灰砂砖是以石灰、砂为主要原料，经坯料制备（磨细、加水拌和），压制成型（半干法压制）、蒸压养护而成的建筑用实心砖，简称灰砂砖。测试结果证明，蒸压灰砂砖，既具有良好的耐久性能，又具有较高的墙体强度。

蒸压灰砂砖适用于各类民用建筑、公用建筑和工业厂房的内外墙，以及房屋的基础。蒸压灰砂砖的原料主要为砂，推广蒸压灰砂砖取代黏土砖对减少环境污染，保护耕地，改善建筑功能有积极作用，是替代烧结黏土砖的产品。

蒸压灰砂砖墙的构造与黏土砖墙的构造类似，主要区别就是蒸压灰砂砖的吸水性较大，在墙面抹灰时要单独进行处理。

3.2.4.4 轻质墙板的构造

1. 轻质墙板的材料和分类

1）轻质墙板的定义

轻质墙板是国标 GB/T 23451—2009 建筑用轻质隔墙条板的简称，是指采用轻质材料或轻型构造制作，两侧面设有榫头榫槽及接缝槽，面密度不大于标准规定值（90 kg/m²:90 板、110 kg/m²:120 板）用于工业与民用建筑的非承重内隔墙的预制条板，所使用的原料应符合 G/T 169—2005 标准。

原材料主要由水泥、粉煤灰、轻集骨料（包括发泡聚苯颗粒、发泡珍珠岩、轻质陶粒、木屑、秸秆等）、耐碱纤维、网格布、结构龙骨、添加剂等组成。

2）分类

按断面结构分类如下：

（1）空心条板（代号:K）。以水泥为黏结材料，工业炉渣、粉煤灰、火山灰、聚丙纤维，发泡珍珠岩等为添加材料，外加化工添加剂经搅拌均匀，模具浇注成型而得的沿板材长度方向留有若干贯穿空洞的空心条板产品，并根据工程需要定尺切割长度，而后用于建筑物，见图 3-45（a）。

(a) 空心条板　(b) 实心条板　(c) 复合条板

图 3-45　轻质墙板的类型

本产品具有质轻、防火、成本低等优点。缺点是连接需要加网格布和二次抹灰。

（2）实心条板（代号:S）。以水泥为黏结材料，工业炉渣、粉煤灰、网格布、发泡聚苯颗粒等为添加材料，外加化工添加剂经搅拌均匀，模具浇注成型而得的无孔洞预制条板产品，并根据工程需要定尺切割长度，而后用于建筑物，见图 3-45（b）。

本产品具有质轻、防火、可刨、可琢、可钉等优点，可直接刮腻子装饰。缺点是连接需要加网格布和二次抹灰，成本较高。

（3）复合条板（代号:F）。以水泥为黏结材料，工业炉渣、粉煤灰、建筑物废弃物、轻质骨料（发泡聚苯颗粒、轻质陶粒、玻化微珠）等为添加材料，外加化工添加剂经搅拌均匀，模具浇注成型而得的预制条板产品。该产品由两种或两种以上不同功能材料复合而成，因此称为复合条板，见图 3-45（c）。

其中，最常用的就是轻质节能墙板。其结构为：硅酸盖板（两面）+ 阻燃保温材料（夹芯），侧面为标准夹口设计。产品具有质轻、节能、环保、隔音、隔热、防水、防火、保温、防冻、防震、增加使用面积、寿命长等特点；安装简便、加工性能好，可锯、刨、钉、钻、粘、接，打孔不变形，减少湿作业，施工快，无须抹灰，可直接装饰。缺点是尺寸高度受面板限制，一般高度为 2. 44 m，宽度为 0. 61 m。

按构件类型分为普通板（代号：PB）、门窗框板（代号：MCB，见图 3-46）、异形板（代号：YB，见图 3-47）。

图3-46 门窗框板

图3-47 异形板

2. 轻质墙板的构造方法和工艺

(1)轻质墙板一般采用竖板逐块安装。安装顺序为:无门洞口,从外向内安装;有门洞口,由门洞口向两边扩展,门洞口边宜用整板。

(2)板与板之间的连接。条板侧面设有燕尾榫,采用榫接连接方式,接缝处采用1∶3水泥砂浆或与条板匹配的专用胶浆。连接竖板时应挤紧缝隙,以挤出胶浆为宜。第一块条板与柱边板间黏结缝隙不大于15 mm。板边调节处理槽必须等接缝内水泥砂浆、墙板干透后抹灰时一同处理。

(3)一般情况下,不超过4 m净空,轻质墙板之间按一般胶结方法安装可以确保安全。板接缝处黏结:将条板量好尺寸用切割机切好,实行长短错开竖放拼装,净空超过4 m的隔墙板安装需进行专门的结构设计。

(4)梁、板底面接缝处理。由于条板长度生产误差,梁、柱底面高度模板误差,两者上下缝间一般为3~8 cm,该缝间可用水泥砂浆和板头、砖块等硬物填充,但不允许挤实,需保持和梁隔1 cm沉降空隙。靠梁下的阴角砂浆用抹灰板压实成外八字形,等装饰面处理时用弹性乳液制作成弹性砂浆腻子将空隙和阴角内填实补齐刮平,可保证纵向裂缝不超过5%。

(5)门窗结点处理。预留门窗洞口墙板根据实际要求任意加工(包括加工企口)门框两侧采用整板,若门洞一侧靠混凝土柱,则应在门洞顶角用射钉将角钢射入混凝土柱,位置要准确无误以支承洞顶的条板。转弯、门窗丁字结点建议用钢板网连接,是避免门、窗在外力作用下条板接缝开裂的有效措施。

门、窗口过梁板不超过1 200 mm,超过1 200 mm应进行专门的结构设计,门框、窗框与墙板之间用专用构件连接,门框与墙板间隙用黏结剂腻子塞实、刮平,条板安装后一周内不得打孔凿眼,以免黏结剂固化时间不足而使板受震动开裂。

(6)抹灰处理。轻质隔墙板安装,墙板干透后才能进行表面抹灰和接缝处理。为防局部沉降,应先主体工程,其他砌体外墙工程,墙板抹灰工程,最后作轻质隔墙面装饰装潢的顺序。

为了保证GRC(玻璃纤维增强水泥)轻质隔墙的刚度,尤其在高层的情况下,建议用钢板网(厚0.8mm)沿竖向和水平方向用长型钉书机钉入板体连接。

抹灰之前用水冲湿墙面,在用涂料滚子在墙板表面涂一遍107胶水泥砂浆(107胶、

水泥、砂的比例为1:2:3加适量水调成稀糊状,能滚涂为标准)进行拉毛,以防脱壳。待完全干后,即可用普通水泥砂浆进行抹灰,(做二次抹灰,每次厚度不超过3~5 mm)但必须离上梁、板1~2 mm。

抹灰砂浆必须选用中粗砂并掺增塑剂,严格按配比进行,搅拌均匀,抹灰砂浆水灰比不能过大,否则水分蒸发后形成空隙,尤其是水泥砂浆强度过高和使用细砂,都会促使基层开裂。因而应选用弹性乳液和425号水泥:制作的弹性砂浆具有可变形的特点,能在很大程度上控制墙面裂缝。

厨、卫内隔墙应做防水处理,地面以上1 500 mm高处的隔墙条板面应涂上防水剂,要特别注意板脚及管道井口等关键部位的防水处理。其余水管进出口均须做防水处理。

(7)水电管线安装构造。根据线路的走向确定位置时最好在圆孔处开孔;其次对于圆孔可以采用机械开孔,通过专用或自制的工具开孔。

轻质墙板中不能横向敷设管路。放线定位后用切割机开凿。敷设完工即用混凝土砂浆掺入适量107胶等在开槽处粘贴玻璃纤维网格带补平,防止开裂。

在安装水箱、磁盆、电气开关、插座、壁灯等水电器具处,按尺寸要求剔凿孔口(不可剔通)后,不可用重锤猛击,以免震坏墙板。管线埋好后,立即用水泥砂浆腻子塞实、刮平。而对于体积较大,自重较重的器具如动力箱则要按尺寸要求凿孔洞(不可凿通),再将木楔或钢埋件用水泥砂浆掺水泥灌筑塞实,过7 d后再安装。

轻质隔墙板是近几年来发展较快的一种新型墙体材料,只要按要求顺序施工,应用接缝互锁连接新技术,就能消除纵向裂缝。

3. 轻质墙板与剪力墙及梁连接处的构造

当前,国家大力鼓励采用工业废料制作板材类、砌块类以及砖类轻质填充墙体材料,限制了一些落后的产品、设备和生产线,淘汰了一些规模较小、技术落后、生产效率低下、污染较大、节能减排达不到要求的产品和生产设备。具体可参考国家有关政策和文件。一些省市专门出台了轻质墙板的规范、图集等,具体构造可参考这些图集和规范,如江苏省轻质墙板构造图集等,见图3-48、图3-49。

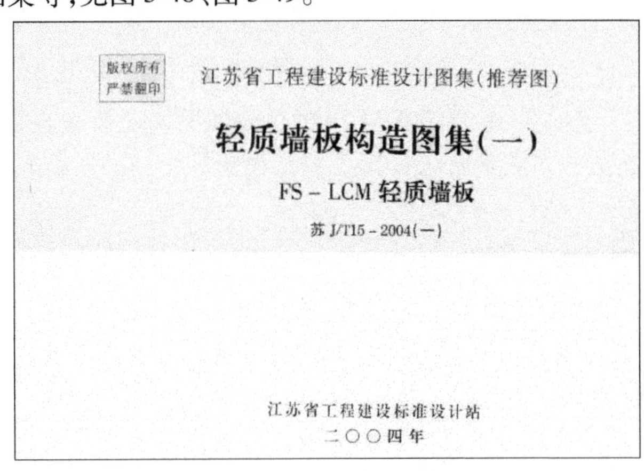
版权所有
严禁翻印

江苏省工程建设标准设计图集(推荐图)

轻质墙板构造图集(一)

FS－LCM轻质墙板

苏J/T15－2004(一)

江苏省工程建设标准设计站

二〇〇四年

图3-48　轻质墙板构造图集

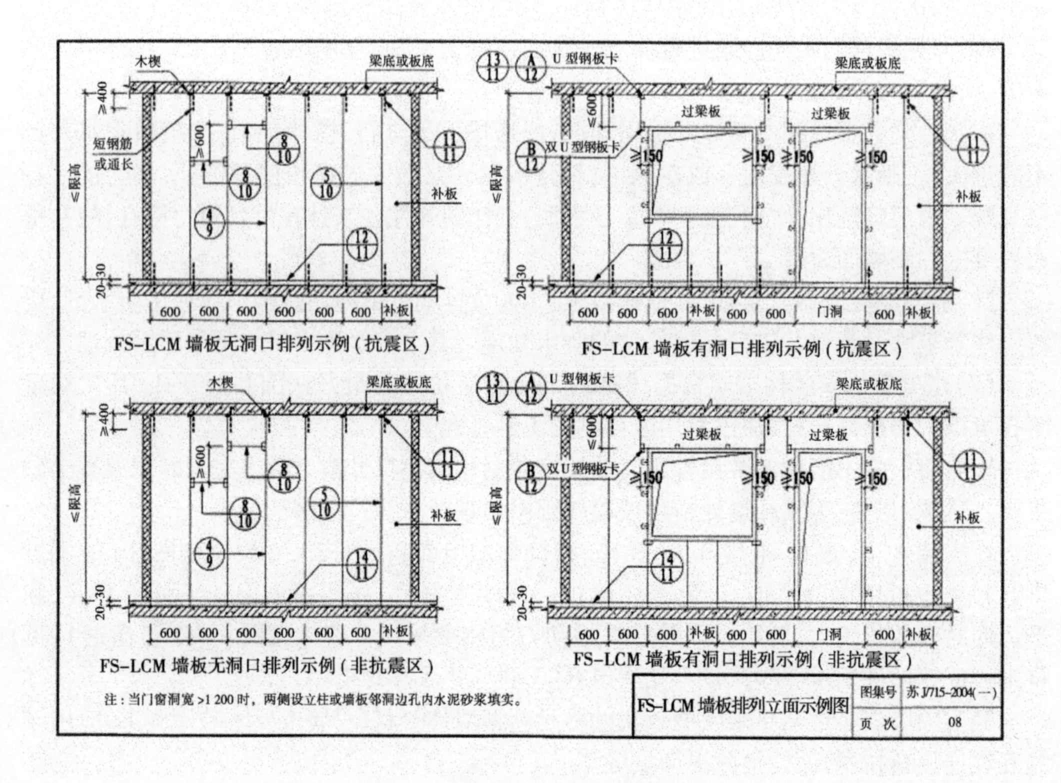

图 3-49 轻质墙板排列立面示例图

3.2.5 小结

本任务主要介绍了剪力墙的概念、形式与类别；剪力墙身、剪力墙柱、剪力墙梁三类构件的类型和构造；围护结构的类型(包括填充墙、构造柱、圈梁)及功能；空心砖墙的材料、分类、工艺和构造，空心砖墙与剪力墙及梁连接处的构造；加气混凝土砌块墙的材料、分类、适用范围、构造方法和工艺，加气混凝土砌块墙与剪力墙及梁连接处的构造；蒸压灰砂砖墙的材料、性能和适用范围；轻质墙板的材料、分类、构造方法和工艺；轻质墙板与剪力墙及梁连接处的构造。

3.2.6 思考题

1. 框剪结构的主体结构主要由什么构件组成？
2. 什么叫剪力墙？其作用是什么？
3. 什么叫框剪结构？什么叫剪力墙结构？
4. 根据剪力墙上洞口的大小、多少及排列方式，可将剪力墙分为哪几种类型？
5. 什么是“一墙、二柱、三梁”？简述其构造。
6. 什么是边缘构件？可分为哪两类？
7. 围护结构包括哪些构件？其主要作用是什么？

8. 简述空心砖墙的构造。

9. 什么是加气混凝土？蒸压加气混凝土砌块如无切实有效措施，不得使用在哪些部位？

10. 简述加气混凝土墙砌筑时的构造要求。

11. 什么是轻质墙板？有哪些类型？简述其安装构造。

任务3.3　框剪结构楼梯构造分析

3.3.1　框剪结构建筑的楼梯类型

框剪结构中主要采用现浇整体式钢筋混凝土楼梯。

3.3.1.1　现浇整体式钢筋混凝土楼梯的优缺点

(1)优点是：结构整体性好，刚度大，设计灵活，能适应各种楼梯间平面和楼梯形式。

(2)缺点是：施工复杂，施工周期长，模板耗费量大。

3.3.1.2　现浇整体式钢筋混凝土楼梯的分类

现浇整体式钢筋混凝土楼梯从结构形式上来分，可分为有梁承式、梁悬臂式、扭板式等类型。根据梯段板的受力不同可分为板式和梁板式。

(1)板式楼梯(长度≤3.3 m)。

组成：由梯段、平台梁、平台板组成。

荷载传递：荷载→踏步板→梯段板→平台梁→墙或柱。

(2)梁式楼梯（长度>3.3 m)。

组成：由踏步板、斜梁、平台梁、平台板组成。

荷载传递：荷载→踏步板→斜梁→平台梁→墙或柱。

梁式楼梯踢步的形式有明步、暗步。

3.3.2　框剪结构建筑的楼梯构造分析

3.3.2.1　现浇梁承式

现浇梁承式钢筋混凝土楼梯由于其平台梁和梯段连接为一整体，当梯段为梁板式梯段时，梯斜梁可上翻或下翻形成梯帮。由于梁板式梯段踏步板底面为折线形，支模较困难，常做成板式梯段，见图3-50。

3.3.2.2　现浇梁悬臂式

现浇梁悬臂式钢筋混凝土楼梯系指踏步板从梯斜梁两边或一边悬挑的楼梯形式。常用于框架结构建筑中或室外露天楼梯，见图3-51、图3-52。

3.3.2.3　现浇扭板式

现浇扭板式钢筋混凝土楼梯底面平整，结构占空间少，造型美观。但由于板跨大，受力复杂，材料消耗量大。它适用于标准较高的公共建筑。为了使梯段造形轻盈，常在靠近边缘处局部减薄出挑，见图3-53。

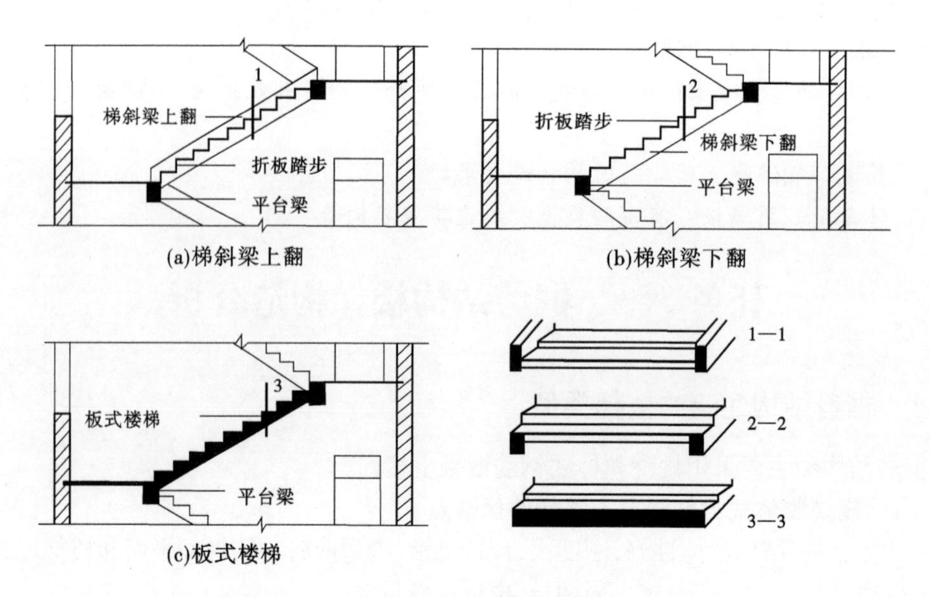

图 3-50 现浇梁承式钢筋混凝土楼梯梯段

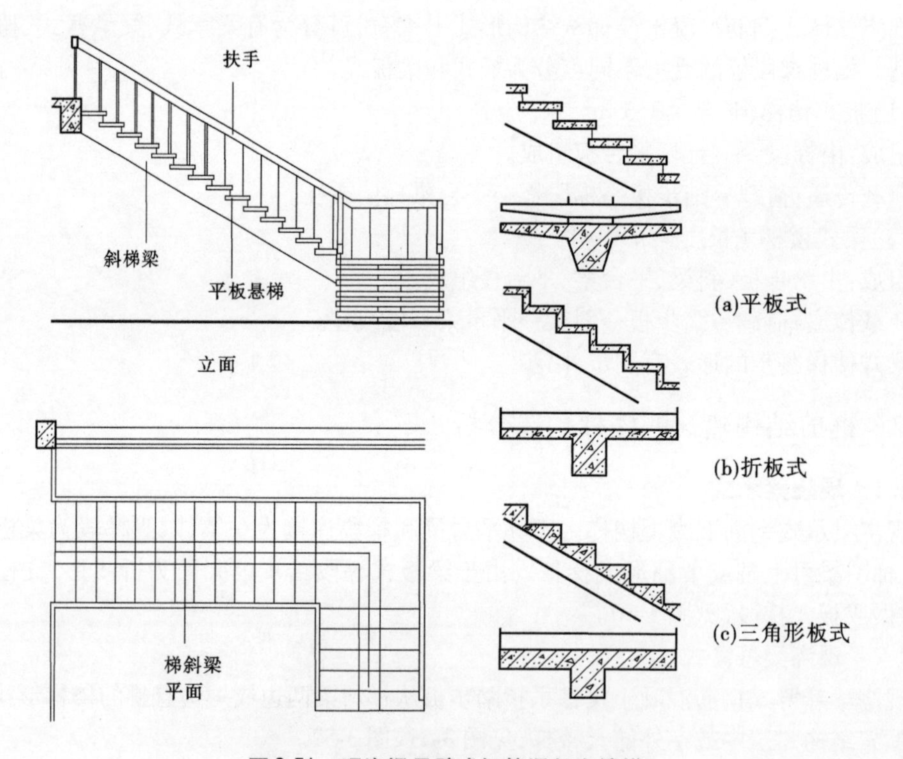

图 3-51 现浇梁悬臂式钢筋混凝土楼梯

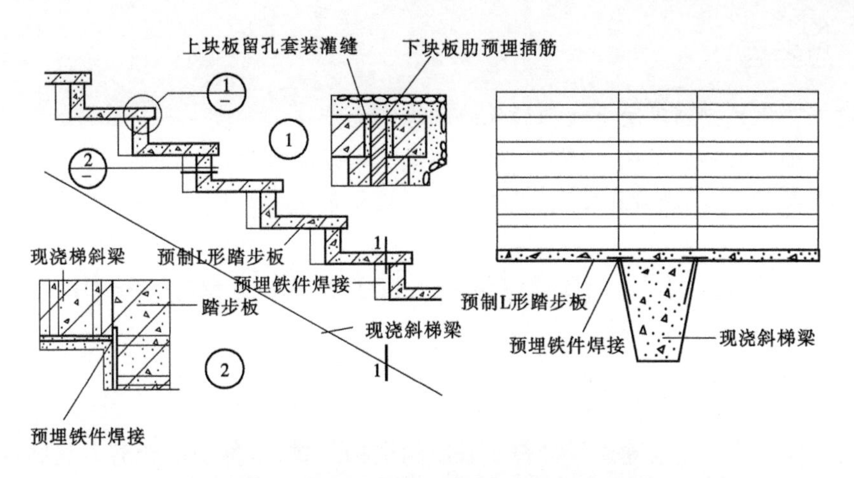

图 3-52　部分现浇梁悬臂式钢筋混凝土楼梯

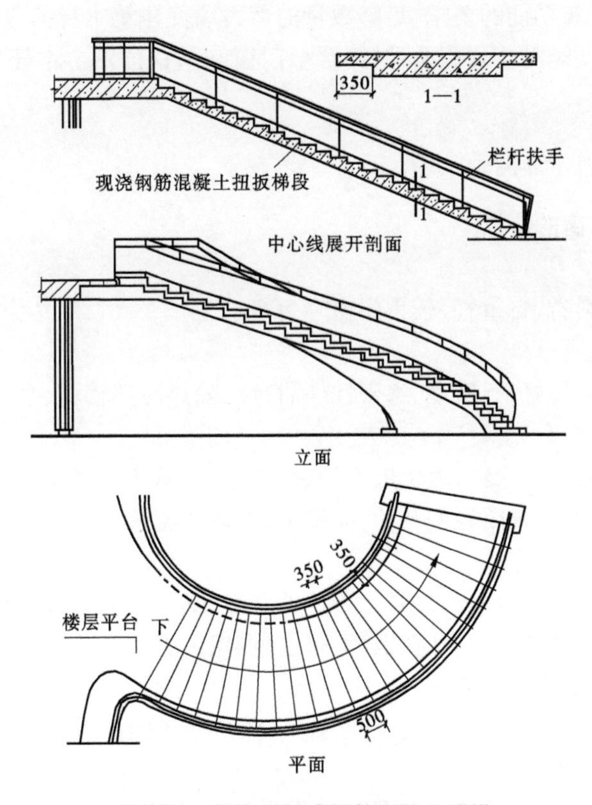

图 3-53　现浇扭板式钢筋混凝土楼梯

3.3.3　小结

主要介绍了框剪结构中的楼梯形式及组成，分析了现浇整体式钢筋混凝土楼梯的优缺点，以图示的方法对现浇梁承式、现浇梁悬臂式、现浇扭板式楼梯进行了构造解析。

3.3.4 思考题

1. 现浇整体式钢筋混凝土楼梯的优缺点有哪些?
2. 现浇整体式钢筋混凝土楼梯从结构形式上来分有哪些?
3. 现浇梁承式、现浇梁悬臂式、现浇扭板式楼梯常用于哪种建筑中?

任务3.4 框剪结构门窗类型及构造分析

3.4.1 框剪结构门窗类型

框剪结构是当代高层建筑设计普遍采用的结构形式,全称为框架剪力墙结构(frame-shear wall structure)。该结构是在框架结构中布置一定数量的剪力墙,构成灵活自由的使用空间,满足不同建筑功能的要求,足够数量的剪力墙使建筑本身拥有相当大的刚度。

框剪结构门窗的类型主要有两种:铝合金门窗和塑钢门窗。本任务主要介绍铝合金门窗。

3.4.2 框剪结构门窗构造分析

3.4.2.1 铝合金门窗的特点

1. 自重轻

铝合金门窗用料省、自重轻,较钢门窗轻50%左右。

2. 性能好

铝合金门窗密封性好,气密性、水密性、隔音性、隔热性都较弱、木门窗有显著的提高。

3. 耐腐蚀、坚固耐久

铝合金门窗不需要涂涂料,氧化层不褪色、不脱落,表面不需要维修。铝合金门窗强度高,刚性好,坚固耐用,开闭轻便灵活,无噪声,安装速度快。

4. 色泽美观

铝合金门窗框料型材表面经过氧化着色处理后,既可保持铝材的银白色,又可以制成各种柔和的颜色或带色的花纹,如古铜色、暗红色、黑色等。

3.4.2.2 铝合金门窗的设计要求

(1)应根据使用和安全要求确定铝合金门窗的风压强度性能、雨水渗漏性能、空气渗透性能综合指标。

(2)组合门窗设计宜采用定型产品门窗作为组合单元。非定型产品的设计应考虑洞口最大尺寸和开启扇最大尺寸的选择和控制。

(3)外墙门窗的安装高度应有限制。

3.4.2.3 铝合金门窗框料系列

铝合金门窗框料系列名称是以铝合金门窗框的厚度构造尺寸来区别的,如平开门门框厚度构造尺寸为50 mm宽,即称为50系列铝合金平开门;推拉窗窗框厚度构造尺寸90 mm宽,即称为90系列铝合金推拉窗等。实际工程中,通常根据不同地区、不同性质建筑物的使用要求选用相适应的门窗框。

3.4.2.4　铝合金门窗的安装

铝合金门窗的安装是指安装工人把组装好的成品门窗固定到墙体洞口上的过程。铝合金门窗只有安装到墙体洞口上,使其处于工作状态,才能发挥其保温、防水、防风、采光、隔音等功能。

铝合金门窗的安装是门窗产品交付甲方验收前的最后一个环节,安装质量对门窗产品的性能有着至关重要的影响,在门窗行业中常有“三分制作七分安装”的说法,由此可见门窗安装环节的重要性。

典型铝合金门窗的安装施工工艺流程如图3-54所示。门窗形式不同、使用地域不同时安装流程会略有差异。

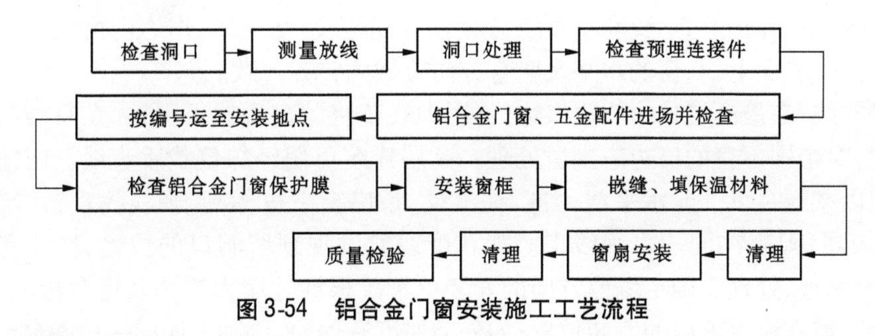

图3-54　铝合金门窗安装施工工艺流程

1. 安装前的准备

在铝合金门窗上墙安装之前,应做好以下准备工作。

1)确定安装位置

(1)检查洞口。

洞口尺寸检查:铝合金门窗框一般都是后塞口,所以要根据不同的材料品种和门窗框的宽、高尺寸,逐个检查门窗洞口的尺寸,核对所有门窗洞口尺寸与门窗框的规格尺寸是否相适应,能否满足安装需要。

一般情况下,洞口尺寸与门窗框尺寸之间的关系见表3-4。

表3-4　洞口尺寸与门窗框尺寸关系

饰面材料	要求制口尺寸(mm)		
	洞口宽度	窗洞高度	门洞口高度
清水墙	门窗框宽度+(20~30)	门窗框宽度+(20~30)	门框高度+(10~15)
水泥砂浆	门窗框宽度+(40~50)	门窗框宽度+(40~50)	门窗框宽度+(20~25)
面砖	门窗框宽度+(50~60)	门窗框宽度+(50~60)	门框高度+(25~30)
石材	门窗框度+(80~100)	窗框高度+(80~100)	门框高度+(40~50)

安装铝合金门窗时,要求洞口尺寸偏差不超过表3-5的规定。

洞口位置检测:由安装人员会同土建人员按照设计图纸检查洞口的位置和标高,若发现洞口位置与设计图纸不符合或偏差过大,则应进行必要的修整处理。

表3-5 洞口尺寸偏差要求

项目	允许偏差(mm)
洞口高度、宽度	±5.0
洞口对角线长度差	±5.0
洞口侧边垂直度	≤1.5/1 000且不大于2.0
洞口中心线与基准轴线偏差	≤5.0
洞口下平面标高	±5.0

(2)确定安装基准。

按室内地面弹出的50线和垂直线,标出门窗框安装基准线,作为门窗框安装时的标准。要求同一立面上门、窗的水平及竖直方向应做到整齐一致。

测量放线:在最高层找出门窗口边线,用大线坠将门窗边线下引,并在每层门窗口处画线标记,对个别不直的口边应剔凿处理。高层建筑可用经纬仪找垂直线。门窗口的水平位置应以楼层+50 cm水平线为准,往上反,量出窗下皮标高,弹线找直,每层窗下皮(若标高相同)则应在同一水平线上。如在弹线时发现预留洞口的位置、尺寸有较大偏差,应及时调整、处理。确定墙厚方向的安装位置。根据外墙大样图及窗台板的宽度,确定铝合金门窗在墙厚方向的安装位置;如外墙厚度有偏差,原则上应同一房间窗台板外露尺寸一致为准,窗台板应伸入铝合金窗下5 mm为宜。

(3)检查预留孔洞或预埋铁件。

逐个检查门窗洞口四周的预留孔洞或预埋孔洞或预埋铁件的位置和数量,是否与铝合金窗框上的连接铁脚匹配吻合。

对于铝合金门,除以上提到的确定位置外,还要特别注意室内地面标高,地弹簧门的地弹簧上表面应与室内地面饰面标高一致。

2)材料准备

(1)检查核对运到现场的铝合金门窗的规格、型号、数量、开启形式等是否符合设计要求。

(2)检查铝合金门窗的装配质量及外观质量是否满足设计要求。

(3)检查各种安装附件、五金配件,应配套齐全。

(4)辅助材料的规格、品种、数量是否能满足施工要求。

(5)核实所有材料是否有出厂合格证及必需的质量检测报告,填写材料进场验收记录和复验报告。

3)机具准备

铝合金门窗安装前应检测安装所需的机具、安装设施等,应齐全可靠。

安装铝合金门窗需要配备的机具:切割机、小型电焊机、电钻、冲击钻、射钉枪、打胶筒、玻璃吸盘、线锯、手锤、錾子、扳手、螺丝刀、木楔、托线板、水平尺、钢卷尺、灰线袋。

4)作业条件要求

在铝合金门窗框上墙安装前应确保以下各方面作业条件均已达到要求:

(1)结构工程质量已经验收合格。

(2)门窗洞口的位置、尺寸已核对无误,或经过剔凿、修整合格。

(3)预留铁脚孔洞或预埋铁件的数量、尺寸已核对无误。

(4)管理人员已进行了技术、质量、安全交底。

(5)铝合金门窗及其配件、辅助材料已全部运到施工现场,数量、规格、质量完全符合设计要求。

(6)已具备了垂直运输条件,并已接通了电源。

(7)各种安全保护设施等齐全可靠。

2. 铝合金门窗框安装

一般情况下,铝合金门窗框在墙体上安装要经过立框、连接锚固、嵌缝密封、检验等过程。

1)立框

按照在洞口上弹出的门、窗框位置线,根据设计要求,将门、窗框立于已经测量确定好的安装位置中心线部位或内侧,使门、窗框表面与饰面层相适应。

2)连接锚固

铝合金门窗安装共有干法安装和湿法安装两种形式。安装方式不同,铝合金门窗框在洞口墙体上的锚固方式也有所区别。

(1)干法安装。

干法安装一般采用金属附框。采用干法安装时,金属附框安装应在洞口及墙体抹灰湿作业前完成;铝合金门窗框安装在洞口及墙体抹灰湿作业后进行。

干法安装金属附框的要求:

①金属附框用于与铝合金门窗框连接的侧边的有效宽度不应小于30 mm。

②金属附框可采用固定片与洞口墙体连接固定。在金属附框的室内外两侧安装固定片与墙体可靠连接。固定片宜采用Q235钢材,表面经防腐处理,厚度不小于1.5 mm,宽度不小于20 mm。

③相邻洞口金属附框平面内位置偏差不超过10 mm。金属附框内缘应与洞口抹灰后的洞口装饰面齐平,金属附框宽度和高度尺寸偏差及对角线允许尺寸偏差应符合表3-6规定。

④金属附框固定片距角部距离不大于150 mm,相邻两固定片中心距不大于500 mm(见图3-55),固定片与墙体固定点的中心位置与墙体边缘距离不小于50 mm(见图3-56)。

表3-6　金属附框尺寸允许偏差

项目	允许偏差(mm)	检测方法
金属附框高、宽	≤±3.0	用卷尺检查
对角线差值	≤4.0	用卷尺检查

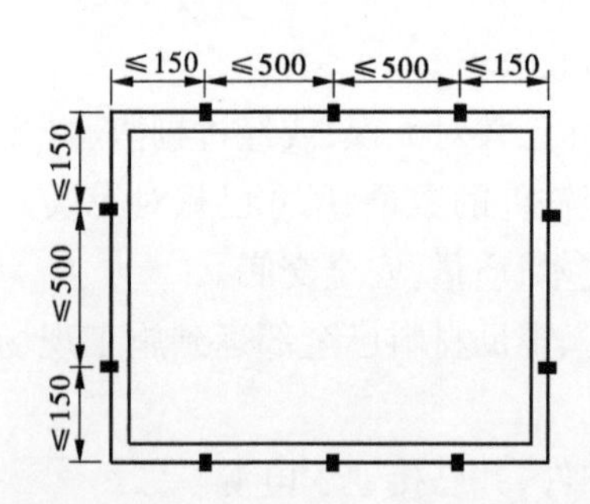

图 3-55　金属附框、铝合金门窗框安装固定点

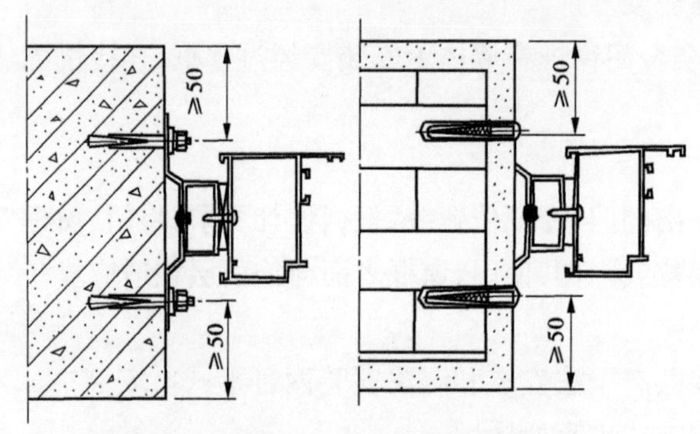

图 3-56　固定片与墙体边缘距离要求

⑤铝合金门窗框与金属附框连接固定牢固可靠。连接固定点设置应符合图 3-55 的要求。

(2)湿法安装。

采用湿法安装时,铝合金门窗框安装在洞口及墙体抹灰湿作业前完成。

铝合金门窗框与洞口墙体可采用固定片连接固定。采用固定片连接洞口时,固定片距角部距离不大于 150 mm,相邻两固定片中心距不大于 500 mm,固定点的设置要求见图 3-55。

固定片与铝合金门窗框连接宜采用卡槽连接方式(见图 3-57)。与无槽铝合金门窗框连接时,可采用自攻螺钉或抽芯铆钉,钉头处应密封(见图 3-58)。

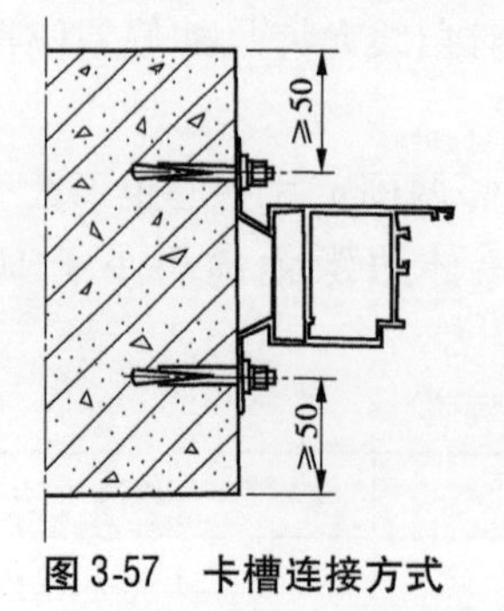

图 3-57　卡槽连接方式

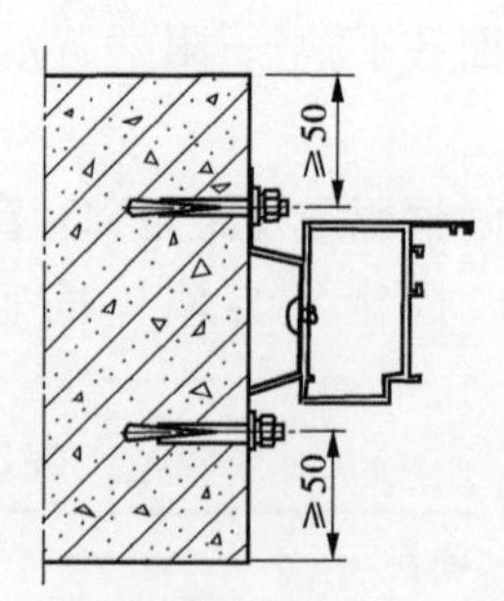

图 3-58　自攻螺钉或抽芯铆钉连接方式

铝合金门窗安装固定时,其临时固定物不得导致门窗变形或损坏,不得使用坚硬物体。安装完成后,应及时移除临时固定物体。

铝合金门窗框与洞口缝隙应采用保温、防潮且无腐蚀性的软质材料填密实，亦可使用防水砂浆填塞，但不宜使用海砂成分的砂浆。使用聚氨酯泡沫填缝胶，施工前应清除黏结面的灰尘，墙体黏结应进行淋水处理，固化后的聚氨酯泡沫胶缝表面应密封处理。

与水泥砂浆接触的铝合金框进行防腐处理。湿法抹灰施工前，应对外露铝型材表面进行可靠保护。

(3)铝合金门窗的安装要求。

铝合金门窗工程不得采用边砌口边安装或先安装后砌口的施工方法。

铝合金门窗安装宜采用干法施工方式。

开启扇应启闭灵活，无卡滞，有可靠的安装措施和必要的防误操作装置。

铝合金门窗的安装施工应在室内侧或洞口内进行。

砌体墙不得使用射钉直接固定门窗。

铝合金门窗框安装就位后，允许偏差应符合表3-7的规定。铝合金门窗安装就位后，边框与墙体之间应做好密封防水处理，并符合下列要求：

表3-7　铝合金门窗框安装允许偏差　(单位：mm)

项　目		允许偏差	检查方法
铝门窗框进出方向位置		±5.0	经纬仪
铝门窗框标高		±3.0	水平仪
门窗框左右方向相对位置偏差(无对线要求时)	相邻两层处于同一垂直位置	+10 0.0	经纬仪
	全楼高度内处于同一垂直位置(30 m以下)	+15 0.0	
	全楼高度内处于同一垂直位置(30 m以上)	+20 0.0	
门窗框左右方向相对位置偏差(有对线要求时)	相邻两层处于同一垂直位置	+2 0.0	经纬仪
	全楼高度内处于同一垂直位置(30 m以下)	+10 0.0	
	全楼高度内处于同一垂直位置(30 m以上)	+15 0.0	
门窗竖边框及中竖框自身进出方向和左右方向的垂直度		±1.5	铅垂仪或经纬仪
门窗上下边框及中横框水平度		±1	水平仪
相邻两横向框的高度相对位置偏差		+1.5 0.0	水平仪
门窗宽度、高度构造内侧对边尺寸差	$L<2\,000$	+2.0 0.0	钢卷尺
	$2\,000 \leqslant L<3\,500$	+3.0 0.0	钢卷尺
	$L \geqslant 3\,500$	+4.0 0.0	钢卷尺

(1)应采用黏结性能良好并相容的耐候密封胶。

(2)打胶前应清洁黏结表面,去除油污、灰尘,黏结面应干燥,墙体部位应平整洁净。

(3)胶缝截面可采用矩形截面胶缝时,密封胶厚度应大于 6 mm,采用三角形截面胶缝时,密封胶截面宽度应大于 8 mm。

(4)注胶应平整密实,胶缝宽度均匀一致,表面光滑,整洁美观。

3.4.2.5　**铝合金门窗开启扇安装**

五金配件是门窗中不可或缺的组成部分,是门窗结构的关键性零部件,也是保证窗框与窗扇之间有机连接的重要零部件。五金配件安装质量直接关系到门窗的使用功能与寿命,直接影响到门窗质量,五金件的外形式样与色泽,直接融合与门窗的整体造形与色彩情调。因此,选用质量好且与门窗类型匹配度高的五金件非常重要。

铝合金门窗开启扇及开启扇五金件的装配宜在工厂内组装完成。无论是在工厂装配还是在施工现场安装时安装,开启五金件应齐全、配套,安装后牢固可靠,位置正确,端正美观,动作灵活。多锁点五金件的各锁闭点动作应协调一致。在锁闭状态下五金件锁点和锁座中心线位置偏差不应大于 3 mm。

铝合金门窗开启扇安装,应在室内外装修基本完成后进行。安装前,首先将窗框内砂子、水泥、石灰等杂物及酸碱性腐蚀物清理干净,撕掉保护胶带纸,检查扇上各密封胶条或毛条有无少装或脱落。如有脱落现象,可用玻璃胶等黏结。

铝合金门窗安装要求,见图 3-59 ~ 图 3-61。

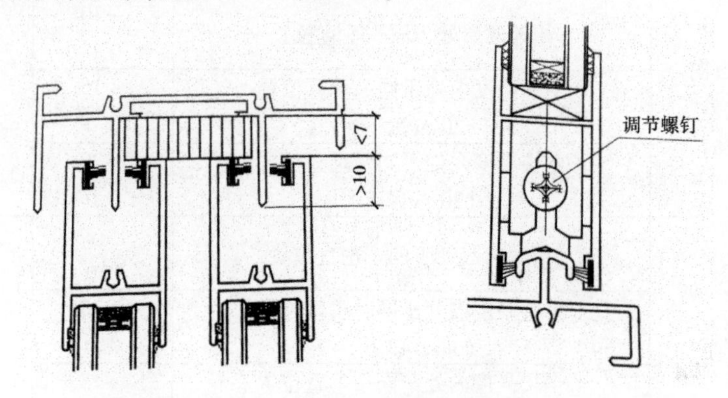

图 3-59　推拉门窗扇安装要求

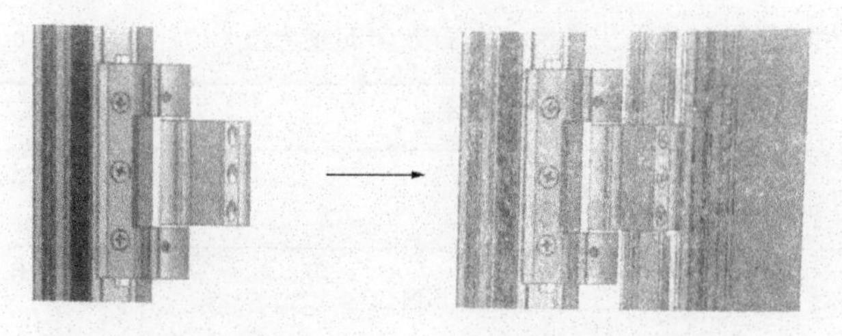

(a) 铰链先安装在窗框上，然后安装在窗扇上

图 3-60　合页(铰链)安装

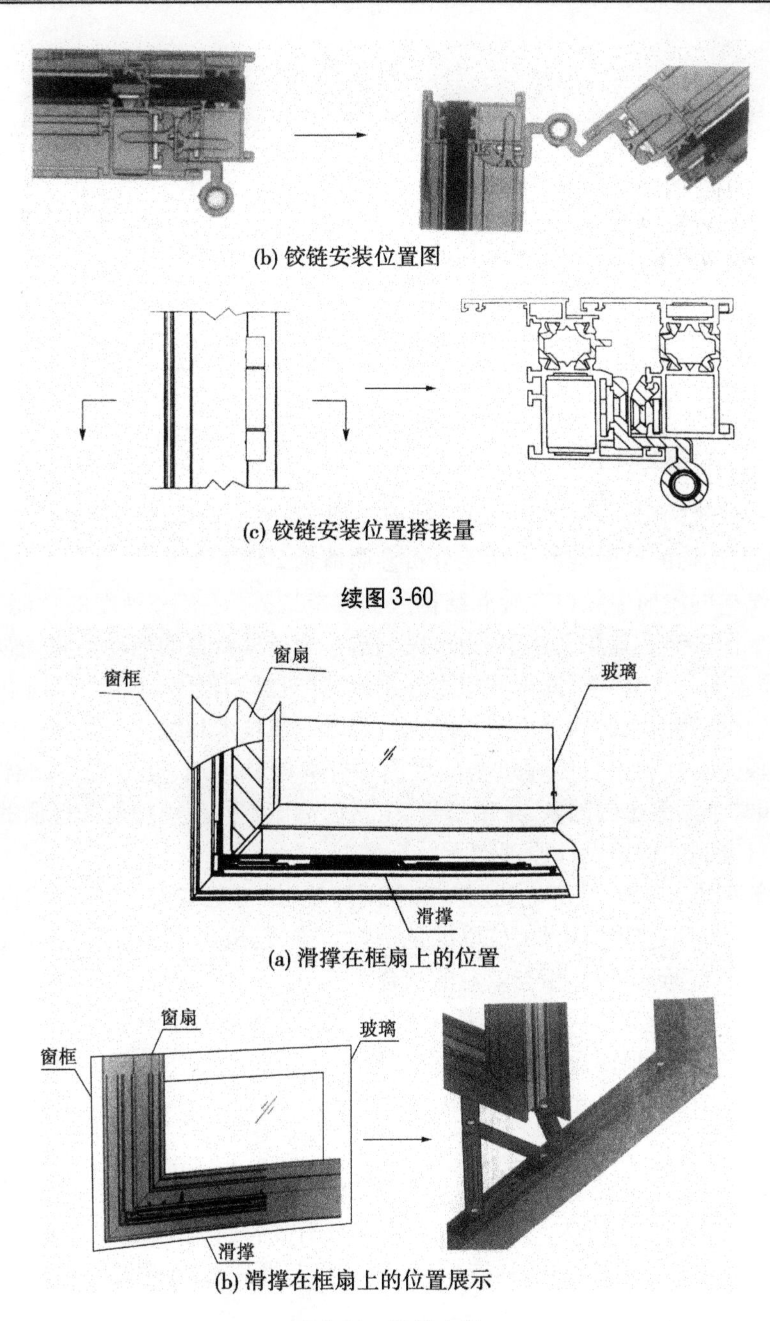

(b) 铰链安装位置图

(c) 铰链安装位置搭接量

续图 3-60

(a) 滑撑在框扇上的位置

(b) 滑撑在框扇上的位置展示

图 3-61　滑撑安装

3.4.3　小结

主要介绍了铝合金门窗的特点(自重轻,性能好,耐腐蚀,坚固耐久,色泽美观)和铝合金门窗的设计要求(应根据使用和安全要求确定铝合金门窗的风压强度性能、雨水渗漏性能、空气渗透性能综合指标;组合门窗设计宜采用定型产品门窗作为组合单元,非定型产品的设计应考虑洞口最大尺寸和开启扇最大尺寸的选择和控制;外墙门窗的安装高度应有限制)。

3.4.4 思考题

1. 铝合金门窗的特点有哪些?
2. 铝合金门窗的设计要求是什么?
3. 简述铝合金门窗的安装施工工艺流程。

任务3.5 框剪结构屋面构造分析

3.5.1 框剪结构建筑屋面的类型及功能分析

框剪结构建筑的屋面与砖混结构的屋面类似,构造类型大致相同,功能作用基本一致。所以,框剪结构的屋面类型及功能分析参照情景2任务2.5。

在框剪结构的屋面中除包含砖混结构屋面功能以外,还有一种新的功能——屋面景观见图3-62~图3-64。其意义在于:为市民创造一个更具新意的活动空间,增加城市自然因素、绿化覆盖率,美化环境,健全城市生态系统,促进城市经济、社会、环境可持续发展。同时,屋顶园林能陶冶人们性情。屋顶园林景观融建筑技术和绿化美化为一体,突出意境美。重要手段是巧妙利用主体建筑物的屋面等开辟园林场地,充分利用园林植物、微地形、水体和园林小品等造园因素,采用借景、组景创造出不同使用功能和性质的园林景观。

屋面园林景观的构造设计原理如下:

(1)经济实用。合理、经济地利用城市空间环境,始终是城市规划者、建设者、管理者追求的目标。除满足使用要求外,应以绿色植物为主,创造出多种环境气氛,以精品园林小景新颖多变的布局,达到实用与效益的结合。

(2)安全科学。屋顶园林的载体是建筑物顶部,必须考虑建筑物本身和人员的安全,包括结构承重,以及屋顶四周防护栏杆的安全等。由于与大地隔开,生态环境发生了变化,要满足植物生长对土料和营养的需要,又要满足重量轻的要求,因此必须采用新技术,运用新材料。

(3)精致美观。选用花木要与比拟、寓意联系在一起,同时路径、主景、建筑小品等位置和尺度要与建筑物及周围大环境协调一致,又要有独特新颖的园林风格。还应在草地、路口及高低错落地段安放各种园林专用灯具,不仅起照明作用,而且也可以作为一种饰品。

3.5.2 框剪结构建筑的屋面构造分析

框剪结构建筑的屋面构造是参照屋面建筑节能构造图集,构造做法和防水构造节点参照情景2任务2.5。

下面就屋面构造图集中的局部构造节点详图,包含天沟、挑檐、雨水口、泛水、屋面出入口、上人孔、变形缝等,以图集呈现方式做集中展示,见图3-65~图3-80。

图 3-62　屋面绿地实物图

图 3-63　屋顶园林假山实物图

图 3-64　屋面园林景观效果图

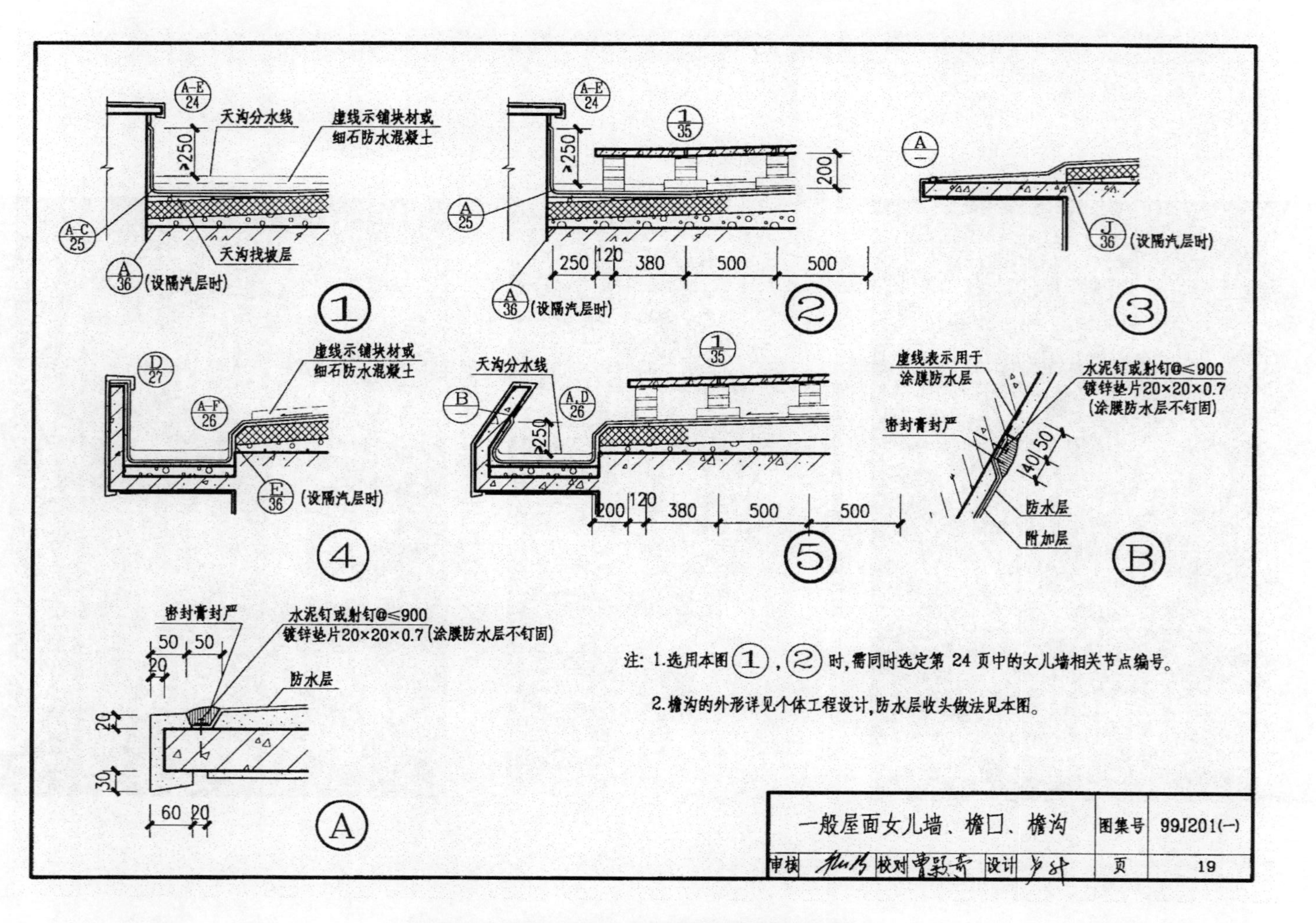

图 3-65 一般屋面女儿墙、檐口、檐沟构造详图

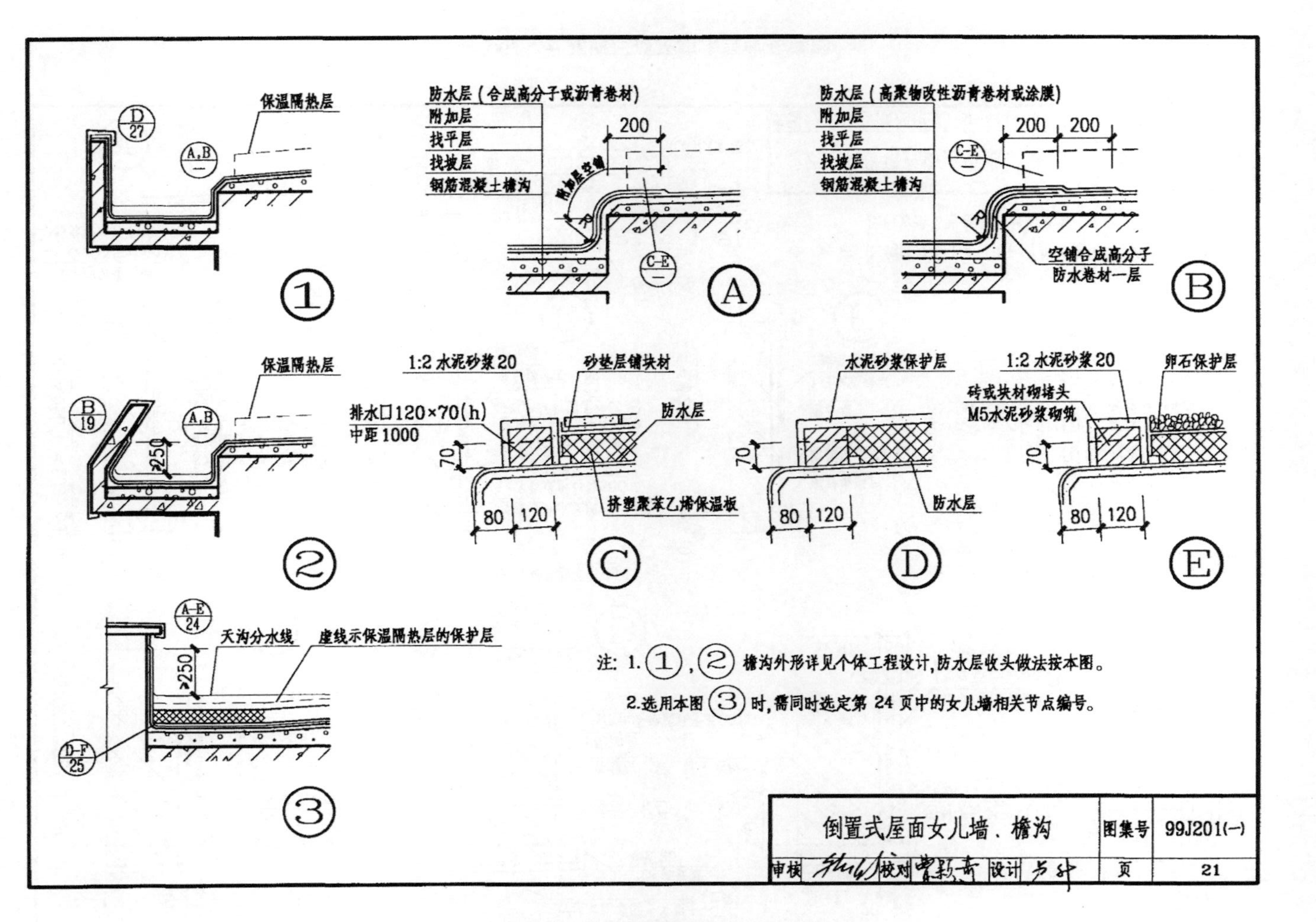

图3-66　倒置式屋面女儿墙、檐沟

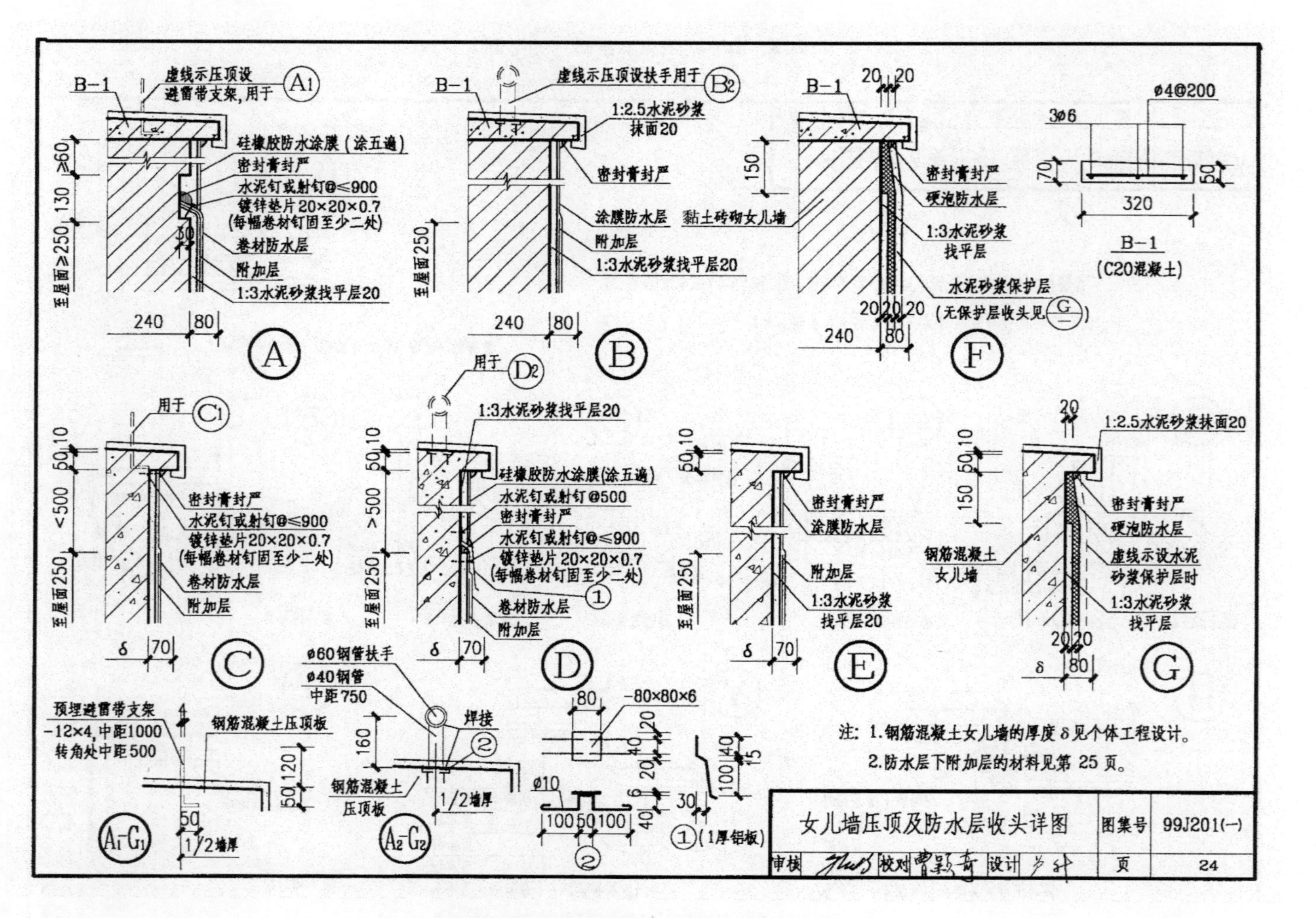

图 3-67 女儿墙压顶及防水层收头详图

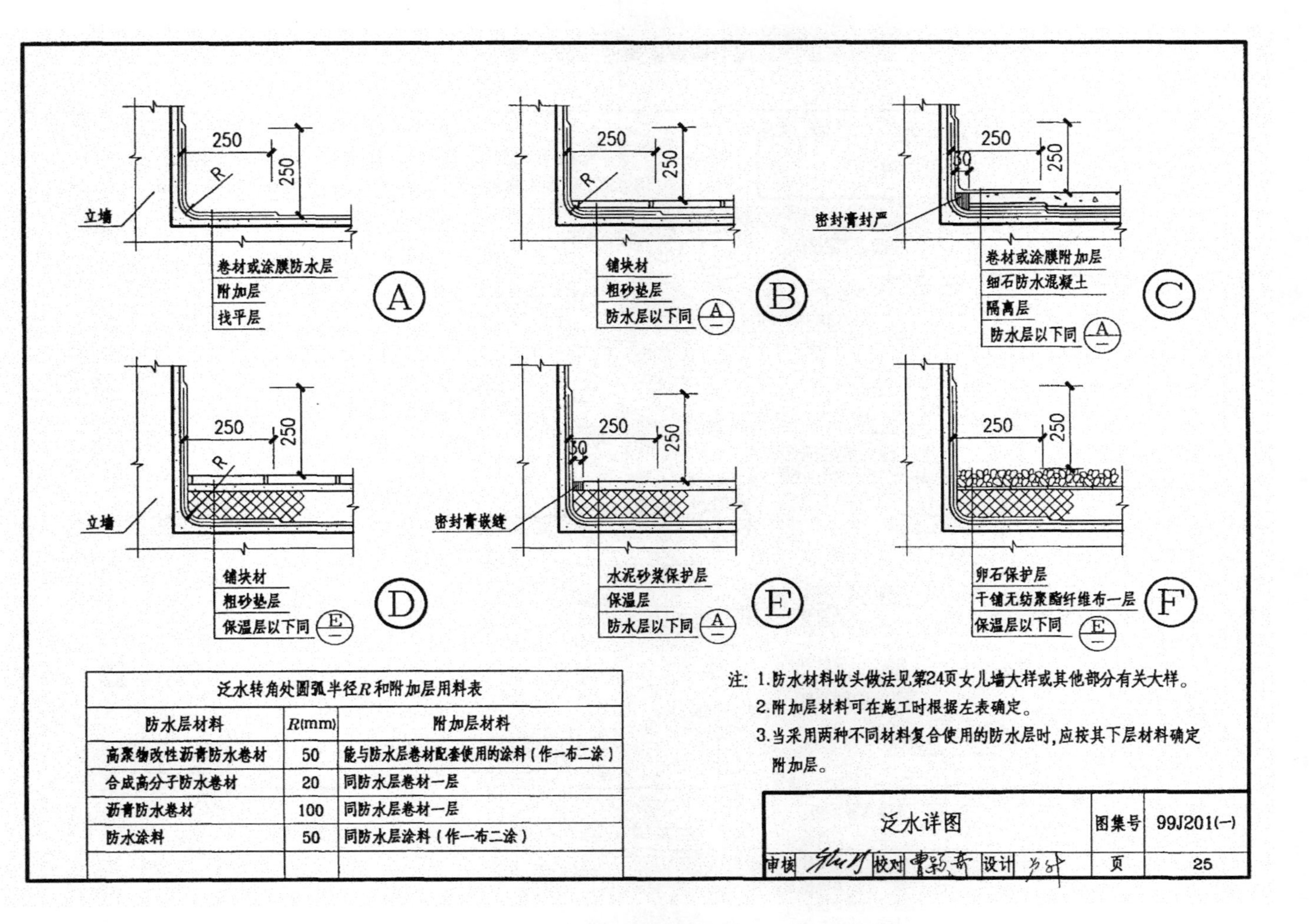

泛水转角处圆弧半径R和附加层用料表

防水层材料	R(mm)	附加层材料
高聚物改性沥青防水卷材	50	能与防水层卷材配套使用的涂料（作一布二涂）
合成高分子防水卷材	20	同防水层卷材一层
沥青防水卷材	100	同防水层卷材一层
防水涂料	50	同防水层涂料（作一布二涂）

图3-68　泛水详图

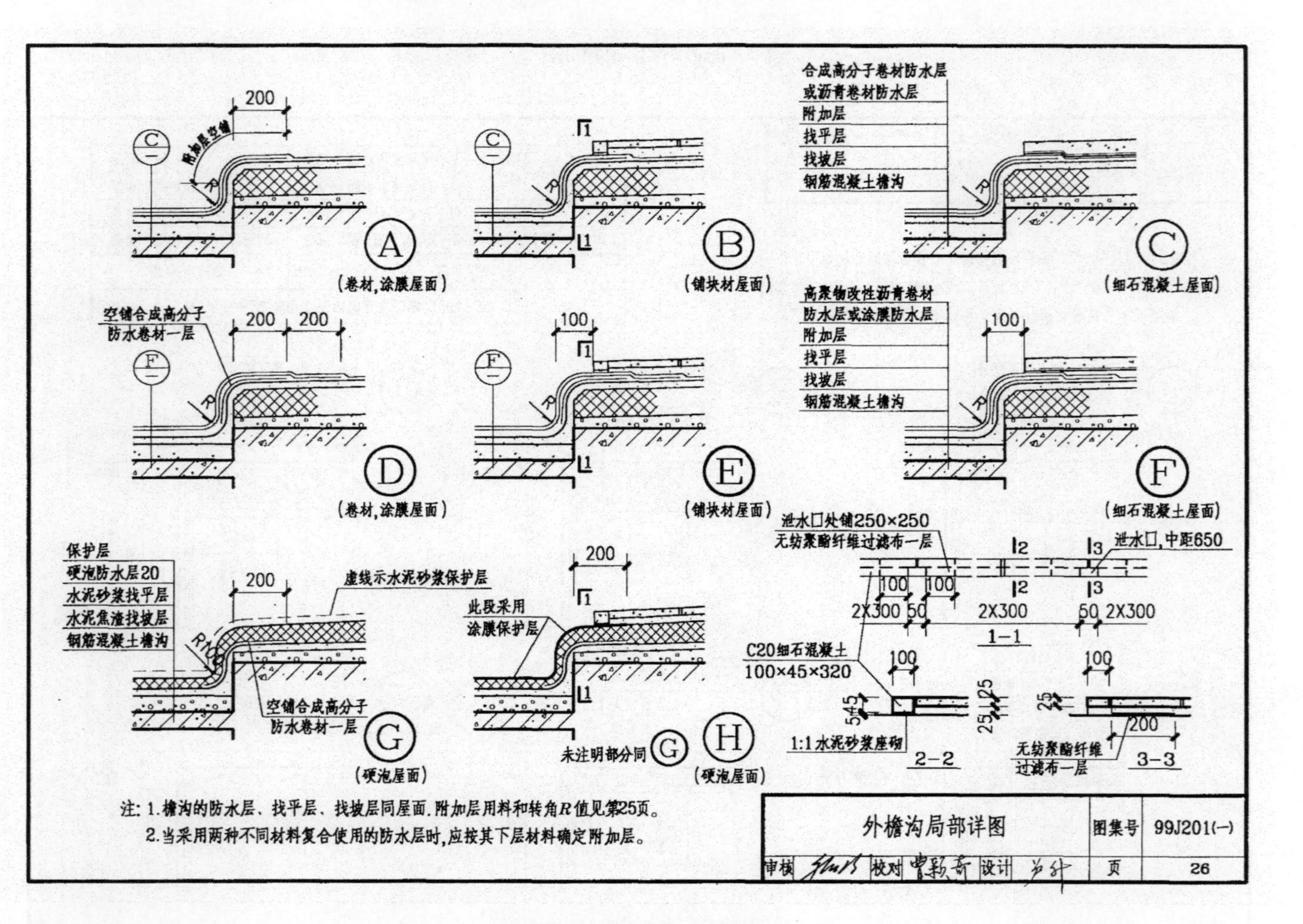

图 3-69 外檐沟局部详图

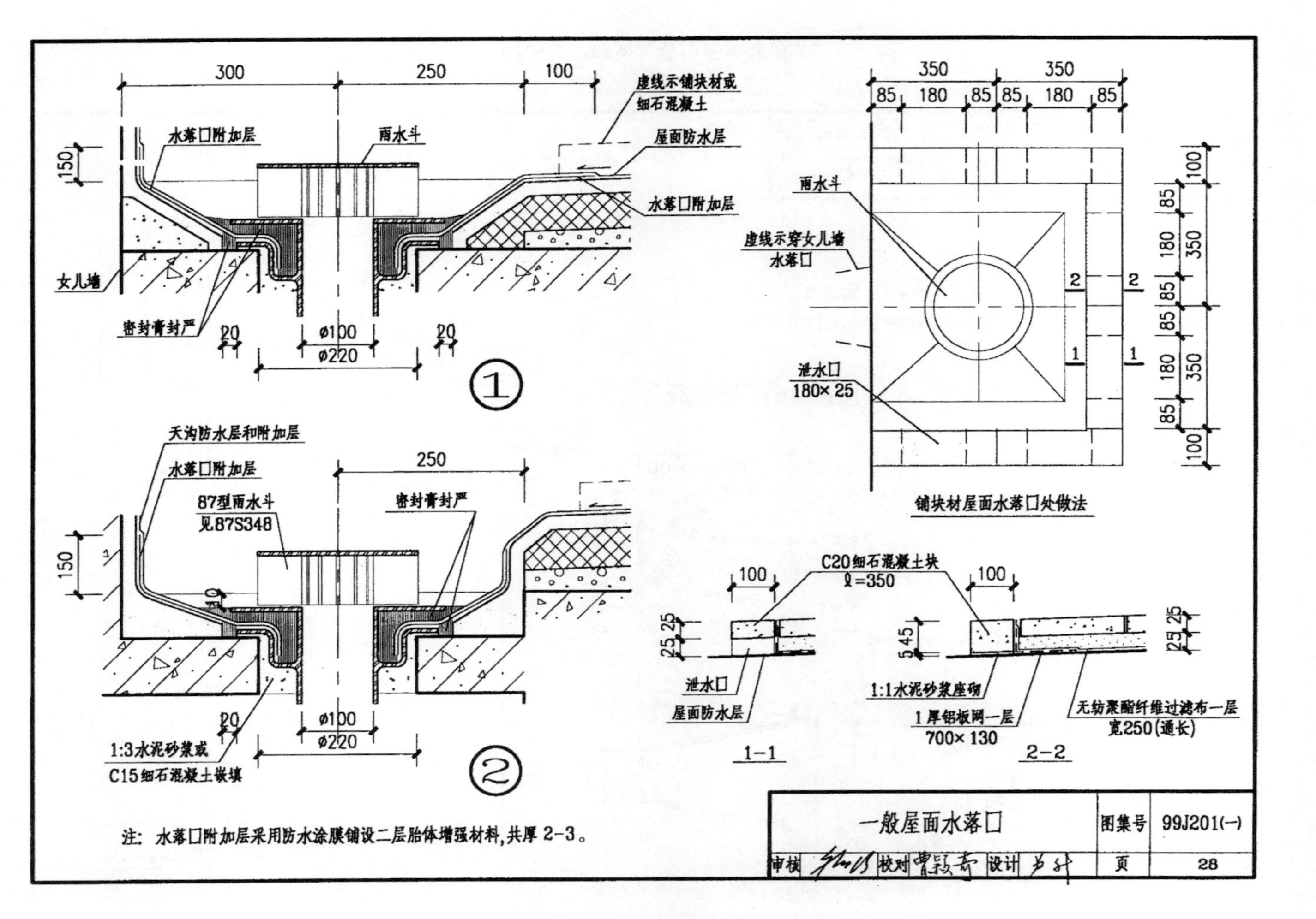

图3-70 一般屋面水落口

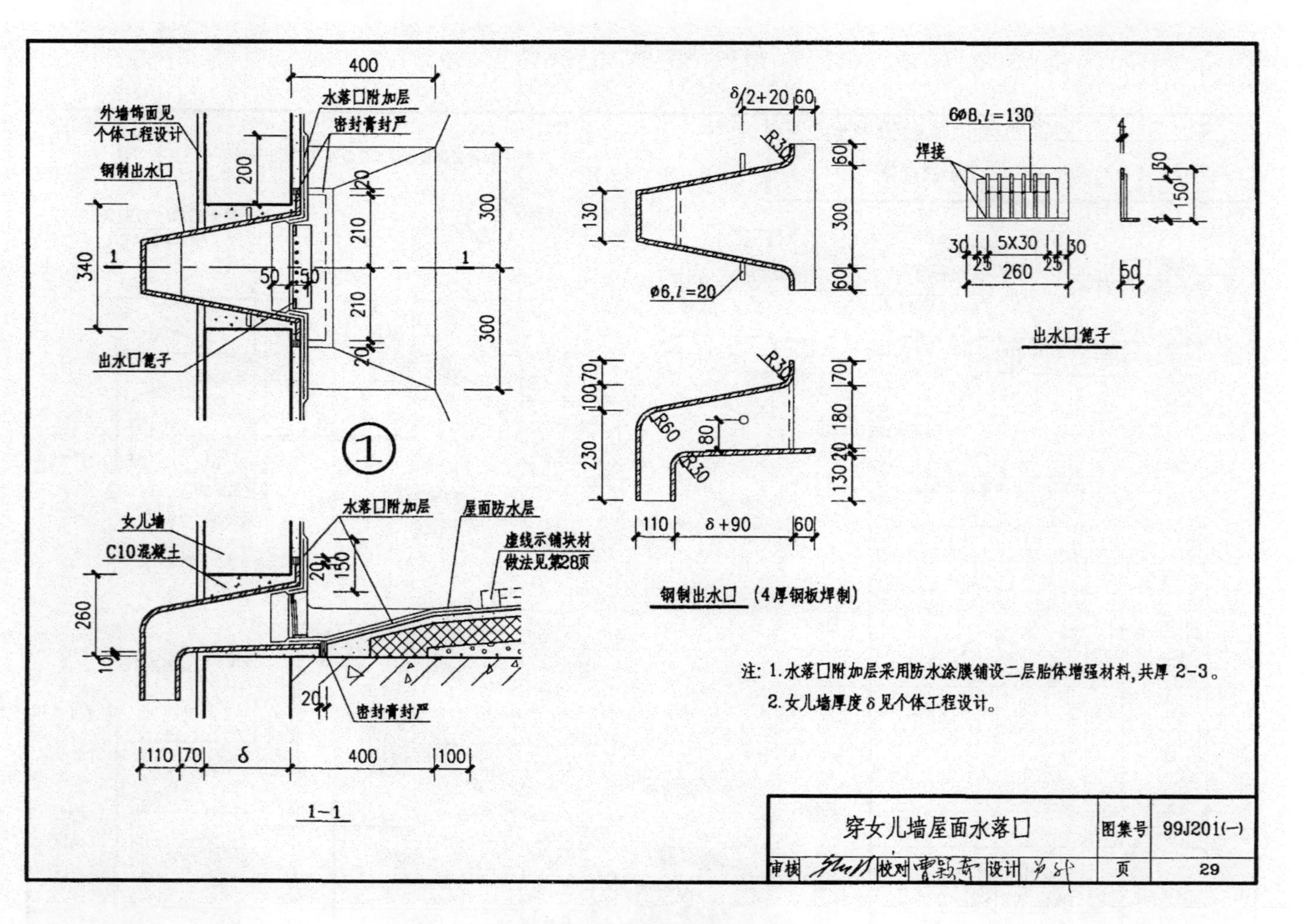

图3-71 穿女儿墙屋面水落口

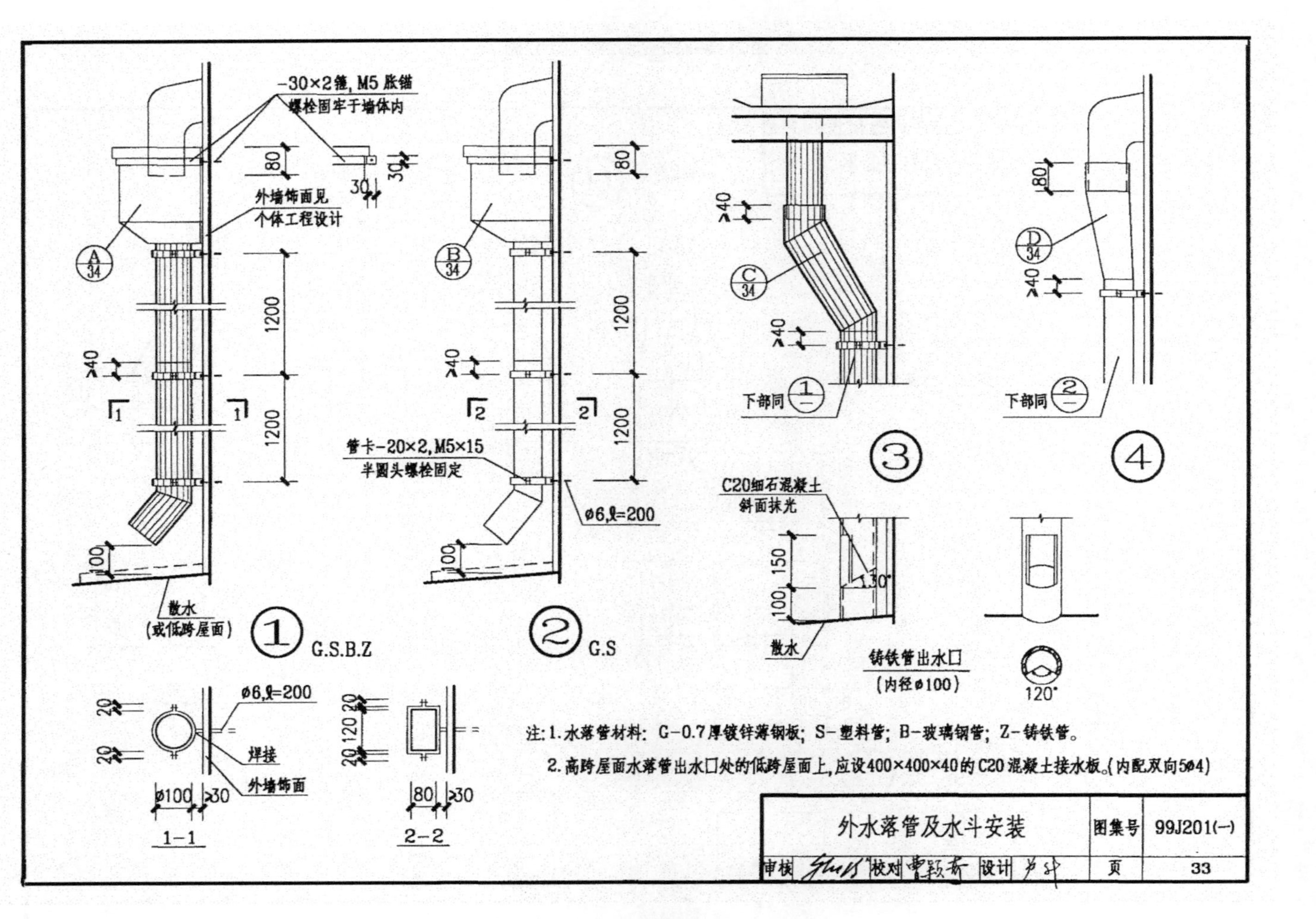

图 3-72 外水落管及水斗安装

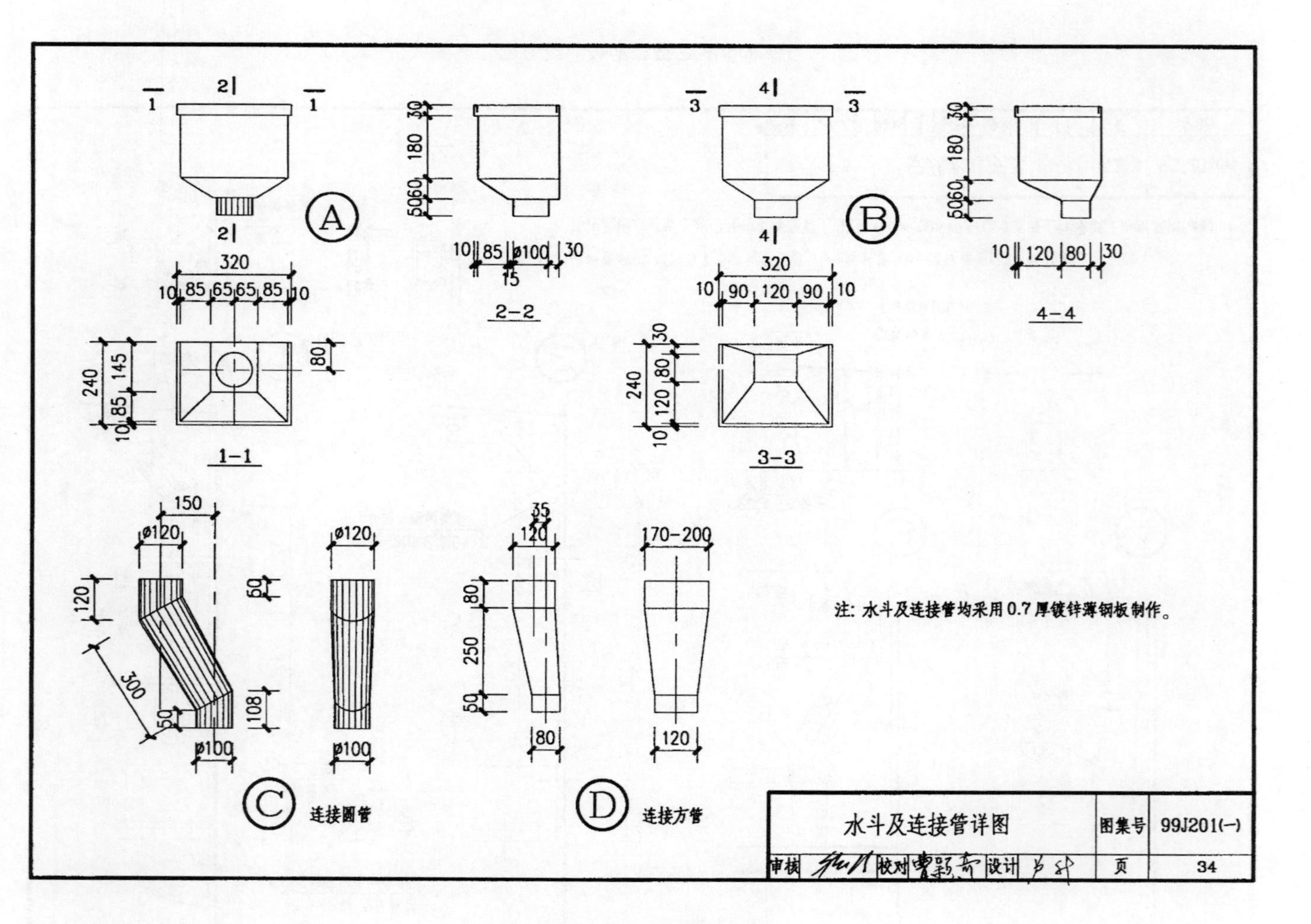

图 3-73　水斗及连接管详图

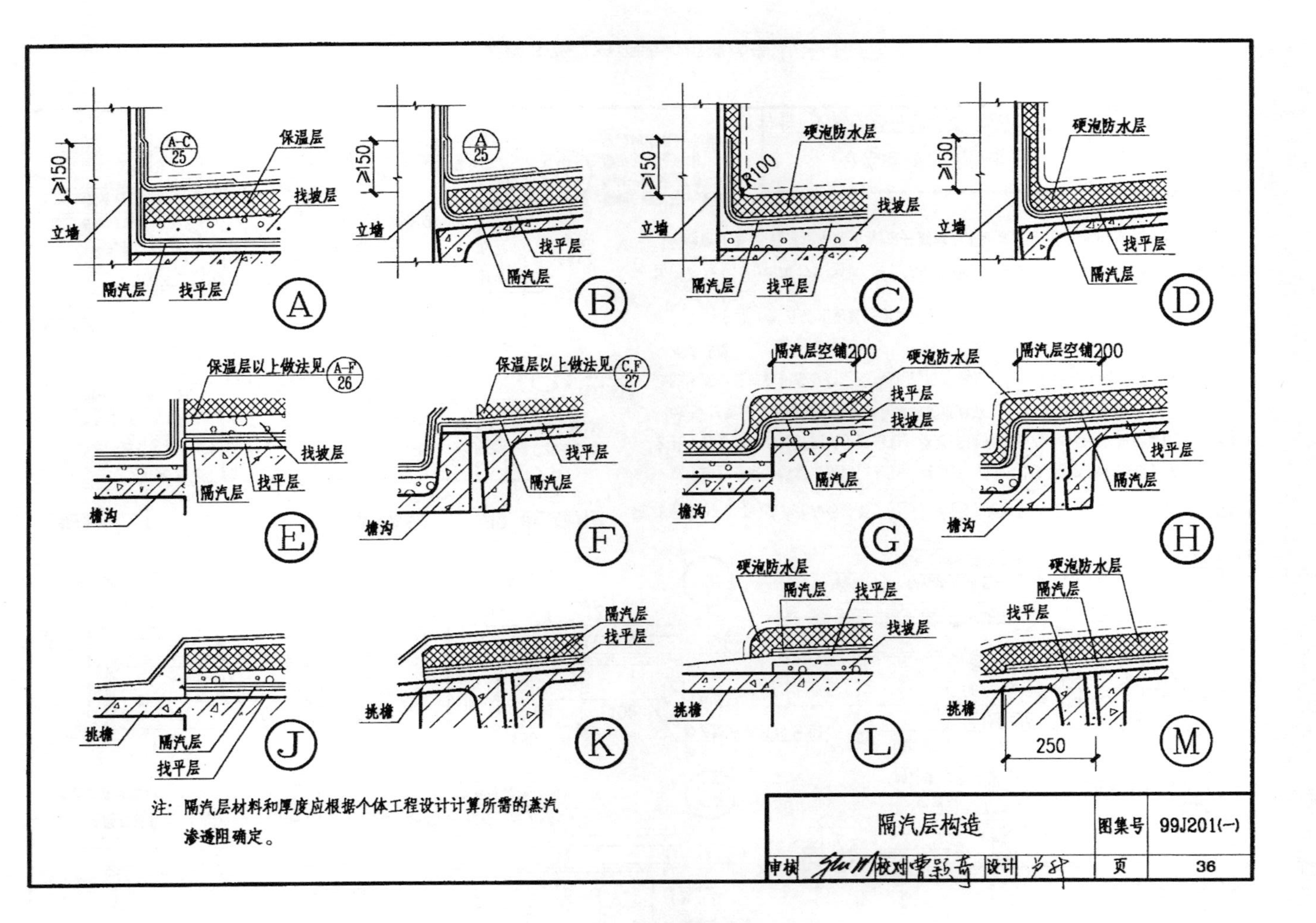
A
B
C
D
E
F
G
H
J
K
L
M
立墙
≥150
A-C 25
A 25
保温层
找坡层
找平层
隔汽层
硬泡防水层
R100
檐沟
保温层以上做法见 A-F 26
保温层以上做法见 C.F 27
隔汽层空铺200
挑檐
250
注：隔汽层材料和厚度应根据个体工程设计计算所需的蒸汽渗透阻确定。
隔汽层构造
图集号
99J201(一)
页
36
审核
校对
设计

图3-74 隔汽层构造

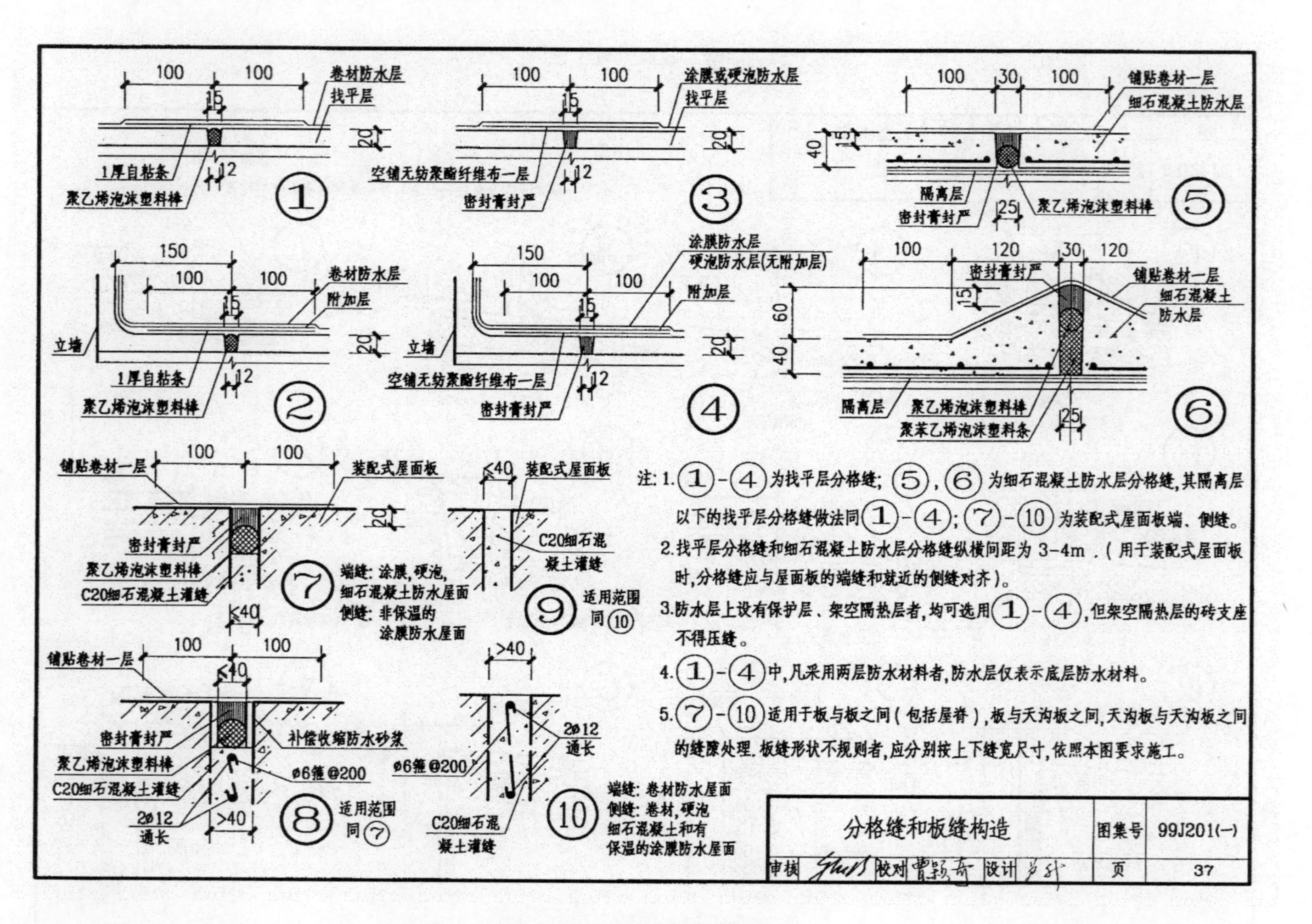

图 3-75　分隔缝和板缝构造

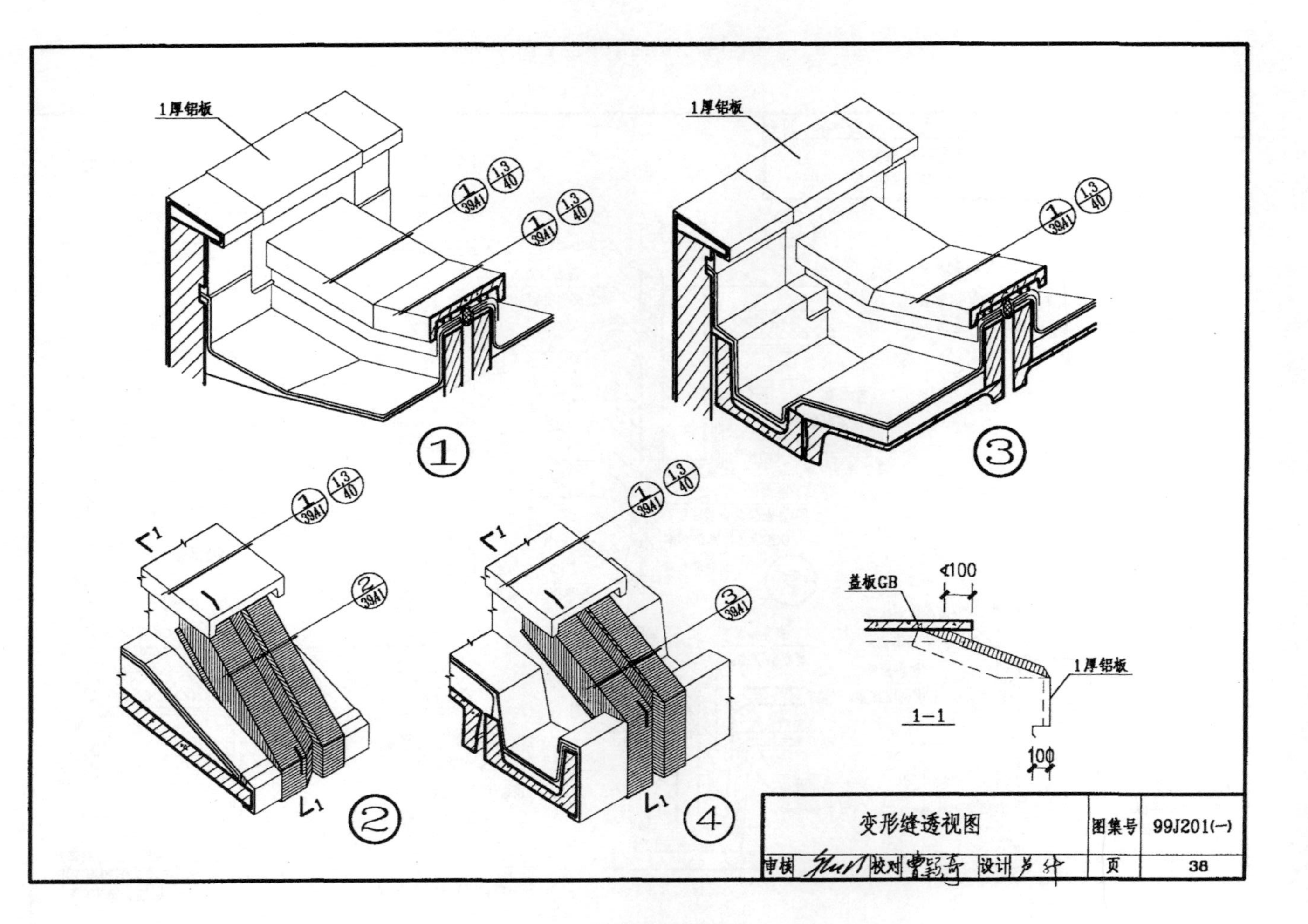
1厚铝板
1厚铝板
①
③
②
④
盖板GB
100
1厚铝板
1-1
100
变形缝透视图
图集号
99J201(一)
审核
校对
设计
页
38

图 3-76　变形缝透视图

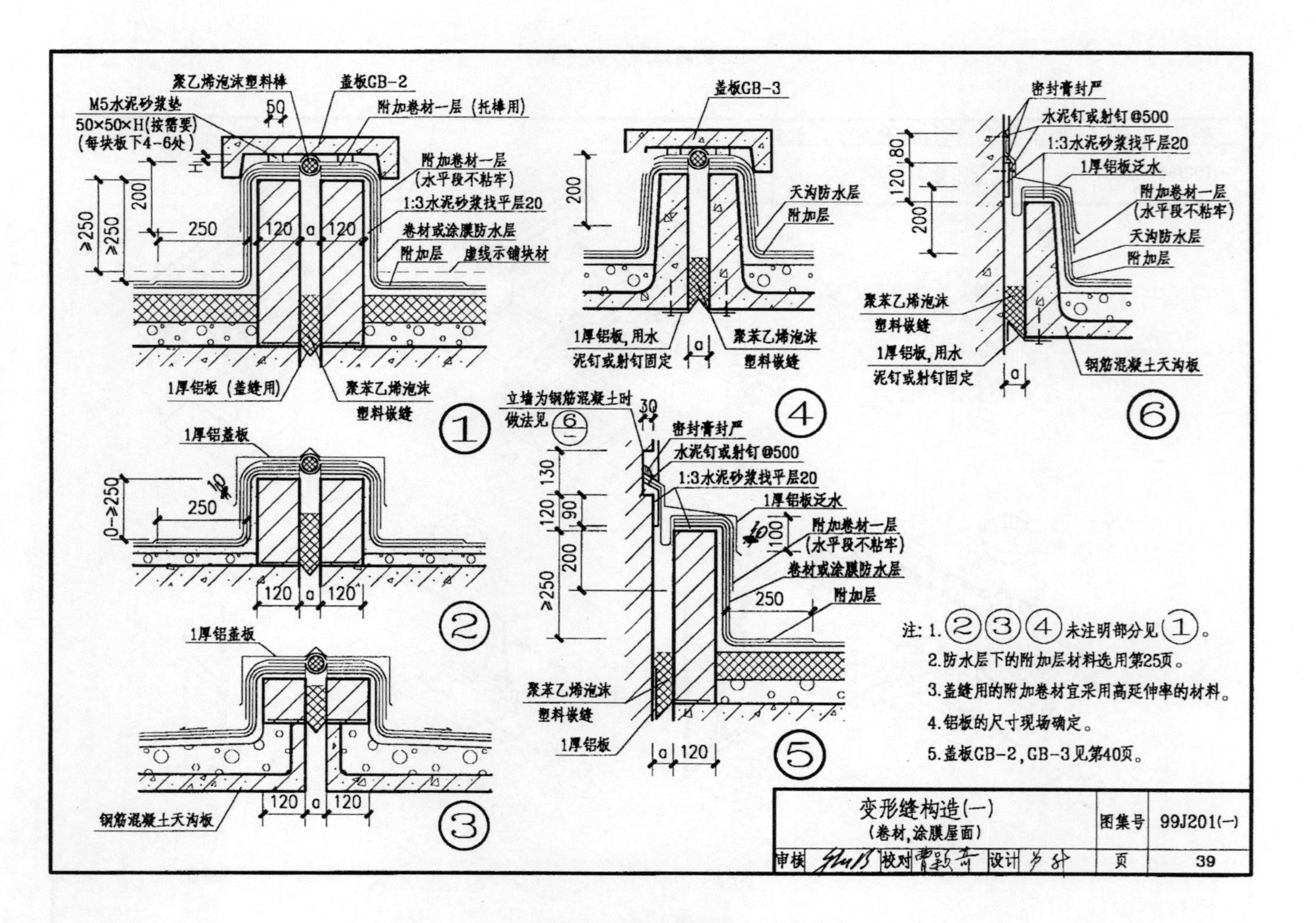
聚乙烯泡沫塑料棒
盖板GB-2
M5水泥砂浆垫
50×50×H(按需要)
(每块板下4-6处)
附加卷材一层（托棒用）
附加卷材一层
(水平段不粘牢)
1:3水泥砂浆找平层20
卷材或涂膜防水层
附加层
虚线示铺块材
1厚铝板（盖缝用）
聚苯乙烯泡沫塑料嵌缝
①
1厚铝盖板
②
1厚铝盖板
钢筋混凝土天沟板
③
盖板GB-3
天沟防水层
附加层
1厚铝板,用水泥钉或射钉固定
聚苯乙烯泡沫塑料嵌缝
④
立墙为钢筋混凝土时做法见⑥
密封膏封严
水泥钉或射钉@500
1:3水泥砂浆找平层20
1厚铝板泛水
附加卷材一层
(水平段不粘牢)
卷材或涂膜防水层
附加层
聚苯乙烯泡沫塑料嵌缝
1厚铝板
⑤
密封膏封严
水泥钉或射钉@500
1:3水泥砂浆找平层20
1厚铝板泛水
附加卷材一层
(水平段不粘牢)
天沟防水层
附加层
聚苯乙烯泡沫塑料嵌缝
1厚铝板,用水泥钉或射钉固定
钢筋混凝土天沟板
⑥
注：1.②③④未注明部分见①。
2.防水层下的附加层材料选用第25页。
3.盖缝用的附加卷材宜采用高延伸率的材料。
4.铝板的尺寸现场确定。
5.盖板GB-2，GB-3见第40页。
变形缝构造(一)
(卷材,涂膜屋面)
图集号 99J201(一)
审核 校对 设计
页 39

图 3-77 变形缝构造(一)

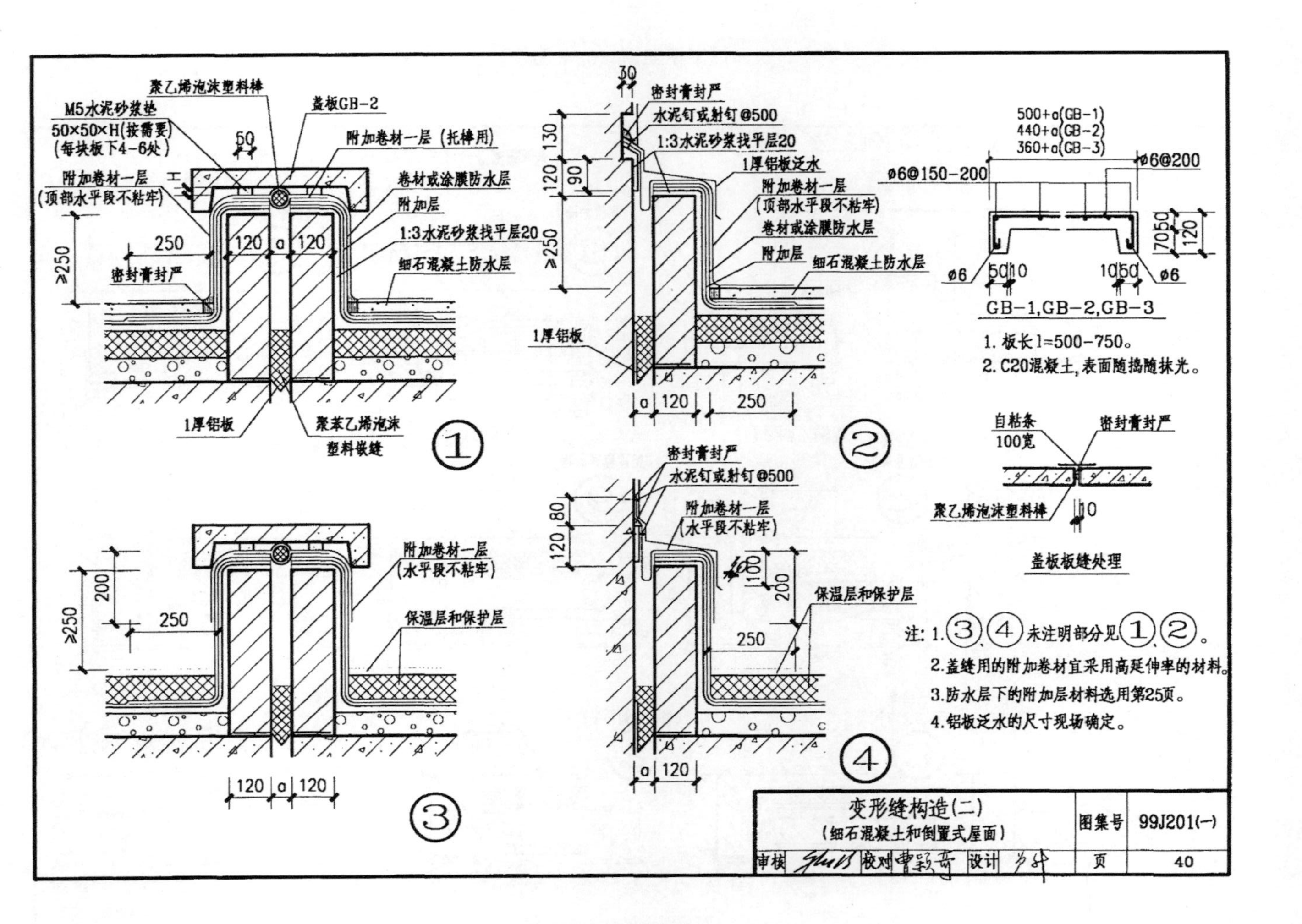

聚乙烯泡沫塑料棒
M5水泥砂浆垫
50×50×H(按需要)
(每块板下4-6处)
盖板GB-2
附加卷材一层（托棒用）
附加卷材一层
(顶部水平段不粘牢)
卷材或涂膜防水层
附加层
1:3水泥砂浆找平层20
细石混凝土防水层
密封膏封严
1厚铝板
聚苯乙烯泡沫
塑料嵌缝
①
密封膏封严
水泥钉或射钉@500
1:3水泥砂浆找平层20
1厚铝板泛水
附加卷材一层
(顶部水平段不粘牢)
卷材或涂膜防水层
附加层
细石混凝土防水层
1厚铝板
②
500+a(GB-1)
440+a(GB-2)
360+a(GB-3)
ø6@150-200
ø6@200
GB-1,GB-2,GB-3
1. 板长l=500-750。
2. C20混凝土，表面随捣随抹光。
自粘条
100宽
密封膏封严
聚乙烯泡沫塑料棒
盖板板缝处理
附加卷材一层
(水平段不粘牢)
保温层和保护层
③
密封膏封严
水泥钉或射钉@500
附加卷材一层
(水平段不粘牢)
保温层和保护层
④
注：1.③、④未注明部分见①②。
2.盖缝用的附加卷材宜采用高延伸率的材料。
3.防水层下的附加层材料选用第25页。
4.铝板泛水的尺寸现场确定。
变形缝构造(二)
(细石混凝土和倒置式屋面)
图集号
99J201(一)
审核
校对
设计
页
40

图3-78　变形缝构造(二)

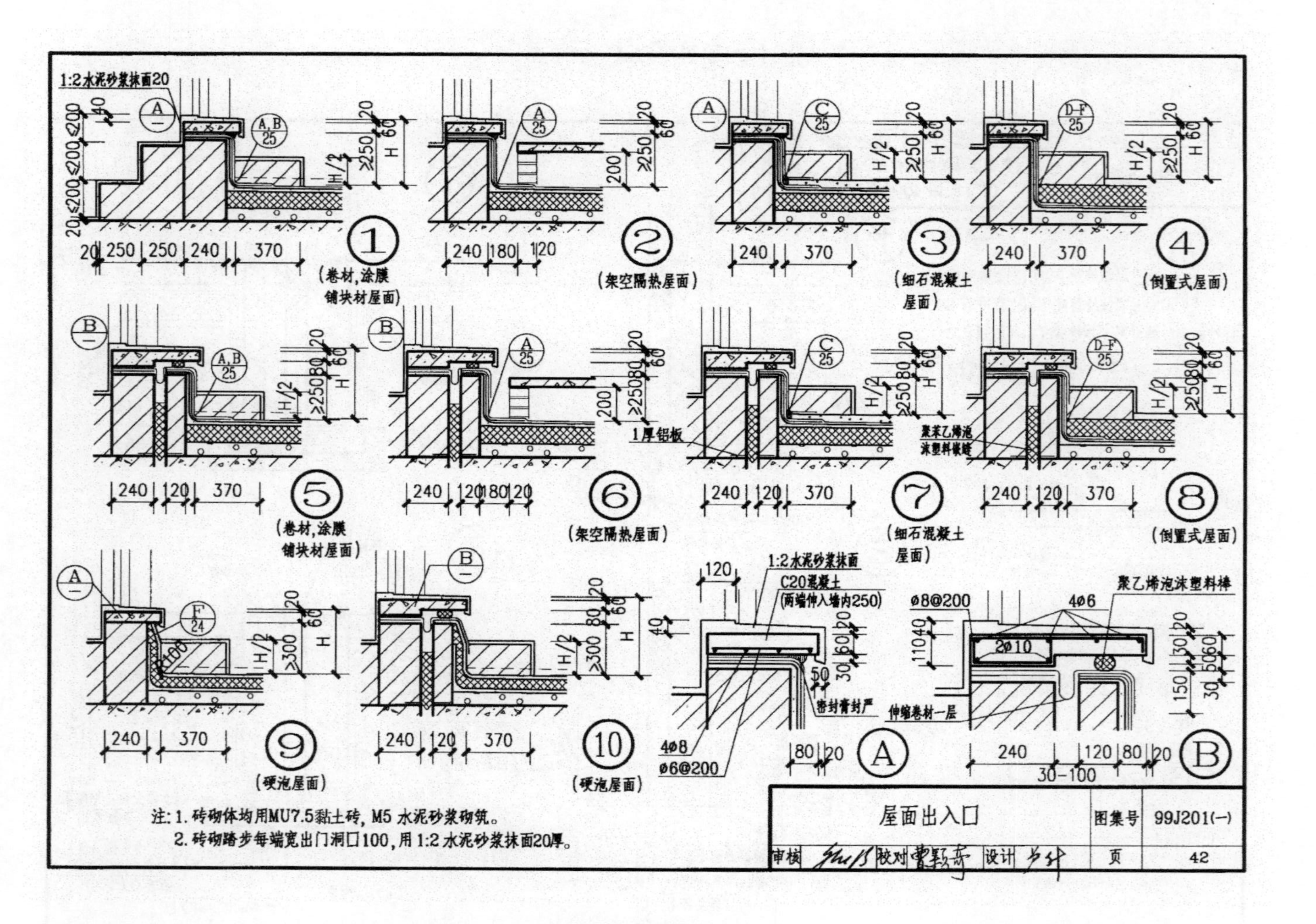

1:2水泥砂浆抹面20
(卷材,涂膜
铺块材屋面)
(架空隔热屋面)
(细石混凝土
屋面)
(倒置式屋面)
1厚铝板
聚苯乙烯泡沫塑料嵌缝
(硬泡屋面)
1:2水泥砂浆抹面
C20混凝土
(两端伸入墙内250)
密封膏封严
4Φ8
Φ6@200
Φ8@200
4Φ6
2Φ10
聚乙烯泡沫塑料棒
伸缩卷材一层
注:1. 砖砌体均用MU7.5黏土砖, M5 水泥砂浆砌筑。
2. 砖砌踏步每端宽出门洞口100,用1:2 水泥砂浆抹面20厚。
屋面出入口
图集号 99J201(一)
审核
校对
设计
页 42

图 3-79 屋面出入口

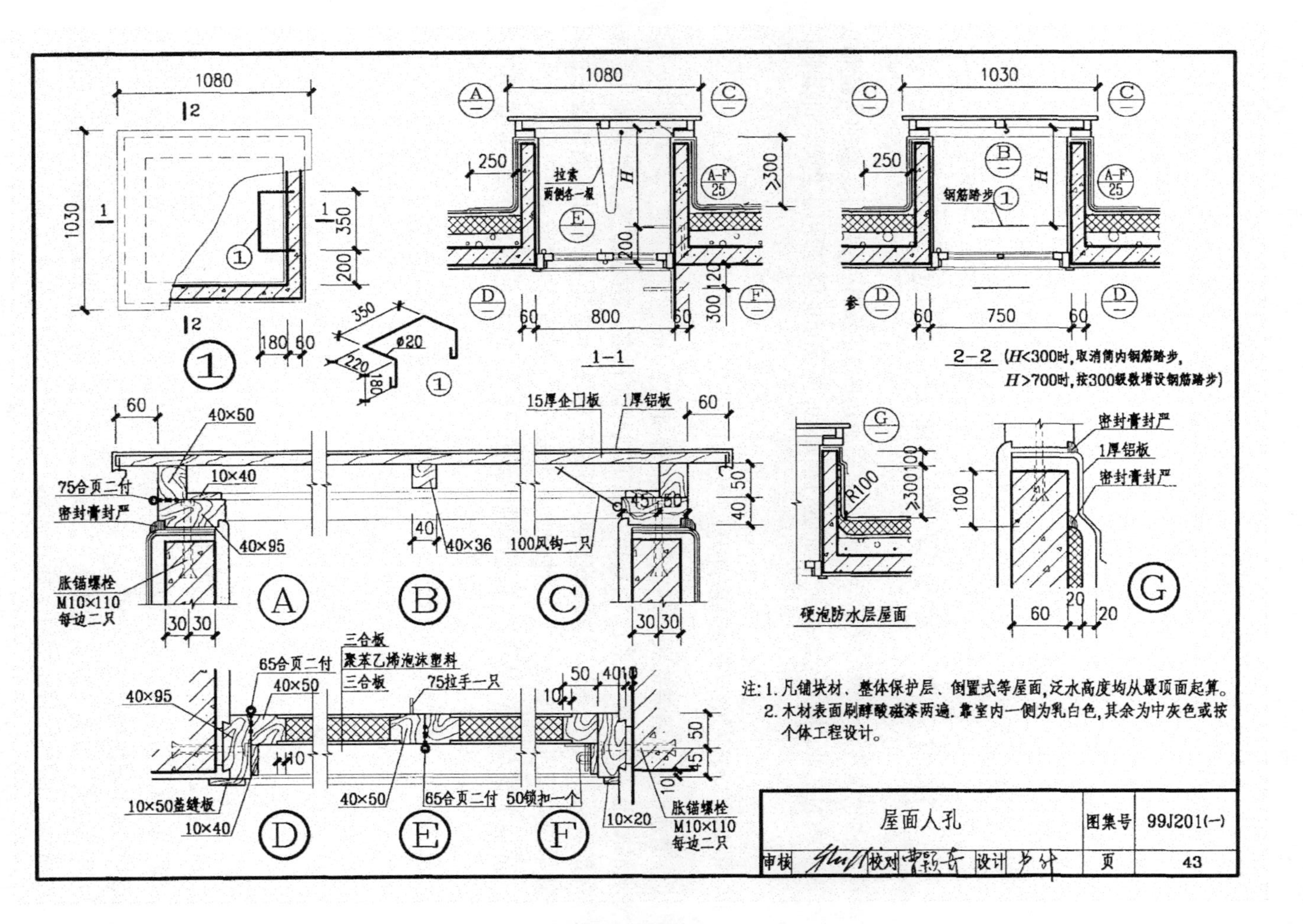
1—1
2—2 (H<300时，取消筒内钢筋踏步，H>700时，按300级数增设钢筋踏步)
拉索 两侧各一根
钢筋踏步
15厚企口板
1厚铝板
75合页二付
密封膏封严
胀锚螺栓 M10×110 每边二只
100风钩一只
硬泡防水层屋面
1厚铝板
密封膏封严
三合板
聚苯乙烯泡沫塑料
三合板
65合页二付
75拉手一只
10×50盖缝板
50锁扣一个
注：1.凡铺块材、整体保护层、倒置式等屋面，泛水高度均从最顶面起算。
2.木材表面刷醇酸磁漆两遍，靠室内一侧为乳白色，其余为中灰色或按个体工程设计。
屋面人孔
图集号
99J201(一)
审核
校对
设计
页
43

图3-80　屋面人孔

3.5.3 小结

通过本章的学习，了解框剪结构建筑屋面的构造类型，掌握框剪结构建筑屋面的构造中屋顶园林景观的构造设计要点，分析图集中各个构造节点详图里各种构造做法的功能作用。

3.5.4 思考题

1. 屋面景观的意义是什么？
2. 屋面景观构造设计原则有哪些？
3. 根据实例图集尝试分析一个构造节点的功能。

任务 3.6 框剪结构装饰装修构造分析

框剪结构建筑装饰装修的类型及功能与前文所述的砖混结构的装饰装修的构造和功能存在很多相同之处，本次任务在前文所述的基础上，重点分析框剪结构建筑装饰装修的不同之处。

3.6.1 框剪结构建筑装饰装修的类型及功能分析

3.6.1.1 清水混凝土墙装饰装修的类型及功能分析

清水混凝土又称装饰混凝土，因其极具装饰效果而得名。清水混凝土是混凝土材料中最高级的表达形式，它属于一次浇筑成型，不做任何外装饰，直接采用现浇混凝土的自然表面效果作为饰面，它显示的是一种最本质的美感，体现的是“素面朝天”的品位。清水混凝土表面平整光滑、色泽均匀、棱角分明、无碰损和污染，只是在表面涂一层或两层透明的保护剂。清水混凝土具有朴实无华、自然沉稳的外观韵味，与生俱来的厚重与清雅是一些现代建筑材料无法效仿和媲美的。材料本身所拥有的柔软感、刚硬感、温暖感、冷漠感不仅对人的感官及精神产生影响，而且可以表达出建筑情感。因此建筑师们认为，这是一种高贵的朴素，看似简单，其实比金碧辉煌更具艺术效果，见图 3-81。

随着绿色建筑的客观需求，人们环保意识的不断提高，返璞归真的自然思想的深入人心，我国清水混凝土工程的需求已不再局限于道路桥梁、厂房和机场，在工业与民用建筑中也得到了一定的应用。清水混凝土具有如下功能特点：

(1)清水混凝土是名副其实的绿色混凝土。混凝土结构不需要装饰，舍去了涂料、饰面等化工产品，有利于环保。清水混凝土结构一次成型，不剔凿修补、不抹灰，减少了大量建筑垃圾，有利于保护环境。

(2)消除了诸多质量通病。清水混凝土避免了抹灰开裂、空鼓甚至脱落的质量隐患，减轻了结构施工的漏浆、楼板裂缝等质量通病。

(3)促使工程建设的质量管理进一步提升。清水混凝土的施工，不可能有剔凿修补的空间，每一道工序都至关重要，迫使施工单位加强施工过程的控制，使结构施工的质量管理工作得到全面提升。

图3-81　清水混凝土建筑

(4)降低工程总造价。清水混凝土的施工需要投入大量的人力、物力,势必会延长工期,但因其最终不用抹灰、吊顶、装饰面层,从而减少了维修保护费用,最终降低了工程总造价。

3.6.1.2　涂刷类饰面装饰装修类型及功能分析

考虑到瓷砖等块材贴在墙体表面,若干年后,面砖容易发生脱离,如果用的胶质量不好,墙面砖与墙体的黏合度下降,也会造成砖和墙体分离,形成安全隐患,频繁出现墙砖脱落伤人砸物事件。所以,现在越来越少的墙面砖或块材粘贴于外墙上,大力推广涂刷类饰面材料,尤其在高层建筑中的外墙装饰中涂刷类饰面运用十分广泛。

涂刷类饰面是各种饰面做法中最为简便、经济的一种。涂刷类饰面的特点是:①自重轻,构造简单,便于维修更新;②省工省料,工期短,造价低;③可配制任何一种需要的颜色,为设计师提供更为灵活多变的表现手段。

涂刷类饰面装饰装修的功能主要有:

(1)美化建筑物或室内空间。建筑装饰涂料色彩丰富,颜色可以按需要调配,采用喷、滚、抹、弹、刷涂的方法,不仅使建筑物外观美观,或室内空间富有美感,而且可以做出装饰图案,增加质感,起到美化城市、渲染环境的作用。

(2)保护墙体。由于建筑物的墙体材料多种多样,选用适当的建筑装饰涂料,对墙面起到一定的保护作用,一旦涂膜遭受破坏,可以重新涂饰。

(3)多功能作用。装饰涂料品种多样,建筑装饰涂料涂饰在主体结构表面,有的可以起到保色、隔音、吸声等作用。特殊涂料,可起到防水、隔热、防火、防腐、防霉、防锈、防静电等作用。

3.6.1.3　幕墙类饰面装饰装修类型及功能分析

建筑幕墙通常由面板(玻璃、金属板、石板、陶瓷板等)和后面的支撑结构(铝横梁立柱、钢结构、玻璃肋等)组成;可相对主体有一定位移能力或自身有一定变形能力、不承担主体结构所受作用的建筑外围护墙或装饰性结构。

1. 幕墙类饰面装饰装修类型

建筑幕墙按面板材料的不同可以分为玻璃幕墙、金属幕墙、石材幕墙、人造板材幕墙、组合幕墙等。按照幕墙施工方法的不同可分为构件式幕墙、单元式幕墙和半单元式幕墙等。

玻璃幕墙是一种美观新颖的建筑墙体装饰方法，是现代主义高层建筑时代的显著特征。它是目前运用最多的一种幕墙类型。玻璃幕墙又分为框支撑玻璃幕墙、全玻璃幕墙、点支式玻璃幕墙、双层玻璃幕墙。

1）框支撑玻璃幕墙

框支撑玻璃幕墙是指玻璃面板周边由金属框架支承的玻璃幕墙，根据幕墙玻璃和结构框架的不同构造方式和组合形式，框支撑玻璃幕墙可分为下列类型：

（1）明框玻璃幕墙。金属框架的构件显露于面板外表面的框架支撑的玻璃幕墙。

（2）隐框玻璃幕墙。金属框架的构件完全不显露于面板外表面的框架支撑的玻璃幕墙。

（3）半隐框玻璃幕墙。金属框架的竖向或横向构件显露于面板外表面的框架支撑的玻璃幕墙，见图3-82。

2）全玻璃幕墙

全玻璃幕墙指由玻璃肋和玻璃面板构成的玻璃幕墙。

3）点支式玻璃幕墙

点支式玻璃幕墙指由玻璃面板、点支撑装置和支撑结构构成的玻璃幕墙。

4）双层玻璃幕墙

双层玻璃幕墙指双层结构的新型幕墙。外层幕墙采用点支式玻璃幕墙、明框玻璃幕墙或隐框玻璃幕墙；内层幕墙采用明框玻璃幕墙、隐框玻璃幕墙或铝合金门窗。

2. 幕墙类饰面装饰装修功能分析

无论是玻璃幕墙还是金属幕墙，它们的功能都是一致的，主要是起着围护作用和装饰作用。与传统的墙面及其装修相比较而言，幕墙类饰面装饰装修的功能包括以下几个方面：

（1）轻质的围护结构。建筑幕墙是一种质量非常轻的墙体，在相同面积的比较下，玻璃幕墙的质量为粉刷砖墙的1/10～1/12，是大理石、花岗岩饰面湿工法墙的1/15，是混凝土挂板的1/5～1/7。一般建筑，内外墙的质量为建筑物总质量的1/4～1/5。采用幕墙可大大地减轻建筑物的质量，从而减少基础工程费用。

（2）良好的艺术效果。幕墙的设计灵活，建筑师可以根据自己的需求设计各种造型，可呈现不同颜色，与周围环境协调，配合光照等使建筑物与自然融为一体，让高层建筑减少压迫感。

（3）优越的抗震性能。幕墙采用柔性设计，抗风抗震能力强，是高层建筑的最优选择。

（4）系统化的施工。幕墙的施工可以系统化和标准化，更容易控制好工期，且耗时较短。

（5）现代化的设计。可提高建筑新颖化、科技化，如光伏节能幕墙、双层通风道呼吸

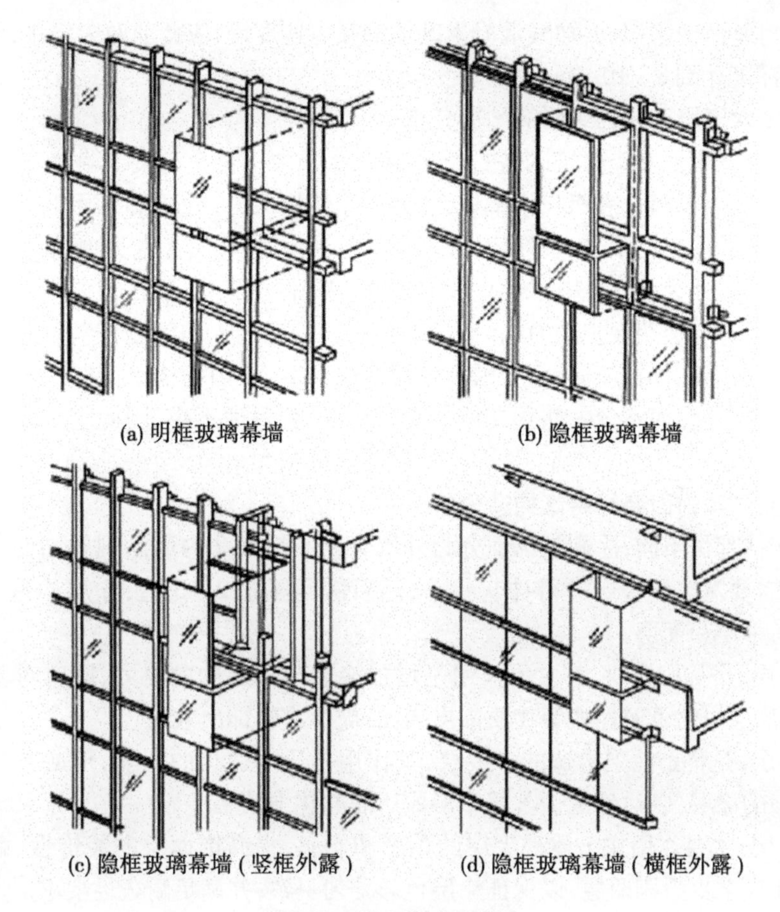

图3-82　框支撑玻璃幕墙

幕墙等与智能科技配套的设计。

(6)方便化的更新维修。由于幕墙是在建筑外围结构搭建,方便对其进行维修或者更新。

3.6.2　框剪结构建筑装饰装修的构造分析

3.6.2.1　抹灰类饰面装饰装修构造分析

为确保抹灰砂浆与基体表面黏结牢固,防止抹灰层空鼓、裂缝和脱落等,在抹灰前必须对基层进行处理。墙体基层材料不同,处理方法也不同。

框架剪力墙结构中存在大量的混凝土墙面和轻质砌块墙面。由于混凝土墙面是用模板浇筑而成,表面光滑,平整度较高,不利于砂浆与基层的黏结,所以在抹灰前要对墙体进行处理,使之达到必要的粗糙程度。处理方法有除油垢、凿毛、甩浆、划纹或涂刷一层渗透性较好的界面剂。此外,抹灰前还要浇水湿润墙面,由于其吸水率低,浇水量可少些。

轻质砌块(加气混凝土)墙的表面孔隙大,吸水性强,直接抹灰会使砂浆失水而无法与墙面有效黏结。处理方法是先涂刷一层与108胶拌和的素水泥浆(108胶:水=1:4),封闭孔洞;在装饰等级较高的工程中,还可在墙面满钉32 mm×32 mm、直径为0.7 mm的镀锌钢丝网,再用水泥砂浆或混合砂浆刮糙,这样处理可大大增强整体刚度,效果较好。

此外,还应对基体浇水湿润,加气混凝土基体的吸水速度慢,应提前两天浇水,每天两遍以上,使渗水深度达到 8 ~ 10 mm。

3.6.2.2 清水混凝土装饰装修的构造分析

要想表现清水混凝土建筑风格的最佳效果,最重要的仍是混凝土墙体的浇筑、保养及处理。众所周知,混凝土表面吸水率较大,如不作任何保护,历经风吹雨打,混凝土在自然界的环境下会遭受来自阳光、紫外线、酸雨、油气、油污等破坏,逐渐失去其本来面目,混凝土也会随着天长地久而日趋被中性化和破坏,其表面效果将日趋污浊,影响观瞻。因此,对混凝土表面进行透明保护性喷涂,不仅能解决保护混凝土的问题,使其更加耐久,而且可以起到防止污染、保持清洁,不会因为吸水而颜色变深,因而清水混凝土建筑在下雨中仍能保持颜色不变,而不像一些立交桥一样,一下雨就污浊不堪,因此它又被称为干性喷涂。

3.6.2.3 涂刷类饰面装饰装修构造分析

根据墙体部位不同,涂刷类饰面分为外墙涂刷类饰面和内墙涂刷类饰面。墙体涂刷涂料之前,需要对墙面基层进行抹灰找平,然后满刮腻子 2 ~ 3 遍,涂层构造一般分为 3 层,即底层、中层和面层。

(1)底层,俗称刷底漆,其主要作用是增加涂层与基层的黏附力,同时对基层进行封闭,防止抹灰层中的可溶性盐等物质渗出表面,破坏涂料饰面效果。

(2)中层,是整个涂层构造的形成层,其作用是通过适当的工艺,形成具有一定厚度的均实饱满的涂层,以达到保护基层和形成所需的装饰效果。

(3)面层,主要作用在于体现涂层的色彩和光感,提高饰面层的装饰性、耐久性和耐污染性。面层至少涂刷两遍,以保证涂层色彩均匀一致,并满足耐久性要求。

涂刷类墙面常见的涂装方法有刷涂、喷涂、滚涂和弹涂等。常用的涂刷类装饰构造做法如表 3-8 所示。

表 3-8 常用的涂刷类装饰构造做法

名称	构造做法	附注
乳胶漆	清理基层; 满刮腻子一遍; 刷底漆一遍; 乳胶漆两遍	
瓷釉涂料	清理基层; 满刮白乳胶水泥腻子 1 ~ 2 遍,打磨平整; 瓷釉底涂料一遍; 瓷釉涂料两遍	
丙烯酸系覆层涂料	清理基层; 满刮腻子一遍; 喷涂底涂料一遍; 喷涂中涂料一遍,喷后用塑料磙滚压; 喷涂防水保护面漆	可形成粗粒状、细粒状、条纹状质感,用于内、外墙装饰

续表 3-8

名称	构造做法	附注
石头漆	清理基层，打磨平整； 刷防潮底漆一遍； 喷涂石头漆两遍，厚 2 ~ 3 mm； 喷防水保护面漆	具有麻石外观和手感
氟碳漆	基材处理； 批抗裂防水腻子两遍； 批抛光腻子一遍； 贴玻纤防裂网一层； 可打磨双组分腻子一遍； 底漆一遍； 氟碳面漆两遍	外墙涂料

3.6.2.4　幕墙类饰面装饰装修构造分析

1. 玻璃幕墙的主要材料

1）骨架材料

（1）钢材。多采用角钢、槽钢、方钢等，钢材的材质以 Q235 为主。

（2）铝合金型材。多为经特殊挤压成型的铝镁合金型材，并经阳极氧化着色表面处理。

（3）紧固件。主要有膨胀螺栓、铝铆钉、射钉等。

（4）连接件。多采用角钢、槽钢、钢板加工而成。连接件的形状因不同部位、不同幕墙结构而有所变化。

2）玻璃板

用于玻璃幕墙的单块玻璃的厚度一般为 5 ~ 6 mm，玻璃的品种有热反射浮法镀膜玻璃、吸热玻璃、夹层玻璃、夹丝玻璃、中空玻璃、钢化玻璃等。幕墙玻璃必须满足抗风压、采光、隔热、隔音等性能要求。

3）封缝材料

（1）填充材料。主要用于幕墙型材凹槽两侧间隙内的底部，起填充作用，以避免玻璃与金属之间的硬性接触，起到缓冲作用。填充材料多为聚乙烯泡沫胶系，有片状、圆柱条等多种规格，也可以用橡胶压条。在填充材料上部多用橡胶密封材料和硅酮系列的防水密封胶覆盖。

（2）密封固定材料。在玻璃幕墙的玻璃装配中，密封固定材料不仅起到密封作用，同时也起到缓冲、黏结作用，使玻璃与金属之间形成柔性缓冲接触。密封固定材料常采用橡胶密封压条，断面形状很多，其规格主要取决于凹槽的尺寸及形状。

（3）密封防水材料。铝合金玻璃幕墙用的密封防水材料为密封胶，有结构密封胶、建筑密封胶（耐候胶）、中空玻璃二道密封胶、管道防水密封胶等。结构玻璃装配使用的结构密封胶只能是硅酮密封胶，它具有良好的抗紫外线、抗腐蚀性能。

2. 明框式玻璃幕墙构造

明框式玻璃幕墙框架结构外露，立面造型主要由外露的横竖骨架决定，依据其施工方法的不同，又可以分为构件式和单元式两种。构件式明框玻璃幕墙的主柱、横梁、面板等均在工程现场按顺序安装，见图3-83。构件式明框玻璃幕墙较为常见，现将其构造介绍如下。

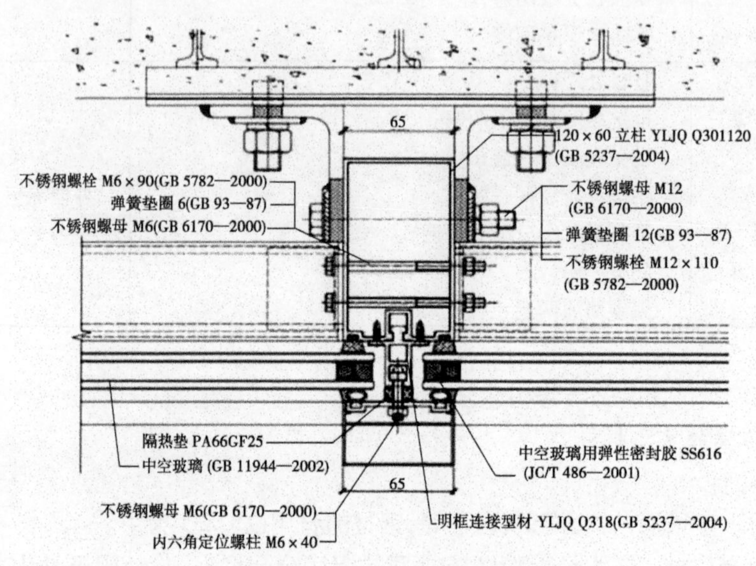

图3-83 明框节能幕墙节点图

1）立柱与建筑主体结构的连接构造

立柱通过连接构件固定在楼板上，连接件可以位于楼板的上表面、侧面和下表面。一般为了便于施工操作，常布置在楼板的上表面。连接件的设计与安装，要考虑立柱能在上下、左右、前后均可调节移动，所以连接件上的所有螺栓孔都设计成椭圆形的长孔，见图3-84。立柱的连接要求立柱只能一端固定于建筑物主框架上，而另一端固定在建筑物主框架上的相邻立柱的内套管上，这样便于适应杆件因温度变化而产生的变形。两立柱的留缝宽度应按计算要求确定，且不小于15 mm，见图3-85。

图3-84 玻璃幕墙骨架与主体的连接件

2）横梁与立柱的连接构造

幕墙的横梁与立柱的连接一般通过连接件（角铝）、铆钉或螺栓连接，见图3-86。

图3-85　立柱与建筑主体结构的连接构造

图3-86　横梁与立柱的连接构造

3)转角部位构造

采用普通玻璃幕墙的建筑物,造型多种多样,有各种各样的转角。在转角部位要使用与玻璃幕墙转角角度相吻合的专用转角型材。

4)端部收口构造

玻璃幕墙的收口处理是指将幕墙的立梃、横档与结构联系起来并加以封修,包括幕墙在建筑物的洞口及两种不同材料交接处的衔接等。

5)明框式玻璃幕墙层间梁处构造

明框式玻璃幕墙在层间梁处,幕墙与主体结构的墙面之间,一般宜留出一段距离,并采取适当的防火措施。

3.6.3　小结

本任务主要介绍了不同于砖混结构建筑的框架剪力墙结构建筑常用的装饰装修构造类型,详细分析了清水混凝土墙装饰装修构造、涂刷类饰面装饰装修构造、幕墙类饰面装饰装修构造。

3.6.4　思考题

1. 总结砖混结构建筑与框架剪力墙结构建筑在装饰装修的类型有哪些主要差别。
2. 总结框架剪力墙结构建筑的外墙面涂刷类饰面装饰装修构造的类型。
3. 分析自己生活中见到的高层建筑幕墙类饰面装饰装修构造类型,分析其构造做法。

任务 3.7　框剪结构水电设备及管线安装构造分析

框剪结构中给排水管道安装与砖混结构基本相同，在框剪结构中，给排水管道穿越基础、楼板、屋面、墙均为钢筋混凝土，管道必须设置套管。

3.7.1　框剪结构建筑给排水安装构造分析

3.7.1.1　给排水管道穿承重墙构造

排水管道穿承重墙处构造如图 3-87 所示。

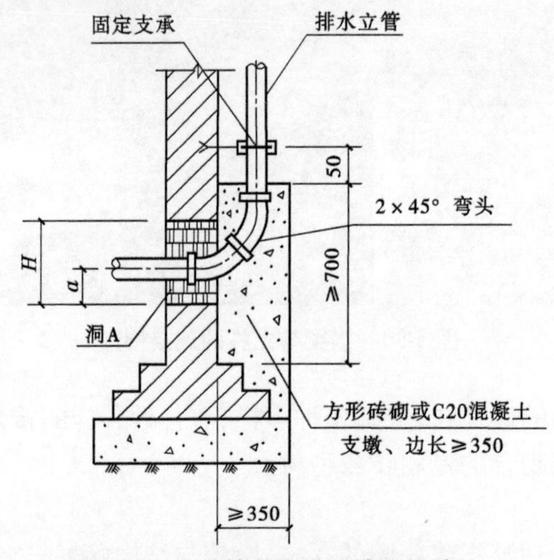

图 3-87　排水管道穿承重墙处构造法

管道闭水试验合格后，洞 A 用黏土填实，穿承重墙做法适用于没有地震设防要求的地区或管道穿墙处不承受管道振动和伸缩变形的建筑。

3.7.1.2　框剪结构给排水管卡安装构造分析

给排水立管、横管需要管卡固定在墙、梁、柱上，管卡的安装构造见图 3-88。

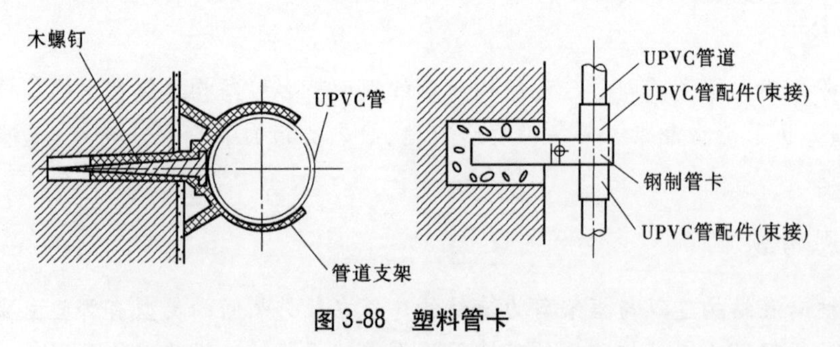

图 3-88　塑料管卡

3.7.2　框剪结构建筑的电气设备及管线安装构造分析

3.7.2.1　电气设备安装工程简介

电气设备安装工程是指施工企业依照施工图设计的内容，将规定的线路材料、电气设备及装置性材料等，按照相关规程规范的要求安装到各用电点，并经调试验收的全部工作。

它包括变配电工程、电气照明工程、配线工程、电气动力工程、防雷接地工程。

3.7.2.2　建筑电气设备常见安装构造分析

1. 室内配线安装

室内配线，有明配和暗配两种。暗配线路是指导线直接穿管、线槽等敷设于墙壁、顶棚、地面及楼板等处的内部。对于配线的结构不能在管中接，应在接线盒中接线，否则给检修维护带来了困难和不便，也给电气设备的安全运行带来了严重的安全隐患。

室内配线工程的施工应按已批准的设计进行，并在施工过程中严格执行《建筑电气工程施工质量验收规范》（GB 50303—2002），保证工程质量。

根据施工图样，确定电器安装位置、导线敷设途径及导线穿过墙壁和楼板的位置。在土建抹灰前，将配线所有的固定点打好空洞，埋设好支持构件，但最好是在土建施工时配合土建搞好预埋预留工作。配线的塑料管外应套钢管保护。明配管与其他管路的间距不小于以下规定：热水管下面为 0.2 m，上面为 0.3 m；蒸汽管下面为 0.5 m，上面为 1 m；电线管路与其他管路的平行间距不应小于 0.1 m。

2. 灯具安装

（1）吊灯安装：在混凝土顶棚上安装要事先预埋铁件或放置穿透螺栓，还可以用胀管螺栓紧固，安装时要特别注意吊钩的承重力，按照国家标准规定，吊钩必须能挂超过灯具质量 14 倍的重物，只有这样，才能被确认是安全的。在吊顶上安装，必须在主龙骨上设灯具紧固装置。

（2）吸顶灯安装：在混凝土顶棚上安装。在浇筑混凝土前，根据图样要求把木砖预埋在里面，也可以安装金属胀管螺栓；在安装灯具时，把灯具底台用木螺钉安装在预埋木砖上，吸顶灯再与台底、底盘固定，见图 3-89。

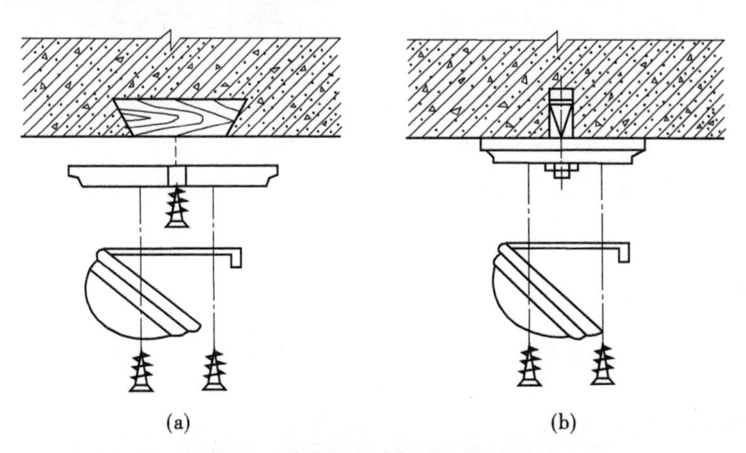

图 3-89　吸顶灯在混凝土顶棚上安装

（3）应急照明灯具安装：疏散照明由安全出口标志灯和疏散标志灯组成。安全出口标志灯距地面高度不低于 2 m，且安装在疏散出口和楼梯口里侧的上方。疏散标志灯安装在安全出口的顶部，楼梯间、疏散通道及其转角处应安装在 1 m 以下的墙面上，不易安装的部位可安装在上部。疏散通道上的标志灯间距不大于 20 m。

3. 配电箱安装

暗装配电箱应配合土建施工进行预埋。明装配电箱可安装在墙上或柱子上,直接安装在墙上时应先埋设固定螺栓,用燕尾螺栓宜随土建墙体施工预埋。配电箱安装在支架上时,应先将支架加工好,固定在墙上,后用抱箍固定在柱子上,再用螺栓将配电箱安装在支架上,并进行水平调整和垂直调整。

4. 防雷装置

(1)引下线是连接接闪器与接地装置的金属导体,一般采用圆钢或扁钢,应优先使用圆钢。

(2)接地体:与建筑相关接地体即为自然接地体,可作为自然接地体的物件包括与大地有可靠连接的建筑物的钢结构和钢筋、行车的钢轨、埋地的金属管道及埋地敷设的不少于 2 根的电缆金属外皮等。对于变配电所来说,可利用其建筑物钢筋混凝土基础作为自然接地体。在高层建筑中,常利用柱子和基础内的钢筋作为引下线和接地体,经济美观且寿命长,见图 3-90。

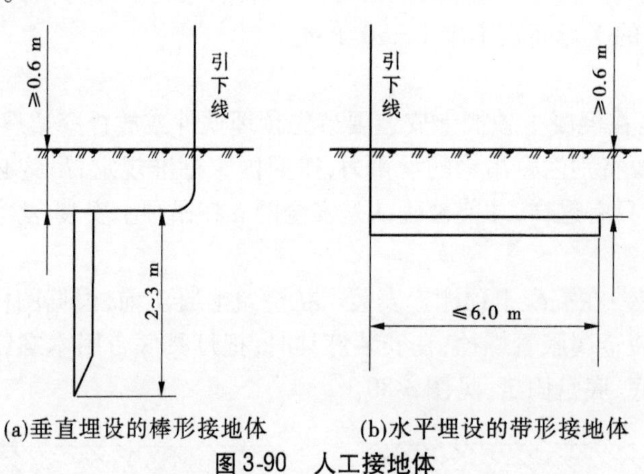

图 3-90 人工接地体

(3)避雷针安装:一般用镀锌钢管或镀锌圆钢支撑,其长度为 1 m,圆钢直径不小于 12 mm,钢管直径不小于 20 mm。其长度在 1 ~ 2 m 时,圆钢直径不小于 16 mm,钢管直径不小于 25 mm。烟囱顶上的避雷针,圆钢直径不小于 20 mm,钢管直径不小于 40 mm。常见有避雷针在山墙上安装,如图 3-91 所示。

3.7.3 小结

本任务中给排水管道安装内容主要与砖混结构管道安装构造基本一致。

3.7.4 思考题

1. 简述套管选用与安装方式。
2. 常见的接地方式有哪些?
3. 防雷装置由哪几部分组成?

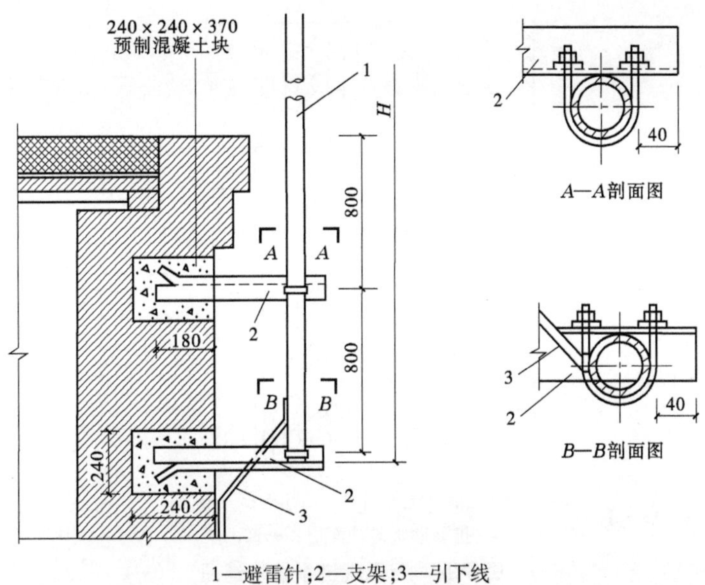

1—避雷针;2—支架;3—引下线

图 3-91　避雷针在山墙上安装

任务3.8　框剪结构节能保温构造分析

3.8.1　外墙外保温分析

砖混结构的外墙外保温构造,同样适用于框剪结构的外墙外保温构造。除此之外,框剪结构的外墙外保温构造还有如下构造做法。

3.8.1.1　EPS 板现浇混凝土外墙外保温构造

1. 基本做法

无网现浇 EPS 系统是由带矩形齿槽的 EPS 板放于外墙外模板内侧,浇灌混凝土墙后保温板和墙体结合在一起,聚苯保温板上无钢丝网架是纯聚苯保温板。该保温系统施工速度快、施工安全,可大大缩短工期,与主体结构连接可靠,能冬季施工(因保温板置于钢模内侧,相当于保温模板)。无网现浇系统的构造,见图 3-92。

2. 系统特点及技术性能

EPS 板采用阻燃型 EPS 板,一侧带有矩形齿槽。EPS 板保温效果好,密度为 18.0~22.0 kg/m^3,EPS 板导热系数为 0.041 W/(m·K),远远小于烧结多孔砖墙体 0.58 W/(m·K)和钢筋混凝土导热系数 1.74 W/(m·K)。

相对于外墙内保温和加厚墙体的做法,无网现浇系统消除了热桥现象,杜绝了墙体内侧冷凝结露现象,对建筑物起到了很好的保护作用,提高了建筑舒适度,减少了热胀冷缩影响,延长了建筑物使用寿命。

基本消除了建筑物外侧(如檐口、窗口及东西山墙)的开裂现象。

无网现浇系统造价比外墙后粘贴保温板形式减少 30% 以上,可随同结构层同步施

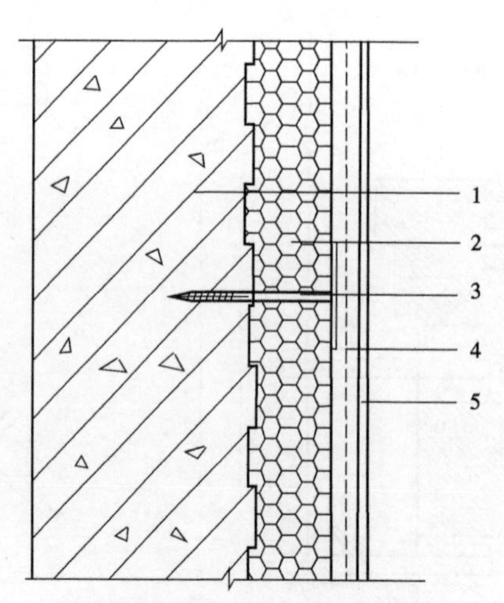

1—现浇混凝土外墙;2—EPS 板;3—锚栓;
4—抗裂砂浆薄抹面层;5—饰面层

图 3-92　无网现浇系统构造图

工,其工期也比后黏结保温板形式节省工期 30%。

3. 使用范围

钢筋混凝土框架 - 剪力墙结构体系的建筑。

3.8.1.2　EPS 钢丝网架板现浇混凝土外墙外保温构造(有网现浇系统)

1. 基本做法

构造设计采用由工厂预制的外表面有横向齿槽形的聚苯板,中间斜插若干Φ2 穿过板材的镀锌钢丝,这些斜拉钢丝与板材外的一层Φ2 钢丝网片焊接在聚苯板上,聚苯板表面喷有界面剂,聚苯板放在墙体钢筋外侧并与墙体钢筋固定,再支墙体内外钢模板(此时保温板位于外钢模板内侧),然后浇筑预拌混凝土墙,拆模后保温板和预拌混凝土墙体结合在一起,牢固可靠。

为确保保温板与墙体之间结合的可靠性,在聚苯板保温构件上用镀锌斜插丝伸入混凝土墙内,并通过聚苯板插入经防锈处理的Φ6 的 L 形钢筋,在钢丝网架上抹抗裂型水泥砂浆找平层,然后用弹性黏结剂粘贴面砖。

2. 有网现浇系统的构造

有网现浇系统的构造见图 3-93。

有网现浇系统的构造具有如下特点:

(1) EPS 板的密度为 18.0 ~ 22.0 kg/m^3,导热系数为 0.041 W/(m · K),远远小于钢筋混凝土导热系数 1.74 W/(m · K),故此类材料保温性能好。

(2) 相对于外墙内保温和加厚墙体的做法,有网现浇系统热桥现象大为减少,杜绝了墙体内侧结露起霜现象。但同无网现浇系统相比,有网现浇系统由于有大量镀锌钢丝穿透 EPS 板,形成一定数量的热桥,保温效果略逊于无网现浇系统。

(3) 有网 EPS 板斜插钢丝伸入混凝土中,增强了系统与基层墙体的连接。

(4) 基本消除了建筑物外侧如檐口、窗口及东西山墙的开裂。

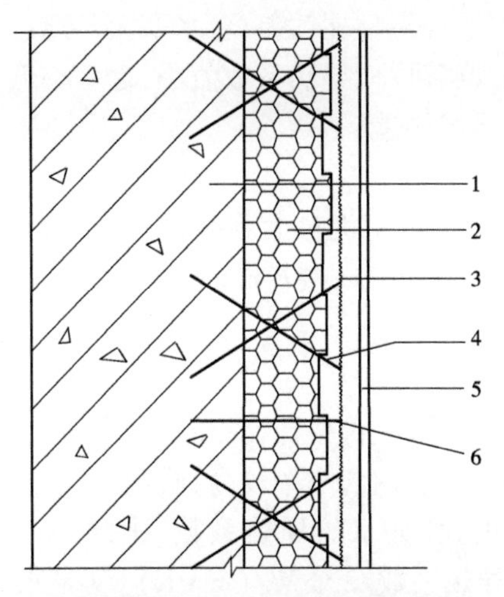

1—现浇混凝土外墙；2—EPS单面钢丝网架板；
3—掺外加剂的水泥砂浆厚抹面层；
4—钢丝网架；5—饰面层；6—Φ6钢筋

图3-93　有网现浇系统构造图

(5)有网现浇系统造价比外墙后粘贴保温板形式减少20%以上，保温层可随同结构同步施工，其工期也比后粘贴保温板形式节省20%。

3. 适用范围

钢筋混凝土框架-剪力墙结构体系的中高层建筑。

3.8.1.3　屋面节能保温构造

我国目前屋面保温层按形式可分为松散材料保温层、板状保温层和整体现浇保温层三种，按材料性质可分为有机保温材料和无机保温材料，按吸水率可分为高吸水率和低吸水率保温材料，见表3-9。

表3-9　屋面保温节能分类

分类方法	类型	品种举例
按形状划分	松散材料	炉渣、膨胀珍珠岩、膨胀蛭石、岩棉
	板状材料	加气混凝土、泡沫混凝土、微孔硅酸钙、憎水珍珠岩、聚苯乙烯泡沫板、泡沫玻璃
	整体现浇材料	泡沫混凝土、水泥蛭石、水泥珍珠岩、硬泡聚氨酯
按材料性质划分	有机材料	聚苯乙烯泡沫板、硬泡聚氨酯
	无机材料	泡沫玻璃、加气混凝土、泡沫混凝土、蛭石、珍珠岩
按吸水率划分	高吸水率（>20%）	泡沫混凝土、加气混凝土、珍珠岩、憎水珍珠岩、微孔硅酸钙
	低吸水率（<6%）	泡沫玻璃、聚苯乙烯泡沫板、硬泡聚氨酯

保温材料主要由表观密度、导热系数和含水率三项指标控制，此三项指标相互影响，

表观密度大，导热系数值就大、保温性能就差；含水率大，导热系数值也大、保温性能也差，所以在一定强度情况下，表观密度小、导热系数值小、含水率低，则保温材料为优。

3.8.1.4 屋面散状材料保温层构造

1. 基本构造做法

钢筋混凝土结构层上用1:3的水泥砂浆找平层，其上铺按2%坡度做珍珠岩（蛭石）保温层，然后做1:2的水泥砂浆找平层，按6 m×6 m见方留界格缝，表面做卷材或涂膜防水层。

2. 系统特点及技术性能

散状材料保温层材料来源广泛、价格低，对于屋面各种形状均能使用，但是由于该种材料采用现场湿作业，使得保温层内含水率较高，质量不宜控制。屋面保温层含水率的高低对于屋面保温隔热影响很大，如水的导热系数[0.58 W/(m·K)]是空气的[0.026 W/(m·K)]20多倍，冰的导热系数[2.3 W/(m·K)]又是水的4倍，因此只有控制屋面保温层的含水率，才能确保屋面保温隔热性能不会降低。

3. 适用范围

适用于各种工业建筑与民用建筑工程屋面。今后的一段时间内，该做法将逐渐减少。

3.8.1.5 屋面板状材料保温层构造

1. 基本构造做法

在钢筋混凝土结构层上做1:(8~12)水泥珍珠岩找坡，然后用1:3水泥砂浆找平，待干燥后，铺贴合成高分子卷材或改性沥青卷材，铺贴板状材料保温层，最后做1:2水泥砂浆保护层。

2. 系统特点及技术性能

(1)保温材料性能良好，其导热系数低且蓄热系数大，节能效果优异。

(2)防水层放置在保温层下面，防水卷材使用寿命长，能有效防止屋面渗透现象。

(3)施工方便快捷，能消除传统的保温层湿作业现象，使屋面施工工期缩短。

3. 适用范围

适用于各种民用建筑工程平屋面和坡屋面。

3.8.1.6 屋面整体保温层构造

整体保温屋面是一种优异的屋面保温形式，传热系数低、施工速度快、整体无缝，避免了传统保温作业的诸多弊病，是目前最主要的屋面保温做法。

1. 基本做法

钢筋混凝土结构层用1:(8~12)水泥珍珠岩找坡，其上用1:3水泥砂浆找平层，涂刷隔汽层，铺贴卷材或涂膜防水层，设保温层厚度控制点，喷硬泡PU保温层，最后是保护层。

2. 系统特点及技术性能

硬泡PU现场喷涂无接缝，可形成牢固的整体，黏结性能好，有一定防水能力，不易脱落，施工速度快。硬泡PU的导热系数极低，保温隔热性能极佳。

3. 适用范围

各种民用建筑工程屋面。

4. 细部处理

硬泡 PU 整体保温层的细部处理：屋面与山墙、女儿墙间的聚氨酯硬泡体保温层应直接连续地喷涂至泛水高度，最低泛水高度不应小于 250 mm，细部做法见图 3-94。

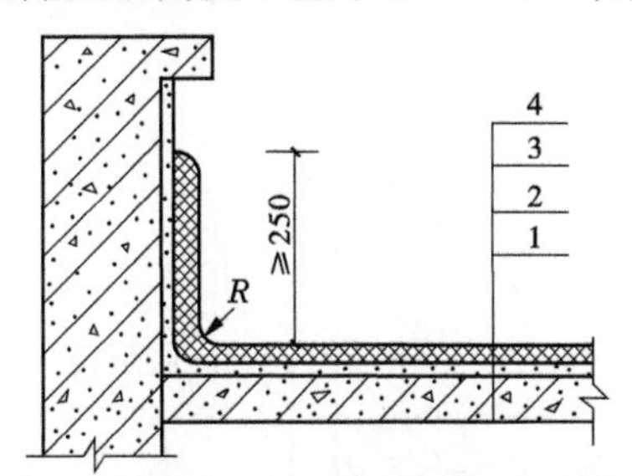

图 3-94　山墙、女儿墙的泛水收头示意图

天沟、檐沟与女儿墙交接处，硬泡 PU 保温层应连续地喷涂，并同外墙外保温系统交圈，细部做法见图 3-95(a)。

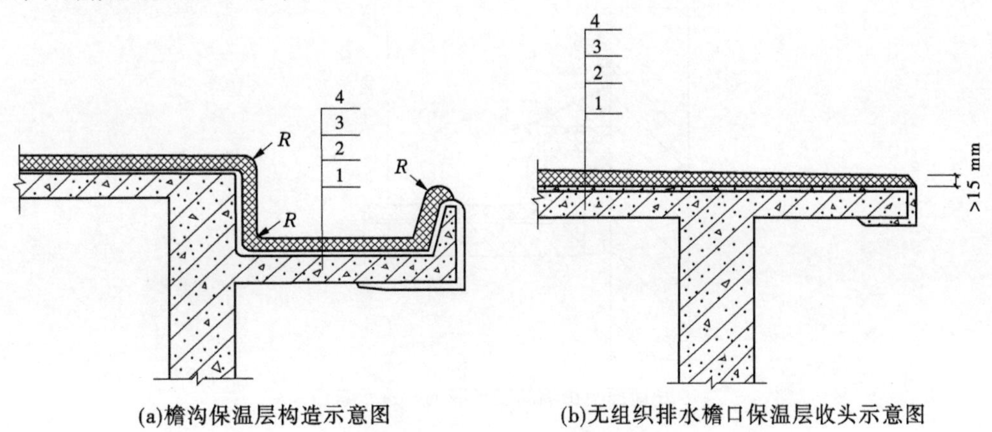

(a)檐沟保温层构造示意图　(b)无组织排水檐口保温层收头示意图

1—结构层；2—找平层或找坡层；3—聚氨酯硬泡体保温层；4—防护层

图 3-95　檐沟保温层构造示意图

无组织排水檐口，硬泡 PU 保温层应连续喷到檐口部，喷涂厚度应均匀地减薄至不小于 15 mm 为止，细部做法见图 3-95(b)。

在屋顶垂直出入口处，硬泡 PU 保温层收头应连续喷涂至帽口，细部做法见图 3-96。

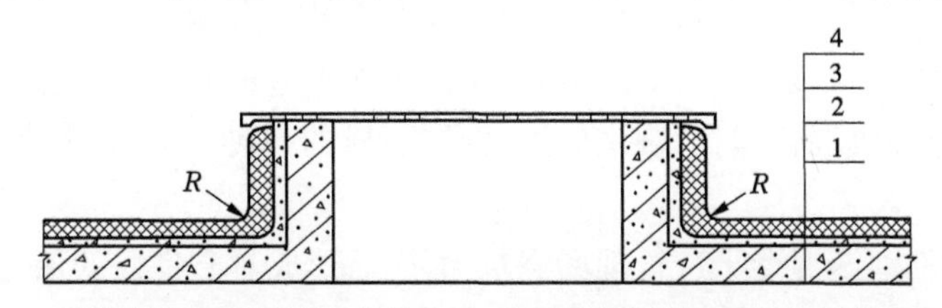

1—结构层；2—找平层或找坡层；3—聚氨酯硬泡体保温层；4—防护层

图 3-96　垂直出入口防水保温层的构造示意图

水落口防水保温层收头构造应符合下列规定：落口杯宜采用塑料制品或铸铁配件，水落口周围直径 500 mm 范围内的坡度不应小于 2%。

水平变形缝保温层做法:在伸缩缝内填充塑料棒,并用密封膏密封,然后连续地直接喷涂至帽口。屋面与山墙间变形缝处保温层做法:硬泡 PU 保温层应连续地直接喷涂至泛水高度,然后在变形缝内填充塑料棒并用密封膏密封,再在山墙上用螺钉固定能自由伸缩的钢板。细部做法见图 3-97。

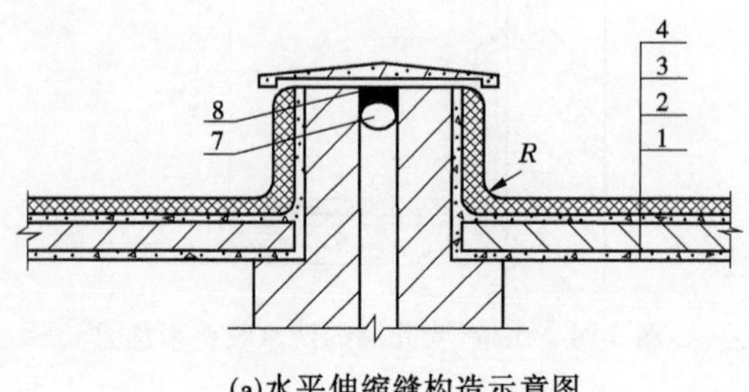

(a)水平伸缩缝构造示意图

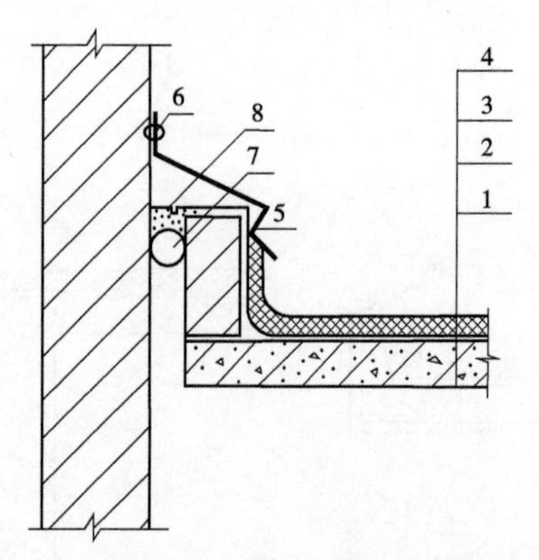

(b)屋面与山墙间变形缝的构造示意图

1—结构层;2—找平层或找坡层;3—聚氨酯硬泡体保温层;4—防护层

5—金属盖板;6—螺钉;7—塑料棒;8—密封膏

图 3-97 伸缩缝、变形缝构造

3.8.1.7 整体现浇泡沫混凝土屋面构造

泡沫混凝土又称发泡混凝土,简称泡沫混凝土,是一种新型节能保温建筑材料。近年来,随着国内外对节能、环保建筑材料的重视,使其在建筑领域的应用也越来越广。泡沫混凝土是以水泥为主料,以砂、石等为辅料,按比例加入适量的水,令发泡剂通过发泡机充分发泡后,再经搅拌机混合搅拌、现浇成型、养护而成的一种含有大量封闭孔隙的轻质保温隔热混凝土。

用现场制作的泡沫混凝土进行现场浇筑,凝固后形成具有良好的保温、隔音等特性的屋面及楼地面保温工程。

1. 泡沫混凝土原材料

泡沫混凝土原材料主要是水泥,加入发泡剂助剂后,形成较轻的具有保温隔热的围护结构的一部分,其导热系数为 0.1 ~0.16 W/(m · K),有效地阻断了室内外能量的交换,保持室内温度的稳定性，改善了生活居住环境和工作环境，从而真正达到环保节能的要求。

2. 基本构造做法

泡沫混凝土是将发泡剂与水泥浆均匀搅拌，通过发泡机挤压输送到施工现场浇筑、养护凝固而成的一种含有大量封闭孔隙的轻质泡沫混凝土制品。

3. 现浇泡沫混凝土屋面保温工程的优点

(1)保温性：导热系数为0.1～0.16 W/(m·K)，热阻为普通混凝土的20～30倍。

(2)轻质性：干体积密度为300～700 kg/m^3，是普通混凝土密度的1/5～1/8，可减轻建筑物整体荷载。

(3)整体性：现场浇筑施工，与主体工程结合紧密，不需留界隔缝和透气管。

(4)隔音性：泡沫混凝土中含有大量的独立气泡，且分布均匀，吸音能力为0.09%～0.19%，是普通混凝土的5倍，具备有效隔音的功能。

(5)抗压性：抗压强度为1.5～8 MPa。

(6)抗水性：相对独立的封闭气泡及良好的整体性，使其具有一定的防水性能。

(7)抗裂性：收缩率低，抗裂性是普通混凝土的8倍。

(8)耐久性：与主体工程寿命相同。

(9)施工简单：平屋面无须另做找坡层。

(10)经济性：比其他屋面保温材料综合造价低20%～50%。

4. 泡沫混凝土保温层与聚苯类保温层综合比较

1)经济比较

找平层：由于钢筋混凝土楼板很难做到表层平整，采用聚苯板做保温层应先做找平层，再铺设聚苯板。苯板上加一层土工布防潮垫。泡沫混凝土保温层采用现场浇筑，可兼作找平层和保温层，因此节约了一层找平层和防潮层。因此，选用泡沫混凝土施工工序少、工期短，更加经济合理。

2)材质比较

由于聚苯类(颗粒)与建筑物材质不同，采用聚苯类做屋面保温隔热层实际与下面的找平层及上面的填充层形成了隔离，而且聚苯板(颗粒)易收缩，易膨胀，易空鼓；而泡沫混凝土与楼板和填充层的细石混凝土属同质材料，结合牢固，不收缩，不膨胀，不会空鼓。

3)抗渗性比较

由于聚苯类保温层由多张聚苯板(颗粒)结合而成，一旦有渗漏，水会顺着聚苯板(颗粒)之间的结合缝蔓延，不易找到漏点，从而不易维修；而泡沫混凝土保温层采用现场浇筑，整体性好，且泡沫混凝土内是由相对封闭的结构体系构成，抗水性较好，即使渗漏也容易找到漏点，具有很强的抗渗性。

4)耐久性比较

聚苯类属石化产品，含有多种对人体有害的物质，高温下有害物质易于挥发；由于聚苯类保温层与建筑物材质不同，随着时间温度的变化，聚苯类保温层易老化(一般10年左右就会腐烂需更换)；而泡沫混凝土保温层与建筑物属同质材料，温差系数相同。所以，泡沫混凝土保温层能与建筑物达到同质同寿，是环保产品。

3.8.2 窗户节能

框剪结构的窗户节能构造同砖混结构的窗户节能构造。

3.8.3 门节能构造

框剪结构的门节能构造同砖混结构的门节能构造。

3.8.4 地面节能构造

框剪结构的地面节能构造同砖混结构的地面节能构造。

3.8.5 小结

建筑节能是提高经济效益的重要措施。实践证明，只要选择适合当地条件的节能技术，增加5%~10%的建筑工程造价，建筑物就可达到节能要求。建筑节能的回收期一般为5~8年，与建筑物使用寿命50~100年相比，其经济效益非常突出。而且建筑节能还可以提高能源利用率，降低粉尘、烟尘和二氧化碳温室气体的排放，改善大气环境，改善人类的生存环境，消除呼吸道疾病、肺癌等许多疾病的根源，提高住宅的保温隔热性能，改善室内居住环境。本章中框剪结构的节能从墙面、屋面、门窗、幕墙和地面等方面分别介绍了各自的建筑节能保温做法以及各自的优缺点，方便学习。

3.8.6 思考题

1. 简述EPS板现浇混凝土外墙外保温构造。
2. 简述EPS钢丝网架板现浇混凝土外墙外保温构造。
3. 屋面节能保温有哪些构造做法，请分别简述。
4. 结合本章所学，分析框剪结构节能保温的重要性。

任务3.9 框剪结构防火构造分析

3.9.1 防火间距

考虑到扑救高层建筑需要使用曲臂车、云梯登高消防车等车辆，为满足消防车辆通行、停靠、操作的需要，结合实践经验，规定一、二级耐火等级高层建筑之间的防火间距不应小于13 m，具体见表3-10和图3-98。

表 3-10 高层建筑防火间距

建筑类别		高层民用建筑	裙房和其他民用建筑		
		一、二级	一、二级	三级	四级
高层民用建筑	一、二级	13	9	11	14
裙房和其他民用建筑	一、二级	9	6	7	9
	三级	11	7	8	10
	四级	14	9	10	12

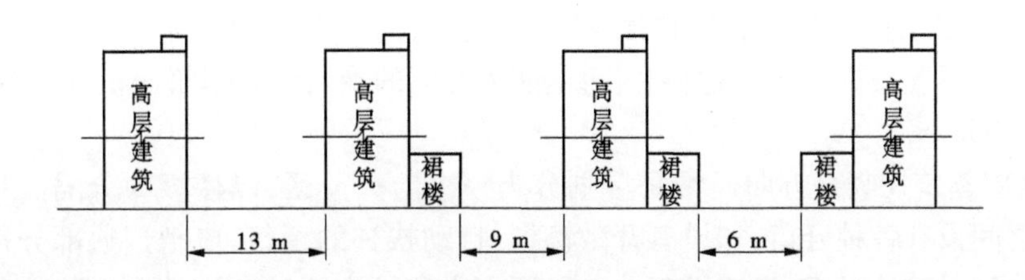

图 3-98 高层建筑防火间距示意图(一)

高层民用建筑之间防火间距见图 3-98、图 3-99。

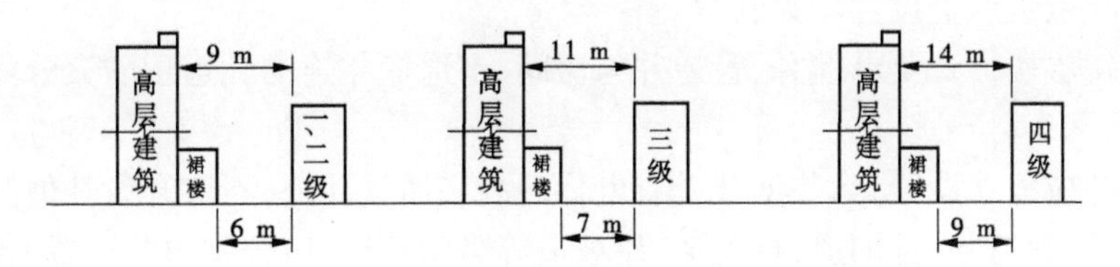

图 3-99 高层建筑防火间距示意图(二)

高层民用建筑与普通建筑之间防火间距如下：

(1)两座建筑相邻较高一面外墙为防火墙，或高出相邻较低一座一、二级耐火等级建筑的屋面 15 m 及以下范围内的外墙为防火墙时，其防火间距可不限。

(2)相邻两座高度相同的一、二级耐火等级建筑中相邻任一侧外墙为防火墙时，其防火间距可不限。

(3)相邻两座建筑中较低一座建筑的耐火等级不低于二级，屋面板的耐火极限不低于 1 h，屋顶无天窗且相邻较低一面外墙为防火墙时，其防火间距不应小于 4 m。

(4)相邻两座建筑中较低一座建筑的耐火等级不低于二级且屋顶无天窗、相邻较高一面外墙高出较低一座建筑的屋面 15 m 及以下范围内的开口部位设置甲级防火门、窗，或设置符合现行国家标准《自动喷水灭火系统设计规范》(GB 50084)规定的防火分隔水幕或规范规定的防火卷帘时，其防火间距不应小于 4 m。

(5)建筑高度大于 100 m 的民用建筑与相邻建筑的防火间距，当符合规范允许减小的条件时，仍不应减小。

3.9.2 防火分区

(1)民用建筑当建筑面积过大时,室内容纳的人员和可燃物的数量相应增大,为了减少火灾损失,对建筑物防火分区的面积按照建筑物耐火等级的不同给予相应的限制。高层民用建筑,防火分区最大允许建筑面积1 500 m^2,对于体育馆、剧场的观众厅,防火分区的最大允许建筑面积可适当增加。

(2)当建筑内设置自动灭火系统时,防火分区最大允许建筑面积可按表3-10的规定增加1.0倍;局部设置时,防火分区的增加面积可按该局部面积的1.0倍计算。裙房与高层建筑主体之间设置防火墙时,裙房的防火分区可按单层、多层建筑的要求确定。

(3)一、二级耐火等级建筑内的营业厅、展览厅,当设置自动灭火系统和火灾自动报警系统并采用不燃或难燃装修材料时,每个防火分区的最大允许建筑面积可适当增加,且不应大于4 000 m^2。

(4)高层建筑在竖直方向通常每层划分为一个防火分区,以楼板为分隔。对于在两层或多层之间设有各种开口,如设有开敞楼梯、自动扶梯的建筑,应把连通部分作为一个竖向防火分区的整体考虑,且连通部分各层面积之和不应超过允许的水平防火分区的面积。

(5)除此之外,高层建筑防火分区设计还有以下要求:

①应在疏散走道上设置防火卷帘。

②应在每层楼板处及电缆井、管道井与房间、走道等相连的孔道用防火分隔物进行封堵。

③电梯井应独立设置,除井壁开设有电梯门洞和通气孔外,不应开设其他洞口。

④电缆井、管道井、排烟道、排气道、垃圾道等竖向管道,应分别单独设置,各管道不应穿过防火墙,若必须穿过应将缝隙填实。

⑤垃圾井靠外墙设置,不应设在楼梯间内,排气口应开向外面。

⑥输送可燃气体和危险液体的管道严禁穿越防火墙。

⑦隔墙应砌至梁板底部,不留空隙。

⑧当高层建筑与其裙房之间设有防火墙等防火分隔设施时,其裙房的防火分区允许最大建筑面积不应大于2 500 m^2,当设有自动喷水灭火系统时,防火分区允许最大建筑面积可增加1倍。

⑨高层建筑内设有上下层相连通的走廊、敞开楼梯、自动扶梯、传送带等开口部位时,应将上下连通层作为一个防火分区。当上下开口部位设有防火卷帘或水幕等分隔设施时,其面积可不叠加计算。

⑩高层建筑中庭防火分区面积应按上下层连通的面积叠加计算,当超过一个防火分区面积时,应采取本节中有关中庭防火分隔的措施。

⑪设在变形缝处附近的防火门,应设在楼层数较多的一侧,且门开启后不应跨越变形缝。

⑫设置防火墙有困难的场所,可采用防火卷帘做防火分隔,当采用以背火面温升做耐火极限判定条件的防火卷帘时,其耐火极限不应小于3 h;当采用不以背火面温升做耐火

极限判定条件的防火卷帘时，其卷帘两侧应设独立的闭式自动喷水系统保护，系统喷水延续时间不应小于3 h。喷头的喷水强度不应小于0.5 L/(s·m)，喷头间距应为2~2.5 m，喷头距卷帘的垂直距离宜为0.5 m。

⑬设在疏散走道上的防火卷帘应在卷帘的两侧设置启闭装置，并应具有自动、手动和机械控制的功能。

3.9.3　防烟分区

火灾发生时，为阻止烟气的蔓延，保证有足够的时间进行人员疏散和消防灭火，需要对建筑进行防烟分区。防烟分区的设置应满足下述要求：

(1)设置排烟设施的走道和净高不超过6 m的房间，应采用挡烟垂壁、隔墙或从顶棚下突出不小于0.5 m的挡烟梁来划分防烟分区。

(2)每个防烟分区的面积不宜超过500 m^2，且防烟分区的划分不能跨越防火分区。

(3)对于高层建筑中的各种管道，火灾发生时容易成为烟气扩散的通道，尽量不要让各类管道穿越防烟分区。

3.9.4　安全疏散

(1)一、二级耐火等级的建筑，当一个防火分区的安全出口全部直通室外确有困难时，符合下列规定的防火分区可利用设置在相邻防火分区之间向疏散方向开启的甲级防火门作为安全出口：

①该防火分区的建筑面积大于1 000 m^2 时，直通室外的安全出口数量不应少于2个；该防火分区的建筑面积小于等于1 000 m^2 时，直通室外的安全出口数量不应少于1个。

②该防火分区直通室外或避难走道的安全出口总净宽度，不应小于计算所需总净宽度的70%。

③一、二级耐火等级公共建筑，当设置不少于2部疏散楼梯且顶层局部升高层数不超过2层、人数之和不超过50人、每层建筑面积不大于200 m^2 时，该局部高出部位可设置一部与下部主体建筑楼梯间直接连通的疏散楼梯，但至少应另设置一个直通主体建筑上人平屋面的安全出口，该上人屋面应符合人员安全疏散要求。

④建筑高度大于27 m且不大于54 m，每个单元任一层的建筑面积小于650 m^2 且任一套房的户门至安全出口的距离不大于10 m，户门采用乙级防火门，每个单元设置一座通向屋顶的疏散楼梯，单元之间的楼梯通过屋顶连通；建筑高度大于54 m的多单元建筑，每个单元任一层的建筑面积小于650 m^2 且任一套房的户门至安全出口的距离不大于10 m，户门采用乙级防火门，每个单元设置一座通向屋顶的疏散楼梯，54 m以上部分每层相邻单元的疏散楼梯通过阳台或凹廊连通。

(2)安全疏散出口的数量和宽度。高层建筑每个防火分区的安全疏散出口不应少于2个，而且要分散布置，2个安全出口之间的距离不应小于5 m。高层建筑各层走道、门的宽度按其通行人数每100人不小于1 m来计算，其首层疏散外门的总宽度应按人数最多的一层来计算，并且不能小于表3-11的规定。对于疏散楼梯间和防烟前室的门，其最小净宽度不应小于0.9 m。

表3-11 高层建筑首层疏散外门和走道的净宽 (单位:m)

高层建筑	每个外门的净宽	走道净宽	
		单面布房	双面布房
医院	1.30	1.40	1.50
居住建筑	1.10	1.20	1.30
其他建筑	1.20	1.30	1.40

(3)安全疏散距离。由于高层建筑容纳人数多、结构复杂、人员疏散困难,因此高层建筑的疏散距离较一般民用建筑要求更加严格,其数值应符合表3-12中的规定,对于高层建筑内的方形大厅,如观众厅、展览厅、营业厅等,其内任意一点至最近的疏散出口的直线距离不应超过30 m,见图3-100、图3-101。

表3-12 房间门或住宅户门至最近的外部出口或楼梯间的最大距离 (单位:m)

建筑名称		位于两个安全出口之间的房间	位于袋形走道两侧或尽端的房间
医院	病房部分	24	12
	其他部分	30	15
教学楼、旅馆、展览楼		30	15

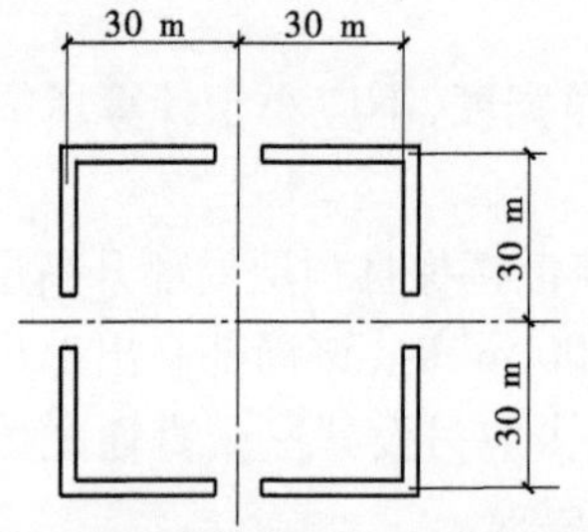

图3-100 高层建筑方形大厅疏散口示意图

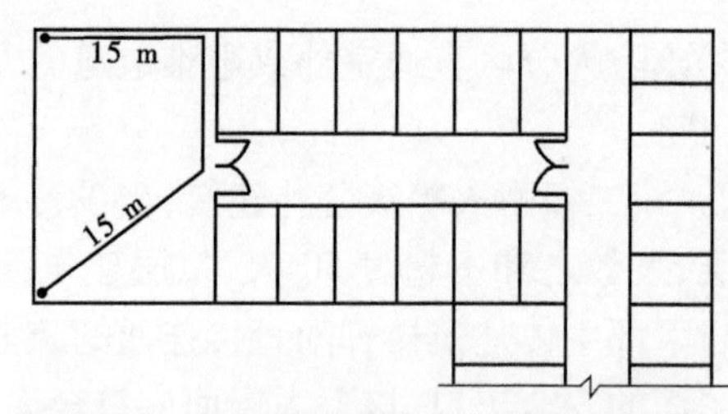

图3-101 高层建筑房间内疏散要求示意图

(4)高层建筑的疏散楼梯。高层建筑发生火灾时,高层部分的人员不能利用一般电梯和登高车的云梯来疏散,只能将疏散楼梯作为逃生工具。因此,在《建筑设计防火规范》中,对高层建筑疏散楼梯的宽度及楼梯间的安全可靠性都做出了严格的规定,具体见表3-13、表3-14。

(5)高层建筑的防火措施及构造要求。高层建筑内应在首层或地下一层处设消防控制室,周围应采用耐火极限不低于2 h的隔墙将其隔开,并且要有直通室外的安全出口。对于设在高层建筑内灭火系统的设备室,应采用耐火极限不低于2 h的隔墙、1.5 h的楼板和甲级防火门将其与相邻部位隔开。

表3-13 高层建筑疏散楼梯的最小净宽度 (单位:m)

高层建筑	疏散楼梯的最小净宽度
医院病房楼	1.30
居住建筑	1.10
其他建筑	1.20

表3-14 高层建筑疏散楼梯设置表

应设防烟楼梯间的高层建筑	应设封闭楼梯间的高层建筑
一类建筑、塔式住宅、单元式和通廊式住宅除外的建筑高度超过32 m的二类建筑,超过11层的通廊式住宅,19层及19层以上的单元式住宅	裙房和建筑高度不超过32 m的二类建筑、11层及11层以下的通廊式住宅、12~18层的单元式住宅

防火墙上不应开设门、窗及其他洞口。如果必须开设,应安装能自动关闭的甲级防火门窗。防火墙不宜开设在U形、L形等高层建筑的内转角处,如果必须设在转角处,内转角的两侧墙上的门、窗、洞口之间最近边缘的水平距离不应小于4 m,当相邻一侧装有固定的乙级以上防火门、窗时,距离可不限制。为防止窜火,紧靠防火墙两侧的门、窗、洞口之间最近边缘的水平距离不应小于2 m,当小于2 m时,应设置固定的乙级防火门、窗。高层建筑楼梯间和防烟楼梯间前室的内墙上,除开设通向公共走道疏散门外,不应开设其他门、窗和洞口。建筑中通向屋顶的疏散楼梯不应少于两步,且不应穿越其他房间,通向屋顶的门应向屋顶方向开启。

公共疏散门和防火门均应向疏散方向开启,用于疏散走道、楼梯间和前室的防火门应具有自动关闭的功能,并且关闭后应能从任何一侧手动开启。

3.9.5 小结

本任务主要介绍了高层民用建筑之间的防火间距、高层民用建筑与普通建筑之间的防火间距;防火分区的一般要求和特殊要求;防烟分区的设置要求;安全疏散出口的数量和宽度;高层建筑疏散楼梯的最小净宽要求;高层建筑的防火措施(消防控制室、防火墙、防火门窗、公共疏散门和防火门)及构造要求。

3.9.6 思考题

1. 防火间距的设置主要考虑哪些因素? 一、二级耐火等级高层建筑之间的防火间距不应小于多少?
2. 哪些情况下防火间距可不设限?
3. 当建筑内设置自动灭火系统时,防火分区最大允许建筑面积是否有变化?
4. 防烟分区的设置要求有哪些?
5. 防火墙上不应开设门、窗及其他洞口,如果必须开设,应满足什么要求?

任务 3.10 框剪结构变形缝构造分析

钢筋混凝土结构的伸缩缝、沉降缝、防震缝的基本设置原理与砌体结构相似，大家可以结合情景 2 的任务 2.10 学习。本任务主要介绍其与砖混结构的不同之处。

3.10.1 伸缩缝的设置

伸缩缝的设置见表 3-15。

表 3-15 钢筋混凝土结构伸缩缝最大间距 （单位：m）

结构类型		室内或土中	露天
排架结构	装配式	100	70
框架结构	装配式	75	50
	现浇式	55	35
剪力墙结构	装配式	65	40
	现浇式	45	30
挡土墙及地下室墙壁等结构	装配式	40	30
	现浇式	30	20

注：1. 如有充分依据或可靠措施，表中数值可以增减。

2. 当屋面上部无保温或隔热措施时，框架、剪力墙结构的伸缩缝间距可以按露天一栏的数值选用，排架结构可适当按低于室内栏的数值选用。

3. 排架结构的柱顶面（从基础底面算起）低于 8 m 时，宜适当减少伸缩缝间距。

4. 外墙装配、内墙现浇的剪力墙结构，其伸缩缝最大间距按现浇式一栏的数值选用。滑模施工的剪力墙结构，宜适当减小伸缩缝间距。现浇墙体在施工中应采取措施减少混凝土的收缩应力。

框架、框剪结构的伸缩缝构造一般采用悬臂方案，也可以采用双梁双柱方案，见图 3-102、图 3-103。

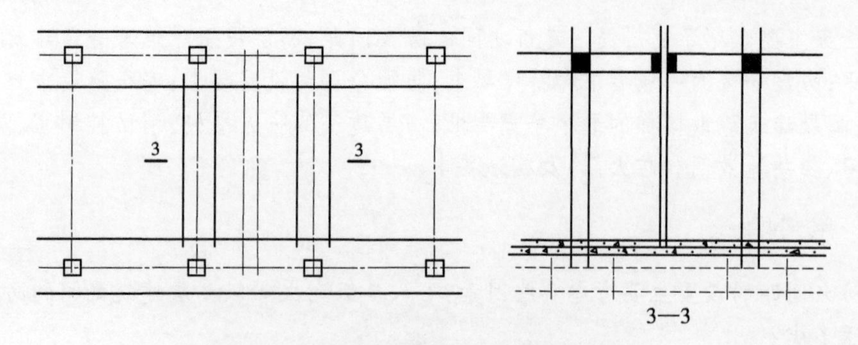

图 3-102 框架悬臂方案伸缩缝的结构处理

楼地面、墙体、屋顶的伸缩缝细部处理与砖混结构相似。

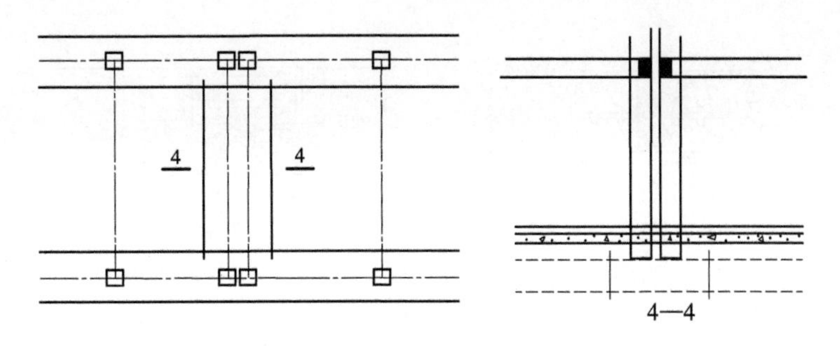

图 3-103　双梁双柱方案伸缩缝的结构处理

3.10.2　沉降缝的设置

钢筋混凝土框剪结构沉降缝也应满足建筑物各个部分在垂直方向的自由沉降变形。当沉降缝兼顾伸缩缝作用时，在构造设计时应满足伸缩和沉降双重要求。框架承重基础沉降缝构造见图 3-104。

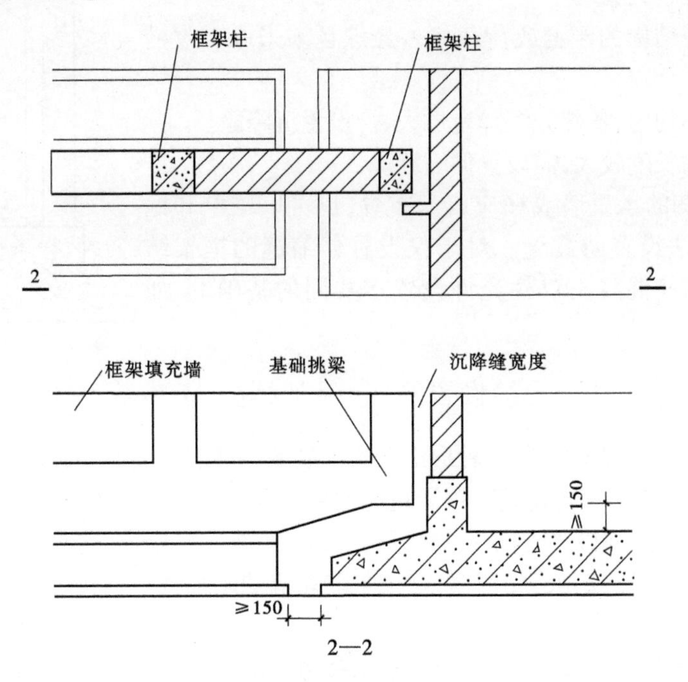

图 3-104　框架承重基础沉降缝构造

当地下室出现变形缝时，为保持良好的防水性，施工时在变形缝处预埋止水带。止水带有橡胶止水带、塑料止水带、金属止水带等。止水带中间空心圆或弯曲部分需对准变形缝，构造上有内埋式和可卸式两种，如图 3-105 所示。

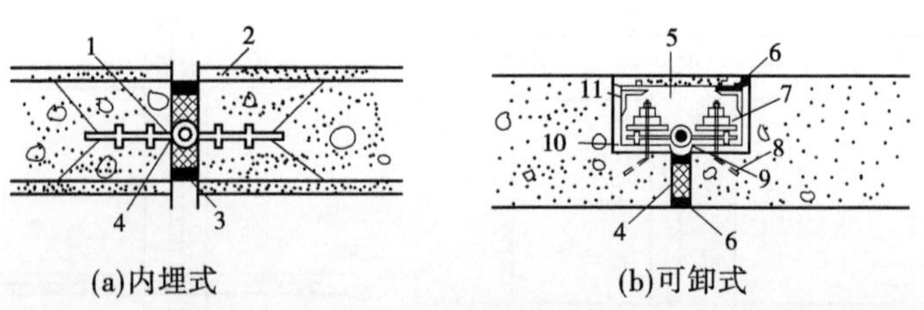

1—止水带;2—水泥砂浆;3—油膏;4—沥青麻丝;5—混凝土盖板;6—聚氯乙烯胶泥;

7—双头螺栓;8—ф12@400;9—止水带;10—L角钢(10 mm×80 mm×130 mm);

11—6×100钢板压条

图3-105 地下室变形缝构造

3.10.3 防震缝的设置

钢筋混凝土结构的建筑,遇到下列情况时,宜设置防震缝:

(1)建筑平面不规则且无加强措施。

(2)建筑有较大错层。

(3)各部分结构的刚度或荷载相差悬殊且未采取有效措施。

(4)地基不均匀、各部分沉降差过大,需设置沉降缝。

(5)建筑物长度较大,需设置伸缩缝。

防震缝两侧的承重墙或柱应成双布置,也可以墙壁和框架相结合的方法设置防震缝。对于仅设置伸缩缝的框架结构,防震缝的钢筋混凝土双柱允许设置在共同的基础上,如图3-106所示。

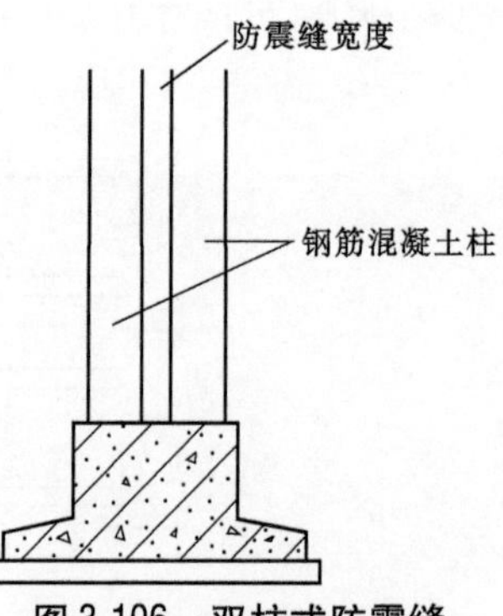

图3-106 双柱式防震缝

3.10.4 关于建筑物变形缝设置的"超限"问题

设置变形缝是防止建筑因各种原因产生开裂的一项非常重要的技术措施。一般情况下,按照规定设置变形缝的建筑是可以避免发生开裂的。但是在实际工程中,有时难以按照规范规定的间距或相关要求来设置变形缝,即超出规定的限值,这种情况被称为变形缝设置的"超限"。出现"超限"情况时,必须采取相应的附加技术措施,弥补"超限"可能引起的建筑开裂。

(1)伸缩缝间距"超限"。对钢筋混凝土结构的建筑可以采用浇筑后浇带进行分段施工,并采用微膨胀混凝土进行后浇带施工。

(2)不能按规范要求设置沉降缝时,可以考虑下列措施:

①修正建筑平面和立面体形,使其尽量趋于规则。

②选用轻型结构,减轻墙体自重。采用架空地坪代替室内填土。

③设置地下室或半地下室。采用覆土少、自重轻的基础形式。

④调整各部分的荷载分布、基础宽度或埋置深度。

⑤对框架、框剪结构建筑,可选用箱型基础、桩基、筏板基础等加强基础整体刚度。

3.10.5 小结

本任务主要介绍了钢筋混凝土结构的伸缩缝、沉降缝、防震缝三种变形缝各自的设计原则和基本构造特点，以及建筑物变形缝设置的“超限”问题。

3.10.6 思考题

1. 钢筋混凝土结构沉降缝、伸缩缝、防震缝各自的设计原则是什么？
2. 分析学院主教学楼的变形缝类型。
3. 绘图表示框剪结构基础沉降缝的处理。
4. 建筑物变形缝设置“超限”后可以有哪些解决方法？

情境4 钢结构建筑的构造分析

任务4.1 钢结构建筑基础的类型及构造分析

4.1.1 钢结构建筑的基础类型分析

众所周知,在房屋建筑中,基础造价占整个建筑物造价的30%左右,对于轻钢结构而言,最大的优点就是重量轻,从而直接影响基础设计,与其他结构形式的基础相比,轻钢结构基础尺寸小,可以减少整个建筑物造价。另外,对于地质条件较差地区,可优先考虑采用轻钢结构,这样容易满足地基承载力方面的要求。

4.1.1.1 基础形式

基础形式的选择应根据建筑物所在地工程地质情况和建筑物上部结构形式综合考虑,对于框剪结构等混凝土结构基础,常见的基础形式有独立基础、条形基础、片筏基础、箱形基础、桩基等。而对于轻钢结构而言,由于柱网尺寸较大,上部结构传至柱脚的内力较小,一般以独立基础为主,若地质条件较差,可考虑采用条形基础,遇到暗浜等不良地质情况,可考虑采用桩基础,一般情况下不采用片筏基础和箱形基础。

4.1.1.2 与上部结构连接

基础与上部结构是二次施工完成的,其间存在连接问题。对于混凝土结构的基础,通过预留插筋的方式连接上部结构,见图4-1(a)。而对于轻钢结构基础,则通过预埋锚栓的方式进行连接,见图4-1(b)。

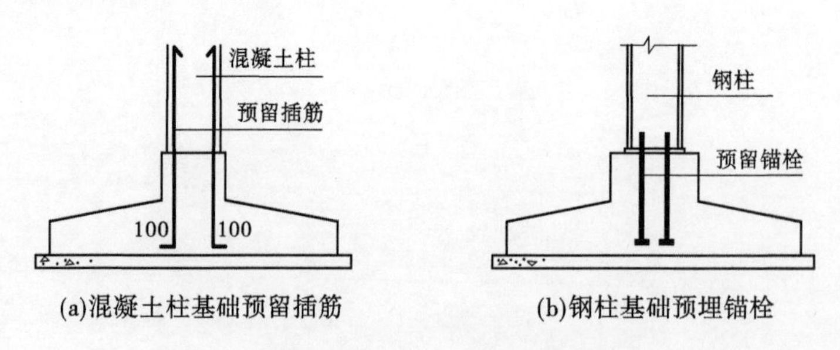

图4-1 基础与上部结构的连接

4.1.1.3 有关构造措施

除上述提到的外,轻钢结构的基础还有一些构造措施有别于其他结构的基础,比如基础顶面须设置二次浇灌层;埋入式柱脚应在钢柱埋入部分设置栓钉;埋入式柱脚钢柱翼缘保护层厚度，对于中柱不小于 180 mm，对于边柱和角柱的外侧不宜小于 250 mm。

4.1.2　钢结构建筑的基础构造分析

4.1.2.1　轻钢结构基础

轻钢结构建筑常用的基础类型有独立基础、条形基础和桩基础，其构造分析同任务2.1、任务3.1。

4.1.2.2　特殊情况下轻钢结构基础

格构式柱的柱脚有整体式和分离式两种，整体式一般用于受力较小、两分肢间距较近时，但比较耗材，在大多数情况下采用分离式柱脚，见图4-2。

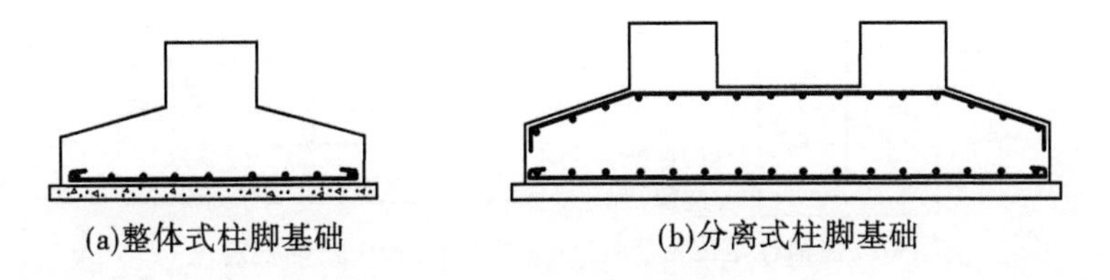

图4-2　格构式柱基础

4.1.2.3　典型柱基础细部详图

1. 柱下独立基础

柱下独立基础构造见图4-3。

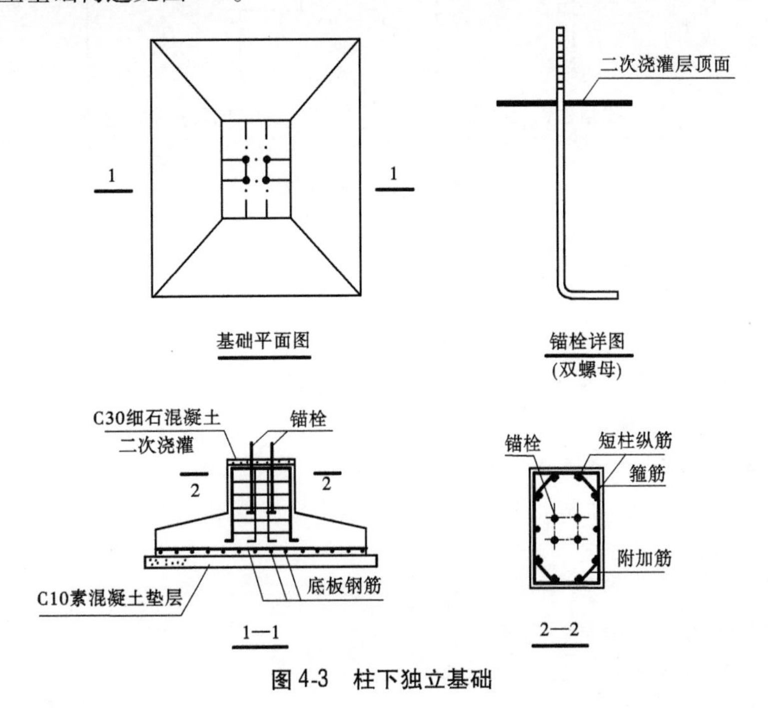

图4-3　柱下独立基础

2. 柱下条形基础

柱下条形基础见图4-4。

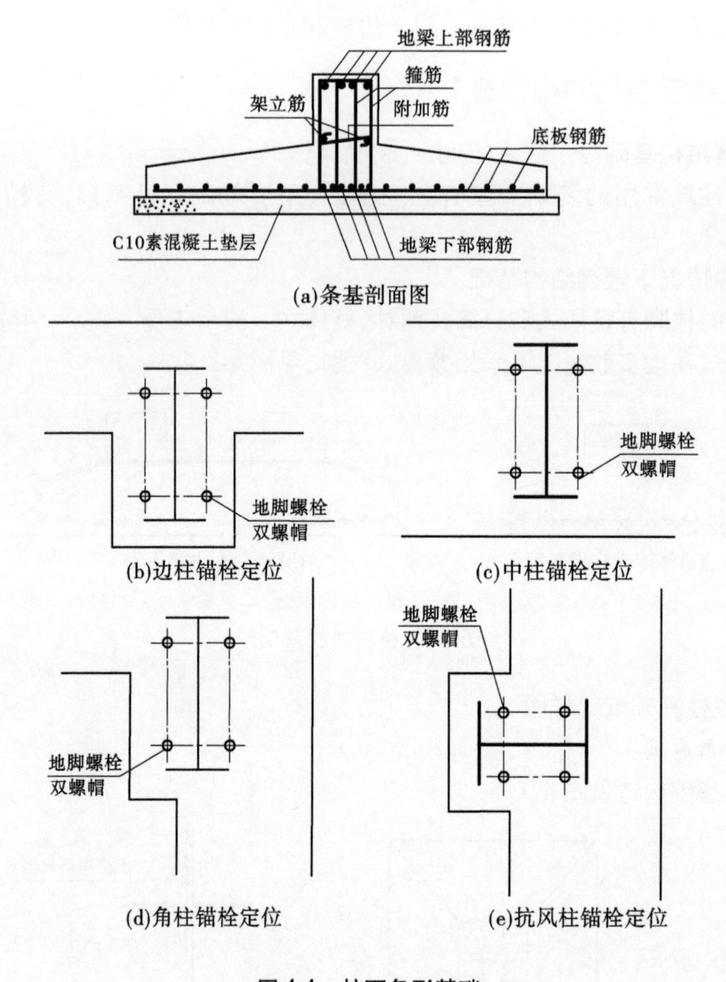

图4-4　柱下条形基础

4.1.3　小结

基础形式选择应根据建筑物所在地工程地质情况和建筑物上部结构形式综合考虑，对于框剪结构等混凝土结构基础，常见的基础形式有独立基础、条形基础、片筏基础、箱形基础、桩基等。而对于轻钢结构而言，由于柱网尺寸较大，上部结构传至柱脚的内力较小，一般以独立基础为主，若地质条件较差，可考虑采用条形基础，遇到暗浜等不良地质情况，可考虑采用桩基础，一般情况下不采用片筏基础和箱形基础。

4.1.4　思考题

1. 钢结构常用的基础类型有哪些？
2. 格构式柱的柱脚构造做法有哪些？
3. 典型柱基础细部构造是怎样的？

任务4.2 钢结构建筑主体结构的类型及构造分析

工业厂房,是指直接用于生产或为生产配套的各种房屋,包括主要车间、辅助用房及附属设施用房。凡工业、交通运输、商业、建筑业及科研、学校等单位中的厂房都应包括在内。

特点:有较好的经济指标。不仅自重轻、钢材用量省、施工速度快,而且它本身具有较强的抗震能力,并且能提高整个房屋的综合抗震性能。

组成:由基础、梁、柱、檩条、墙体和层面组成,见图4-5。

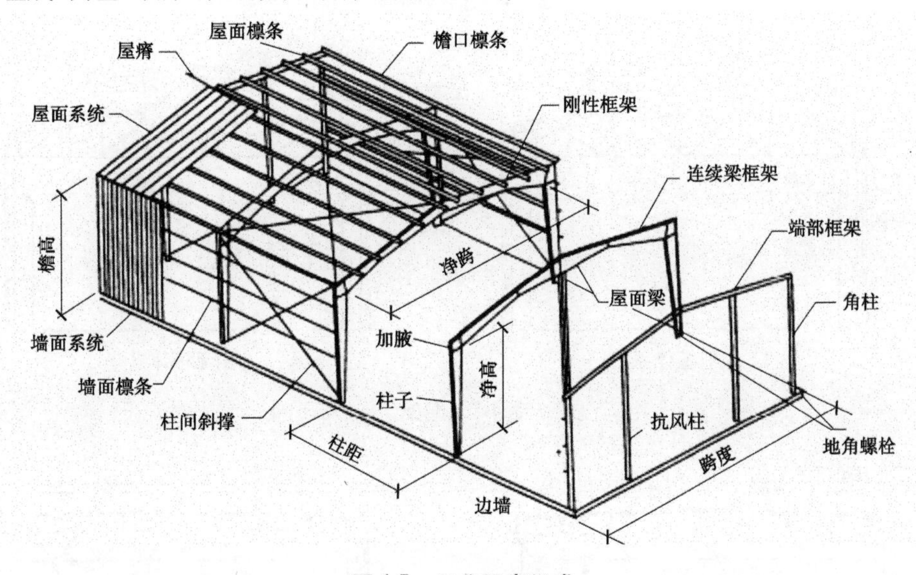

图4-5 工业厂房组成

4.2.1 承重结构的类型及构造分析

一般采用门式刚架(见图4-6)、屋架(见图4-7)和网架(见图4-8)为承重结构,其上设檩条、屋面板(或板檩合一的轻质大型屋面板),下设柱(对刚架则梁柱合一)、基础,柱外侧有轻质墙架,柱内侧可设吊车梁。

4.2.1.1 刚架的形式及特点

1. 形式

刚架结构是梁、柱单元构件的组合体,其形式应用较多的为单跨、双跨或多跨的单、双坡门式刚架(根据需要可带挑檐或毗屋),如图4-9所示。

2. 特点

(1)采用轻型屋面,不仅可减小梁柱截面尺寸,基础也相应减小。

(2)在多跨建筑中可做成一个屋脊的大双坡屋面,为长坡面排水创造了条件。

(3)刚架的侧向刚度有檩条的支撑保证,省去纵向刚性构件,并减小翼缘宽度。

(4)刚架可采用变截面,截面与弯矩成正比;变截面根据需要可改变腹板的高度和厚度及翼缘的宽度,做到材尽其用。

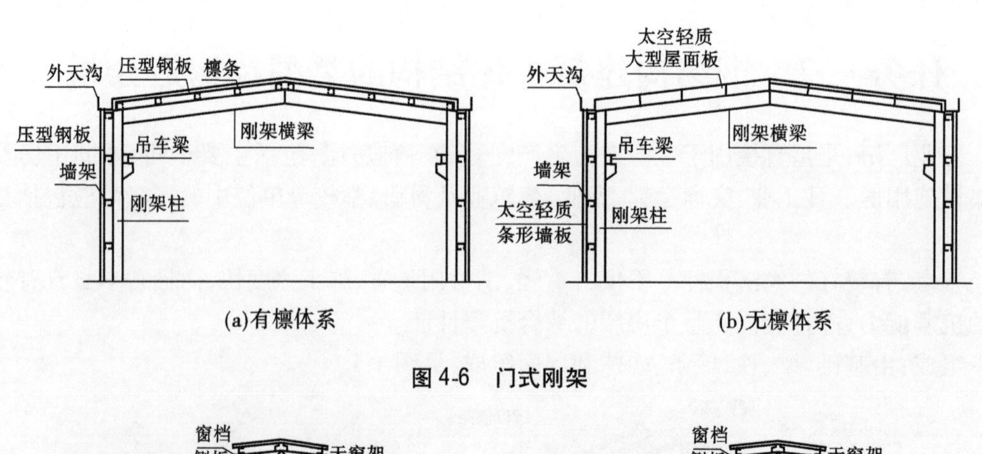

(a)有檩体系 (b)无檩体系

图 4-6 门式刚架

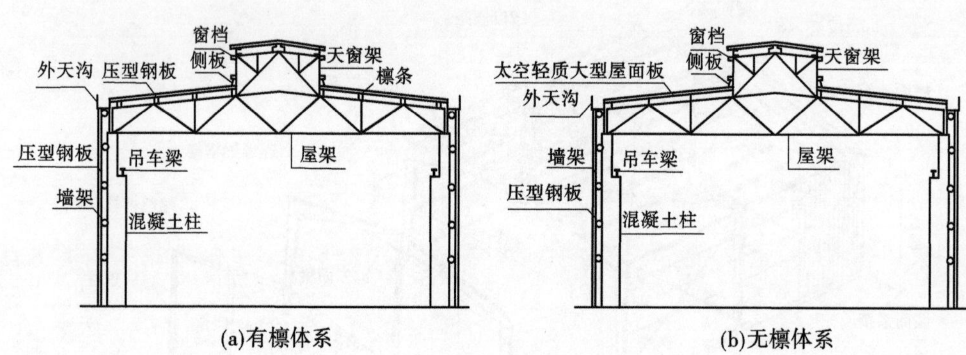

(a)有檩体系 (b)无檩体系

图 4-7 屋架

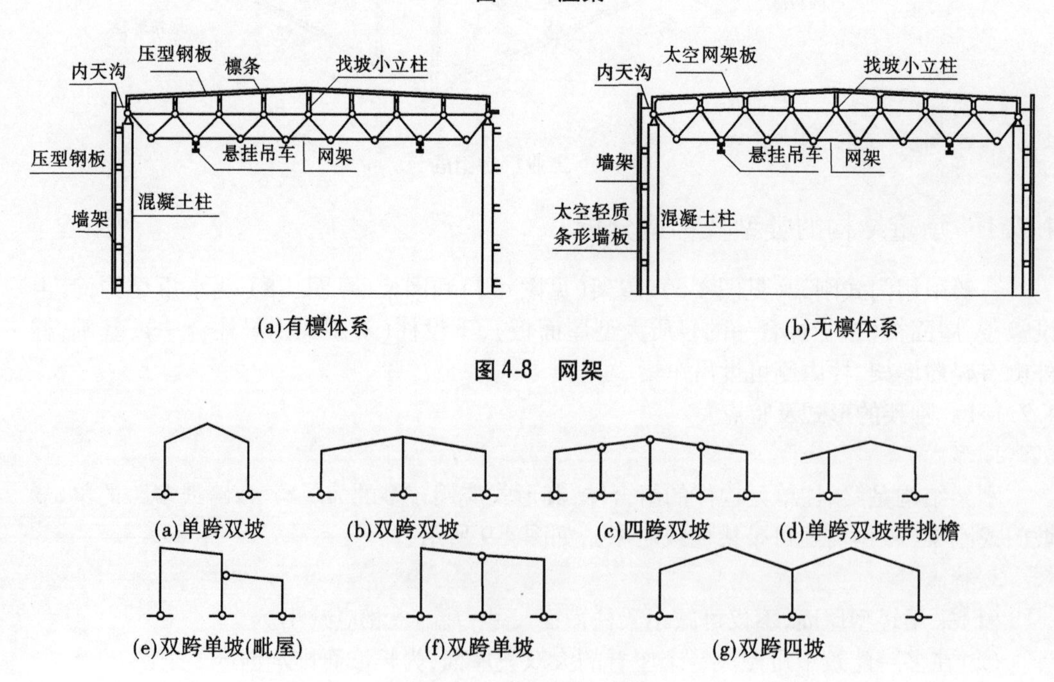

(a)有檩体系 (b)无檩体系

图 4-8 网架

(a)单跨双坡 (b)双跨双坡 (c)四跨双坡 (d)单跨双坡带挑檐

(e)双跨单坡(毗屋) (f)双跨单坡 (g)双跨四坡

图 4-9 门式刚架的形式

(5)刚架的腹板可按有效宽度设计,即允许部分腹板失稳,并可利用其屈曲后强度。

(6)竖向荷载通常是设计的控制荷载,但当风荷载较大或房屋较高时,风荷载的作用不应忽视。在轻屋面门式刚架中,地震作用一般不起控制作用。

(7)支撑可做得较轻便。将其直接或用水平节点板连接在腹板上,可采用张紧的圆钢。

(8)结构构件可全部在工厂制作,工业化程度高。

4.2.1.2　**门式刚架节点构造**

1. 横梁和柱连接及横梁拼接

门式刚架横梁与柱的连接,可采用端板竖放(见图4-10(a))、端板斜放(见图4-10(b))和端板平放(见图4-10(c))。横梁拼接时宜使端板与构件外缘垂直(见图4-10(d))。

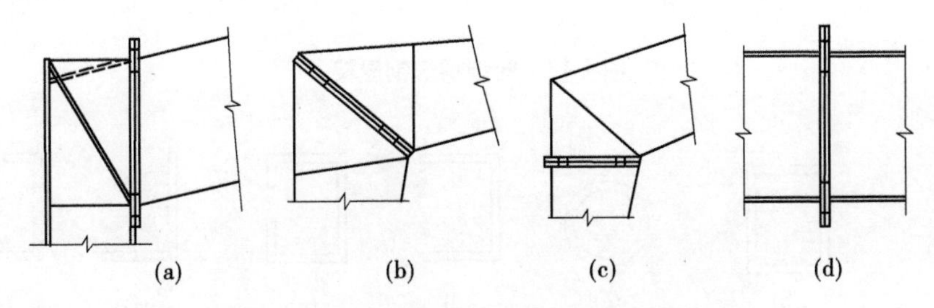

图4-10　刚架横梁与柱的连接及横梁的拼接

主刚架构件的连接应采用高强度螺栓,吊车梁与制动梁的连接宜采用高强度螺栓摩擦型连接。

2. 刚架柱脚

门式刚架轻型房屋钢结构的柱脚宜采用平板式铰接柱脚。当有必要时,也可采用刚性柱脚。

3. 牛腿

牛腿的构造见图4-11。

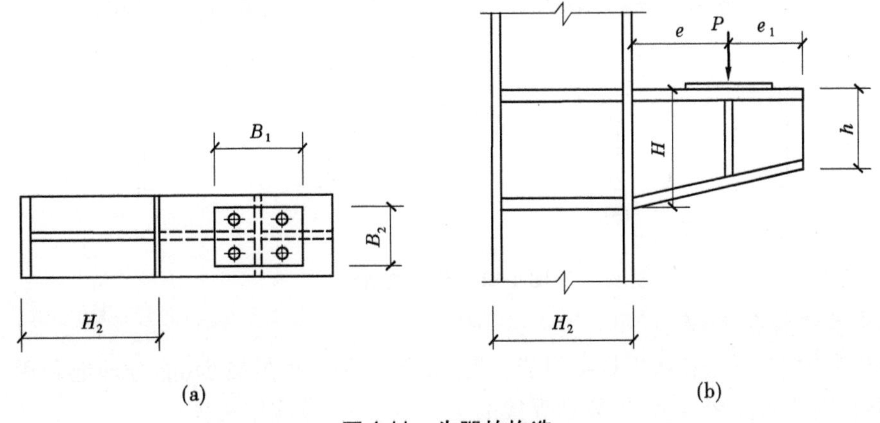

图4-11　牛腿的构造

4.2.1.3　**屋架的结构形式**

屋架的结构形式主要取决于所采用的屋面材料和房屋的使用要求。

轻型钢屋架:以三角形屋架、三角拱屋架和梭形屋架为主,与普通钢屋架的设计原则相同,只是轻型钢屋架的杆件截面尺寸较小,连接构造和使用条件稍有不同。轻型梯形钢屋架(见图4-12),属平坡屋架,屋面系统空间刚度大,受力合力,施工方便。屋架跨度一般为15～30 m,柱距6～12 m,通常以铰接支撑于混凝土柱顶。屋架的杆件材料一般采用角钢、T型钢、热轧H型钢或高频焊接轻型H型钢以及冷弯薄壁型钢(截面见图4-13)。双角钢可组成T形或十字形截面。

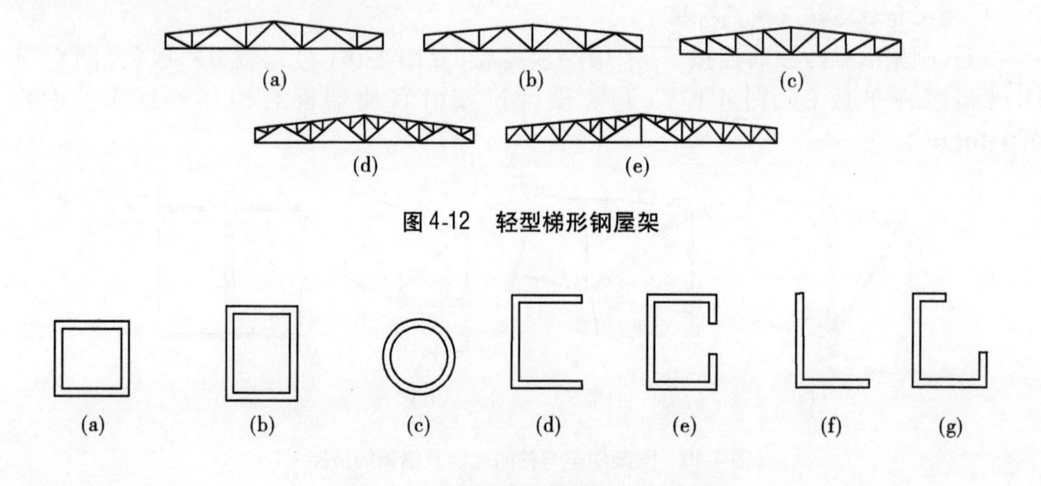

图4-12　轻型梯形钢屋架

图4-13　冷弯薄壁型钢屋架杆件截面

4.2.1.4　**檩条**

1.檩条的形式

檩条宜优先采用实腹式构件,也可采用空腹式或格构式构件。檩条一般为单跨简支构件,实腹式檩条也可以是连续构件。

1)实腹式檩条

实腹式檩条包括槽钢檩条、高频焊接轻型H型钢檩条、卷边槽形冷弯薄壁型钢檩条、卷边Z形冷弯薄壁型钢檩条(直卷边Z形和斜卷边Z形),其截面形式如图4-14所示。

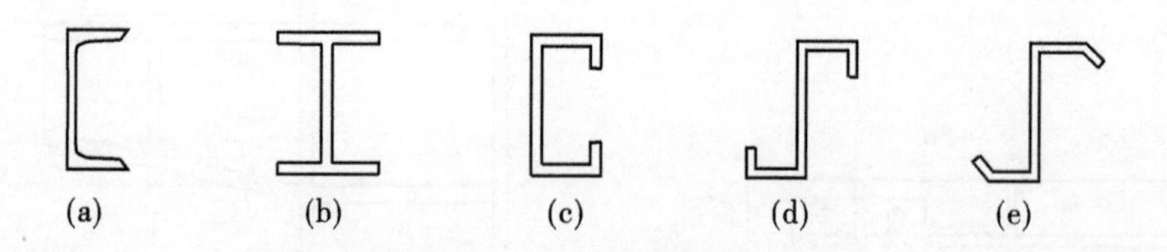

图4-14　实腹式檩条

2)空腹式檩条

由角钢的上、下弦和缀板焊接组成,其主要特点是用钢量较少,能合理地利用小角钢和薄钢板,因缀板间距较密,拼装和焊接的工作量较大,故应用较少。

3)格构式檩条

可采用平面桁架式、空间桁架式及下撑式檩条。

2. 檩条的连接构造

1) 檩条在屋架(刚架)上的布置和搁置

(1) 为使屋架上弦杆不产生弯矩,檩条宜位于屋架上弦节点处。当采用内天沟时,边檩应尽量靠近天沟。

(2) 实腹式檩条的截面均宜垂直于屋面坡面。对槽钢和Z形钢檀条,宜将上翼缘肢尖(或卷边)朝向屋脊方向,以减小屋面荷载偏心而引起的扭矩。

(3) 桁架式檩条的上弦杆宜垂直于屋架上弦杆,而腹杆和下弦杆宜垂直于地面。

(4) 脊檩方案。实腹式檩条应采用双檩方案,屋脊檩条可用槽钢、角钢或圆钢相连,见图4-15。桁架式檩条在屋脊处采用单檩方案时,虽用钢量较省,但檩条型号增多,构造复杂,故一般以采用双檩为宜。

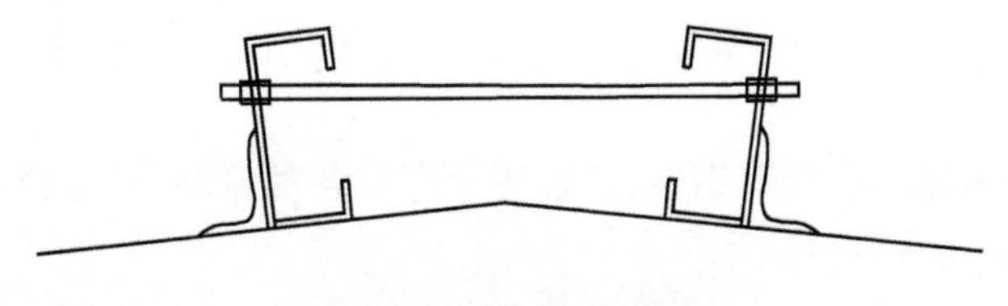

图4-15　脊檩方案(双檩)

2) 檩条与屋面的连接

檩条与屋面应可靠连接,以保证屋面能起到阻止檩条侧向失稳和扭转的作用,这对一般不需验算整体稳定性的实腹式檩条尤为重要。

檩条与压型钢板屋面的连接,宜采用带橡胶垫圈的自攻螺钉。

3) 檩条的拉条和撑杆

拉条和撑杆的布置见图4-16,互相采用螺栓连接。

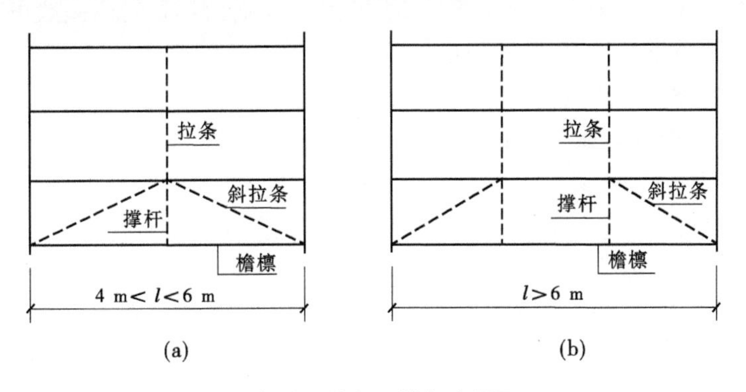

图4-16　拉条和撑杆布置图

4.2.2　围护结构的类型及构造分析

4.2.2.1　屋面的类型及组成

1. 屋面的特点

单层厂房屋面的作用、设计要求和构造与民用建筑基本相同,但在某些方面也存在一定的差异,主要表现在以下三个方面:

(1) 厂房屋面承受的荷载较大。

(2)厂房屋面面积大,排水、防水构造复杂。现代单层厂房多是多跨成片建筑,有时跨间又出现高差或设各种形式的天窗,以解决室内采光、通风问题。为排除屋面上的雨雪,需设置天沟、檐沟、水斗及水落管致使屋面构造复杂。

(3)厂房屋面的保温、隔热要求较为复杂。屋面对工作区的热辐射影响随高度的增加而减少,因此除较低厂房以外可不做隔热处理,一般柱顶标高在 8 m 以上可不考虑隔热;恒温恒湿车间,其保温、隔热要求常较一般民用建筑高;在有爆炸危险的厂房要考虑屋面的防爆、泄压问题;有腐蚀介质的车间,屋面应考虑防腐问题。

2. 屋面的类型及组成

单层厂房屋面由屋面的面层部分和基层部分组成。而常常将面层部分叫作屋面,例如,屋面做法则主要是指基层以上部分的做法。单层厂房屋面的基层分为有檩体系和无檩体系两种,其面层主要有压型钢板、太空板和加气混凝土屋面板三种。

1)压型钢板

采用热镀锌钢板或彩色镀锌钢板,经辊压冷弯成各种波型,具有轻质、高强、美观、耐用、施工简便、抗震、防火等特点。

2)太空板

以高强水泥发泡工艺制成的人工轻石为芯材,以玻璃纤维网(或纤维束)增强的上下水泥面层及钢(或混凝土)边肋复合而成的新型轻质墙面和屋面板材,具有刚度好、强度高、延性好等特点,有良好的结构性能和工程应用前途。

3)加气混凝土屋面板

加气混凝土屋面板是一种承重、保温和构造合一的轻质多孔板材,以水泥(或粉煤灰)、矿渣、砂和铝粉为原料,经磨细、配料、浇筑、切割并蒸压养护而成,具有质量轻、保温效能好、吸声好等优点。因系机械化生产,板的尺寸准确,表面平整,一般可直接在板上铺设卷材防水,施工方便。

4.2.2.2 屋面的类型及组成

1. 压型钢板墙面和屋面节点构造

1)轻型彩色涂色压型钢板墙面节点构造

压型钢板墙面的构造主要解决的问题是:固定点要牢靠、连结点要密封、门窗洞口要做防排水处理。

主要节点包括单块墙板的构造、墙面板的连接构造、墙面板的转角构造、墙身的窗洞口构造。

2)轻型彩色涂层压型钢板屋面节点

主要包括挑檐檐口节点、内天沟节点、屋脊节点、女儿墙泛水节点、屋面变形缝节点。

2. 屋面排水

厂房屋面排水方式和民用建筑一样,分有组织排水和无组织排水(自由落水)两种。按屋面部位不同,可分为屋面排水和檐口排水两部分,其排水方式因屋顶形式的不同和檐口排水要求的不同而异。

(1)屋面排水方式。目前,在我国的建筑实践中,较广泛地采用的屋顶形式为多脊双坡,其排水方式都采用有组织地排水。

(2)檐口排水方式。厂房檐口排水方式分为无组织排水和有组织排水两种。

3. 屋面的防水

按防水材料不同,厂房屋面有卷材防水屋面(又称柔性防水屋面)、各种波形瓦(板)防水屋面及钢筋混凝土构件自防水屋面。

1)卷材防水屋面

卷材防水屋面在构造层次上基本与民用建筑平屋顶相同。但也有某些值得注意之处,经多年使用经验证明,采用大型预制钢筋混凝土板做基层的卷材防水屋面,其板缝特别是横缝(屋架上弦屋面板端部相接处),不管屋面上有无保温层,均开裂相当严重。其原因有以下四个方面:温度变形、挠曲变形、干缩变形和结构变形。

2)钢筋混凝土构件自防水屋面

钢筋混凝土构件自防水屋面,是利用钢筋混凝土板本身的密实性,对板缝进行局部防水处理而形成防水的屋面。其优点:比卷材防水屋面轻,一般每平方米可减少 35 kg 静荷载,相应地也减轻了各种结构构件的自重,从而节省了钢材和混凝土的用量,可降低屋顶造价,施工方便,维修也容易。其缺点:板面容易出现后期裂缝而引起渗漏。克服这种缺点的措施是:提高施工质量,控制混凝土的水灰比,增强混凝土的密实度,从而增加混凝土的抗裂性和抗渗性;同时改善设计与构造处理,使屋面板的厚度除满足强度要求外,还需要有一个适当的构造厚度;在构件表面涂以涂料(如乳化沥青);减少干湿交替的作用,也是减缓混凝土碳化的重要措施。由于构件自防水屋面保温效果不好,所以我国北方地区用量较少。

4.2.2.3 天窗

单层厂房中,为了满足天然采光和自然通风的要求,在屋顶上常设置各种形式的天窗。按天窗的作用可分为采光天窗和通风天窗两类。实际上只有采光作用,或只有通风作用的天窗较少,大多数采光天窗同时具有通风作用,而大部分通风天窗也兼有一定的采光作用。采光天窗兼作通风时,一般很难保证排气的稳定性,影响通风效果。因此,采光兼通风的天窗常用于对通风要求不很高的冷加工车间。通风天窗排气稳定,通风效率高,故多用于热加工车间。

目前,我国常见的天窗形式中,主要用作采光的有矩形天窗、锯齿形天窗、平天窗、三角形天窗、横向下沉式天窗等。主要用作通风的有矩形通风天窗、纵向或横向下沉式天窗、井式天窗等。

1. 矩形天窗

矩形天窗主要由天窗架、天窗扇、天窗屋面板、天窗侧板及天窗端壁板等组成,矩形天窗既可采光又可通风,而且防雨和防太阳辐射均较好,但矩形天窗的天窗架支撑在屋架上弦,增加了房屋的荷载,增大了建筑物的体积和高度。

矩形天窗沿厂房纵向布置,在厂房屋面两端和变形缝两侧的第一柱距通常不设天窗,一方面可以简化构造,另一方面还可作为屋面检修和消防通道。在每段天窗的端壁处应设置上天窗屋面的消防检修梯。

1)天窗架

天窗架是天窗的承重结构,它直接支撑在屋架上,天窗架的材料一般与屋架一致,常用的有钢筋混凝土天窗架、钢天窗架。天窗架的宽度根据采光、通风要求一般为厂房跨度的1/2～1/3，为使整个屋面结构构件尺寸相协调，以及使屋架受力合理，天窗架必须支撑在屋架上弦的节点上。目前所采用的天窗架宽度为3 m的倍数。天窗架高度是根据采光和通风的要求，并结合所选用的天窗扇尺寸及天窗侧板构造等因素确定，一般高度为宽度的0.3～0.5倍。

钢筋混凝土天窗架通常由2～3个三角架拼装而成，制作及安装均较方便，目前常用的钢筋混凝土天窗架可配合上悬钢天窗扇、中悬钢天窗扇、木天窗扇使用。

2）天窗扇

天窗扇有钢天窗扇和木天窗扇。钢天窗扇具有耐久、耐高温、重量轻、挡光少、使用过程中不易变形、关闭紧密等优点。因此，工业建筑中常采用钢天窗扇。目前，有定型的上悬钢天窗扇和中悬钢天窗扇。木天窗扇造价较低，但耐久性差、易变形、透光率较差、易燃，故只适用于火灾危险性不大、相对湿度较小的厂房。

3）天窗端壁

常采用预制钢筋混凝土端壁板和石棉瓦端壁两种。

4）天窗屋面

天窗屋面的构造与厂房屋面构造相同，天窗檐口常采用无组织排水。

5）天窗侧板

在天窗扇下部需设置天窗侧板，侧板的作用是防止雨水溅入车间以及防止因屋面积雪挡住天窗扇。

6）天窗开关器

由于天窗位置较高，需要经常开关的天窗应设置开关器。

2. 矩形通风天窗

矩形通风天窗是在矩形天窗两侧加挡风板构成的，矩形通风天窗挡风板，其高度不宜超过天窗檐口的高度，一般应比檐口稍低，$E=(0.1\sim0.5)h$。挡风板与屋面板之间应留空隙，$D=50\sim100$ mm，便于排出雨雪和积尘，在多雪的地区不大于200 mm。因为缝隙过大，风从缝隙吹入，产生倒灌风，影响天窗的通风效果。挡风板的端部必须封闭，防止平行或倾斜于天窗纵向吹来的风，影响天窗排气。是否设置中间隔板，根据天窗长度、风向和周围环境等因素确定。在挡风板上还应设置供清灰和检修时通行的小门，见图4-17(a)。

3. 下沉式通风天窗

下沉式通风天窗是在屋架上下弦分别布置屋面板，利用上下屋面板之间构成的高差作通风和采光口，从而取消了天窗架和挡风板。下沉式天窗的形式有井式天窗、横向下沉式天窗、纵向下沉式天窗。横向下沉和纵向下沉式天窗的构造处理，均与井式天窗相似。井式天窗的构造组成，包括井底板、井底檩条、井口空格板或檩条、挡雨设施、挡风墙，以及排水设施等，见图4-17(b)。

4. 平天窗

随着透光材料的发展，国内外采用平天窗的日益增多。平天窗类型主要有采光板、采光罩、采光带及三角形天窗等四种类型，见图4-18。

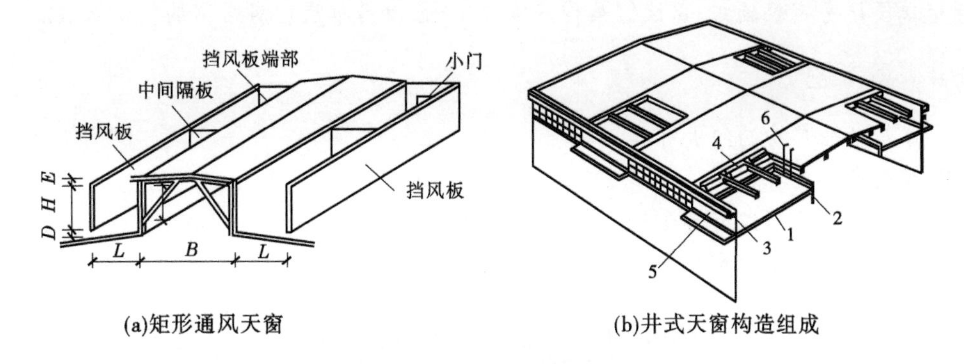

(a)矩形通风天窗　　(b)井式天窗构造组成

1—井底板;2—檩条;3—檐沟;4—挡雨片;5—挡风侧墙;6—铁梯

图4-17　矩形通风天窗和井式天窗

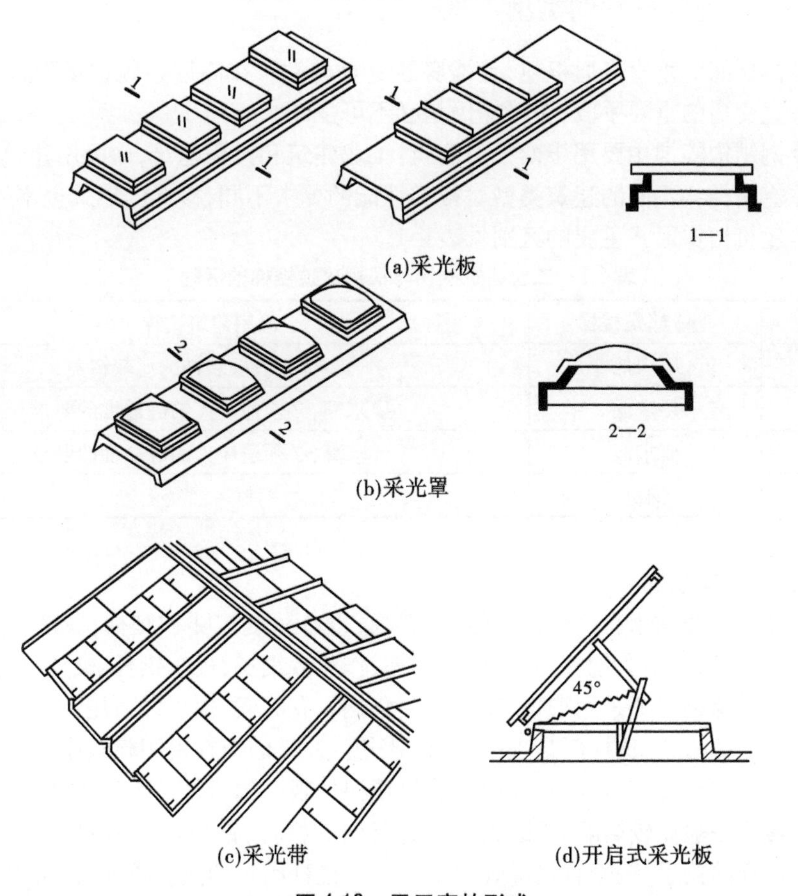

(a)采光板

(b)采光罩

(c)采光带　　(d)开启式采光板

图4-18　平天窗的形式

4.2.3　小结

本任务对钢结构建筑的主要结构构件及构造做法做了详细的阐述,包括钢结构建筑的特点与分类、单层工业厂房结构类型和组成、单层工业厂房的构造。

教学目标是使学生了解钢结构建筑的特点,熟悉单层厂房的结构类型及主要构件,具备标定单层厂房定位轴线、识读钢结构建筑施工图、懂得单层厂房常用的构造做法。

4.2.4 思考题

1. 单层工业厂房的组成有那几部分?
2. 屋面有哪些特点?
3. 常见的天窗形式有哪些?
4. 矩形通风天窗由哪几部分组成?

任务 4.3 钢结构建筑楼梯的类型及构造分析

4.3.1 钢结构建筑楼梯的类型

楼梯是楼层间的垂直交通枢纽,是楼房的重要构件。在高层建筑中虽然以电梯和自动扶梯作垂直交通的重要手段,但楼梯仍是必不可少的。

多层轻钢结构楼梯主要用于两大类建筑:工业建筑和民用建筑,而民用建筑又包括公共建筑和住宅两类。不同的建筑类型对楼梯性能的要求不同,楼梯的形式也不一样。

这两类建筑楼梯形式主要的区别见表 4-1。

表 4-1 工业建筑楼梯与民用建筑楼梯的区别

项目	工业建筑楼梯	民用建筑楼梯
美观	要求低	要求高,一般装饰的比较精美
刚度	要求低	要求高,必须适应人的舒适度的要求
噪声	要求低	要求高,必须适应人的舒适度的要求
建筑材料	钢材	钢材 + 混凝土

4.3.1.1 工业建筑楼梯

在工业建筑中楼梯用途广泛,其形式有斜梯,也有角度较陡的爬梯,一般在工业建筑中用在以下地方:露天吊车钢梯、屋面检修钢梯、作业台钢梯、吊车钢梯、夹层部分的楼梯。

楼梯的一般梯梁斜梯采用槽钢,直梯可用角钢。有时候,也可以采用一定厚度的钢板来代替槽钢作为楼梯梁,这样所带来的后果是刚度过小,因而在民用建筑中是不允许的。

除了踏步的差异外,工业建筑和民用建筑楼梯外观上的另外一个区别是楼梯的栏杆。工业建筑的楼梯一般比较简陋,用圆钢管作为竖向的栏杆,钢板作为横向的栏杆,较粗的圆钢管作为楼梯的扶手,钢管直接搭焊在梯梁上。栏杆满足功能要求即可,可以不做美观上的特殊处理。

工业建筑中的钢楼梯见图 4-19。

4.3.1.2 民用建筑楼梯

钢结构民用建筑的楼梯对美观的要求高,使结构造形和装修设计相互结合,创造出使用功能与周围环境和谐的气氛,使人们受到周围环境强烈的感染力,对于公共建筑尤其如此。其形式也不像工业建筑那样只有直线形,还有圆弧线形和直圆弧线形。

图 4-19　工业建筑中的钢楼梯

因为有刚度要求,钢板上混凝土的厚度至少是 70 mm 才能满足要求。楼梯梁多采用热轧槽钢和楼面梁铰接,按简支梁计算。槽钢经过接口后弯成所需要的“之”字形的楼梯梁。弯曲成“之”字形后,与楼层或层间梁用螺栓进行铰接连接,需要根据剪力来确定所需要的螺栓的大小和数目。

民用建筑中的钢楼梯见图 4-20。

4.3.2　钢结构建筑的楼梯构造分析

4.3.2.1　钢结构楼梯安装的细节

(1)钢材。钢结构楼梯在选材上大多以槽钢为主,市场上销售的槽钢规格不一,因此选择适合规格的槽钢是优质钢结构楼梯的首要条件。

(2)考虑到钢结构楼梯的使用保证,钢结构楼梯一般都是固定在混凝土墙面,采用膨胀螺栓固定, 这样可以保证钢结构楼梯的安全稳定,针对那些空心砖、气泡砖墙,施工单位需要在墙面挖出一块位置做混凝土预埋,以保证钢结构楼梯的稳固安装。

(3)焊接。钢结构楼梯的焊接需要根据施工单位设计要求,埋弧焊是常见的焊接方式之一。

(4)为了保证钢结构楼梯的使用寿命,施工过程中,施工单位需要对焊接过后的钢结构楼梯进行重新上漆,避免因焊接点接触空气出现氧化,影响钢结构楼梯使用寿命。

(5)在钢结构楼梯转角处,施工单位通常采用槽钢连通,将钢结构楼梯焊成一个完整的整体, 而不是靠独立的固定点来受力,以整体的形式相互拉扯。所以,钢结构一定要焊

图4-20 民用建筑中的钢楼梯

成一个整体,尽量不要破坏原有的混凝土梁。

4.3.2.2 钢结构楼梯制作的相关特点及要求

制作钢结构楼梯是非常有讲究的,需要通过多道程序严格地反复验证。钢结构楼梯是连接楼层与楼层之间的纽带,少不了要保养它,要注重它的安全。

(1)焊接钢结构楼梯以支点少、承重高、造形多、技术含量高著称,不易受立柱、楼面等结构影响,结实牢固。焊接楼梯的钢板均经过调试准确焊接而成,因此踏板装上以后前后左右均一致水平,而且所有材料配件均横平竖直。焊接楼梯的材料多种多样,方管、圆管、角铁、槽钢、工字钢均可。

(2)钢结构楼梯具有占地小、造形美观且多样的特点,常见的钢结构楼梯造形有90°转直角形、U字转角、180°螺旋形等,客户可根据自己的需求和施工设计单位要求,制作自己想要的钢结构楼梯造形。

(3)色彩鲜亮是钢结构楼梯的最大特色,施工单位可根据业主需求对钢结构表面进行动静电粉末喷涂(即喷塑),也可以全镀锌或全烤漆处理,外形美观,经久耐用,适用于室内或室外等大多数场合使用,能体现现代派的钢结构建筑艺术。

(4)钢结构楼梯螺旋楼梯可以说与圆形楼梯异曲同工,但其结构支撑方式是以中心的钢柱为支撑点,楼梯踏板作为悬臂梁从钢柱挑出,沿螺旋上升排列。住宅内运用钢结构楼梯,主要解决建筑内部空间狭小问题。在一个建筑师设计的住宅内,沿街的一侧设计钢结构楼梯,楼梯挑空的踏步格栅钢板,与阶梯状的一侧楼梯斜梁,整体显得很工业化,同暴露钢结构的建筑形成一种结构逻辑关系。而在欧洲某建筑内部的一个钢结构楼梯,其倾斜的坡度,楼梯整体由方钢构成,而其周围建筑组成部分也采用相同材料,其线的构成及比例关系成为空间内部设计的重点。

4.3.3 小结

本任务主要对工业及民用钢结构建筑的楼梯形式进行了介绍,并对钢结构楼梯的构造样式、施工要点等进行了详细的说明，介绍了钢结构楼梯制作的相关特点及要求。

4.3.4　思考题

1. 钢结构建筑的楼梯类型有哪些？
2. 工业建筑楼梯与民用建筑楼梯的区别有哪些？
3. 钢结构楼梯安装细节主要有哪些？
4. 钢结构楼梯制作的相关特点及要求有哪些？

任务4.4　钢结构建筑门窗的类型及构造分析

4.4.1　钢结构建筑的门窗类型

钢结构以钢材为主，用钢板和热扎、冷弯或焊接型材通过连接件连接而成的能承受和传递荷载的结构形式，是主要的建筑结构类型之一。钢材的特点是强度高、自重轻、刚度大，故用于建造大跨度和超高、超重型的建筑物特别适宜；材料匀质性和各向同性好，属理想弹性体，最符合一般工程力学的基本假定；材料塑性、韧性好，可有较大变形，能很好地承受动力荷载；其工业化程度高，可进行机械化程度高的专业化生产；加工精度高、效率高、密闭性好。钢结构体系具有自重轻、工厂化制造、安装快捷、施工周期短、抗震性能好、投资回收快、环境污染少等综合优势，与钢筋混凝土结构相比，更具有在"高、大、轻"三个方面发展的独特优势，在全球范围内，特别是发达国家和地区，钢结构在建筑工程领域中得到合理、广泛的应用。

在钢结构工程中，轻钢型钢结构、高层钢结构、住宅钢结构中都有相应的门窗，钢结构中门窗的选材主要是考虑外观协调性、整体性、使用性、抗风压性、施工合理性等几个方面的因素，由于钢结构工程中的门窗项目用量不大（单个工程），而且钢结构工程跨地区施工较多，增加了运输和管理费；门窗行业产品没有被钢结构行业的市场所重视，不及其他类似房地产业、学校、工厂等建筑领域有优势。所以，目前我国钢结构工程中的门窗，主要是采用铝合金门窗和塑料门窗两种。

4.4.2　钢结构建筑门窗构造分析

4.4.2.1　**铝合金门窗**

铝合金门窗是一种采用以铝为主的轻有色金属，通过挤压（出）成形的中空型材组成桁架体系，采用机械连接框、扇构件，表面经阳极氧化，配套五金件、密封毛条、胶条、玻璃等成为成品，装上五金件、密封毛条、胶条、玻璃等成为成品铝合金门窗。铝窗早在20世纪30年代就在欧美等先进工业国家开始试制应用。第二次世界大战后，铝工业技术的进步给铝门窗和幕墙的发展提供了丰富的建筑材料，从而使铝门窗、幕墙自50年代开始得到了系统的发展。铝合金以其优良的特性成为现代建筑工业中除钢以外应用得最广泛的金属材料，铝门窗成为主要的建筑金属门窗（构造详见情境3"框架结构铝合金门窗构造分析"）。

4.4.2.2 塑料门窗

塑料门窗是指由基材为未增塑聚氯乙烯(PVC－U)型材按规定要求使用增强型钢制作的门窗,是以未增塑聚氯乙烯(PVC－U)型材经定尺切割后,按规定要求在其内腔衬入增强型钢,将型材焊接或采用专用连接件进行连接成门窗、扇,装配上密封胶条、毛条、玻璃、五金配件等构成的门窗成品。

1. 塑料门窗的性能特点

1)保温隔热性能好

塑料型材为多腔式结构,具有良好的隔热性能。材料(PVC)的传热系数为0.16 W/(m^2·K),仅为钢材的1/357,铝材的1/1 250,可见塑料门窗隔热、保温效果显著,节约能源。

2)优异的物理性能

由于PVC－U塑料门窗型材具有独特的多腔式结构,并经熔接工艺而成门窗,在门窗安装时所有的缝隙均装有耐候性密封条或毛条,因此塑料门窗框、扇搭接严密,具有良好的气密性能、水密性能、抗风压性能、保温隔热性能、隔音性能等物理性能。

3)耐腐蚀性能好

PVC－U塑料型材因其独特的配方,具有极好的化学稳定性和耐腐蚀性,可以抵御各种酸、碱、盐、雾、废气和雨水的侵蚀,耐腐蚀、耐潮湿、不朽、不锈、不霉烂,在腐蚀性、潮湿环境下均可使用。

4)耐候性能好

PVC－U材料采用特殊配方,原料中添加了光热稳定剂、紫外线吸收剂和低温耐冲击等改性剂,使塑料门窗具有更佳的耐候性、耐老化性和抗紫外线破坏的性能,长期使用于气候形态剧烈变化的环境中,在－30～50 ℃,经受烈日、暴雨、风雪、干燥、潮湿之侵袭,也能保持性能不变。

5)防火性能好

PVC－U塑料属难燃材料,它具有不易燃、不自然、不助燃、燃烧后离火能自熄的性能,防火安全性比木门窗高。聚氯乙烯材料的氧指数达42%以上,属于难燃性材料,PVC－U塑料门窗不会因火灾而具有危险性。在国外,PVC塑料门窗可以用于各种类型的建筑物。

6)电绝缘性高

塑料门窗使用的PVC－U型材是优良的电绝缘材料,不导电,使用安全性高。

7)成品尺寸精度高

塑料门窗的PVC－U型材的线膨胀系数为7.5×10^{-5} mm/℃,形状和尺寸稳定,不松散,不变形。PVC－U塑料型材外形尺寸精度高(±0.5 mm),机械加工性能好,可锯、切、铣、钻等,型材经机械切割、热熔焊接加工制造的成品门窗,其长、宽及对角线尺寸公差均能控制在±2 mm以内,且精度稳定可靠,焊角强度可达35 MPa,焊接处经机械加工清角后平整美观。

8)装饰性能好

塑料门窗型材表面细腻光滑,质感舒适,质量内外一致。组装门窗采用焊接方法,外表面无缝隙和凹凸不平，整体门窗造形高雅气派，可随建筑物外观和室内装修色调选用双色共挤的彩色型材，可与各种建筑物相协调。不需油漆着色和维护保养，如有脏污可用软布蘸水性清洗剂擦拭。

2. PVC－U 塑料门窗的构造要求

PVC－U 塑料门窗主要由型材、增强型钢、密封件、玻璃、五金件组成，塑料推拉窗构造见图 4-21。

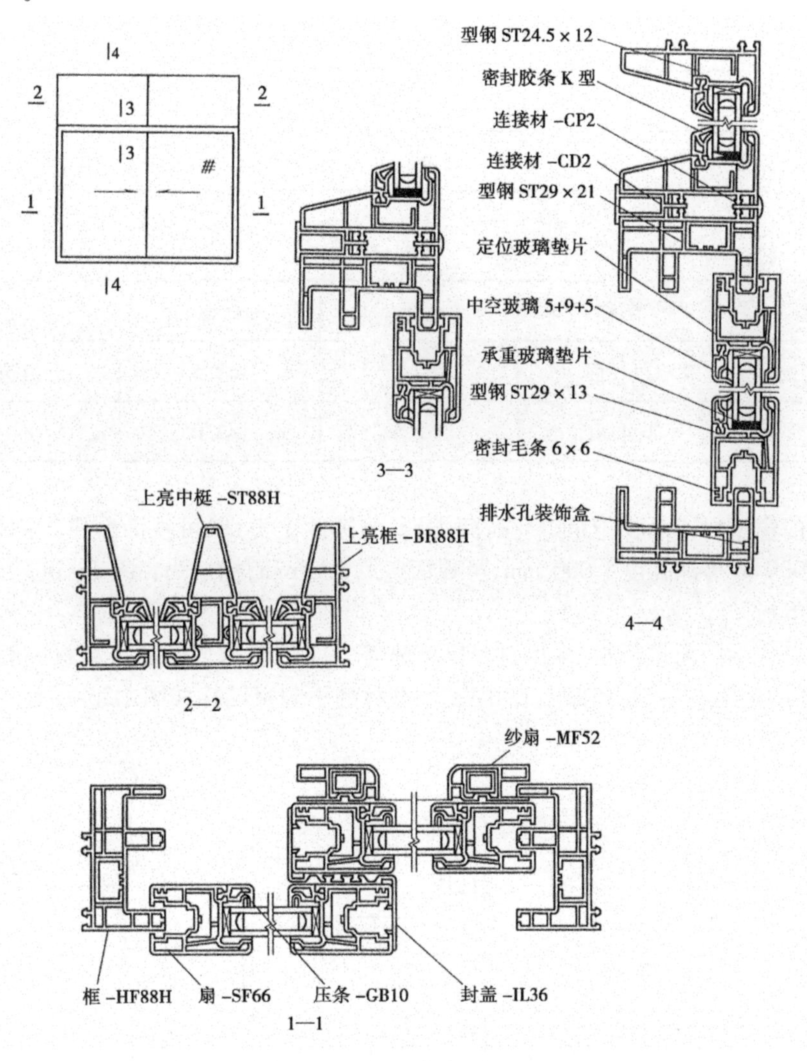

图 4-21　塑料推拉窗构造

PVC－U 塑料门窗型材中，框、扇、（纱扇除外）、梃型材称为主型材，主型材以外的型材称为辅型材。

根据现行国家标准《门、窗用未增塑聚氯乙烯（PVC－U）型材》（GB/T 8814—2004）规定，PVC－U 塑料门窗型材可按老化时间、落锤冲击、壁厚分类。按老化时间分类见表 4-2；主型材在－10 ℃时按落锤冲击分类见表 4-3；主型材壁厚应满足表 4-4 和图 4-22 的要求。

表 4-2　老化时间分类

项目	M 类	S 类
老化试验时间(h)	4 000	6 000

表 4-3　主型材在 -10 ℃时按落锤冲击分类

项目	Ⅰ类	Ⅱ类
落锤质量(g)	1 000	1 000
落锤高度(mm)	1 000	1 500

表 4-4　主型材壁厚分类　(单位:mm)

类型	名称	A 类	B 类	C 类
	可视面	≥2.8	≥2.5	不规定
	非可视面	≥2.5	≥2.0	不规定

塑料门窗型材产品标记由老化时间类别、落锤冲击类别、可视面壁厚类别组成,如老化时间 4 000 h、落锤高度 1 000 mm、可视面壁厚 2.5 mm,标记为:M - I - B。

3. 主型材

主型材包括门窗框型材、扇型材及梃型材等。应用较为普遍的主型材一般为三腔结构,即增强型钢腔、排水腔和保温腔,门窗主型材的三腔室结构如图 4-23 所示。

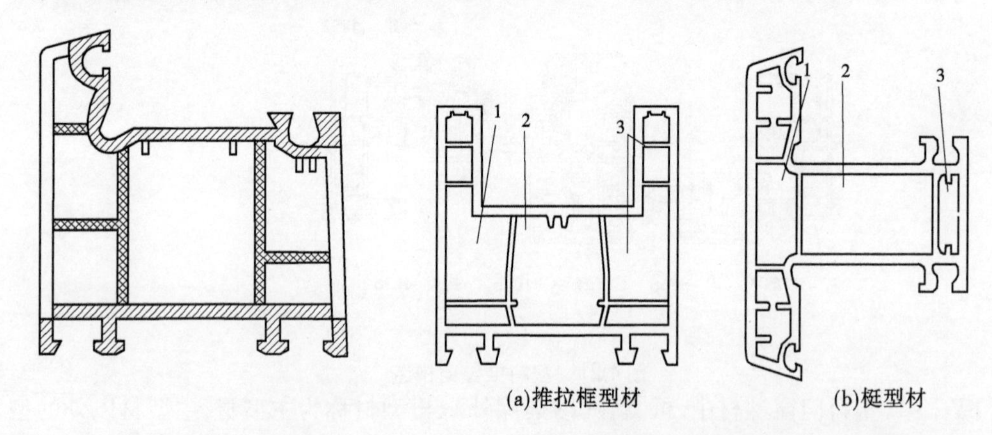

1—排水腔;2—增强型钢腔;3—保温腔

图 4-22　主型材断面图　　图 4-23　门窗主型材的三腔室结构

下面以典型欧式型材为例,系统地介绍主型材结构及特点。

1)门窗框型材

推拉门窗框型材,如图 4-24 所示,推拉门窗框型材有两轨道及三轨道的形式。两轨

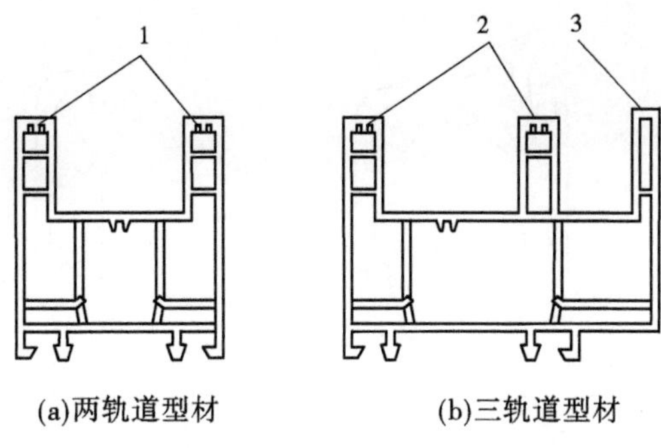

(a)两轨道型材　　(b)三轨道型材

1—毛条槽;2—滑轮槽;3—玻璃压条槽

图 4-24　推拉门窗框型材断面结构

道推拉门窗框为U形,三轨道推拉门窗型材为山字形,其中两个轨道用来装门窗扇,另一个轨道用来装纱窗扇。

2)门窗扇型材

推拉窗的窗扇型材一般为h形断面,其结构及功能如图4-25所示。

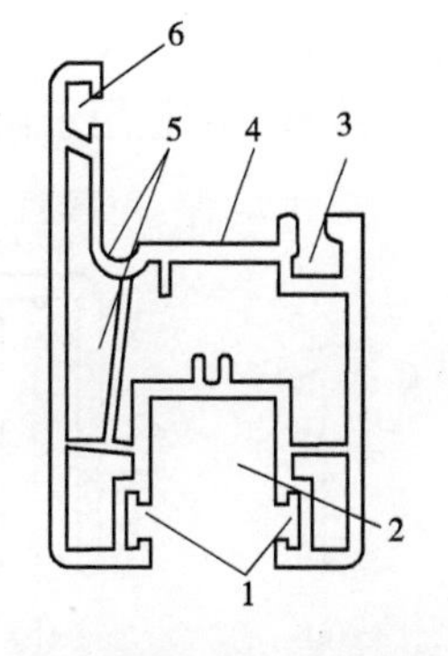

1、2—装门窗扇轨道;3—装纱扇轨道;4—玻璃镶嵌槽;5—加工排水槽部位;6—密封胶条槽

图 4-25　推拉窗窗扇型材结构及功能

3)门窗梃型材

门窗梃型材包括框梃型材和扇梃型材。框梃型材用来分隔开窗好的上亮与开启部分,它包括T形框梃和Z形框梃两种形式;扇梃型材用来分隔窗扇玻璃。门窗梃型材结构如图4-26所示。

4. 辅型材

1)玻璃压条

固定玻璃的型材简称玻璃压条,它有各种尺寸规格和结构形状,以分别适应安装单层玻璃及中空玻璃的需要。玻璃压条断面结构如图4-27所示。结构上均有用于嵌装密封条的密封胶条槽和用于同框、扇、梃型材嵌装卡接的压条脚。

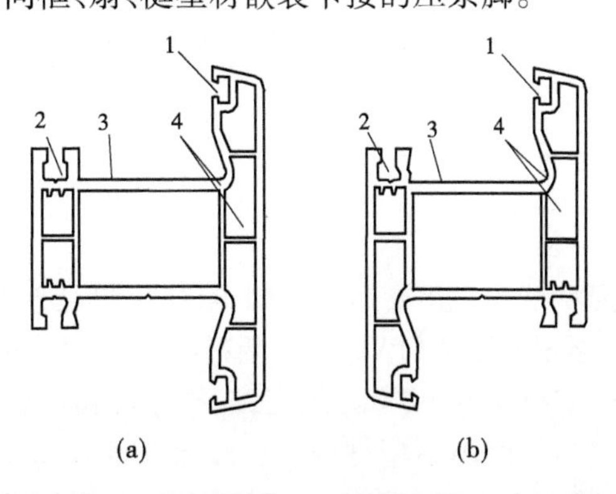

1—密封胶条槽;2—玻璃压条槽;3—玻璃镶嵌槽;4—加工排水槽部位

图 4-26　门窗梃型材

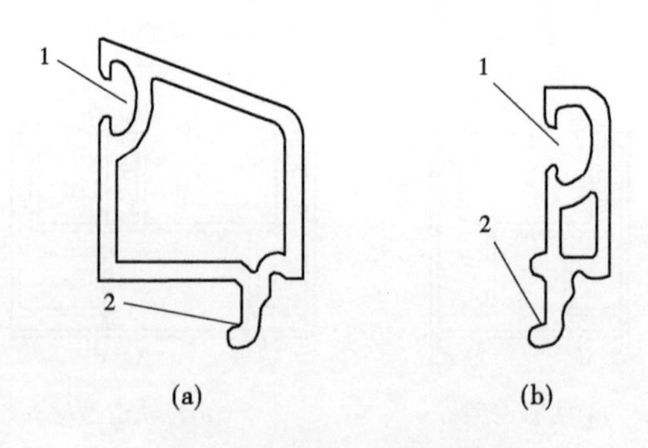

1—密封胶条槽;2—玻璃压条脚

图4-27 玻璃压条断面结构

2)拼接型材

拼接型材的作用是用于窗与窗之间或窗与门之间的组合连接,常见形式如图4-28所示。

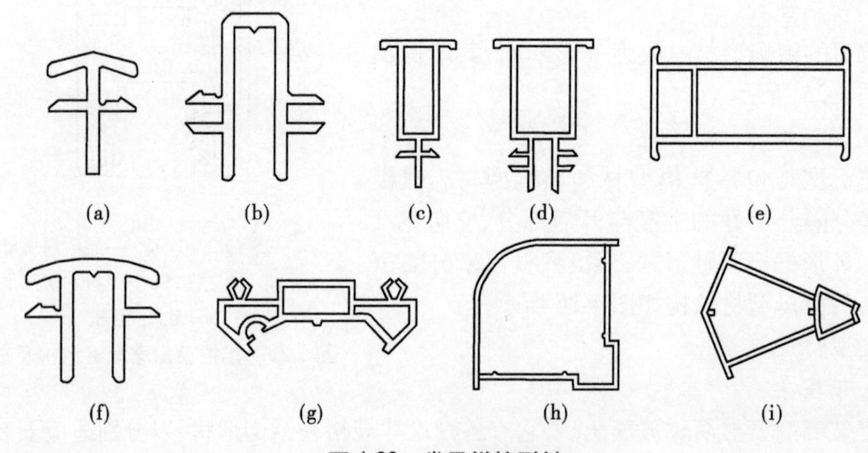

图4-28 常见拼接型材

3)纱窗型材

纱窗型材用于构成塑料窗的纱扇,如图4-29所示。

4)推拉窗用窗扇包边型材

此种型材简称封盖,如图4-30所示。

5. 配件

1)增强型钢

塑料门窗采用的增强型钢惯性矩要达到不同地区、不同建筑高度的标准风荷载的要求。现行行业标准《未增塑聚氯乙烯(PVC-U)塑料门》(JG/T 180—2005)、《未增塑聚氯乙烯(PVC-U)塑料窗》(JG/T 140—2005)规定,应根据门窗的抗风压强度、挠度计算结果确定增强型钢的规格。当门窗用主型材构件长度大于450 mm时,其内腔应加增强型钢,门增强型钢的最小壁厚不应小于2.0 mm,窗增强型钢的最小壁厚不应小于1.5 mm,并应采取镀锌防腐处理。增强型钢的形状和尺寸规格,根据主型材主腔室结构确定。图4-31为常见的增强型钢截面形状。

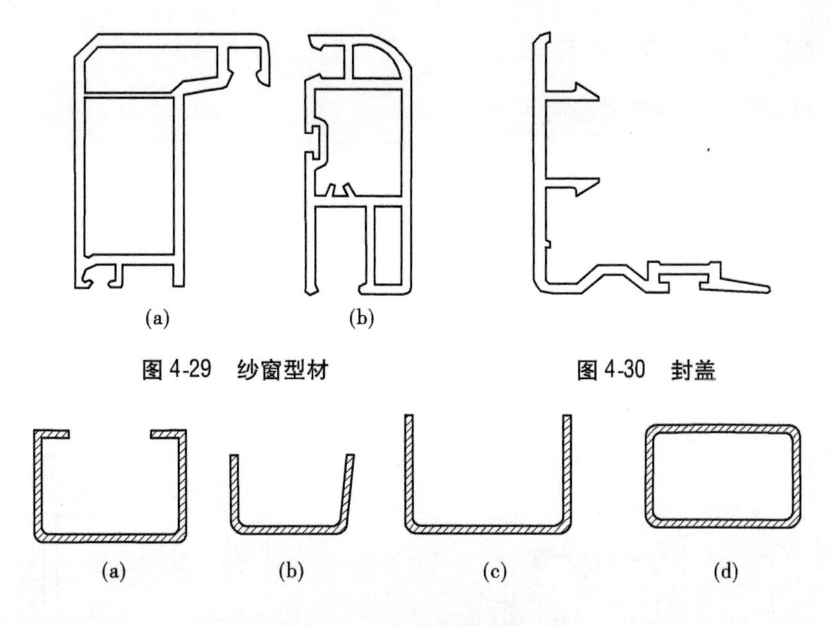

图 4-29 纱窗型材

图 4-30 封盖

图 4-31 增强型钢截面形状

2）密封胶条及毛条

密封胶条、密封毛条是保证门窗气密性的主要配件。常用密封胶条的材质主要有改性 PVC、三元乙丙（EPDM）、硅橡胶（SIR）等。密封毛条主要是硅化毛条、加片硅化毛条等，一般选用经过紫外线稳定处理的丙纶前卫加片硅化毛条。塑料门窗用密封条按用途可分为安装玻璃用密封条和框扇间用密封条，另外还有用于窗纱固定的纱窗胶条。门窗用密封条的结构形状与主型材相应的沟槽形状相匹配，如图 4-32 所示。

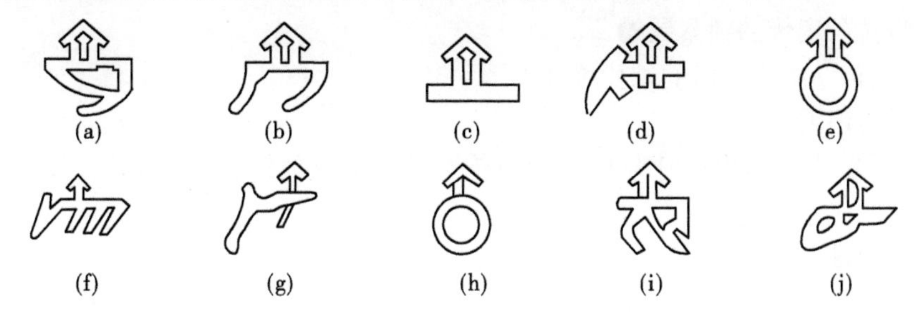

图 4-32 密封条

3）五金件

PVC－U 塑料门窗是由框、扇通过五金件装配成整体的。除主、辅型材外，构成完整的塑料门窗还需要一系列五金配件，如平开门窗用铰链、执手、传动锁紧器、滑撑多点锁紧器以及推拉门窗用滑轮、半圆锁、推拉窗锁紧器等，以实现门窗旋转、升降、开启运动及密封、锁紧等使用功能。

6. 其他辅助材料

其他辅助材料包括玻璃垫块、推拉窗缓冲垫、防风块、防撞块等。

4.4.3 推拉门窗的功能结构尺寸

4.4.3.1 推拉窗扇传动锁紧器槽

推拉窗扇传动锁紧器槽的结构尺寸如图 4-33 所示。

4.4.3.2 推拉窗滑轮槽

推拉窗滑轮槽的结构尺寸有两种，Ⅰ型滑轮槽如图 4-33 所示，Ⅱ型滑轮槽如图 4-34 所示。

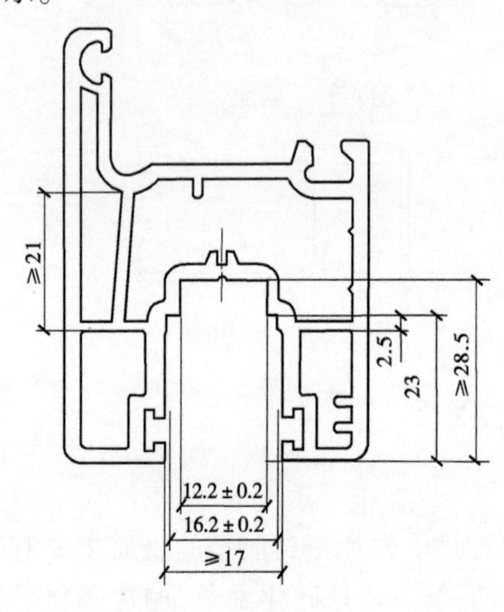

图 4-33 推拉窗扇传动锁紧器槽及推拉窗Ⅰ型滑轮槽

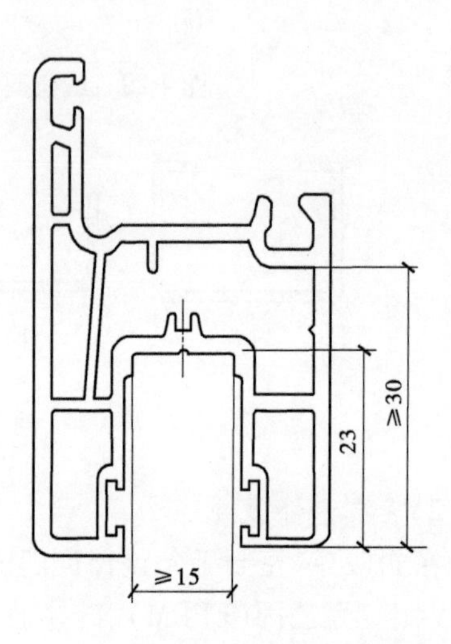

图 4-34 推拉窗Ⅱ型滑轮槽

4.4.3.3 推拉门扇传动锁紧器槽

推拉门扇传动锁紧器槽的结构尺寸如图 4-35 所示。

4.4.3.4 推拉门滑轮槽

推拉门滑轮槽的结构尺寸与推拉门窗传动锁紧器槽的结构尺寸相同，如图 4-35 所示。

4.4.3.5 导轨槽

导轨槽的结构尺寸有两种，Ⅰ型导轨槽如图 4-36 所示，Ⅱ型导轨槽如图 4-37 所示。

4.4.4 小结

铝合金门窗是一种采用以铝为主的轻有色金属，通过挤压（出）成形的中空型材组成桁架体系，采用机械连接框、扇构件，表面经阳极氧化，配套五金件、密封毛条、胶条、玻璃等成为成品，装上五金件、密封毛条、胶条、玻璃等成为成品铝合金门窗。

塑料门窗是指由基材为未增塑聚氯乙烯（PVC－U）型材按规定要求使用增强型钢制作的门窗，是以未增塑聚氯乙烯（PVC－U）型材经定尺切割后，按规定要求在其内腔衬入增强型钢，将型材焊接或采用专用连接件进行连接成门窗、扇，装配上密封胶条、毛条、玻璃、五金配件等构成的门窗成品。

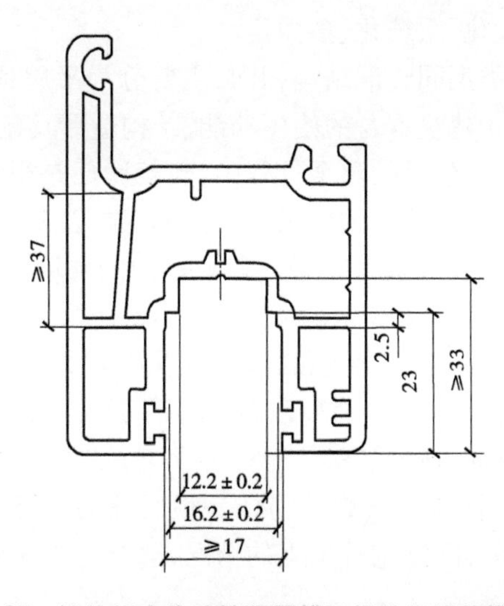

图 4-35　推拉门扇传动锁紧器槽及推拉门滑轮槽

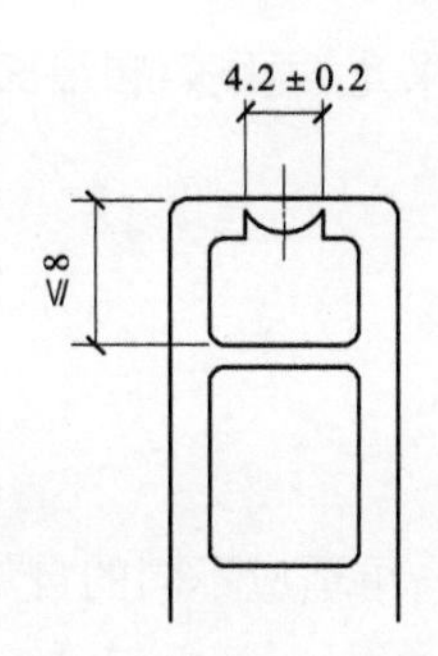

图 4-36　推拉门窗框型材Ⅰ型导轨槽

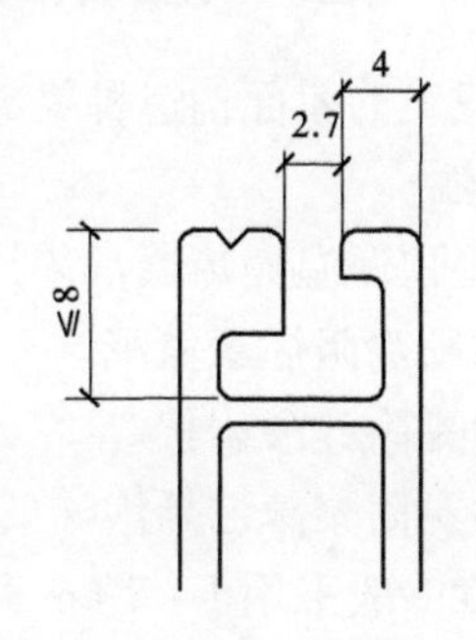

图 4-37　推拉门窗框型材Ⅱ型导轨槽

4.4.5　思考题

1. 塑料门窗的性能特点包括哪些?
2. PVC－U 塑料门窗主要由哪些部分组成?
3. 塑料门窗型材产品标记由哪些类别组成?
4. 塑料门窗主型材和辅型材各包括哪些?

任务 4.5　钢结构建筑屋面的类型及构造分析

4.5.1　钢结构建筑屋面的类型及功能分析

钢结构建筑由于具有可回收、循环再利用、质量轻、节能、构造加工和安装过程中对环境污染少的特点,与传统的混凝土结构建筑及砌体结构建筑相比较,具有诸多方面的优势。正因为其无可比拟的优点,钢结构建筑是国际建筑业的发展方向,有着广阔的市场空间。目前,钢结构建筑正逐步从工业厂房、物流仓库发展到大型超市、会展中心等大型公共建筑,并不断形成产业化、系统化、多样化。

钢结构建筑屋面的类型同砖混结构相同,主要分为平屋顶、坡屋顶和空间曲面屋顶。而这些形式的形成又源于建筑本身的使用功能、结构造形及建筑造形等要求。

对于建筑工程来说,在建设的整个过程中,建筑屋面是很重要的环节,尤其钢结构工程中的屋面构造,它承担着很重要的作用。主要体现在以下几个方面:

(1)抵御大自然的各种不利影响的侵袭,给室内的环境营造很好的空间范围。所以,在钢结构屋顶的构造设计时,应该考虑到实际应用上需要考虑到哪些防护,同时也应该也想到自然荷载的作用,保证钢结构屋顶的承载力以及整体的空间稳定性。

(2)为了节约承重结构的钢材消耗以及减少截面尺寸,宜选用轻型屋面。轻型钢结构屋面也是一个很好的选择,轻质高强,能抵御火灾,保温性能和隔热性能也很好,当然在施工方面也是很方便的,材料的采购上同样是很便捷的。当然,在选择钢结构屋面的时候,应该更多考虑的还是实际钢结构工程的情况,适合的才是最好的。

4.5.2 钢结构建筑的屋面构造分析

钢结构建筑的屋面构造种类繁多,主要体现在保温、采光、通风帽和细部构造节点等。

4.5.2.1 保温

钢结构屋顶保温隔热通常采用以下三种方法:

(1)室内喷涂阻燃聚氨酯。

(2)室内黏附硅酸岩棉。

(3)室内黏附聚苯乙烯泡沫。

保温厚度一般采用1~5 cm和8 cm(东北地区)两种,可适应不同的自然环境对保温的要求。

4.5.2.2 采光

钢结构屋面的采光主要有以下两种做法:

(1)在拱形槽板的壳板上开口,代之以采光板。

(2)局部改变拱高,拱高变化处的竖立面用采光板封闭。采光处的开口不预留,待结构完成后,用等离子切割机在一结构上开孔。采光板安装完毕后,开孔处用密封胶封闭。采光处结构要加强。

4.5.2.3 通风帽

钢结构屋面顶部设置通风帽,可满足各种室内通风要求。

500型通风器是依据AS 2428.1—1993规范设计的,在龙卷风条件下,当风速为200 km/h、雨量为200 mm/h时,通风器仍能正常完好运行,无损坏、漏雨现象。在龙卷风地区通风器需要特殊的加固措施。

4.5.2.4 节点

(1)钢结构屋面一般采用铰接,也可用固接。

(2)圈梁上需设置预埋件,其上焊通长布置的特种角钢。

(3)钢结构屋面拱脚与圈梁上角钢可采用栓接或自攻螺钉连接。

钢结构建筑的屋面由于形式多、构造多样化,下面我们就某工业厂房为例进行介绍:

一、屋面防水采用“东方雨虹”TPO 机械固定单层屋面系统，屋面构造由上至下分别为：

(1)雨虹 PMT－3030 增强型 1.5 mm 厚 TPO 防水卷材；

(2)100 mm 岩棉保温层；

(3)0.3 mm PE 膜隔汽层；

(4)结构压型钢板基层。

屋面构造详图见图 4-38、图 4-39。

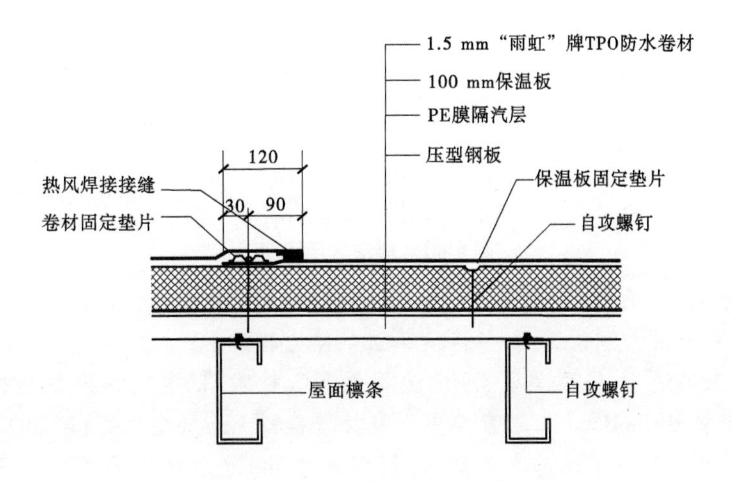

图 4-38　钢结构屋面构造详图(一)

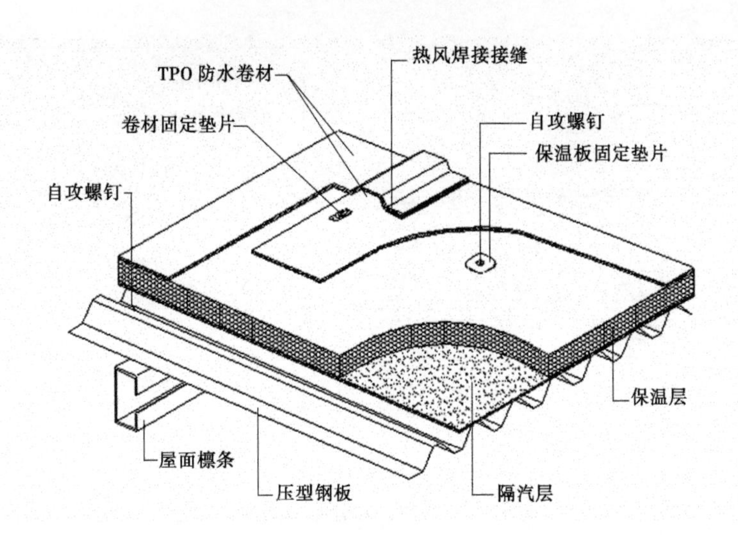

图 4-39　钢结构屋面构造详图(二)

屋面周边和角部区域风荷载较大，紧固件需加密布置，可以采取以下方法进行加密：加密区示意图见图 4-40。

二、细部节点处理

卷材收口：TPO 防水卷材收口处应用专业收口压条、收口螺钉固定，密封膏密封。阴阳角、天沟、水落口、天窗等部位，按后附节点进行施工。

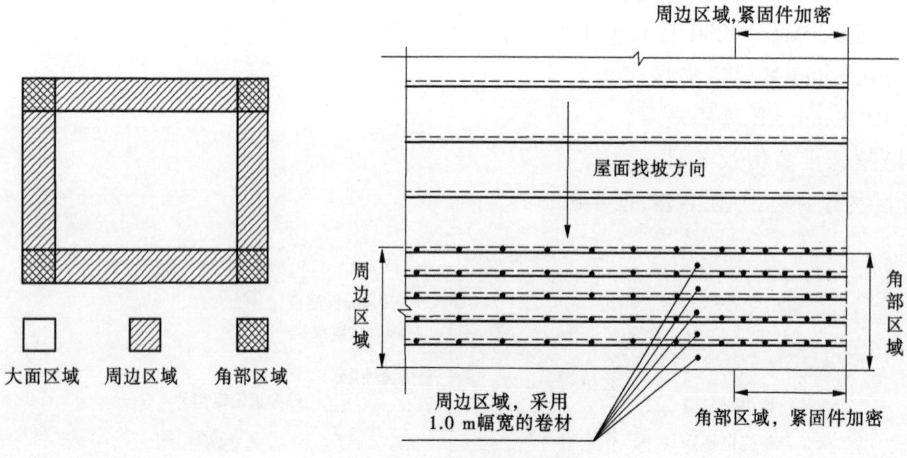

图4-40　加密区示意图

(1)天沟节点。

天沟节点可采用无穿孔工法,与传统工法具体比较如下:

无穿孔施工工法,系采用美国OMG公司无穿孔技术,以电感焊接专利技术为基础,在使用时,只需将RhinoBond工具直接置于卷材覆盖特殊涂层垫片处,启动工具,5 s左右(环境温度,卷材厚度及电源功率不同,时间略有差异)卷材底面即被焊合至垫片顶部。随后将RhinoBond磁性冷却镇压器置于垫片之上60 s以强化焊接效果,见图4-41。

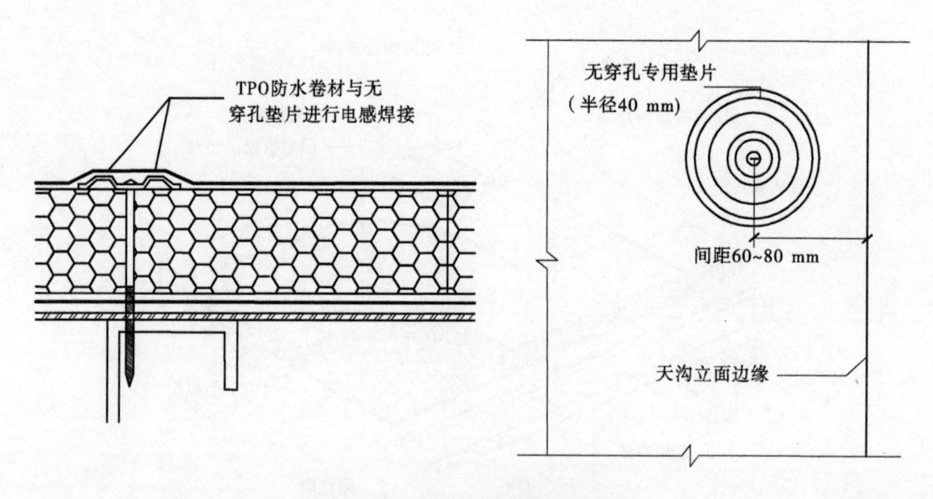

图4-41　无穿孔垫片位示意图

由图4-42可见,天沟底部采用两道U形压条及螺钉进行固定,穿透卷材后,采用PMT－3010均质型卷材裁切成150～200 mm宽,覆盖在紧固件上,四周与大面卷材进行焊接,以形成完整的防水体系。

由上述做法可见,相比于传统工法,无穿孔工法的紧固件不穿透卷材,也无须盖条,不会发生渗漏隐患。同时,采用圆形垫片,受力均匀,且电感焊接可靠,拉拔力数值较高,提升了天沟部位的抗风揭能力。

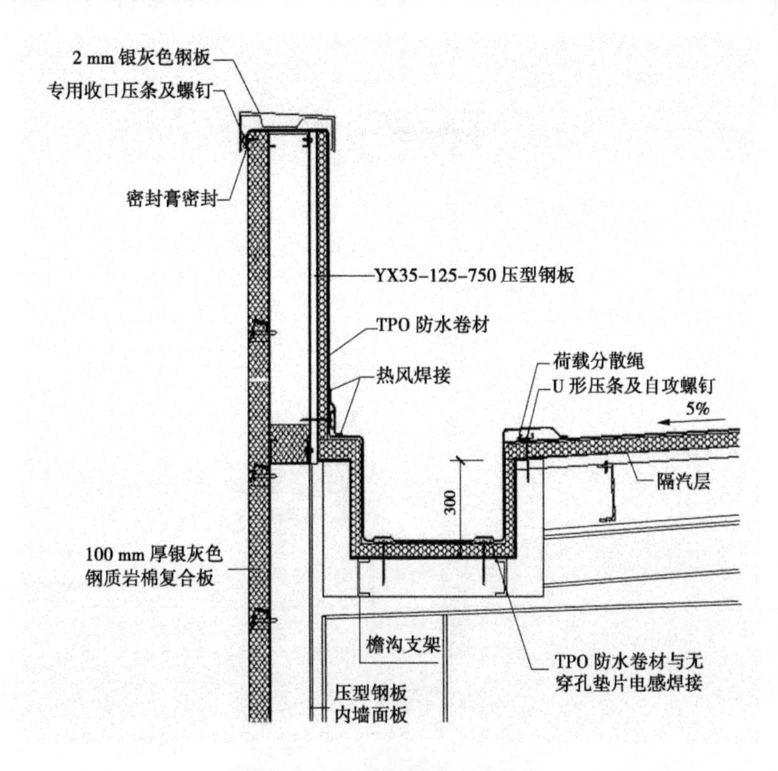

图 4-42　外天沟传统工法节点

无穿孔工法施工便捷,仅需将紧固件固定于岩棉保温板,而无须再进行 U 形压条及螺钉的安装,节省时间。电感焊接迅速,易于操作。

(2)雨水口节点。

雨水口节点详图见图 4-43。

雨水口法兰件安装中,安装配套的 EPDM 橡胶垫圈两层,分别位于 TPO 防水层的上下两侧,保证雨水口部位的防水密封可靠,见图 4-44。

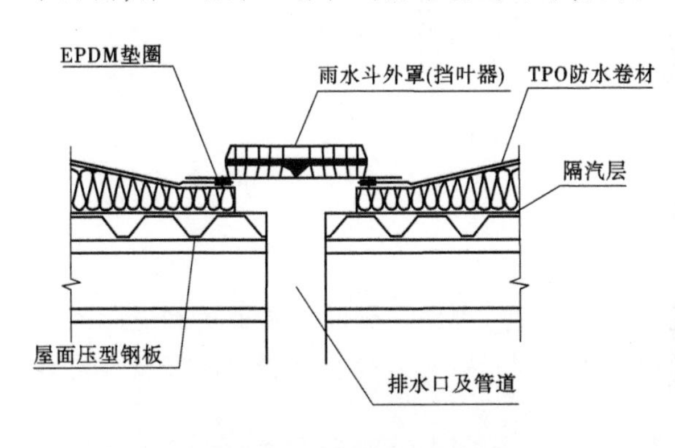

图 4-43　雨水口节点详图

图 4-44　雨水口实物图

(3)山墙节点,见图 4-45。

(4)屋脊节点,见图 4-46。

图 4-47 ~ 图 4-51 是各构造实物图。

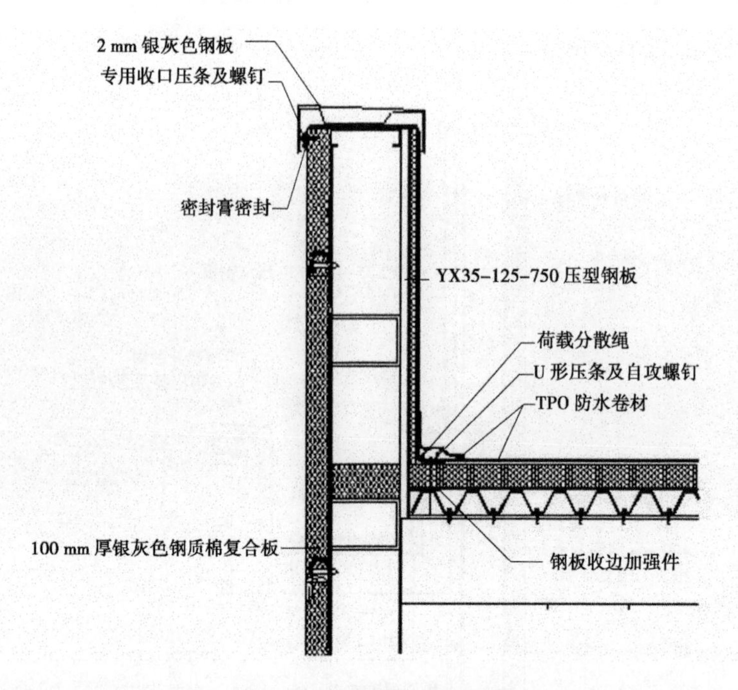

图 4-45　山墙节点构造详图

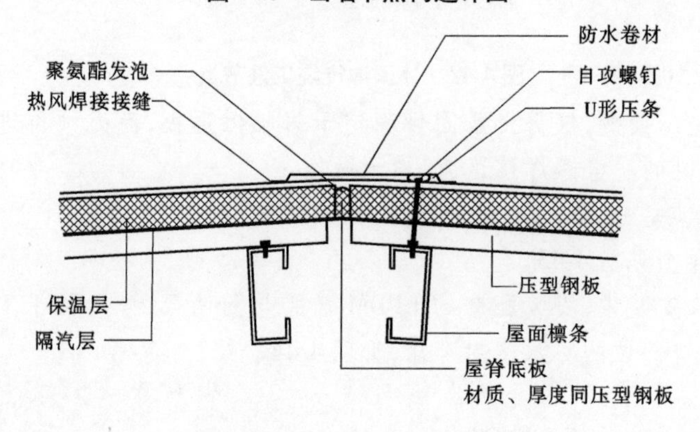

图 4-46　屋脊节点构造详图

4.5.3　小结

通过本任务的学习掌握了钢结构屋面的构造类型，熟悉了钢结构屋面的构造特点和构造分析，重点掌握了钢结构屋面各节点构造：山墙构造、雨水口构造、屋脊构造、天沟构造等，了解了钢结构屋面构造的实物。

图4-47　钢结构屋面基层

图4-48　钢结构屋面PE膜隔汽层

图4-49　钢结构屋面固定保温层

图4-50　钢结构屋面细节

图4-51　钢结构屋面TPO卷材

4.5.4　思考题

1. 简述钢结构屋面的功能。
2. 钢结构屋面天沟采用无穿孔施工方法的好处是什么？
3. 钢结构屋面雨水口怎样保证密封？
4. 钢结构屋面屋脊接缝处如何做防水处理？

任务4.6 钢结构建筑装饰装修的类型及构造分析

目前,国内的钢结构建筑主要是指工业厂房、公共建筑和高层办公建筑,在民用住宅建筑方面还比较少见,所以本次任务重点介绍钢结构工业厂房、公共建筑和高层办公建筑的装饰装修。工业厂房的装修相对要简单一些,而且墙面和顶棚的装修与砖混结构、框架剪力墙结构的墙面和顶棚的装修内容有很多相同之处,所以此处不再介绍,重点是对工业厂房楼地面的特殊处理。对于公共钢结构建筑和高层钢结构办公建筑而言,其装饰装修的独特之处在于幕墙类饰面装饰装修,见图4-52,关于幕墙的装饰装修在前文已经介绍过,此处不再赘述。

(a)厂房地面

(b)建筑玻璃幕墙

图4-52 钢结构建筑的装饰装修

4.6.1 钢结构建筑装饰装修的类型及功能分析

由于部分建筑有一些特殊用途,对楼地面的要求比较特殊,所以应对楼地面进行特殊的装饰装修。例如,钢结构厂房中常用的防静电地面、计算机机房的网络地板楼地面、防油楼地面、耐热及重载楼地面、低温辐射热水采暖楼地面及体育运动场楼地面等。

4.6.1.1 防静电楼地面的装饰装修类型及功能分析

防静电楼地面是指面层采用防静电材料铺设的楼地面。根据使用材料不同,防静电楼地面分为防静电水磨石楼地面、防静电水泥砂浆楼地面、防静电活动楼地面、防静电涂料楼地面等。防静电楼地面也可根据其构造进行分类,一是架空防静电楼地面;二是非架空防静电楼地面。架空的防静电地板一般适用于需要布线很多的房间,如机房、主机室、监控室。非架空防静电地板,一般使用在布线较少的房间,如电子厂房、生产车间及有防静电要求的场所。

在各种大中小型计算机机房、工业厂房中为了防止静电对机房设备的不良影响,必须考虑安装使用防静电楼地面。防静电楼地面的装饰装修类型的主要功能包括以下方面:

(1)保护作用。防静电楼地面作用就是对建筑物楼地面的保护处理,可以提高楼地面的防潮、防水、耐腐蚀性等,提高楼地面的耐久性和坚固性,特别是消除静电的作用,使静电荷漏泄至地下,并反射电磁辐射。

(2)装饰作用。防静电楼地面本身性质和其中含有的各种着色物质和助剂,使其在材料表面形成的薄膜具有各种色彩、光泽和质感。透明油漆涂饰可以使富有纹理的木材更具表现特征。一些不透明漆在材料表面着色的同时,能使薄膜表面形成锤纹、皱纹、橘纹,有些涂料还能使材料表面呈现荧光、珠光和金属光泽。色彩多样的内外墙涂料给设计提供了很大的表现空间。

4.6.1.2　网络地板楼地面的装饰装修类型及功能分析

网络地板楼地面是指采用阻燃型料壳内填充抗压材料的带有线槽模块、拼装布线的楼地面面层。它可以随意走线,也可称为线床地面。网络地板楼地面可满足信息的使用要求,减少钢筋混凝土楼板内随意穿线管的数量,线槽容量大,可以随意改动、扩大线路,操作方便,广泛用于通信、邮电、电子计算机中心等现代化办公用房的楼地面。根据不同的材料组成,网络地板又分为塑料网络地板、全钢 OA 智能网络地板、镀锌板网络地板等,见图 4-53。

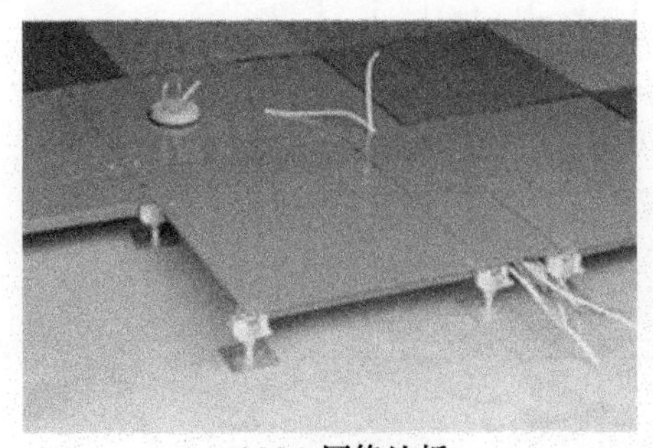

(a)OA 网络地板

(b) 镀锌板网络地板

图 4-53　网络地板

OA 网络地板结构:全钢组成,四角独立支撑结构,地板底面采用 ST14 拉伸板,表面选用 SPCC 硬质钢板,地板表面经过导电环氧树脂静电喷塑处理,内腔发泡水泥填充,四角冲角锁孔。支座采用镀锌或铸铝模压成型,丝杆高度可任意调节,地板四周成型有切边和包边两种。镀锌板网络地板是木质或水泥刨花板、矿纤维、硫酸钙等板基,上下粘贴镀锌板,上下镀锌板在四周采用专利锁和技术弯曲叠合,形成六面金属包裹结构的地板。

4.6.2　钢结构建筑装饰装修的构造分析

4.6.2.1　防静电楼地面装饰装修构造分析

防静电楼地面的构造做法与普通楼地面基本相同,但也存在区别,有以下几点需要加以说明:

(1)面层、找平层、结合层材料内需添加导电粉。

(2)导电粉材料一般为石墨粉、炭黑粉或金属粉等,这些材料需经一系列导电试验成功后方可确定配方采用。

(3)水磨石面层的分格条如为金属条,其纵横金属条不可接触,应间隔 3 ~ 5 mm,如图 4-54 所示,金属表面须涂绝缘涂料,铜分格条与接地钢筋网间的净距离不小于 10 mm,也可用玻璃分格条。

(4)找平层(找坡)层内需配置 2 000 mm × 2 000 mm 的导电网,如图 4-55 所示。

防静电水磨石楼地面、防静电水泥砂浆楼地面和防静电环氧砂浆楼地面的构造分别

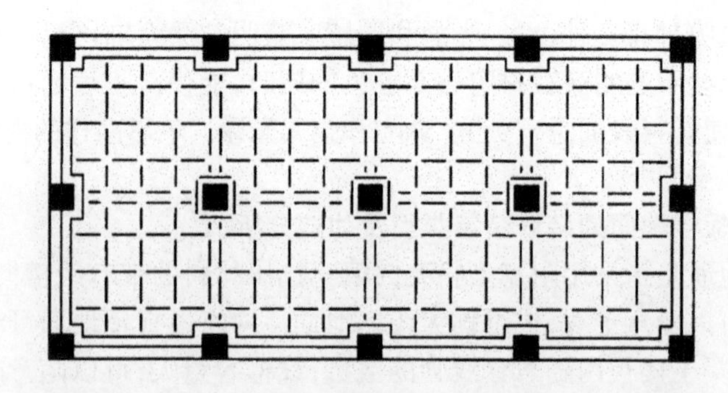

图 4-54　防静电水磨石楼地面层金属分格条平面示意图

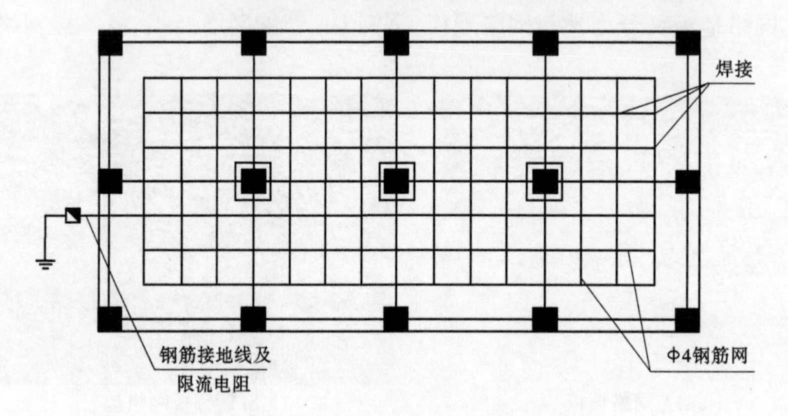

图 4-55　方格形导静电接地网示意图

如图 4-56 ~ 图 4-58 所示。

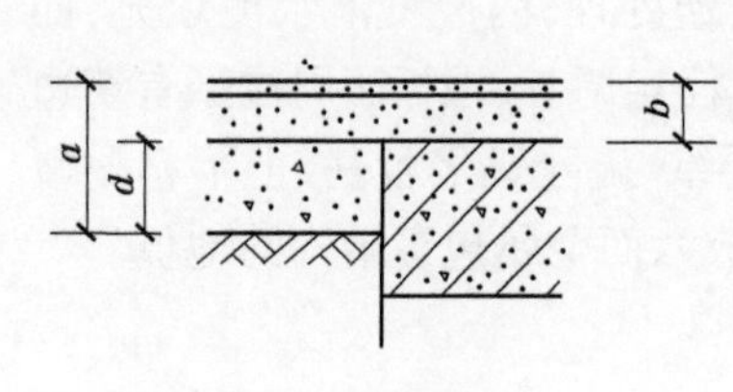

注:1.a=120,b=40。
2.10 mm厚1:2.5防静电水磨石。
3.防静电水泥砂浆一道。
4.30 mm厚1:3防静电水泥砂浆找平层，内配防静电接地金属网，表面磨平。
5.水泥砂浆1道(内渗建筑胶)。
6.80 mm厚C15混凝土垫层(DF1)。
7.夯实土(DF1)。
8.现浇钢筋混凝土楼板或预制楼板上现浇叠合层(LF1)

地面(DF1)　楼面(LF1)

图 4-56　防静电水磨石楼地面构造简图

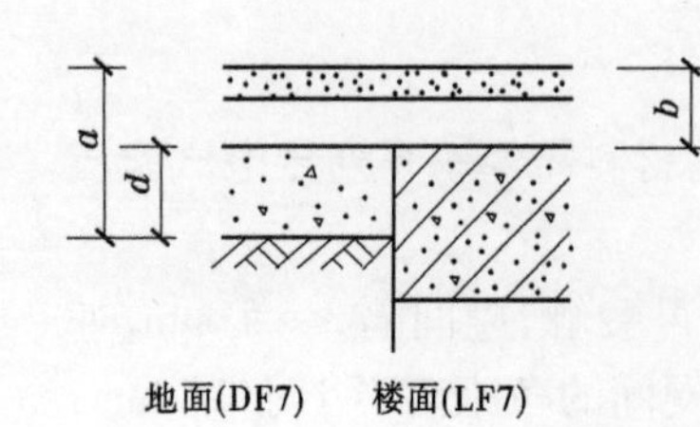

注:1.a=130,b=50。
2.20 mm厚1:2.5防静电水泥砂浆。
3.防静电水泥砂浆一道。
4.30 mm厚1:3防静电水泥砂浆找平层，内配防静电接地金属网，表面磨平。
5.水泥砂浆1道(内掺建筑胶)。
6.80 mm厚C15混凝土垫层(DF7)。
7.夯实土(DF7)。
8.现浇钢筋混凝土楼板或预制楼板上现浇叠合层(LF7)

地面(DF7)　楼面(LF7)

图 4-57　防静电水泥砂浆楼地面构造简图

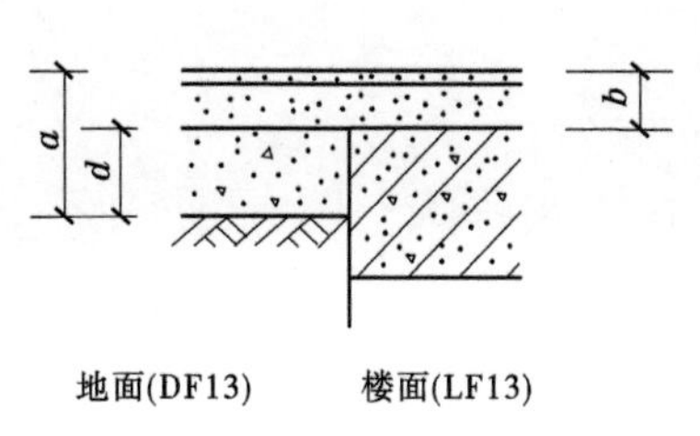

注:1. a=125, b=45。
2.3 mm厚防静电环氧砂浆。
3.环氧打底料一道。
4.40 mm厚C25细石混凝土，随打随磨光，强度达标后表面进行打磨或喷砂处理。
5.水泥砂浆一道(内掺建筑胶)。
6.80 mm厚C15混凝土垫层(DF13)。
7.夯实土(DF13)。
8.现浇钢筋混凝土楼板或预制楼板上现浇叠合层(LF13)

图 4-58 防静电环氧砂浆楼地面构造简图

4.6.2.2 网络地板楼地面的装饰装修的构造分析

网络地板由无槽地板块、十字槽地板块、一字槽地板块和大小盖铁及方块地毯组成,并与铸模电缆线坑模衔接,总高度小于 80 mm,尺寸为 600 mm × 600 mm,电缆坑槽以纵横交叉的方式运行于整个地板层,其中电力缆线槽为 120 mm × 26 mm,数据资料缆线槽为 160 mm × 26 mm,电话缆线槽为 120 mm × 26 mm。

网络地板的构造要点如下:

(1)基层处理。网络地板的铺设要求地面平整,每平方米内不能有明显的凹凸现象,同时地面上应无浮土、杂质。

(2)板块固定。按照布线槽的设计要求与地板的安装要求,进行板块固定。网络板块的固定可采用铺钉或胶粘的固定方法齐线紧密平铺,每四块调整误差。房间整体地板铺设完后,周围边角可裁无槽地板块来填补或用专用饰件来进行收口处理,要求填补后的表面与地板块高度一致。铺设完成后清除网络地板块与槽中砂土,盖上盖板再进行地面上的饰面处理。网络地板楼地面的构造见图 4-59。

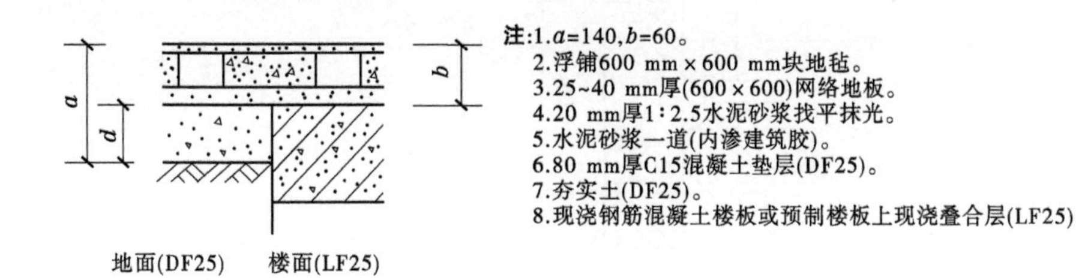

图 4-59 网络地板楼地面构造简图

4.6.3 小结

本次任务主要介绍了钢结构工业厂房中常见的特殊类地面装饰装修构造,详细介绍了防静电楼地面和网络地板楼地面的装饰装修类型及功能分析,重点叙述了防静电水磨石楼地面、防静电水泥砂浆楼地面、防静电环氧砂浆楼地面和网络地板楼地面构造的做法。

4.6.4 思考题

1. 防静电楼地面的装饰装修类型的主要功能有哪些？

2. 防静电楼地面构造做法与普通楼地面构造做法有哪些区别？

3. 钢结构工业厂房中有哪些类型的楼地面？

4. 简述防静电楼地面装饰装修的构造做法。

5. 分析自己在厂房或者计算机房中见到的网络地板楼地面装饰装修构造类型，分析其构造做法。

任务4.7 钢结构建筑水电设备及管线的类型及构造分析

框剪结构中给排水管道安装与砖混结构基本相同，在框剪结构中，给排水管道穿越基础、楼板、屋面、墙均为钢筋混凝土，管道必须设置套管。

4.7.1 钢结构建筑的给排水设备及管线安装构造分析

4.7.1.1 给排水管道穿承重墙构造

(1) 给水管道穿承重墙处见任务 3.7.4.1 节。

(2) 排水管道穿承重墙处构造如图 4-60 所示。

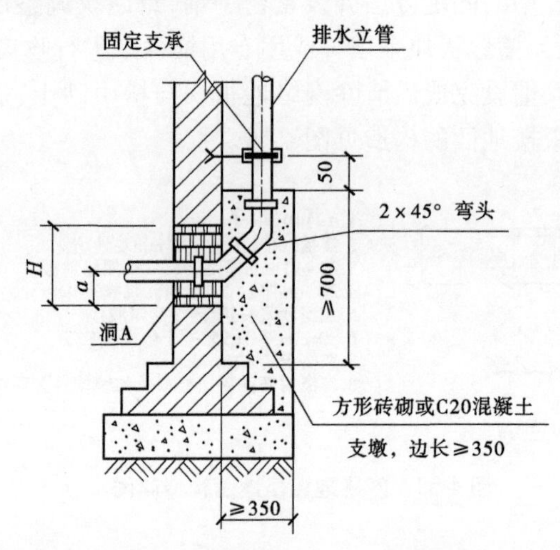

图 4-60 排水管道穿承重墙做法

管道闭水试验合格后，洞 A 用黏土填实，穿承重墙做法适用于没有地震设防要求的地区或管道穿墙处不承受管道振动和伸缩变形的建筑。

4.7.1.2 框剪结构给排水管卡安装构造分析

给排水立管、横管需要管卡固定在墙、梁、柱上，管卡的安装构造见图 4-61。

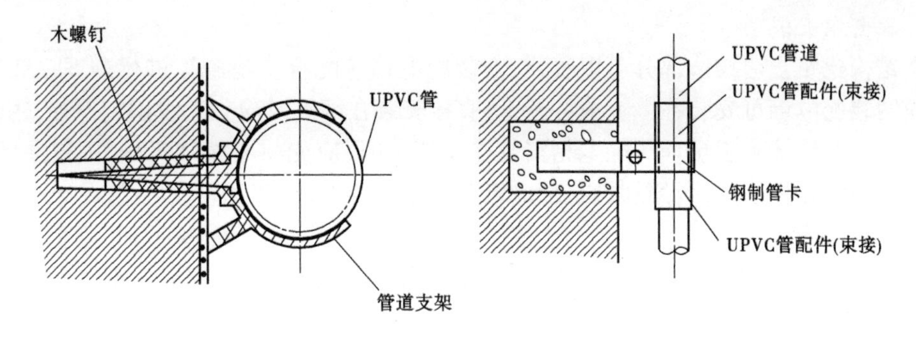

图4-61　给排水管卡

4.7.2　钢结构建筑的电气设备及管线安装构造分析

具体内容见情境2任务2.7、情境3任务3.7。

4.7.2.1　电气设备安装工程简介

电气设备安装工程是指施工企业依照施工图设计的内容,将规定的线路材料、电气设备及装置性材料等,按照相关规程规范的要求安装到各用电点,并经调试验收的全部工作。它包括变配电工程、电气照明工程、配线工程、电气动力工程、防雷接地工程。

4.7.2.2　建筑电气设备常见安装构造分析

1. 室内配线

室内配线有明配和暗配两种。暗配线路是指导线直接穿管、线槽等敷设于墙壁、顶棚、地面及楼板等处的内部。对于配线的结构不能在管中接,应在接线盒中接线,否则会给检修维护带来困难和不便,也给电气设备的安全运行带来严重的安全隐患。

室内配线工程的施工应按已批准的设计进行,并在施工过程中严格执行《建筑电气工程施工质量验收规范》(GB 50303—2002),保证工程质量。

根据施工图样,确定电器安装位置、导线敷设途径及导线穿过墙壁和楼板的位置。在土建抹灰前,将配线所有的固定点打好空洞,埋设好支持构件,但最好是在土建施工时配合土建搞好预埋预留工作。配线的塑料管外应套钢管保护。明配管时与其他管路的间距不小于以下规定:热水管下面为0.2 m,上面为0.3 m;蒸汽管下面为0.5 m,上面为1 m;电线管路与其他管路的平行间距不应小于0.1 m。

2. 灯具安装

(1)吊链荧光灯安装:在建筑物顶棚上(钢结构)安装好塑料木台,根据灯具的安装高度,将吊链编好挂在灯架挂钩上,并且将导线编叉在吊链内,引入灯架,在灯架的进线孔处套上软管以保护导线,压入灯架内的端子板内。将灯具的导线和灯头盒中甩出的导线连接,并用绝缘胶布分层包扎紧密,理顺接头扣于塑料台上的法兰盘内,法兰盘中心与塑料台中心对正,用木螺栓将其拧牢。将灯具的反光板用机螺钉固定在灯架上,最后调整好灯脚,将灯管装好。

(2)应急照明灯具安装:要求同框剪结构应急照明灯具安装,可以安装在钢结构建筑土建部分,也可以安装在钢结构部分,安装在钢结构部分明装。

3. 配电箱安装

钢结构建筑土建构造部分可以暗装,安装配电箱应配合土建施工进行预埋。纯钢结构建筑明装配电箱可安装在墙上或柱子上,直接安装在墙上时应先埋设固定螺栓,用燕尾螺栓宜随土建墙体施工预埋。配电箱安装在支架上时,应先将支架加工好,固定在墙上,后用抱箍固定在柱子上,再用螺栓将配电箱安装在支架上,调整和垂直调整。

4. 防雷装置

(1)引下线是连接接闪器与接地装置的金属导体,一般采用圆钢或扁钢,应优先使用圆钢。

(2)接地体:与建筑相关接地体即为自然接地体,可作为自然接地体的物件包括与大地有可靠连接的建筑物的钢结构和钢筋、行车的钢轨、埋地的金属管道及埋地敷设的不少于2根的电缆金属外皮等。对于变配电所来说,可利用其建筑物钢筋混凝土基础作为自然接地体。在高层建筑中,常利用柱子和基础内的钢筋作为引下线和接地体,经济美观且寿命长。人工接地体布置见图4-62。

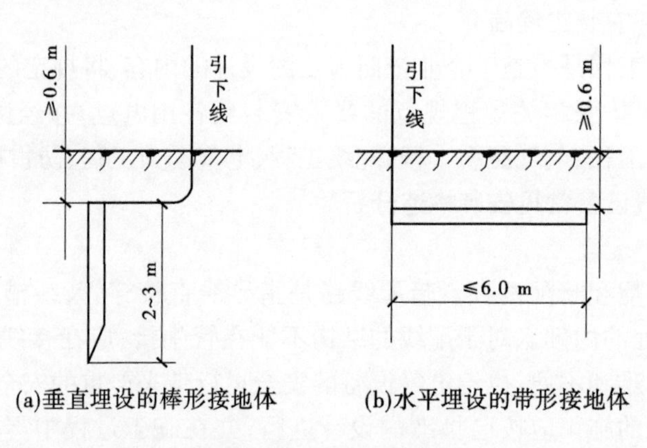

(a)垂直埋设的棒形接地体　　(b)水平埋设的带形接地体

图4-62　人工接地体

(3)避雷针安装:一般用镀锌钢管或镀锌圆钢支撑,其长度为1 m,圆钢直径不小于12 mm,钢管直径不小于20 mm。其长度在1~2 m时,圆钢直径不小于16 mm,钢管直径不小于25 mm。烟囱顶上的避雷针,圆钢直径不小于20 mm,钢管直径不小于40 mm。常见有避雷针在山墙上安装,如图4-63所示。

4.7.3　小结

本任务中给排水管道安装主要与砖混结构管道安装构造基本一致。

4.7.4　思考题

1. 简述套管选用与安装方式。
2. 钢结构建筑接地方式有哪些?
3. 防雷装置由哪几部分组成?

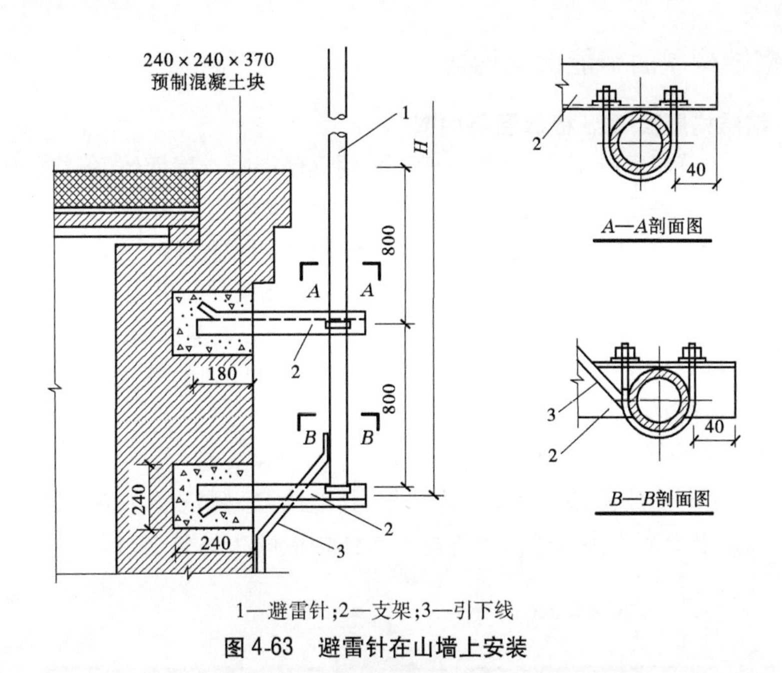

1—避雷针;2—支架;3—引下线

图4-63　避雷针在山墙上安装

任务4.8　钢结构建筑节能保温构造分析

钢结构作为我国建筑中承重结构的重要结构之一,与钢筋混凝土结构相比,具有以下优点:钢结构在设计形式上比较灵活,这也使得大开间和灵活分割在建筑中得以实现:钢结构建筑能够使建筑实现产业化,能够有效地缩短建筑工程的施工周期,相比于其他建筑结构还能够提升室内使用面积,具有良好的经济效益;钢材能够回收再利用,对环境污染比较小,能降低社会的总能耗;钢结构的力学性能极强,具有良好的抗震和抗拉伸能力,对于抵御一些自然灾害具有其他建筑结构不可比拟的优势等。

4.8.1　钢结构在节能建筑中的劣势

虽然钢结构建筑相比其他建筑结构具有较大的优势,但是也不得不重视钢结构的劣势,需要采取相应的措施应对这些问题。首先是钢结构的耐火问题,常温状态下,钢结构是一种性能优异的建筑材料,但是当钢材外界温度超过250 ℃之后,钢结构的强度降低得非常快,当温度超过550 ℃之后,钢结构的承载力将会严重降低,因而钢结构建筑一旦发生火灾,建筑坍塌和损坏的速度十分快。其次是钢结构的防腐问题,由于钢结构处于露天的环境中,钢材很容易生锈和腐蚀,进而降低钢结构内部的承载力,同时也会影响建筑美观,因而钢材的防腐问题对钢结构建筑的使用寿命影响比较大。最后是钢结构的设计,一旦制定出来是不能够轻易变动的,使得钢结构应用的市场风险比较大。

4.8.2　钢结构墙面节能保温构造

钢结构墙面节能保温构造同屋面节能保温构造。

4.8.3 钢结构屋面节能保温构造

4.8.3.1 钢结构屋面 XPS 板保温层构造

由于公共建筑屋面跨度大,结构一般不采用钢筋混凝土屋面体系,往往屋面结构采用轻、重钢结构,特别是采用钢网架和管桁架系统。但该类建筑采暖空调能耗特别高,能源浪费严重,节能潜力特别大,因此该类屋面需要优异的保温性能。

屋面节能设计中的关键问题是设计密度小、导热系数低、吸水率小的保温隔热层,特别是采用微通风构造,利于排除潮湿气体等措施,应是节能型屋面的发展方向。目前用于屋面保温的材料大多数为导热系数在 0.05 W/(m·K)以内的高效保温材料,如挤塑聚苯乙烯泡沫塑料板(以下简称 XPS 板)等。

1. 基本做法

先在钢结构上铺放镀锌压型钢板作垫板,其上铺 PE 隔汽层一道,然后再错缝铺 XPS 板保温层两层,最上面为高分子防水卷材。具体构造做法见图 4-64。

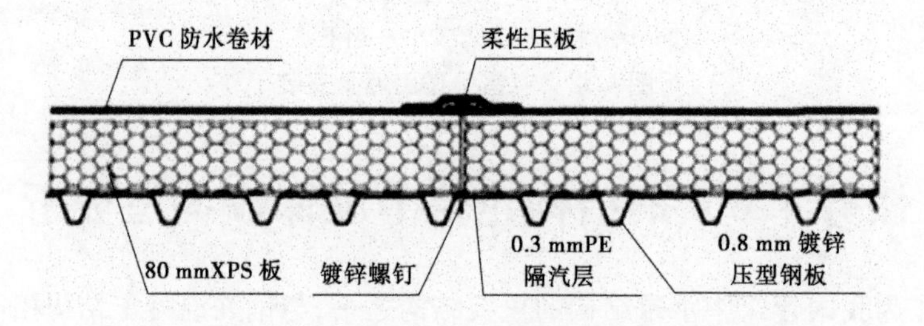

图 4-64 钢结构屋面 XPS 板保温屋面构造做法

2. XPS 板性能指标

XPS 板性能指标见表 4-5。

表 4-5 XPS 板性能指标

项目	XPS 板
表观密度(kg/m^3)	25 ~ 32
导热系数(W/(m·K))	≤0.03
压缩强度(kPa)	≥250
水蒸气渗透系数 (ng/(Pa·m·s))	—
在 10% 形变下的压应力 (MPa)	≥0.15
70 ℃,48 h 后尺寸变化率(%)	≤2.0
吸水率(*V*/*V*,%)	≤1.5
防火性能	B_2 阻燃

3. 系统特点及技术性能

该系统构造简单清晰 (镀锌压型钢板—隔汽层—保温层—防水层),施工便捷,细部处理简单。XPS 板是以聚苯乙烯树脂为主要成分,添加少量添加剂、色母粒和阻燃剂,通

过加热挤压成型、具有100%闭孔结构的硬质泡沫塑料，解决了传统屋面不耐溶剂、不耐高温和紫外线等诸多问题。XPS板其保温隔热效果优于EPS板，XPS板的热阻保留率（长期隔热性能）也要远远大于EPS板，XPS板抗压强度大，渗透系数要比EPS板小。

4. 适用范围

适用于大型公共建筑工程屋面，如会展中心、体育场馆、候机楼、火车站等。

4.8.3.2　钢结构屋面岩棉板、玻璃丝棉保温层构造

当前大型公共建筑屋面保温隔热层有几种技术路线，一般来说采用密度小的、导热系数低、蓄热系数大的、吸水率小的节能型屋面，如岩棉板和玻璃丝棉板复合保温屋面。一些室内有温度和湿度要求的工业建筑，尽管尚无相应的具体节能标准，也应根据工艺要求参照公共建筑节能设计标准有关条款选用本节做法。

1. 基本做法（从下层到上层）

在钢结构上先铺0.6 mm厚镀锌压型钢板一道，再在其上平铺35 mm厚硬质岩棉板保温层一道，衬垫PE防潮隔汽层一道，上面再铺100 mm厚双层错缝玻璃丝棉两道，最后是0.8 mm厚直立锁边铝镁锰合金板（或压型钢板），如图4-65所示。

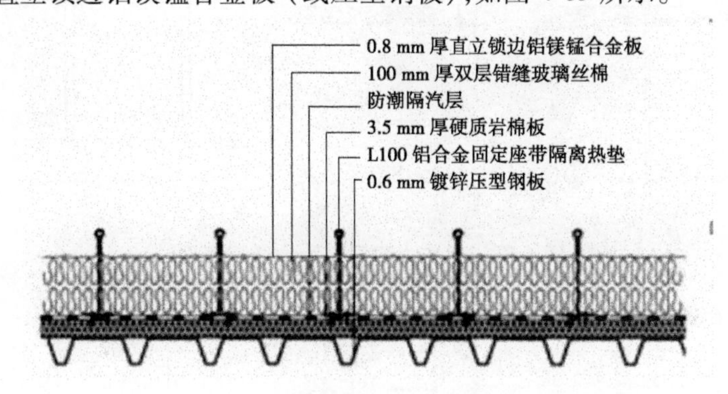

图4-65　钢结构屋面岩棉板、玻璃丝棉保温屋面做法

2. 系统特点和技术性能

岩棉板和玻璃丝棉板在保温材料中造价最低，防火性能最佳，不足之处是导热系数稍高，吸水率稍大，但由于上下两层均为钢承板，屋面刚度大，抗负风压性能好，屋面可承受一定重量的荷载，施工便利。玻璃丝棉、岩棉板保温材料性能指标见表4-6。

表4-6　玻璃丝棉、岩棉板保温材料性能指标

项目	玻璃丝棉	岩棉板
表观密度（kg/m^3）	≥16	30
导热系数（W/（m·K））	≤0.05	0.05
压缩强度		
水蒸气渗透系数（g·m·h）	0.000 488 8	0.000 488 8
吸水率（V/V，%）	极低	5
防火性能	A级不燃	A级不燃

3. 适用范围

适用于大型公共建筑工程屋面,如会展中心、体育场馆、候机楼、火车站等。

4.8.4 窗户节能

钢结构的窗户节能构造同砖混结构的窗户节能构造。除此之外,幕墙的节能构造介绍如下。

双层皮幕墙也被誉为“可呼吸的幕墙”。

其实质是在两层皮之间留有一定宽度的空气间层,此空气间层以不同方式分隔而形成一系列温度缓冲空间。由于空气间层的存在,双层皮幕墙能提供一个保护空间以安置遮阳设施(如活动式百叶、固定式百叶或者其他阳光控制构件),见图4-66~图4-69。

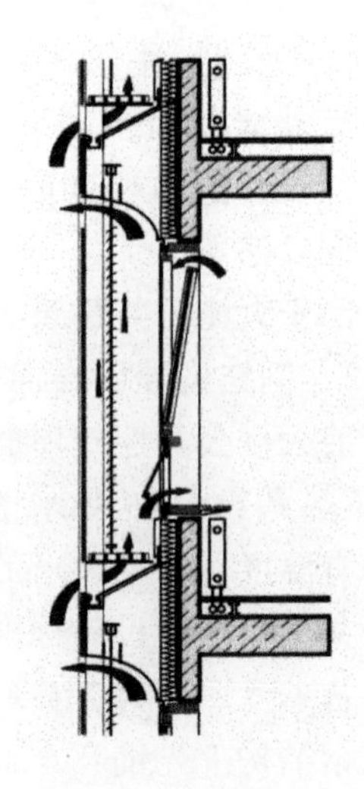

图4-66 双层皮幕墙

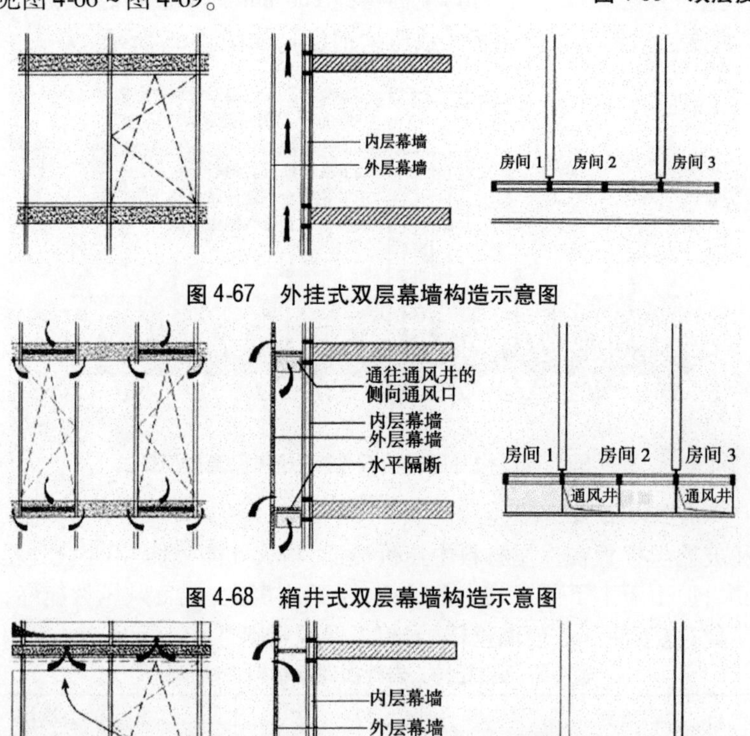

图4-67 外挂式双层幕墙构造示意图

图4-68 箱井式双层幕墙构造示意图

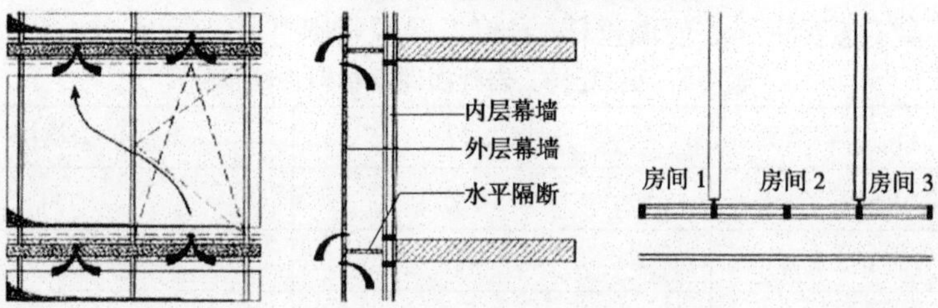

图4-69 廊道式双层幕墙构造示意图

4.8.5 门节能构造

钢结构的门的节能构造同砖混结构的门节能构造。

4.8.6 地面节能构造

钢结构的地面节能构造同砖混结构的地面节能构造。

4.8.7 小结

钢结构作为我国建筑中承重结构的重要结构之一，被公认为是绿色环保、适应建筑产业发展的结构体系，而且在第十二届全国人民代表大会第四次会议上，李克强总理表示，要积极推广绿色建筑和建材，大力发展钢结构和装配式建筑，提高建筑工程标准和质量。打造智慧城市，改善人居环境，使人民群众生活得更安心、更省心、更舒心，由此可见进行钢结构建筑节能的必要性和重要性。本文针对钢结构建筑节能，分别从墙体、屋面、门窗、幕墙、地面等方面介绍了各自的构造做法和优缺点，方便理解和阅读。

4.8.8 思考题

1. 简述钢结构在节能建筑中的优势与劣势。
2. 钢结构建筑可以从哪些方面进行节能构造，并阐述其各自特点。
3. 结合本任务所学，分析钢结构建筑节能保温的重要性。

任务4.9 钢结构建筑防火类型及构造分析

单、多层建筑和高层建筑中的各类钢构件、组合构件等的耐火极限不应低于表4-7和本任务的相关规定。当低于规定的要求时，应采取外包覆不燃烧体或其他防火隔热的措施。

表4-7 各类钢构件、组合构件等的耐火极限 （单位：h）

<table>
<tr><th rowspan="3">构件名称</th><th colspan="8">耐火极限</th></tr>
<tr><th colspan="6">单、多层建筑</th><th colspan="2">高层建筑</th></tr>
<tr><th>一级</th><th>二级</th><th colspan="2">三级</th><th colspan="2">四级</th><th>一级</th><th>二级</th></tr>
<tr><td>承重墙</td><td>3.00</td><td>2.50</td><td colspan="2">2.00</td><td colspan="2">0.50</td><td>2.00</td><td>2.00</td></tr>
<tr><td>柱、柱间支撑</td><td>3.00</td><td>2.50</td><td colspan="2">2.00</td><td colspan="2">0.50</td><td>3.00</td><td>2.50</td></tr>
<tr><td>梁、桁架</td><td>2.00</td><td>1.50</td><td colspan="2">1.00</td><td colspan="2">0.50</td><td>2.00</td><td>1.50</td></tr>
<tr><td rowspan="2">楼板、楼面支撑</td><td rowspan="2">1.50</td><td rowspan="2">1.00</td><td>厂房、库房</td><td>民用</td><td>厂房、库房</td><td>民用</td><td rowspan="6">1.50</td><td rowspan="6">1.00</td></tr>
<tr><td>0.75</td><td>0.50</td><td>0.50</td><td>不要求</td></tr>
<tr><td rowspan="2">屋顶承重构件、屋面支撑、系杆</td><td rowspan="2">1.50</td><td rowspan="2">0.50</td><td>厂房、库房</td><td>民用</td><td colspan="2" rowspan="2">不要求</td></tr>
<tr><td>0.50</td><td>不要求</td></tr>
<tr><td rowspan="2">疏散楼梯</td><td rowspan="2">1.50</td><td rowspan="2">1.00</td><td>厂房、库房</td><td>民用</td><td colspan="2" rowspan="2">不要求</td></tr>
<tr><td>0.75</td><td>0.50</td></tr>
</table>

注：对造纸车间、变压器装配车间、大型机械装配车间、卷烟生产车间、印刷车间等及类似的车间，当建筑耐火等级较高时，吊车梁体系的耐火极限不应低于表中梁的耐火极限要求。

钢结构公共建筑和用于丙类和丙类以上生产、仓储的钢结构建筑中，宜设置自动喷水灭火系统全保护。

当单层丙类厂房中设有自动喷水灭火系统全保护时，各类构件可不再采取防火保护措施。丁、戊类厂房、库房（使用甲、乙、丙类液体或可燃气体的部位除外）中的构件，可不采取防火保护措施。

当单层、多层一般公共建筑和居住建筑中设有自动喷水灭火系统全保护时，各类构件的耐火极限可按表4-7中相应的规定降低0.5 h。

单层、多层一般公共建筑和甲、乙、丙类厂、库房的屋盖承重构件，当设有自动喷水灭火系统全保护，且屋盖承重构件离地（楼）面的高度不小于6 m时，该屋盖承重构件可不采取其他防火保护措施。

除甲、乙、丙类库房外的厂房、库房，建筑中设有自动喷水灭火系统全保护时，其柱、梁的耐火极限可按表4-7的相应的规定降低0.5 h。

当空心承重钢构件中灌注防冻、防腐并能循环的溶液，且建筑中设有自动喷水灭火系统全保护时，其承重结构可不再采取其他防火保护措施。

当多层、高层建筑中设有自动喷水灭火系统全保护（包括封闭楼梯间、防烟楼梯间），且高层建筑的防烟楼梯间及其前室设有正压送风系统时，楼梯间的钢结构可不采取其他防火保护措施；当多层建筑中的敞开楼梯、敞开楼梯间采用钢结构时，应采取有效的防火保护措施。

对于多功能、大跨度、大空间的建筑，可采用有科学依据的性能化设计方法，模拟实际火灾升温，分析结构的抗火性能，采取合理、有效的防火保护措施，保证结构的抗火安全。

4.9.1 防火涂料

当钢结构采用防火涂料保护时，可采用膨胀型或非膨胀型防火涂料。

钢结构防火涂料的技术性能除应符合现行国家标准《钢结构防火涂料》（GB 14907）的规定外，还应符合下列要求：

（1）生产厂家应提供非膨胀型防火涂料的热传导系数（500 ℃时）、比热容、含水率和密度参数，或提供等效热传导系数、比热容和密度参数。非膨胀型防火涂料的等效热传导系数可按相关规定测定。

（2）主要成分为矿物纤维的非膨胀型防火涂料，当采用干式喷涂施工工艺时，应有防止粉尘、纤维飞扬的可靠措施。

4.9.2 防火板

当钢结构采用防火板保护时，可采用低密度防火板、中密度防火板和高密度防火板。

防火板材应符合下列要求：

（1）应为不燃性材料。

（2）受火时不炸裂，不产生穿透裂纹。

（3）生产厂家应提供产品的热传导系数（500 ℃时）或等效热传导系数、密度和比热容等参数。

4.9.3　其他防火隔热材料

(1)钢结构也可采用黏土砖、C20 混凝土或金属网抹 M5 砂浆等其他隔热材料作为防火保护层。

(2)当采用其他防火隔热材料作为钢结构的防火保护层时,生产厂家除应提供强度和耐候性参数外,尚应提供热传导系数(500 ℃时)或等效热传导系数及密度、比热容等参数。其他防火隔热材料的等效热传导系数可参照相关规范的规定测定。

4.9.4　抗火设计一般规定

在一般情况下,可仅对结构的各构件进行抗火计算,满足构件抗火设计要求。

当进行结构某一构件的抗火验算时,可仅考虑该构件的受火升温。

有条件时,可对结构整体进行抗火计算,使其满足结构抗火设计的要求。此时,应进行各构件的抗火验算。

进行结构整体抗火验算时,应考虑可能的最不利火灾场景。

对于跨度大于 80 m 或高度大于 100 m 的建筑结构和特别重要的建筑结构,宜对结构整体进行抗火验算,按最不利的情况进行抗火设计。

对第 5.2.5 条规定以外的结构,当构件的约束较大时,如在内力组合中不考虑温度作用,则其防火保护层设计厚度应按计算厚度增加 30% 。

连接节点的防火保护层厚度不得小于被连接构件保护层厚度的较大值。

4.9.5　保护措施及其选用原则

(1)钢结构可采用下列防火保护措施:

①外包混凝土或砌筑砌体。

②涂敷防火涂料。

③防火板包覆。

④复合防火保护,即在钢结构表面涂敷防火涂料或采用柔性毡状隔热材料包覆,再用轻质防火板做饰面板。

⑤柔性毡状隔热材料包覆。

(2)钢结构防火保护措施应按照安全可靠、经济实用的原则选用,并应考虑下述条件:

①在要求的耐火极限内能有效地保护钢构件。

②防火材料应易于和钢构件结合,并对钢构件不产生有害影响。

③当钢构件受火后发生允许变形时,防火保护材料不应发生结构性破坏,仍能保持原有的保护作用直至规定的耐火时间。

④施工方便,易于保证施工质量。

⑤防火保护材料不应对人体有毒害。

(3)钢结构防火涂料品种的选用,应符合下列规定:

①高层建筑钢结构和单层、多层钢结构的室内隐蔽构件,当规定的耐火极限为 1.5 h 以上时,应选用非膨胀型钢结构防火涂料。

②室内裸露钢结构、轻型屋盖钢结构和有装饰要求的钢结构，当规定的耐火极限低于1.5 h时，可选用膨胀型钢结构防火涂料。

③耐火极限要求不小于1.5 h的钢结构和室外的钢结构工程，不宜选用膨胀型防火涂料。

④露天钢结构应选用适合室外用的钢结构防火涂料，且至少应经过一年以上室外钢结构工程的应用验证，涂层性能无明显变化。

⑤复层涂料应相互配套，底层涂料应能同普通的防锈漆配合使用，或者底层涂料自身具有防锈功能。

⑥膨胀型防火涂料的保护层厚度应通过实际构件的耐火试验确定。

(4)防火板的安装应符合下列要求：

①防火板的包敷必须根据构件形状和所处部位进行包覆构造设计，在满足耐火要求的条件下充分考虑安装的牢固稳定。

②固定和稳定防火板的龙骨黏结剂应为不燃材料。龙骨材料应便于构件、防火板连接。黏结剂在高温下应能保持一定的强度，保证结构的稳定和完整。

(5)采用复合防火保护时应符合下列要求：

①必须根据构件形状和所处部位进行包敷构造设计，在满足耐火要求的条件下充分考虑保护层的牢固稳定。

②在包敷构造设计时，应充分考虑外层包敷的施工，不应对内层防火层造成结构破坏或损伤。

(6)采用柔性毡状隔热材料防火保护时应符合下列要求：

①仅适用于平时不易受损且不受水湿的部位。

②包覆构造的外层应设金属保护壳。金属保护壳应固定在支撑构件上，支撑构件应固定在钢构件上。支撑构件应为不燃材料。

③在材料自重作用下，毡状材料不应发生体积压缩不均的现象。

4.9.6 构　造

采用外包混凝土或砌筑砌体的防火保护结构宜按图4-70选用。采用外包混凝土的防火保护宜配构造钢筋。

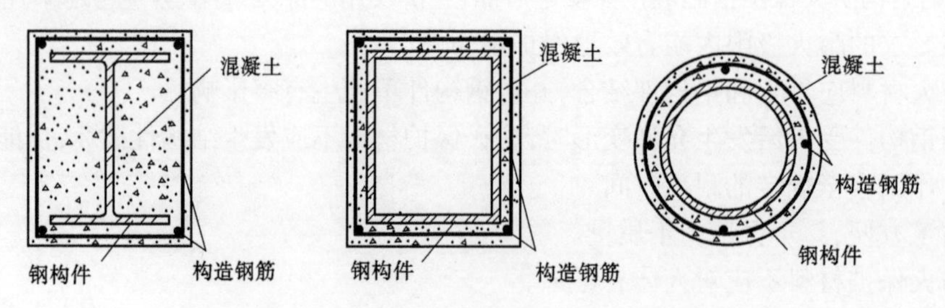

图4-70　采用外包混凝土的钢构件防火保护构造

采用防火涂料的钢结构防火保护构造宜按图4-71选用。当钢结构采用非膨胀型防火涂料进行防火保护且符合下列情形之一时，涂层内应设置与钢构件相连接的钢丝网：

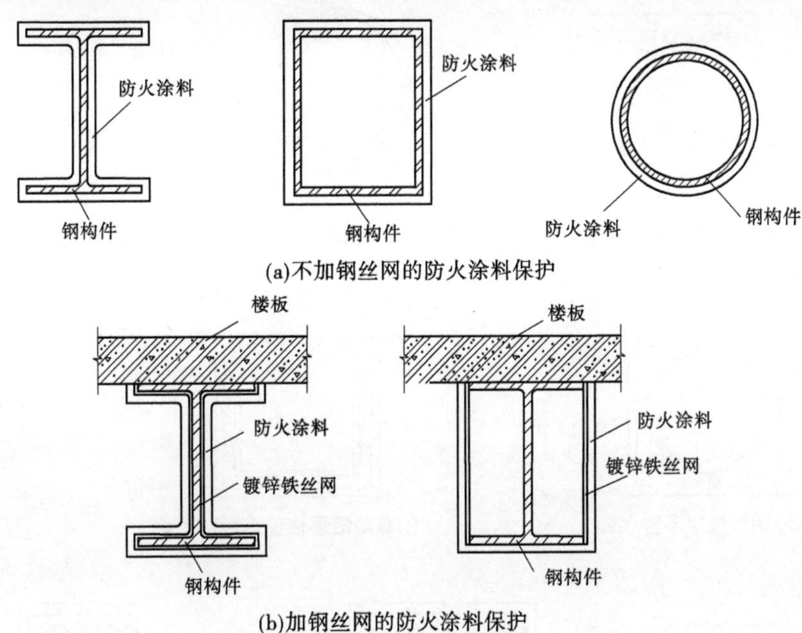

图4-71　采用防火涂料的钢结构防火保护构造

(1)承受冲击、振动荷载的构件。

(2)涂层厚度不小于30 mm的构件。

(3)黏结强度不大于0.05 MPa的钢结构防火涂料。

(4)腹板高度超过500 mm的构件。

(5)构件幅面较大且涂层长期暴露在室外。

采用防火板的钢结构防火保护构造宜按图4-72、图4-73选用。

采用柔性毡状隔热材料的钢结构防火保护构造宜按图4-74选用。

钢结构采用复合防火保护的构造宜按图4-75～图4-77选用。

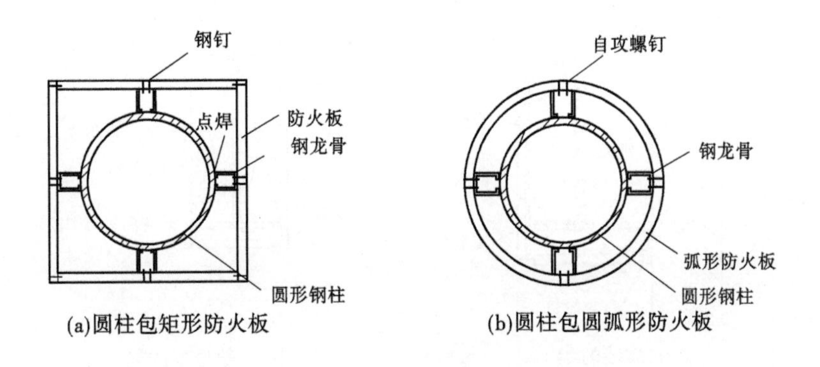

图4-72　钢柱采用防火板的防火保护构造

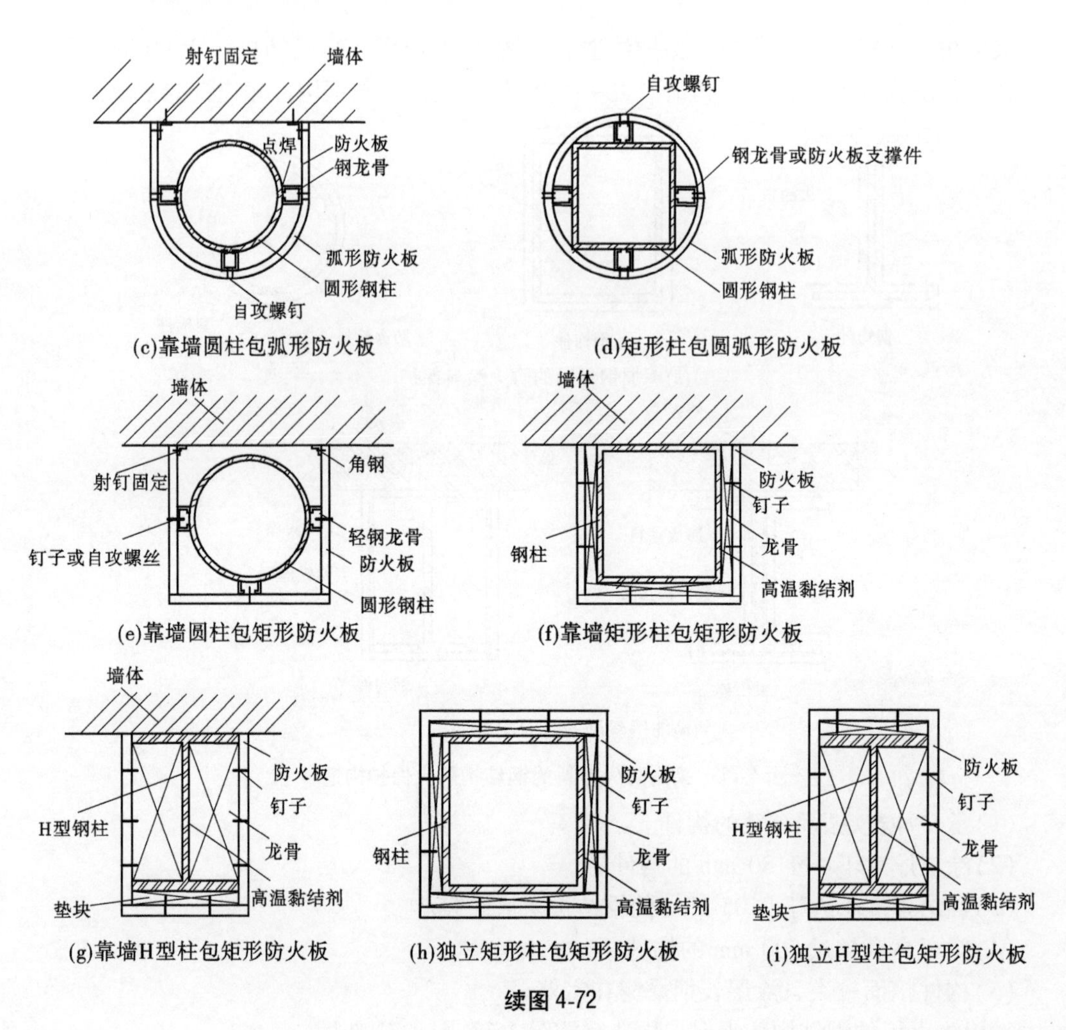

(c)靠墙圆柱包弧形防火板

(d)矩形柱包圆弧形防火板

(e)靠墙圆柱包矩形防火板

(f)靠墙矩形柱包矩形防火板

(g)靠墙H型柱包矩形防火板

(h)独立矩形柱包矩形防火板

(i)独立H型柱包矩形防火板

续图 4-72

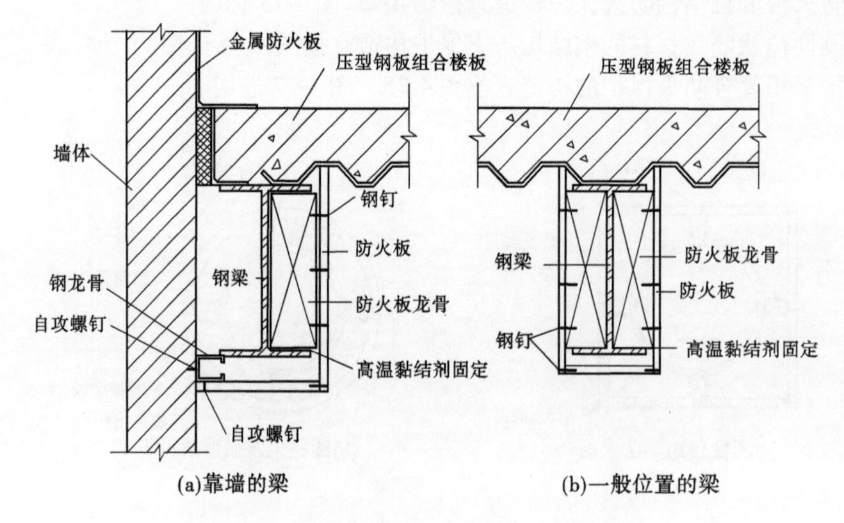

(a)靠墙的梁

(b)一般位置的梁

图 4-73　钢梁采用防火板的防火保护构造

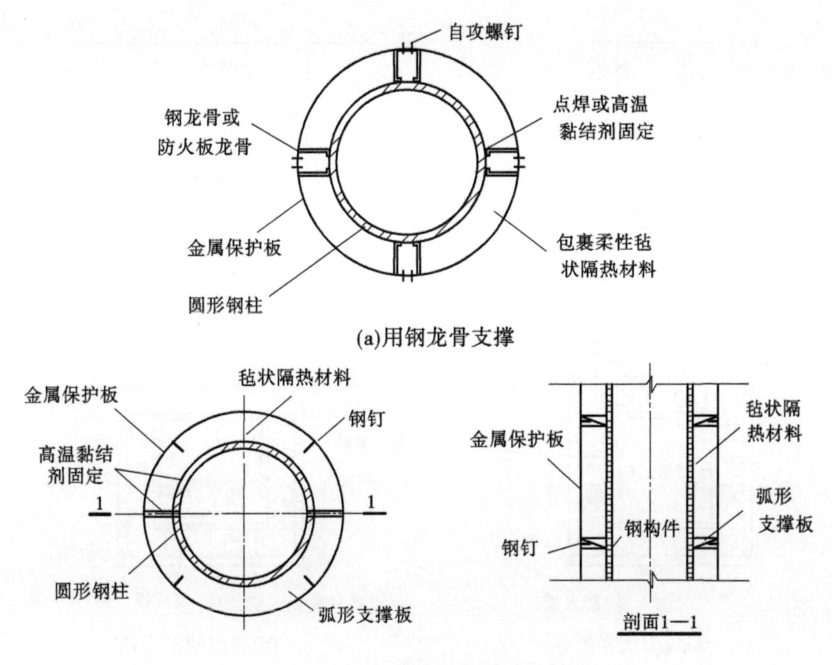

(a)用钢龙骨支撑

(b)用圆弧形防火板支撑

图4-74　采用柔性毡状隔热材料的防火保护构造

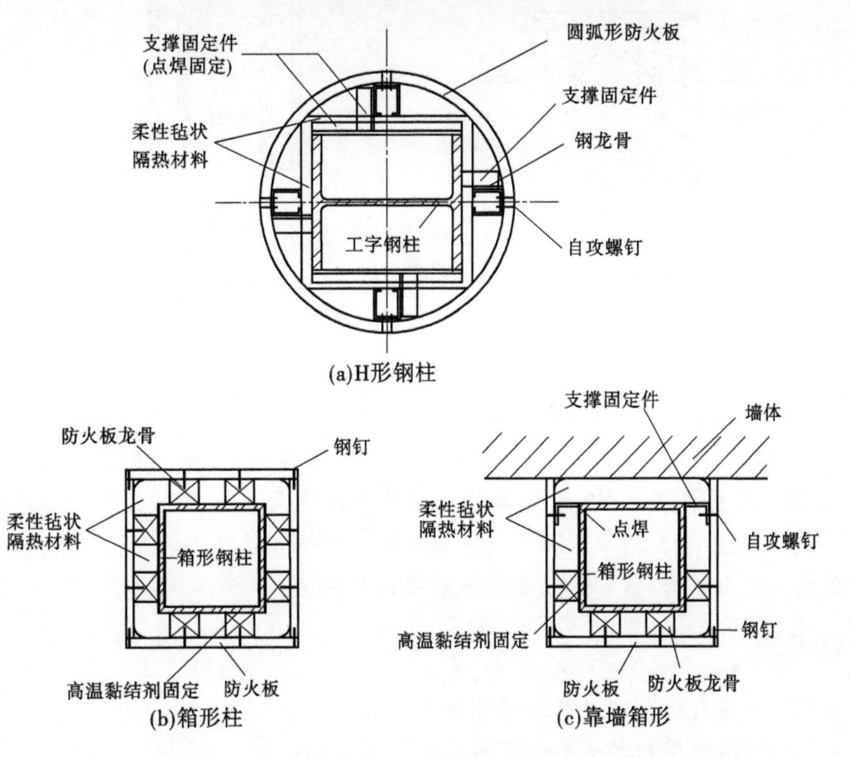

(a)H形钢柱

(b)箱形柱

(c)靠墙箱形

图4-75　钢柱采用柔性毡和防火板的复合防火保护构造

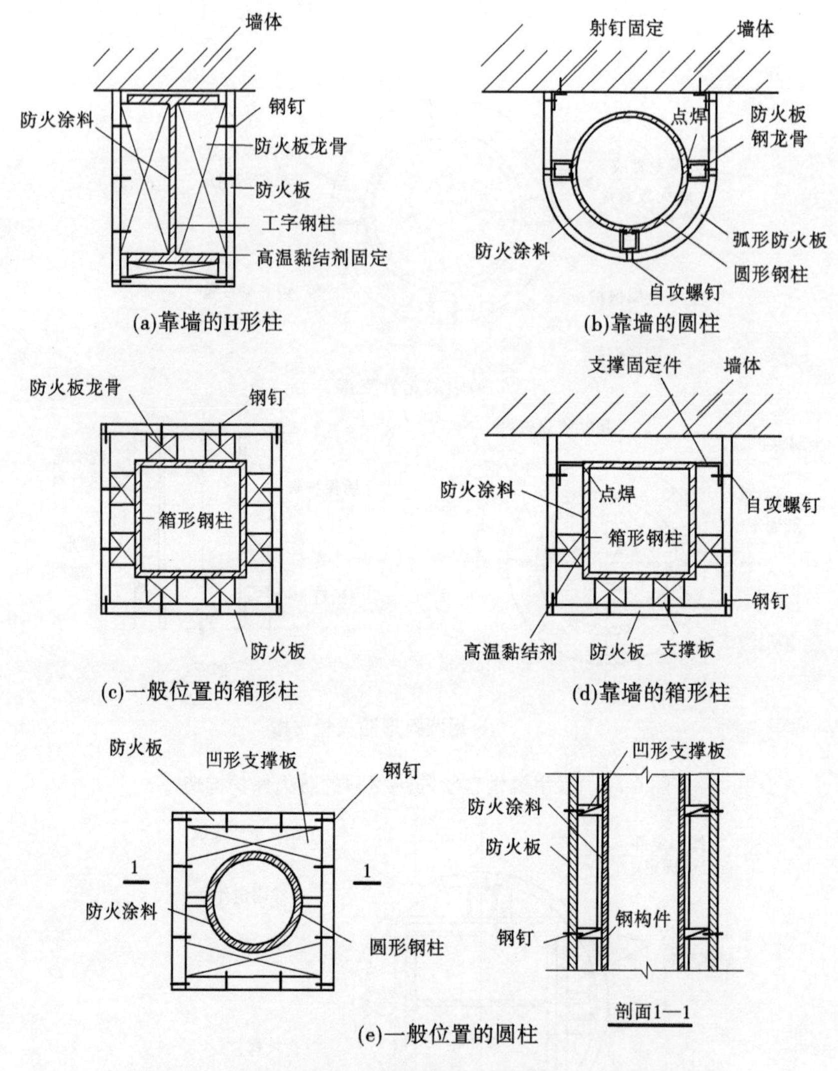

图 4-76 钢柱采用防火涂料和防火板的复合防火保护构造

4.9.7 小结

本任务主要介绍了单、多层建筑和高层建筑中的各类钢构件、组合构件等耐火极限的最低要求；各类建筑的防火基本要求；钢结构采用防火涂料保护、防火板保护以及采用黏土砖、C20 混凝土或金属网抹 M5 砂浆等其他隔热材料作为防火保护层的相关构造和要求；根据不同情况对结构各构件或某一构件或整体进行抗火计算并满足相关要求；钢结构的保护措施及其选用原则；各种外包防火保护结构及构造。

4.9.8 思考题

1. 简述钢结构建筑防火可以采取哪些防火措施？
2. 简述钢结构防火保护措施的选用原则。

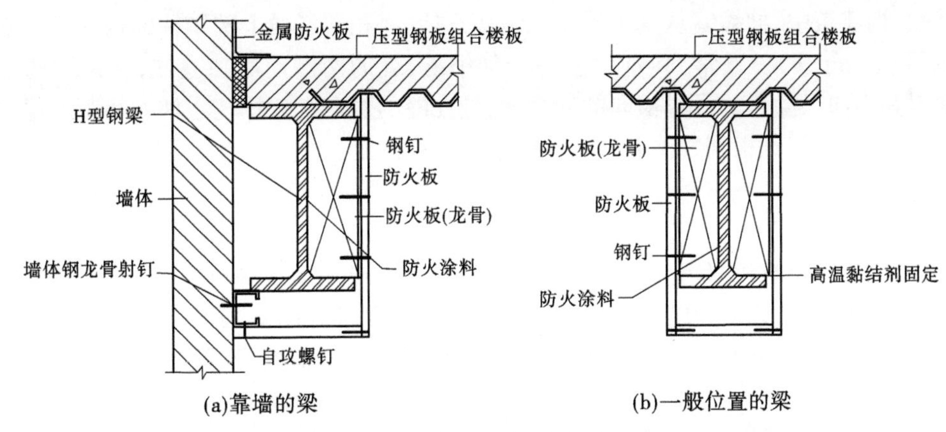

(a)靠墙的梁　　(b)一般位置的梁

图 4-77　钢梁采用防火涂料和防火板的复合防火保护构造

3. 简述当钢结构采用非膨胀型防火涂料进行防火保护时，什么情况下涂层内应设置与钢构件相连接的钢丝网？

任务 4.10　钢结构建筑变形缝构造分析

4.10.1　伸缩缝

对于钢结构建筑，温度变化将引起结构变形，使其产生温度应力。当钢结构建筑平面尺寸较大时，为避免产生过大的温度变形和温度应力，应在横向和纵向设置温度伸缩缝。温度伸缩缝的布置取决于建筑的纵向和横向长度。纵向很长的建筑，例如厂房，在温度变化时，纵向构件伸缩的幅度较大，引起整个结构变形，使构件内产生较大的温度应力，并可能导致墙体和屋面的破坏，为了避免这种不利后果的产生，常采用横向温度伸缩缝将结构分成伸缩时互不影响的温度区段。

按相关规范规定，当钢结构的单层房屋和露天结构的温度区段长度（伸缩缝的间距）不超过表 4-8 的数值时，可不计算温度应力。

表 4-8　钢结构房屋温度区段长度限值　（单位：m）

结构情况	纵向温度区段（垂直屋架或构架跨度方向）	横向温度区段（沿屋架或构架跨度方向）	
		柱顶为刚接	柱顶为铰接
采暖房屋和非采暖地区的房屋	220	120	150
热车间和采暖地区的非采暖房屋	180	100	125
露天结构	120	—	—

注：1. 厂房柱为其他材料时，应按相应规范的规定设置伸缩缝。围护结构可根据具体情况参照有关规范单独设置伸缩缝。

2. 无桥式吊车房屋的柱间支撑和有桥式吊车房屋吊车梁或吊车桁架以下的柱间支撑，宜对称布置于温度区段中部。当不对称布置时，上述柱间支撑的中点（两道柱间支撑时为两支撑距离的中点）至温度区段端部的距离不宜大于表中纵向温度区段长度的 60%。

钢结构建筑中，伸缩缝从基础顶面或地面开始，将相邻区段上部结构的构件完全断开（基础可以不分开）。通常 60 m 设置一个伸缩缝，缝的两侧使用独立柱，在钢结构厂房中，常因其纵向尺寸过长设置横向的伸缩缝，即在缝的位置有双排柱。柱的间距根据柱截面确定。伸缩缝缝宽根据气温差和结构的具体情况确定，通常不应小于 100 mm。

4.10.2　沉降缝

沉降缝用于建筑相邻部分高度、荷载、吊车起重量或地基条件有严重差异，或基础体系相差很大等情况，以防止结构或屋面、墙面等构件，在过大的基础不均匀沉降下发生裂缝或破坏。沉降缝的做法是把缝两侧的结构（包括基础）全部断开，使各部分可以独立地沉降。

4.10.3　防震缝

在地震区，建筑平立面布置复杂，或由高度相差大，或刚度相差大的部分组成时，应设置防震缝。防震缝的做法与伸缩缝相似，它必须保证地上缝两侧的构件在地震振动时不会相互碰撞，防震缝的宽度按照建筑高度和抗震设防烈度等情况确定，缝宽应不小于相应钢筋混凝土结构房屋的 1.5 倍。

钢结构变形缝见图 4-78 ~ 图 4-82 所示。

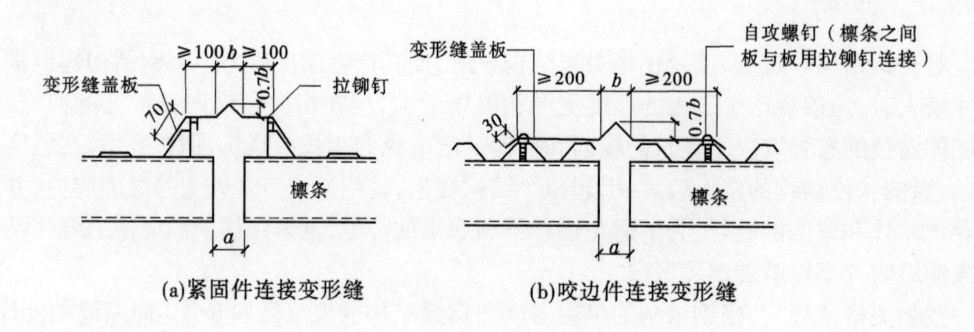

图 4-78　屋面变形缝节点构造示例（一）

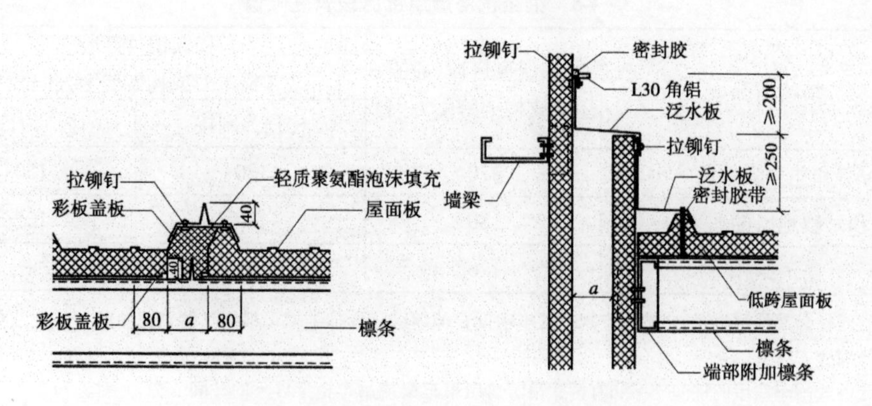

图 4-79　屋面变形缝节点构造示例（二）

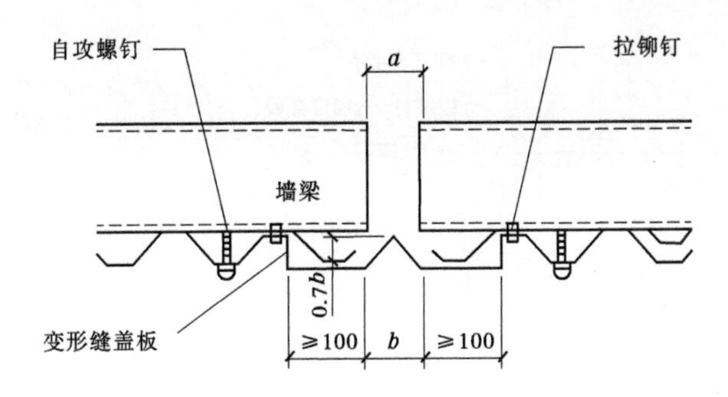

图4-80　墙面变形缝节点构造示例(一)

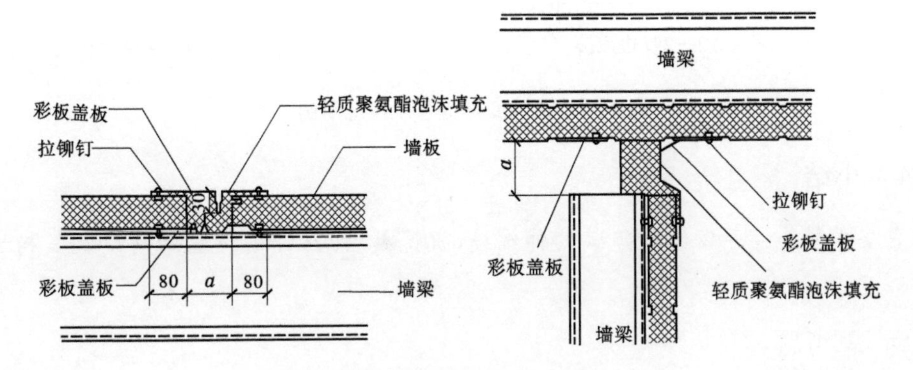

图4-81　墙面变形缝节点构造示例(二)

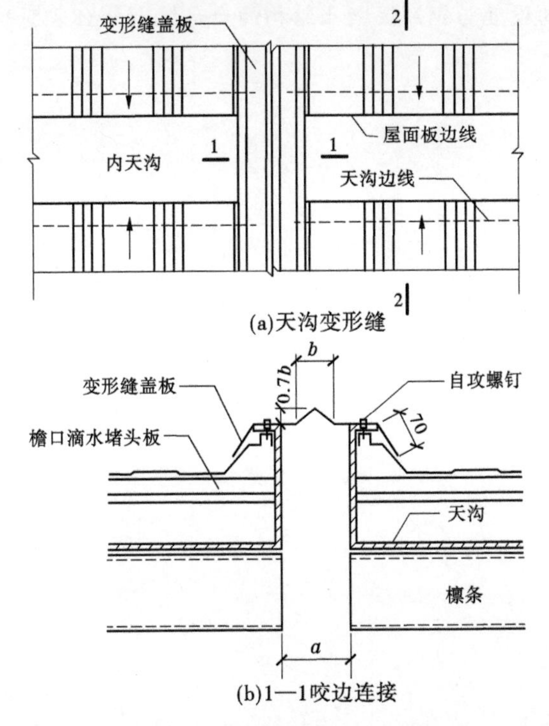

注:1. a为变形缝宽度,a、b按工程设计。2. 天沟宽度L按工程设计。

图4-82　天沟变形缝节点构造示例

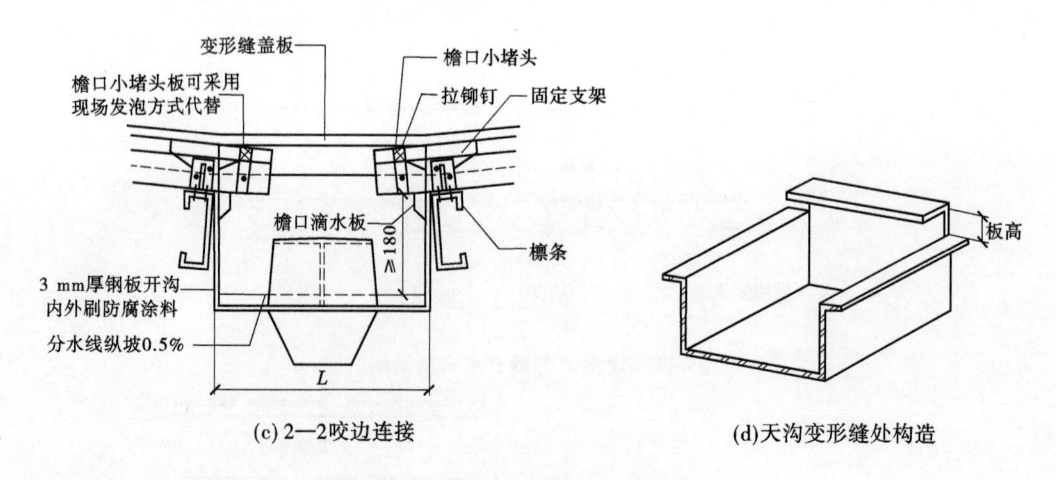

(c) 2—2咬边连接　　(d)天沟变形缝处构造

图 4-82　天沟变形缝节点构造示例

4.10.4　小结

本任务简单介绍了钢结构建筑的伸缩缝、沉降缝、防震缝的设置原则以及其构造特点。

4.10.5　思考题

1. 钢结构伸缩缝的设置基本要求是什么？

2. 钢结构变形缝的设置与钢筋混凝土结构的变形缝有什么区别？

参考文献

[1] 惠特福德. 包豪斯[M]. 2 版. 林鹤译. 生活·读书·新知三联书店,2001.
[2] 丁玉兰. 人机工程学[M]. 1 版. 北京:北京理工大学出版社,1991.
[3] 何晓佑,谢云峰. 人性化设计[M]. 1 版. 江苏美术出版社,2001.
[4] 中华人民共和国住房和城乡建设部. GB 50007—2011 建筑地基基础设计规范 [S]. 北京:中国计划出版社,2011.
[5] 郑贵超,赵庆双. 建筑构造[M]. 北京:北京大学出版社,2009.
[6] 刘昭如. 民用建筑构成与构造[M]. 上海:同济大学出版社,2008.
[7] 中华人民共和国建设部. GB 50017—2003 钢结构设计规范[S]. 北京:中国建筑工业出版社,2003.
[8] 中华人民共和国住房和城乡建设部. GB 50003—2011 砌体结构设计规范 [S]. 北京:中国建筑工业出版社,2012.
[9] 中华人民共和国住房和城乡建设部. GB 50011—2010 建筑抗震设计规范 [S]. 北京:中国建筑工业出版社,2011.
[10] 中华人民共和国住房和城乡建设部. GB 50010—2010 混凝土结构设计规范 [S]. 北京:中国建筑工业出版社,2011.
[11] 杜俊芳. 房屋建筑学[M]. 北京:中国水利水电出版社,2012.
[12] 陈瑞亮. 房屋建筑学[M]. 北京:中国水利水电出版社,2014.
[13] 杨维菊. 建筑构造设计[M]. 北京:中国建筑工业出版社,2014.
[14] 唐洁. 建筑构造[M]. 北京:中国水利水电出版社,2013.
[15] 陈岚. 房屋建筑学[M]. 北京:北京交通大学出版社,2012.
[16] 郭荣玲. 轻松读懂钢结构施工图[M]. 北京:机械工业出版社,2010.
[17] 阎玉芹,李新达. 铝合金门窗[M]. 化学工业出版社,2015.
[18] 郭梅静. 塑料门窗设计与生产技术[M]. 机械工业出版社,2013.
[19] 舒秋华,李凤霞. 房屋建筑学[M]. 武汉理工大学出版社,2014.
[20] 宋亦工. 节能保温施工工长手册[M]. 北京:中国建筑工业出版社. 2013.
[21] 龙惟定,武涌. 建筑节能技术[M]. 北京:中国建筑工业出版社. 2009.
[22] 杨维菊. 绿色建筑设计与技术[M]. 南京:东南大学出版社. 2011.
[23] 马瑞强. 钢结构构造与识图[M]. 北京:人民交通出版社,2000.
[24] 中国建筑标准设计研究院. 08SG115-1 钢结构施工图参数表示方法制图规则和构造详图(建筑标准图集) [S]. 北京:中国计划出版社,2012.
[25] 中国建筑标准设计研究院. 12J304 楼地面建筑构造[S]. 北京:中国计划出版社, 2012.
[26] 中华人民共和国住房和城乡建设部. GB 50209—2010 建筑地面工程施工质量验收规范 [S]. 北京:中国计划出版社,2010.
[27] 中华人民共和国建设部. GB 50327—2001 住宅装饰装修工程施工规范 [S]. 北京:中国建筑工业出版社,2002.

[28] 北京工程建设标准化协会. 12BJ1－1 工程做法 [S]. 北京:中国建筑工业出版社, 2012.
[29] 邵智. 浅谈我国钢结构建筑的节能设计[J]. 中国建筑金属结构,2013(14).
[30] 李强. 浅析钢结构住宅节能措施[J],中国建筑金属结构,2013(18).
[31] 李欢. 轻钢结构住宅节能技术的应用研讨[J]. 建筑工程技术与设计,2016(16).
[32] 中华人民共和国住房和城乡建设部. GB 50016—2014 建筑设计防火规范 [S]. 北京:中国建筑工业出版社,2014.
[33] 中华人民共和国住房和城乡建设部. GB 50116—2013 火灾自动报警系统设计规范. [S]. 北京:中国计划出版社,2013.
[34] 中国建筑标准设计研究院组织编制. 06SG501 民用建筑钢结构防火构造 [S]. 北京:中国计划出版社,2006.
[35] 中华人民共和国国家质量监督检验检疫总局. GB 1490—2002 钢结构防火涂料 [S]. 北京:中国标准出版社,2002.
[36] 崔丽萍. 建筑装饰与装修构造[M]. 北京:清华大学出版社,2011.
[37] 冯美宇. 建筑装饰装修构造[M]. 北京:机械工业出版社,2014.
[38] 万治华. 建筑装饰装修构造与施工技术[M]. 北京:化学工业出版社,2006.
[39] 李宪锋,刘翔. 建筑装饰构造[M]. 北京:北京理工大学出版社,2011.